全国高等农林院校“十一五”规划教材

农 业 推 广 学

卢 敏 主编

中 国 农 业 出 版 社

编 写 人 员

主　　编 卢　敏（吉林农业大学）
副 主 编 许文娟（沈阳农业大学）
陈志英（东北农业大学）
李　华（北京农学院）
段巍巍（河北农业大学）
编写人员（按姓氏笔画排序）
卢　敏（吉林农业大学）
许文娟（沈阳农业大学）
张　雯（沈阳农业大学）
李　华（北京农学院）
陈立玲（吉林省农业技术推广总站）
陈志英（东北农业大学）
侯立白（沈阳农业大学）
段巍巍（河北农业大学）
郝建平（山西农业大学）
郭程瑾（河北农业大学）
陶佩君（河北农业大学）
崔福柱（山西农业大学）
审 稿 人 卢　敏　侯立白　邵喜文

前　言

本书是在2005年版本的基础上，结合新时期农村发展需要和国内外农业推广学理论的发展进行了修订。教材内容力求理论联系实际，反映国际农业推广改革的基本趋势和理论研究的最新进展。并结合我国农业推广的历史、现状和未来发展趋势，全面、系统地阐述现代农业推广的理论、方法和实践。在修订过程中，坚持理论联系实际，力争将作者最新的科研成果以案例的形式呈现给读者，以提高其前瞻性和生动性。

本书由吉林农业大学卢敏博士主编，参加编写的人员来自中国北方6所高等院校和吉林省农业技术推广总站的13名从事农村发展与推广教学与科研工作的教师和研究人员构成。

本书的分工为：第一章由陈志英编写，第二章由许文娟编写，第三章由崔勇福编写，第四章由郝建平、卢敏编写，第五章由张雯编写，第六章由卢敏编写，第七章由段巍巍编写，第八章由李华编写，第九章由陈志英、侯立白编写，第十章由郭程瑾、陶佩君编写，第十一章由李华、陈立玲编写，第十二章由卢敏编写。

本教材可作为农村区域发展、农业经济管理和农学类各专业本科生以及农业推广硕士学位研究生和一村一个大学生工程的教材，也可用做农业院校其他专业本科生的选修教材，同时还可以作为从事农村发展与推广、农业经济管理以及农业科技与公共管理的工作人员的参考书。

本书的出版得到中国农业出版社、吉林农业大学教材科及各参与编写单位的鼎力支持。在此，我们对为本书的出版给予支持的单位和个人以及所有参考文献的作者表示感谢。

限于时间和编者水平有限，书中难免有错误与不妥之处，敬请读者指正。

编　者

2008年10月

目　录

第一章 绪　论

【本章学习要点】主要了解国内外农业推广活动的产生和发展过程，学习农业推广的基本概念与功能，以及农业推广学的基本概念及学科性质。重点掌握农业推广、农业推广学的基本概念及它们的产生和发展过程。

农业推广活动是伴随农业生产活动而发生、发展起来的一项专门活动。随着农业推广活动的逐渐深入，农业推广已成为为农业和农村发展服务的一项社会事业。由于不同国家政治、经济、文化的差别，农业和农村发展各阶段农业生产力发展水平的不同，农业推广活动的内容、形式、方法有很大的差异。然而，追溯其本质，都是以推广为动力来改变农民的行为，促进农业和农村的发展。农业推广活动有着悠久的历史和演变过程，但用科学的方法来研究它，只是近百年的事。同时，随着研究的不断深入，农业推广学作为一门学科应运而生。

第一节　农业推广活动的产生与发展

一、我国农业推广活动的产生与发展

（一）我国古代农业推广活动

1. 远古时代的教稼。我国远古原始农业阶段的教稼，相传开创于神农时代，在尧舜以后得到发展。这里的教稼有推广的含义，稼指种植谷物，教稼就是指导人们种植谷物。在开创原始农业的神农时代，农业知识与技术经验的传播与扩散十分缓慢，主要通过民族部落内部人们的共同劳动与集体生活，以观察、模仿、言传身教等方式世代传习；同时也会通过各民族部落间的迁移、接触或争战，以相互影响、传播、仿效的方式进行波浪式的扩散。当时，教稼的内容也十分简单，主要是传播粗放的烧荒、垦种技术和原始驯养技术。

直到 4 000 年前的尧舜时代，原始农业阶段的教稼，才由自发传播转向自觉推广，并开始逐步形成行政推广体制。据古籍证述，尧帝“拜弃为农师”，

指导人们务农。尔后，舜帝继位，遂命弃主管农业，封官号为“后稷”，从此就有了专门负责教稼的农师和主管农业的官员。古籍记述并称道：“后稷教人稼穑，树艺五谷，五谷熟而民人育”。由于后稷教稼有方，我国原始农业开始走向成熟。

自尧舜以后，又历经夏、商、西周三个王朝1 300多年的发展，主要农作物：五谷、桑麻和若干蔬菜、果树均有种植；还创造了农田沟洫和垄作，开始使用青铜农具，耕作制度也由撂荒逐步改为休闲；不仅懂得了物候、农时，发明了历法，还掌握了以火治虫、中耕除草技术；开始应用仓廪贮藏，懂得采用干制、腌制技术加工农产品；同时也已驯化了六畜，并掌握了成群牧养和舍饲技术。与此同时，后稷的重农治国思想和行政教稼制度也得到发展，并初步形成了从中央到地方较为完整的教稼体制，使以教育、督导与行政管理、诏令相结合的教稼方式渐趋定型。在教稼过程中，由于加入了行政干预，使农牧业先进地区的许多技术经验得以较快地向其周围地区呈波浪式传播。

2. *古代的劝农*。劝农是教稼的延续和发展，在继续保持教导稼穑之外，更强调以行政手段劝勉农桑，以贯彻朝廷农本治国的政策。自汉初开始采取劝农政策，并从中央到地方确立劝农管制以后，历代沿袭，有些朝代还辅以民间农师，合力劝农。

在我国古代的古籍和农书中，可以找出大量劝农史实，如西汉劝农官赵过在推广“代田”法（一种垄沟与垄台隔年互换，垄沟中条播的耕种法）及其配套的耧车（一种条播农具）中，首创培训与试验、示范、推广相结合的跳跃式传播范例；宋太宗时期首创“农师制”，充分发挥民间力量配合官方做好劝农工作；元明之际黄道婆传授棉花加工纺织技术；明清之际陈振龙在福建推广甘薯；清康熙年间李煦试种双季稻，形成试验、示范、繁殖、推广整套科学程序。这些均是我国古代劝农的一些创举和辉煌业绩。

（二）清朝末期至新中国成立以前的农业推广活动

当西方进入资本主义社会时，我国仍停滞于封建社会，鸦片战争后逐步沦为半殖民地半封建社会。在这种背景下，清末的洋务和维新派，从19世纪60年代开始向欧美、日本学习，兴办学堂，引进科学技术，创办实业，改良农业。

19世纪末，洋务派张之洞（曾出任清政府农工商部大臣），维新派康有为、实业家张謇（曾出任北洋政府农商总长）、民主革命先驱孙中山都力办农业教育。1902—1903年，清政府先后颁布一系列兴办学堂章程。到1909年全国共兴办农业大学1所、高等农学堂5所，中等农学堂31所，初等农学堂59所，培养农业技术和推广人才。同时，我国仿照日本劝农体制建立农业科研机构。1902年在保定建立综合性的直隶农事试验场；1906年在北京创立中央农事试验场，设有树艺、园艺、蚕丝、化验、病虫害等分科，这是第一个国家级农业科研机构；1909年在上海创建育蚕试验场，这是全国第一所专业性农业科研机构。辛亥革命前，全国各地共建成20余所农业科研机构，这标志着我国农业技术由单靠经验积累逐步向实验研究转轨。历经曲折发展，我国农业科研体系才逐步建成，并在培育良种、改良农具、改进生产技术方面取得成果。但清末民初，尚处于萌芽阶段的农业科研机构，由于人员很少、经费缺乏、经验不足，所起作用有限。

1905年清政府设农工商部掌管全国实业，下分四司，农司居首，并在北京创办农事试验场。1906年清政府制定农会简章共23条，要求各省设立农会。次年，在保定成立农会。1909年，清政府正式颁布推广农林简章22条，规定奖励垦荒，办农务学堂，设农事试验场、农村讲习所等。

20世纪20至30年代，各高等农业学校纷纷仿效美国大学农学院成立农业推广部，大力推广棉、麦、家蚕良种和病虫防治技术，改良农具；创办农业刊物，编印推广读物；合办农业推广实验区，逐步开展各项推广工作。到20世纪30年代各农业院校已普遍设立农业推广部、处，并广开农业推广课程。自此以后，我国农业教育由清末模仿日本转向借鉴美国赠地学院模式。1923年在北京成立了中华平民教育促进会等社团，这些社团开始到农村建立实验区，以农民为对象进行乡村社会调查、乡村教育和农业推广。

民国政府成立以后，为了促进农业发展，十分重视农业推广工作，农业推广工作主要制定和公布了一系列有关推广的法规，建立各级农业推广机构。如1929年1月由农矿、内政、教育三部共同公布《农业推广规程》，这是我国最早的农业推广基本法规，它提出农业推广的宗旨为："普及农业科学知识，提高农民技能，改进农业生产方法，改善农村组织、农民生活及促进农民合作。"同年还成立了农业推广委员会，隶属实业部，其主要职责为：制订方案、法规，审核章程、报告，设置中央直属实验区，检查各省农业推广工作，编印推广季刊。1930年国民党政府还通过了《省农业推广委员会组织纲要》、《农业专科以上学校推广组织纲要》、《模范农业推广区组织章程》。战争期间，为加速增加粮食产量，成立"农产促进委员会"，并先后制定《全国农业推广实施计划纲要》及《全国农业推广实施办法大纲》，辅导各省、县级推广机构，展开农业粮食增产工作。1940年农产促进委员会组织农业推广巡回辅导团，分设农业推广、农业生产、作物病虫害、畜牧兽医、农村经济及乡村妇女等组，采取巡回辅导方式以促进地方推广事业。但由于历年战乱，民不聊生，推广体制混乱，推广人员少、素质差、经费短缺，推广工作成效不大，进展也只是在农业院校和一些零星地区。当时的一些学者也效法西方编写了农业推广书籍，如1935年金陵大学农学院章之汶、李醒愚合著了《农业推广》一书，同年孙希复编写了《农业推广方法》一书，以及1947年宋希庠编写的《中国历代劝农考》等书，但我国自己的研究成果很少。

（三）新中国成立以来的农业推广活动

1949年新中国成立，使我国农村生产关系发生了重大改变，农民生产积极性高涨，给推广事业发展带来生机。1952年，农业部制订了1953年《农业技术推广方案》，要求各级政府设立专业机构和配备干部开展农业技术推广工作。1955年农业部发布《关于农业技术推广站工作的指示》，规定农业推广站的任务是：①推广新式农具，传授使用和维修技术；②推广作物优良品种，改进耕作栽培技术；③改进牲畜饲养管理方法，推广家畜繁殖和防疫工作；④宣传农村政策，帮助农业生产合作社改善管理；⑤培养农民技术骨干，帮助农民建立技术组织；⑥总结农民增产经验等。到1957年全国的农业技术推广站已达13 669个，有农业技术推广人员9.3万名，为恢复农村经济、提高农业生产做出了巨大贡献。

20世纪50年代后期，由于“左”的错误影响和三年自然灾害，推广事业受到冲击，1962年后才开始恢复。到1965年，全国恢复农村推广站14 460个，共有农业技术推广人员76 560名，各地县农技站还出现了专业分工，设置了农技、种子、土肥、植保、农机、畜牧等站。

“文化大革命”期间，农业技术推广机构瘫痪，人员思想混乱，没有正常的工作秩序。在动乱的形势下，湖南省华容县从1969年开始创办县办农科所、公社办农科站、生产大队办农科队、生产队办农科小组“四级农科网”，从事农业实验活动，1972年得到农林部肯定，决定在全国推广。到1975年，全国已有1 140个县建立了农科所，26 872个公社建立了农科站，332 233个大队建立了农科队，224万个生产队建立了农科组。“四级农科网”在传播农业科技知识、培训农民技术员、推广农业技术、提高农业生产水平等方面起了一定的作用。但过分强调群众搞科研，贬低专家和科研机构的作用，造成了一些不良影响。

1978年，党的十一届三中全会以后，我国农业进入了一个历史性的转变时期。随着农村经济体制改革的深入，联产承包责任制的实行，农民生产积极性高涨，依靠科技致富的愿望，促使我国的农业推广工作也逐步进行了一系列改革。1980年，中共中央1号文件决定“要恢复和健全各级农业技术推广机构，重点办好县一级机构，逐步把技术推广、植保、土肥等农业技术推广机构结合起来，实行统一领导。”1982年农业部决定建立农业技术推广中心，到

1985年，全国建立“县中心”共500个，“七五”末，县级中心已发展到2 000多个。至此，从中央到地方的各级农业技术推广体系已完全建立起来，从事技术推广的人员近100万人。在农村基层还有74 000多个农民协会，拥有农民技术员十几万人。这支庞大的队伍，长期在农村推广科学技术，做了大量工作，为发展农业生产、振兴农村经济发挥了重要作用。

1993年7月，我国正式颁布实施《中华人民共和国农业技术推广法》，对推广工作的原则、推广体系的职责、推广工作的规范和国家对推广工作的保障机制等重大问题做出了原则规定，是我国农业推广事业的一个里程碑。1995年，农业部将全国农业技术推广总站、全国植物保护总站、全国土壤肥料总站、全国种子总站合并，组建了全国农业技术推广服务中心，使其成为全国种植业技术推广的龙头。目前我国乡以上共有种植业、养殖业、农机、农经农业推广机构22.2万个，推广人员125万余人。还有15万个农民专业合作服务组织。

党的十四大以后，我国实行了社会主义市场经济体制，政治和经济体制的一系列变化，促进了我国农村经济形式和内容的改变，农民的地位也发生了根本变化，由简单的生产者变为融生产者、经营者、管理者为一体的经济人和社会人。特别是农民生活由温饱型向小康型的转变，使得我们在计划经济条件下形成的为生产服务的技术推广模式已不适应。农民要求推广人员提供商品生产的产前、产中、产后系列化服务。这样，简单的行政观念、生产观念已不起作用，而效益观念成为主导意识。我国实施“科教兴国”战略后，要求农业技术推广的概念必须拓宽，迫使我们不得不重新审视农业推广的客观规律，也促使学者们开始引进行为学、传播学、心理学、社会学等理论来研究农业推广问题，并在国外已有的农业推广理论的基础上，开始创立具有中国特色的农业推广理论。

（四）我国台湾省的农业推广活动

作为亚洲“四小龙”之一的我国台湾省，农业非常发达，这离不开其富有特色的农业推广体系。下面简要介绍我国台湾省的农业推广情况，以供我国内地各省份借鉴。

1. 台湾省农业推广体系的演变。我国台湾省农业推广体系的演变发展有其特殊的历史背景。近300多年来，大体上可划分为三个历史阶段：

(1) 古代劝农阶段。1661—1894年，自郑成功从荷兰殖民者手中收复台湾起，到日本侵占台湾前。

(2) 近代农业推广发展阶段。1894—1945年，自日本侵占台湾后，开始推行政府与农会双轨推广体制，采取政令强制手段，推广近代农业技术，目的在于大量掠夺当地农产品。

(3) 现代农业推广的创造、发展、升级阶段。1945年抗战胜利，台湾重新回归祖国，经历一段过渡时期，先后改组原有推广体制，实施土地改革、整顿农会，成立“中美农村复兴委员会”，转而效法美国教育引导式的农业推广。从1952年起，逐步走上现代农业推广的创造、发展、升级阶段。这一阶段又可细分为三个时期：

①教育引导式农业推广组织的创建时期。20世纪50至60年代，通过建立、发展农村青少年组织四健会，成年农民组织农事研究班，农村妇女组织家政改进班，全方位引导农民采用新观念、新技术、新方法，提高产量，改善生活，使战后农业迅速恢复发展。

②现代农业推广发展时期。20世纪70至80年代中期，随着台湾省农业的发展和经济的起飞，农业推广的重点由增加产量转向提高效益，由固守传统产品转向发展新兴产品，由推广生产技术转向指导合作营销，由局限于改善农家生活转向农产品促销。总之，这一时期的农业推广又上了一个台阶。通过农业生产结构，大力发展园艺、特种作物、畜禽、水产品生产，组织专业化共同经营组织、家政推广组织，参与引导消费，促使我国台湾省农业由适应温饱型、小康型需求加速转向适应富裕型需求。

③现代农业推广的升级时期。由20世纪80年代中期开始，随着我国台湾省农业面临一系列新问题，当局提出“加速农业升级，发展精致农业”的对策，采取“培养核心农民”政策；调动专家、教授参与指导农业转型，发展科技密集型的设施农业、创汇农业和高效农业，发展集观光、游乐、度假、尝鲜、购物于一体的休闲农业；加强农产品市场体系建设，发展共同营销组织，促进农产品零售现代化等等。农业推广也随之升级，同时也促进了农业升级。

台湾省目前的农业推广体系既或多或少地继承了我国古代劝农的传统，又保留了某些日本式农业推广的做法，更多地显示出一套美国式的农业推广，同时也包含若干自身的创造，主要由主管、执行、辅助三个系统组成。农业推广工作，由省农业厅，各县、市政府农林科，各乡镇公所建设科主管，并由主管机关委托同级农业推广教育辅导委员会编制农业推广计划，下达给当地农会执行。农业推广教育辅导委员会，由主管机关、农会派员，并联合专家共同组成，省、县、市、乡镇农会以及基层农会会员组成的农事研究班、共同经营班、家庭改进班、四健会，则是农业推广的执行系统。同时，省府的粮食局、物资局、烟酒公卖局、台湾糖业公司等一批与农产品购销加工有关的机关、企业，也通过采用契约生产方式参与推广，这是农业推广的辅助系统之一。此外，农业研究机构和农业院校负责培训推广人员，进行技术辅导，这是农业推广的又一辅导系统。如：台北、新竹、台中、花莲、高雄、台南六个区的农业改良场，全设有推广组，科研与推广并重。台湾大学农学院先后成立农业推广中心，开办农业推广系，设立农业推广研究所。中兴大学农学院也设有农业推广委员会。

2. 农会的农业推广工作。台湾省组建农会已有 90 多年的历史，1900 年在台北县三峡镇组建了第一个最早的农会。农会是农民维护自身政治、经济利益的社团。后为日本统治者改组，直到土地改革之前，在相当长的一段时期内，农会领导权为地主所控制。1952 年以后，台湾经过土地改革，92%的农田转到农民手中。农会经过改组，并借鉴美国的经验，在“中美农村复兴委员会”帮助下，组建起四健会、农事研究班、家政改进班等一系列农会，开展推广教育。1952 年分别在 7 所农业职业学校和 4 个乡镇组织了第一批四健会。到 1961 年，在 72 所学校和 225 个乡镇共组织了 5 277 个四健会，会员发展到 6.53 万名。从 20 世纪 60 年代以来，聘用专任四健会指导员一直保持在 300 多人。农事研究班始创于 1957 年，目前，全省从事农事研究班和共同经营班推广工作的专职指导员达 1 200～1 300 人，另有农民义务指导员约 9 000 多人，共同辅导 70 多万个农户。这种推广教育组织，对引导农民发展生产经营，组织农民搞好共同作业和合作营销，相当成功。家政改进班也创建于 1957 年，全省配备 350～370 名专职家政指导员，另有 4 000 多名义指导员配合。最终逐步使农会真正成为经济性、教育性、社会性的公益社团，真正成为台湾农业推广系统的主干。

二、国外农业推广活动的产生与发展

（一）欧洲农业推广的起源和发展

欧洲各国的农业推广活动是伴随 18 世纪中叶的产业革命而产生与发展的。开始于英国的产业革命促进了西方社会的经济发展，各国倡导学习农业科学技术，18 世纪在欧洲出现了各种改良农业会社，1723 年在苏格兰成立了农业知识改进协会，1761 年法国有了农学家协会。这些由农民自己组织起来的团体，交流农业技术和经营经验，出版农业书刊，传播农业知识和信息，帮助大家改进工作，成为西方最早的农业推广组织。

19 世纪中叶，由于马铃薯晚疫病大发生而引起的马铃薯大饥荒时期，爱尔兰于 1847 年成立了农业咨询和指导性的服务机构，派出人员到南部和西部受饥荒最严重的地区指导工作，这是近代推广史上的一次重大活动。1866 年，英国剑桥、牛津大学一改贵族教育的传统，主动适应社会对知识、技术的需要，开始派巡回教师到校外进行教学活动，为那些不能进入大学的人提供教育机会，从而创立“推广教育”（extension education），其意义在于把大学教育扩展到校外，面向当地普通大众和农民。其后，推广教育被英国和其他各国接受并普遍使用。

（二）美国农业推广的发展

1766年美国独立后，随着农业迅速发展和农业资本主义经济日渐发达，对农业推广的需求也日益迫切，相继通过立法程序，建立了农业教育、科研、推广相结合的合作推广体系，使美国的农业推广迅速发展。

1. *农业教育的发展*。美国在19世纪前期的农业传播同欧洲农业改良运动类似，主要是农业团体进行组织活动。1855年在密执安州通过法案成立州学院，是美国最早的农业科学教育学院，也是美国赠地学院的先驱。1862年林肯总统签署了《莫里哀法》（Morrill Act of 1862），也称赠地学院法。该法案规定：拨给各州一定面积的联邦公有土地拍卖，以筹集资金，每州至少成立一所开设农业和机械课程的州立学院。这个法案促进了农业教育的普及，相继在各州成立的赠地学院为广大农村青年提供受教育的机会。

2. *农业科研的发展*。1876年，康涅狄格州威斯里尔大学创办农业实验站，由赠地学院的教授参加试验站的研究工作，以解决农业生产和农村生活中面临的问题。1877年，美国国会通过《哈奇法》（Hatch Act of 1877），即哈奇试验站法。该法规定：为了获取和传播农业信息，促进农业科学研究，由联邦政府和州政府拨款，建立州农业试验站。试验站是美国农业部、州和州立大学农学院共同领导的，以农学院为主的农业科学研究机构，是农学院的一个组成部分。试验站研究出的新成果和新技术，对促进美国农业生产起了重大作用。

3. *农业推广活动的开展*。赠地学院的教师在同农民的接触中，了解到农民迫切要求应用新的农业科学知识提高农业生产，开始对农民进行农业科学的推广活动。1890年成立美国大学推广教育协会。1892年芝加哥威斯康星大学开始组织大学推广项目。以后，衣阿华州农学院农学系主任霍尔登教授，用一个“玉米种子车厢”沿铁路线到处展出，由教师和高年级学生向农民示范和讲解玉米种的选择和检验。上述事例表明，19世纪中后期，美国赠地学院从建立以后，为适应农民的需要参加农业推广活动，到1907年，39个州内42所学院都参加了农业推广活动。

4. *合作推广体系的建立*。1905年，美国的农学院和试验站协会设立推广工作常设委员会。1910年，犹他州农学院开始设立农业推广处，由农学院和农业试验站合作负责推广工作，举办农业培训班，组织农民讲座，对农民进行技术示范，推广处成了学校的一个重要部门。到1910年，有35所农学院成立了农业推广系。

1914年5月8日，威尔逊总统签署了《史密斯—利弗法》(Smith - Lever Act)，即合作推广法。该法规定，由联邦政府拨经费和州、县拨款，资助各州、县建立合作推广服务体系；推广服务工作由农业部和农学院合作领导，以农学院为主。这一法案的执行，形成了美国赠地学院教学、科研和农业推广三结合的体制。

实行教学、科研、推广三结合，统一由农学院领导的体制，是美国高等农业学校的特点，也是美国创建的一种农业推广体系。这种推广体系自20世纪建立以来，在美国沿袭下来，并对世界其他国家产生了广泛影响。目前世界上许多国家的农业推广体系都是模仿美国的教学、科研、推广三结合的合作推广体系建立起来的。

（三）日本的农业改良普及

日本自明治维新年代起，在厉行劝农政策中，就开始学习欧美农业改良运动，通过政府开展农业改良试验和普及应用的工作。20世纪20年代以后，随着农业经济和农业教育的发展，由农业团体和农业学校进行的各种农业推广，也很快发展起来。第二次世界大战后，日本政府仿效美国农业推广制度，建立农业改良普及体系，对迅速恢复和发展农村经济起了重要的促进作用。

1868年，明治天皇施行新政，不断实施各种向西方学习的开明措施。农业方面强调农本主义，厉行传统的劝农政策，同时积极引进西方的先进农业技术，派遣留学生赴欧美各国留学，聘请外国教师讲学，以谋求农业的改良。明治内阁中设立管农业的劝业寮，1877年改为劝农寮。从1870年起，先后设立劝农场、育种场、垦殖学校，组织农谈会，逐步发展农业改良与教育。1881年设农事教场、农事讲习所。1885年，由农商务省和日本农会设“农事巡回教师”，对农民进行通俗教育。1877年日本政府颁发《农事改良必行事项》以后，各府县相继设立农事试验场，并由试验场职员兼任巡回指导，进行农作物改良试验和巡回讲授。1899年制定《农会法》，在郡、县、镇、村成立农会，进行农事改良活动，并选派经过农事试验场培训的技术员巡回指导，推广试验场的研究成果。18世纪后期和19世纪前期，日本农业推广主要是由政府倡导和组织进行，基本形式是举办以实物展览教育为中心的劝业博览会、劝业演讲会、传习会，以及开展各种巡回指导活动。

20世纪20年代至第二次世界大战以前，为了推行农村经济更生计划，克服世界性经济危机带来的日本农业危机，日本农业改良普及运动也有了新的发展和变化。战前的日本农业行政机关，在内阁中设农林省，在地方的各县政府内设农林科，其职能主要是制定农业计划、制定农业法规。农事试验场分国立与地方两种，前者不直接办理推广，后者为各地技术推广中心。这一时期，直接实施农业推广的主要是农会和农业合作组织，农业学校也逐步开展校外推广活动。到二次大战前，日本有大小农会 1.2 万余个，会员 800 万人。农会组织的推广活动着重奖励农业推广项目，增加农民福利，举办展览、评比。日本农会的基本组织是农家组合，每村 20 户以上即可成立组合，有会员 470 余万人。农家组合办理各项农事改良和解决农业经营中的各种问题。同时还有农村青年团，男女团员共 400 万人以上，对农村改进和农业推广有很大贡献。日本的农业教育，自 1919 年以后，得到了迅速的发展。1926 年，日本农业院校校长会议的决议事项中要求："更努力于举办讲习班，做学术报告和现场指导等校外活动"。

第二次世界大战之后，日本采取了一系列恢复和发展农业生产的措施。首先在农林省农蚕园艺局设立普及部，主管农业改良普及工作。同时建立指导农场制，每 3～5 个村镇建立一个指导农场，设"粮食增产指导员"，大力开展以增产粮食为中心的农业技术普及活动。1949 年开始进行普及员资格考试，对合格者，正式任命为改良普及员。1955 年日本修订了《农业改良助长法》，由国家和地方共同负责发展农业改良普及事业。在中央农林省的农业改进局分设推广、研究处。推广处下设三科：推广科以成人为对象；教育科以青年为对象；家庭改进科以妇女为对象。在县府的农政科内设农业普及组，与县农事试验场的专家共同领导，分区派驻农业改良普及员和生活改进普及员。

1958 年，将普及员的驻地称为农业改良普及所，全国共有1 568所，每所 6～7 名普及员，扩大了负责的范围。普及所的任务是：研究农业生产形势，听取农民和市、镇、村当局的意见，制定普及年度计划并按计划进行活动。20 世纪 60 年代，全国改良普及所合并为 630 个，负责范围进一步扩大，活动内容也更多样化。20 世纪 70 年代以后，农民进修成为普及事业的主要环节，各道、府、县纷纷创办农民研修所。20 世纪 80 年代初期，农民研修所发展为"农业者大学校"的已有 39 所。

1981 年秋，日本召开"推广事业研究会"，对农业推广工作提出以下重点任务：①组织强有力的技术队伍，对农业生产技术及农业经营进行指导，特别是高综合技术的迅速普及。②指导各地区的农业发展方向，并协助组织落实推广地区的农业振兴。③培养能辅导农民学习科学技术、提供信息、有组织能力的农业骨干力量，培养优秀的农业后继者。④结合生产及生活，指导农民劳逸结合，合理安排劳动，维持和提高农民的健康水平，加强农村社会的活动。

现在，日本农业推广的指导重点已从物转为人，从单方面的指导和督促农民生产粮食转为培养农民的自觉性，提高农民自身的能力，向农民提供信息和咨询。

（四）印度农业推广的发展

印度在英国殖民地时期，农业改进很少，农业推广的基础也很差。独立后，坚持推行农业开发方针，积极发展农业教育、科研和推广事业，成效显著。目前已成为发展中国家的一个先进农业国。

1. *印度独立后的早期农业开发培训*。印度在英国殖民地时期，农业改进很少，农业推广的基础也很差。1947 年独立后，开始重视农村的开发建设工作。1952 年推广集约化农业的社区开发计划，需要大量从事农村开发工作的各种专业人员。为了对农村开发工作人员进行农业、畜牧、农村合作、公共卫生等方面的培训，由中央和联邦政府农业系统的农业推广机构，在全国建立 43 个推广培训中心。1953 年增为 100 个推广培训中心，1955 年以后，由于社区开发计划需要大量农村妇女工作人员，又设立了 46 个妇女培训中心。1956 年成立 14 个乡村学院，对农村群众进行农业技术、卫生等有关教育。1959 年作为社区发展计划的一部分，又正式建立了农村青年俱乐部，进行作物栽培、庭园、养禽、养牛、编织、缝纫、食品与营养、家畜饲养的技术教育。

2. *农业大学的建立及其推广服务*。印度独立时，有 17 所农学院，规模很小，平均每校学生不到 100 人，而且只搞教学工作，不对农村社会承担义务。1949 年，大学教育委员会以美国赠地学院的方式在每个邦建立“农林大学”。1960 年在北方邦的潘特拉加，建立了第一所农业大学，这是印度高等农业教育的历史转折。接着在其他许多邦也相继建立了农业大学。1966 年，印度农业研究委员会制定农业大学《规范法》，强调农业大学要为农业和农村社会服务，着重加快解决农村的社会经济问题，实行教学、科研、推广相结合。这就使印度农业大学具有教学、科研、推广三种职能。因此，在农业大学设有推广机构，负责推广服务。有的农业大学还设有推广教育系，没有推广系的也都开设了推广教育课程。但是，由于过去的领导体制和传统习惯，印度农业大学的推广职能并没有充分发挥。这同美国农学院的情况相比，还有相当大的差别。

3. *农业开发培训和推广服务的发展*。进入 20 世纪 70 年代以来，印度大力推行“绿色革命”和集约农业的发展战略。1971 年时印度全国共有 1.3 亿农业劳动力，文化素质很低，若没有适当的技术培训，就不能使农业科学技术应用于生产和造福于农民。因此，印度政府加强了农业开发培训体系建设，农业大学和农业研究部门的推广服务工作也随之发展起来。在农村开发人员的培训方面，政府在全国建立了三所推广教育学院，对农村推广人员和农村培训中心的教员进行在职培训；同时，采取和农业大学、研究所联合组织短训班的方式，对农业部推广局的官员进行培训。1977 年后，国立农村开发学院和邦社区开发学院专门培训农村开发人员。同时，改组后的印度农业委员会所属的部分专业研究机构也承担培训农业开发人员的任务。在农民培训方面，印度政府在引进和推广畜产品种和其他开发项目计划中，在各开发区建立了农民培训中心，对农民进行新技术的培训。印度的农业大学在一些开发地区，派出专家与邦政府的开发人员配合，为农民提供短期培训和咨询服务，少数农业大学还建立农民培训学校，主要培训青年农民。1971 年，旁遮普农业大学开始创办函授教育，为有一定文化的农民提供一年制的农民课程。1974 年印度农业研究委员会开始建立农业科学中心，以农业生产为主要目标，以"在做中学"为学习方法，使农民了解一些科学知识，学习技术和增强解决实际问题的能力。

第二节　农业推广的基本概念与功能

一、农业推广的基本概念

从世界农业推广发展的历史来看，农业推广的涵义是随着时间、空间的变化而演变的；是随着各国的历史特征、国情、组织方式的不同及所要实现的目标各异而演变的。这就使得这一术语有不同的涵义和解释。因此，很难对"农业推广"这个术语下一个确切的定义。但是，每一种涵义都在不同程度上反映了农业推广的目标、内容、方式与方法等，这些都构成了农业推广的基本要素，这就为各国提供了可供选择的推广方式。

（一）农业推广的涵义

1. 狭义农业推广。狭义的农业推广在国外起源于英国剑桥大学的"推广教育"和早期美国大学的"农业推广"。其涵义是指对农事生产的指导，即把大学和科研机构的科学研究成果，通过适当的方法介绍给农民，使农民获得新的知识和技能，并且应用在生产中，从而提高产量，增加收入。其工作业务范围大都以种植业、养殖业为主，针对各地农业生产中存在的技术问题，着重推广农业改良的技术和进行技术的扩散。目前世界上一些发展中国家和欠发达国家的农业推广工作内容仍属于这种以种植业、养殖业为主的生产技术推广的狭义的农业推广。我国长期以来沿用农业技术推广的概念涵义，也属此范畴。目前我国农业推广工作正处于由狭义农业推广向广义农业推广过渡阶段。

2. 广义农业推广。广义的农业推广是西方发达国家广为流传的农业推广概念，它是农业生产发展到一定水平，农产品产量已满足或已过剩，市场因素成为农业生产和农村发展主导因素，及提高生活质量成为人们追求目标的产物。广义的农业推广是指除单纯推广农业技术外，还包括教育农民、组织农民、培养农民义务领袖及改善农民实际生活质量等方面。因此，广义的农业推广是以农村社会为范围，以农民为对象，以家庭农场或农家为中心，以农民实际需要为内容，以改善农民生活质量为最终目标的农村社会教育。

其工作业务范围很广，以农村发展需要为依据，一般包括以下10个方面：有效的农业生产指导；农产品运销、加工、贮藏指导；市场信息和价格指导；资源利用和自然资源保护指导；农家经营和管理计划指导；农家家庭生活指导；乡村领导人才培养和使用指导；乡村青年人才培养和使用指导，对农村青年进行有组织的手、脑、身、心的“四健”教育；乡村团体工作改善指导；公共关系指导。

世界上许多摆脱贫困国家的农业推广都是指广义的农业推广。

3. 现代农业推广。当代西方发达国家，农业已实现了现代化、商品化和企业化。从事农业的农民文化素质和科技知识水平已得到普遍提高，农产品产量大幅度增加，农民面临的主要问题是：如何在生产过剩情况下提高农产品的质量和农业经营的效益，因此在激烈的商品经济竞争中，不再满足推广人员的生产技术和经营知识的一般指导，他们更需要推广人员能提供科技、市场、金融等多方面信息和咨询服务。因此，学者们提出了“现代农业推广”的概念。现代农业推广是指不仅仅是农业生产技术的内容以及随着“技术转让”所需要提供的教育过程，更侧重在信息传播、传讯所形成的不断为农业、农村、农民提供信息的动态过程。世界上发达国家的推广多侧重于农村教育和信息咨询。

因此，可以做如下总结：狭义农业推广大多存在于传统农业阶段，农业商品生产不发达，其主要特征是“技术指导”；广义农业推广存在于传统农业向现代农业过渡阶段，农业商品生产比较发达，其主要特征是“教育”；现代农业推广则是一个国家已实现农业现代化，农业商品生产高度发达阶段的农业推广，以“信息传播与咨询”为主要特征。

4. 中国特色的农业推广。20世纪90年代以来，我国农业进入了新的发展阶段，特别是建立社会主义市场经济体制，实施“科教兴国”战略，对我国农业推广理论和方法提出了新的挑战。要适应改革和经济发展的新形势，我国狭义的农业技术推广的概念必须拓宽。必须借鉴国外农业推广的经验并结合我国国情，探索一条具有中国特色的农业推广的道路。中国特色的农业推广的涵义应该是：应用自然科学和社会科学原理，采取教育、咨询、开发、服务等形式，采用示范、培训、技术指导等方法，将农业创新扩散、普及应用到农业、农村、农民中去，从而实现发展农业生产、繁荣农村经济和改善农民生活的目标。

（二）农业推广基本概念的界定

综合上述农业推广涵义的分析可以看出，由于农业推广的不断发展，农业推广的涵义也是在不断变化和发展，但是，仍然有其共同的涵义。并从中可以概括当今农业推广工作具有以下共同特点。

1. 农业推广工作特点。

（1）农业推广是政府促进农业发展的一种政策手段。农业推广是农业发展的一个基本组成部分，农业推广目标服从于农业发展目标的要求，这决定了两者是不可分离的。政府制定的农业发展目标，是确定推广策略、目标以及实施方案的指导方针。政府可用农业推广实现改变农民的行为，最终实现政府发展农业的目标。

（2）农业推广是农业创新“扩散—接受”系统。农业研究、农业推广与农民从整体上看可形成两个流程，即研究通过推广达到农民的技术流程和农民对研究通过推广达到需要的回程，以及直接加上农民—研究者的反馈。这里技术是研究的产物，推广是扩散—接受系统，农民是用户。因此，研究成果如果被扩散—接受系统所应用，就会形成现实生产力，同时也会发现许多实际应用上的问题，把农民遇到的问题，带回试验研究，有力地促进、充实和改善研究，然后再将其结果带回到农村应用。因此，如果研究成果不通过推广传播给农民，研究是无用的。没有农民、推广工作者和研究人员对情况、问题、研究成果的使用经验等方面的交流，研究也不可能有效。

（3）农业推广可以诱导农民行为的自愿变革。农业推广活动实质上是组织与教育（或沟通）农民的过程，是通过有组织的干预沟通，诱导农民行为自愿变革的过程。

人类行为可以分为四个层面：知识层面，指知识、智能等；态度层面，指人们对人、事、物的反应和感觉，人生观以及价值标准等；技能层面，指人们的操作技能和思维技能，即处理问题的方法；期望层面，指人们永远在追求的各种愿望。农业推广活动可以影响农民行为四个层面的任何一个层面或几个层面，使农民行为自愿变革，有可能带来正效应（+），也可能带来负效应（—），都会影响和促进环境变革。

（4）农业推广是一种农村社会教育活动。农业推广的对象是人而不是物。其基本目的在于开发民智，其性质属于教育性。这种教育是以农村社会为范围，以全体农民为对象，以农民的实际需要为出发点，以新的经验和先进的科学技术、经营管理知识与技能为教材，以提高农业生产、改善农民生活质量、发展农村社会经济为目的的一种特殊的农村社会教育活动。

（5）农业推广是一种沟通过程。这种沟通过程是农业推广人员通过选择能解决农民问题的办法，帮助农民决策的过程。首先，农业推广这一过程，是农业推广人员试图通过激发农民或其家庭，提供可行的帮助，来解决农民自己的问题。其次，农业推广这一过程，是农业推广人员与农民之间的相互合作过程，在这个过程中，农民是决策者，推广人员只能作为辅助者，帮助农民做出决策。

从上述农业推广工作特点，可以看出，任何农业推广活动都是由机构部署的一种职业活动，以特定的内容、特殊的教育（或沟通）形式，实现农业推广目标。

2. *农业推广基本概念的界定*。从上述农业推广的涵义及特点可以看出，由于农业及经济的不断发展，农业推广的内容及内涵也是不断变化和发展的，要给农业推广下一个准确的定义是困难的。但从农业推广活动的实质来看，它是由国家事业机构或民间机构部署的一种有组织的职业活动，其推广过程是通过组织与教育（或沟通）农民，诱导农民行为自愿变革，推广目标是实现国家农业政策的需要及农民自身的需要。因此，我们可以给农业推广的基本概念作如下界定：农业推广是一种发展农村经济的农村社会教育和咨询活动。通过试验、示范、干预、沟通等方式，组织与教育农民，增进知识，改变态度，提高技能，不但使农民采用和传播农业新技术，而且使其自愿改变行为，以改变其生产条件，提高产品产量，增加收入，改善生活质量，提高智力与自我决策能力，从而实现培养新型农民、促进农村社会经济发展的目的。

二、农业推广对农业和农村发展的作用和功能

农业推广对农业和农村发展的作用主要体现在推广工作的内容上，由于社会经济发展水平的变化，使得农业推广的内容呈现由窄变宽的趋势并由此形成不同的阶段。覆盖三个层次达到一个最终目标（见图1-1）。

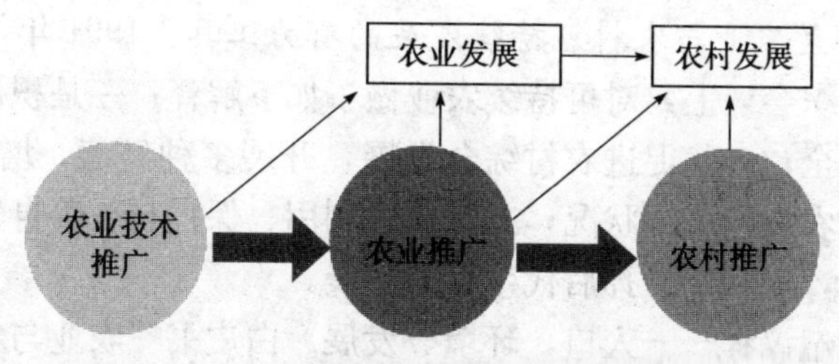

图1-1　农业推广发展阶段和阶段目标

（一）农业推广在农业和农村发展中的作用

1. 农业推广是农业发展中一个必不可少的成分。农业发展意味着传统农业生产方式向以科学为基础的新的生产方式转变。新的生产方式包括：新的技术成分（如新的品种、栽培技术、商品肥料——化肥以及农药等）、新的作物甚至新的农作制度。农民要成功地采用这些新的生产技术，就必须先了解这些技术，然后学会在农作制度中正确使用。

如果农民只是采用单一的新品种，可能涉及推广投入极少；如果农民采用的是复杂技术，涉及栽培技术、农作制度（如：我国引进的水稻抛秧、旱育稀植技术，地膜覆盖技术），农民在成功地采用技术方面就可能有许多东西要学，推广投入就多。农民一旦开始转向以科学为基础的生产方式，就会朝着农业集约化、科学化及产量更高的种植制度或农作制度迈进。这是农业发展的根本。这一转变的每一步都需要教育和传播（或沟通）方面的投入。因此，不管农业推广以何种形式投入，其作用必须看作是农业发展中的一个必不可少的成分。

2. 农业推广是现代农业发展中的一个重要组成部分。农业推广及其他因素要促进现代农业发展，就必须具备以下条件：有农产品的市场；农业技术不断革新；当地提供物资和设备（生产资料等）；要鼓励生产，要使农民有利可图，刺激农民更多地生产；基础设施和鼓励性措施。可见，现代农业发展的实践证明：农业推广并不是农业发展的唯一要素，还有市场、价格、物资的投入、信贷、运销、产前、产中、产后的综合服务以及政策、法律等其他要素，由此构成了农业发展的支持系统。

农业推广作为农业发展的促进系统，必须和其他手段相结合才能提高其影响力，更有效地引导农民自愿行为的改变，加速农业科技成果转化，进而促进农业发展。例如：与农业投入相结合，使得推广有物质方面的保证；与信贷、运销、市场、价格以及综合服务相结合，可使农民在采用技术的过程中充分发挥能力，加速科技成果的转化，扩大推广范围。国家制定的《中华人民共和国农业技术推广法》、《农业法》等，使推广得到政策和法律的保证。有效的农业推广虽然在现代农业发展中不是起到全部的作用，但却是一个重要组成部分。

3. 农业推广是农业与农村可持续发展的有力工具。1991 年，在荷兰召开的联合国粮农组织会议上，对可持续农业做了如下解释：一是积极增加粮食生产，保障粮食安全；二是促进农村综合发展，开展多种经营，增加农民收入，特别要努力消除农村的贫困状况；三是合理利用、保护与改善自然资源，创造良好的生态环境，以利于子孙后代生存与发展。

《中国 21 世纪议程——人口、环境、发展》白皮书“农业与农村可持续发展”一章指出：农业是中国可持续发展的根本保证与优先领域，它的主要目标与内容，一是生产持续性，保持粮食与其他农产品的稳定或持续增长，以满足人类社会的需要；二是经济持续性，在增加粮食产量的同时，全面发展种植业、养殖业和加工业，发展农村经济，增加农民收入，消除贫困；三是生态持续性，保护农业自然环境，促使自然资源的永续利用，特别是保护耕地资源与水资源。不难看出，农业推广的内容、目标与农业可持续发展的内容、目标、涵义是一致的，而且内容更宽。可以说，农业推广是促进农业可持续发展的不可缺少的推动力和工具。

（二）农业推广的功能

提高社会生产力的根本手段是提高劳动生产率，而提高劳动生产率的关键是发展科学技术，并将其应用于生产。科学技术是第一生产力，但科学技术并不等于现实生产力，因为科学技术本身只是潜在的、知识形态的生产力，只有经过推广这个环节，把科学技术普及于农民中，应用于生产上，才能使科技成果转化为生产力，从而促进农业发展、农村经济繁荣，这就是农业推广的特殊巨大功能。同时，从农业推广的作用和基本概念中，我们知道农业推广是一种发展农村经济的农村社会教育和咨询活动。通过农业推广，不仅增进了农民生产和生活方面的知识与技能，改变了态度和行为，改善了农村生产条件与生活环境，而且通过农业科技成果的转化工作，推动了农村生产力的发展，增加了农村社会的物质产量和经济效益，从而发展了农村经济，因此，可以看出农业推广有以下几方面的社会功能：

1. *开展农村教育的功能*。农业推广的性质是教育性，主要通过农业推广活动，实现对广大农民生产与生活的职业教育。当然这种职业教育，从教育对象特点和教育内容来看是不同于学校的基础文化教育和工厂的职业教育，但农业推广的教育形式与方法、教育内容与原则完全能够体现因地制宜、密切结合当地农民的实际需要的特点，使农民在农业生产实践过程和生活过程中通过边学边做或边做边学，达到满足各种情况的农民学习要求，并实现提高农民素质，包括文化与科技知识以及心理与行为特点等方面的社会教育目的，这正是世界各国在农业现代化过程中大力发展农业推广教育的一个重要原因。

2. *农业推广是农业发展机构（研究部门）与目标团体（农民）之间联结的纽带*。农业科技工作包括科研和推广两个重要组成部分，科学研究是农业科技进步的开拓者，无疑是很重要的，但科学研究对农业发展的作用，不是表现在新的科研成果创新之日，而是表现在科研成果应用于生产带来巨大的经济效益和社会效益之时。这就是说，科研成果在农业生产中的实际应用，必须通过农业推广这个中介。通过农业推广不仅不断把研究机构研究出来的新成果、新技术、新方法、新知识向广大农村传播，并扩散给农民，让他们采纳，并在生产上应用，从而达到发展农业生产，增加经济效益的效果。同时，农业推广人员更加了解当地的生产环境、农业生态条件，及时地有针对性地引进适合当地农民需要的农业新科技成果，从而使欠发达地区农业科技得到了开发与发展，经济获得增长，发达地区农村科技有了新的开拓与突破，经济有了明显提高。如果没有这个中介或纽带，再好的科研成果只能停留在展品的阶段，不能转化为现实的农业生产力。同时，农业推广是检验科研成果好坏标准的尺子，科研成果的最终应用要通过目标团体（农民）的实践与检验，表现在能否解决特定的农业问题并反馈到农业研究机构和院校。

3. 农业推广是农业科技成果由潜在生产力转化为现实生产力的桥梁。现代农业科技是第一生产力，但它是一种知识形态的潜在生产力（知识形态的农业技术主要是农业信息、农业经营与管理、新的栽培和耕作制度等），只有通过农业推广工作，才有可能变为物质形态的现实生产力（物质形态的农业技术主要是农用物资如农药、化肥、农用机械以及品种等），并充分发挥现代科学技术的第一生产力作用。因此，在农业推广过程中，推广人员通过技术扩散过程，使农民获得农业科技成果，并在自己的生产与生活实践中应用它，从而提高了农业劳动生产率，这样不仅推动了农业生产的发展，而且也促进了农村经济的发展。

4. 农业推广是科研成果的继续和再创新。新技术的研究者不能把技术成果立即广泛投入生产，因为这些成果大多数是在实验条件下取得的。它们投入生产，有大幅度增产增收的可能性，但也可能因自然条件和生产条件不利而出现风险。这种不确定性基于：一是农业科研成果是在特定的生产条件和技术条件下产生的，只适用于一定的范围，有很大的局限性；二是农业生产条件的复杂性和在不同地区经济状况、文化、技术水平的差异性都对推广农业科技成果具有强烈的选择性，这就要求在实现科技成果的转化过程中，必须包括试验、示范、培训、推广各个环节，并进行组装配套，以适应当地生产条件和农民的接受能力。而这一过程，是农业推广工作者对原有成果进行艰苦的脑力劳动和体力劳动的继续。它不是农业推广工作者对原有成果的复制，而是在原有成果的基础上再创新。

5. 农业推广是完善推广组织、提高管理效率的工具。任何成功的农业推广活动，都必须通过一定形式的组织或团体，不论是政府的农业推广组织还是民间的推广组织，对于培养新型农民、发挥农村力量和互助合作力量、保护农民利益以及发展一个农村社区，都能起到促进和发挥其功能的作用，这种组织或团体是实现农业推广目标最有力的工具。

总之，农业发展的历史表明：没有发达的农业推广，便没有发达的农业，也就没有富裕的农民和繁荣昌盛的农村。这就充分说明了农业推广对农业和农村发展的重要作用。

第三节 农业推广学的基本概念和学科性质

一、农业推广学的基本概念

（一）农业推广学的形成和发展

农业推广活动早在我国尧舜时代就已开始，但都停留在生产经验的推广阶段。而真正的农业推广学的研究活动与研究成果最早出现在美国。但早期的研究主要针对当时农业推广工作中的一些具体问题而进行的，缺少学术性和系统性。真正对农业推广的理论与实践问题进行系统而深入的研究，使之逐步走上科学指导的阶段，是始于20世纪40年代。

第二次世界大战后即20世纪40年代末，陆续出现了许多有关农业推广的研究成果，较有代表性的有：1949年凯尔赛（L. D. Kelsey）和赫恩（C. C. Hearne）合著的《合作农业推广工作》，该书成为当时美国第一本作为大学教材的著作；1949年布鲁奈（E. Brunner）和杨寻宝合著的《美国乡村与推广服务》，则论述了美国乡村背景、农业推广制度及历史。

20世纪50年代，美国为了解决战后农业发展问题，把农业推广研究方向的重点转向农村青少年的“四健”教育和成年农民教育。当时农业推广的主要著作有：马丁（O. B. Martin）的《四健会工作》；雷克（F. M. Reak）的《四健会史》；路密斯（C. Loomis）的《乡村社会制度与成人教育》；菲普斯（L. J. Phipps）的《成年农民教育的成功方法》；布鲁奈（E. Brunner）的《论成人教育研究》等。教育性推广也就是在此时期产生的，它对世界农业推广学发展有着深远的影响。

20世纪50年代末至60年代，美国农业推广研究逐渐向管理学、乡村社会学、社会心理学及行为科学方向发展。先后有：来昂伯格（H. F. Lionberger）著的《新观念与技术的采用》；罗杰斯（E. M. Rogers）著的《创新的扩散》；劳达鲍格（N. Raudabaugh）著的《推广教学方法》；哈夫洛克（R. C. Havelock）等著的《知识的传播利用与计划创新》等。特别是1966年孙达（H. C. Sanders）的著作《合作推广学》的问世，使农业推广学成为一门为社会所认可的正式学科。

20世纪70年代以后，农业推广学的理论研究，继续向行为科学方向深入发展，而且经济学也不断渗入到农业推广学的研究中，这使对农民采用行为的分析以及推广活动的技术经济评价方面有了新的突破，农业推广问题的定量研究得到不断加强。当时的主要著作有：莫荷（S. Molho）著的《农业推广：社会学评价》；博伊斯（J. K. Boyce）和伊文森（R. E. Evenson）合著的《农业研究与推广项目》；贝内特（C. F. Bennett）著的《推广项目效果分析》；吉尔特劳（D. Giltrow）和波茨（J. Potts）合著的《农业传播学》以及莫谢（A. T. Mosher）著的《农业推广导论》等。

20世纪80年代以后，农业推广的研究从单向沟通转向双向沟通为农业推广中的基本要素，把推广看作信息与知识系统的一个重要组成部分。这个时期农业推广学的理论研究进展极快，形成了空前的百家争鸣的学术风气。更加注重从农业推广与农村发展的关系来研究农业推广学的理论与实践问题，研究方法上更加重视定量研究，研究活动与研究成果从过去以美国为主逐步转向以欧美为主，世界各地广泛进行研究的新局面。这一时期的代表著作有：斯旺森（B. E. Swanson）等著的《农业推广》；奈尔斯·罗林（Niels Roling）著的《推广学》；范登班（A. W. van den Ban）和霍金斯（H. S. Hawkins）所著的《农业推广》；阿尔布列希特（H. Albrecht）等著的《农业推广》等。

我国对农业推广理论与实践的研究在20世纪30年代和40年代就已开始。最早介绍农业推广专门知识的书是1935年南京金陵大学农学院章之汶、李醒愚合著的《农业推广》，同年孙希复编写的《农业推广方法》以及1947年宋希庠编写的《中国历代劝农考》等书，农业推广学的研究成果颇丰。这一时期我国台湾省的农业推广一直受着美国农业推广的影响，因而农业推广学的研究也大体上与美国相似，并且研究成果较多，如20世纪70年代初我国台湾省著名农业推广教授吴聪贤所著的《农业推广学》成为台湾省农业推广专业的主要教科书。16年后他著的《农业推广学原理》，根据台湾省农业因受工业化和都市化的影响，农村青年离村、农村生活素质改进欲望提高、农民自觉意识提高及农民参与制定决策欲望增加等，从农业推广是农业发展的工具观点出发，进一步阐述了教育性农业推广。其他著作有：1971年陈霖苍编著的《农业推广教育导论》；1975年吴聪贤著的《农业推广学》；1988年吴聪贤著的《农业推广学原理》；1991年萧昆杉著的《农业推广理念》以及1992年前后吕学仪召集编写的《农业推广工作手册》。

在我国内地，由于20世纪50年代以后人们只重视农业技术推广工作，因此对农业推广学的研究甚少，农业院校也不开设农业推广学课程，没有出版一部有关农业推广的书，也没有发表一篇有关农业推广理论研究的文章。20世纪80年代后，农村改革不断深入，人们重新认识到农业推广的重要性，因而不断开展农业推广研究工作。1985年农牧渔业部（现农业部）全国农业技术推广总站创办了《农技推广》（现为《中国农技推广》）期刊，1987年开始编印《农业推广研究文集》，1994年开始每两年举办一次全国农业推广研究征文活动，并将获奖论文汇编成书公开出版。《农业技术经济》、《农业科技管理》、《世界农业》、《农村经济问题》等许多杂志都开辟了刊登农业推广研究成果的专栏。随着推广理论研究的深入、推广教学及推广实践的需要，1990年建立了中国农业推广协会，1991年又创建了中国农业推广理论学术委员会。自1986年起，一些高等农业院校相继开设了农业推广学课程。1988年之后，北京农业大学（现中国农业大学）和江苏农学院（现扬州大学农学院）等部分高等农业院校先后设置了农业推广专业的专科和本科。在此期间，国内一些农业推广专家与学者先后编写、编译了10余部关于农业推广理论、教学与实践的著作。其中作为全国高等农业院校教材用的主要有：1989年由许元惧主编、张仲威审校的《农业推广学》；1993年由汤锦如主编的《农业推广学》；1996年由张仲威主编的《农业推广学》；1997年高启杰主编的《现代农业推广学》；2001年由汤锦如主编的《农业推广学》；2002年由王慧军主编的《农业推广学》等。以上这些都表明，农业推广学研究在中国内地进入了新的历史时期。

（二）农业推广学的基本概念

从农业推广学的发展过程来看，实际工作经验在其早期发展历史上占有主要成分，在后期的发展历程中，其他社会学科渗透又有重要贡献。尤其是20世纪行为科学的产生与发展，对农业推广学科的发展产生了重大影响。1966年孙达（H. C. Sanders）主编的《合作推广学》，与早期出版的农业推广学的书籍不同之处是增加了行为科学的贡献一篇，正式承认农业推广学是行为科学的一种，同时强调从社会科学、心理学的角度去探讨农业推广学的理论基础。

因此，农业推广学是专门研究农业推广的理论和方法，并指导农业推广实践的一门多学科交叉的边缘性科学。它是总结农业推广实践经验，应用推广研究成果以及相关学科有关理论，经过较长的演变过程而形成的一门实用科学。

二、农业推广学的学科性质、研究对象、内容及与相关学科的关系

（一）农业推广学的学科性质

如前所述，农业推广实践活动早在我国尧舜时代就已开始，但都停留在生产经验的推广阶段。而真正的农业推广学的研究活动与研究成果最早出现在美国。作为一门学科得到社会正式承认是在1966年。在实际工作中，人们往往把农业推广学科视为自然科学或农业科学，而没有把它视为农村社会教育学

科，而农村社会教育又与行为科学有关。行为科学到20世纪还不能被视为“全科学”。因此农业推广学科确立的较晚。

农业推广学是一门重实际应用的科学，从农业推广学的发展过程来看，实际工作经验在其早期发展历史上占有主要成分，在后期的发展历程中，其他社会学科具有较重要贡献，尤其20世纪行为科学的产生与发展，对农业推广学科的发展具有重大影响和作用。1966年，孙达（H. C. Sanders）主编一本《合作推广学》，内分历史、组织、计划、方法、人员培养、行为等篇。其中跟早期农业推广学的书不同之处是增加了行为科学的贡献一篇，分别详细讨论教育心理学及社会学的应用。这本书的出现，可以说是正式承认农业推广学是行为科学的一种，同时强调从社会科学、心理学的角度去探讨农业推广学的理论基础。所以对农业推广学的理论发展方向具有重大的意义。

农业推广工作从其工作内容来讲，主要是农业信息、知识、技术和技能（比如优良品种、耕作制度、栽培制度、施肥方法、农药使用、经营与管理等）的应用，应属于自然科学或农业科学。但从其工作过程及形式来看，是一种通过一定组织机构进行干预、沟通、教育和组织的过程；是研究如何采用干预、试验、示范、教育、沟通等手段来诱发农民自愿改变其行为的规律性以及影响因素变化规律性的一门科学。农业推广学所要研究的是指组织与教育（或沟通）的方法，而不是直接讨论农业知识本身。所以，农业推广学是研究组织与教育（或沟通）农民原理和方法的一门学问，又属于社会科学的范畴。然而它虽然属于社会科学，但并不就意味着是传统的社会科学的一个门类，它的内容还具有农业科学的特性。总之，它的工作内容具有农业科学的特性，而其工作过程又具有社会学科、心理学科、行政组织学科等学科的边缘学科特性。因此，农业推广学具有边缘性、交叉性和综合性的学科特点。

（二）农业推广学的研究对象

农业推广学的学科性质决定了农业推广学的研究对象。农业推广的产生主要是由两方面决定的，一方面，由于各地区自然、技术、经济条件不同，因此，新的科学技术由小区试验成功到大面积运用，必须有一个在当地条件下试验、观察、鉴定，以及制定适合当地示范推广的过程；另一方面，广大农民由于生活在不同的农村社区，受社会文化条件的影响，在接受新的科学技术时也存在一个认识、兴趣、评价、评价、采用的过程。这包括传授农民新的知识和技能，消除农民的疑虑，转变他们的态度和行为，同他们一起试验新技术措施，向他们提供产前、产中、产后服务，直到农民熟练掌握和运用新的技术措施为止。实践反复证明，农民从认识到行为的改变，必须借助于农业推广的力量。上述过程表明，推广是加速科学技术向生产转移的必然要求，是科学技术转化为现实生产力的具有决定意义的重要环节，也是广大农民依靠科学技术致富的迫切要求。这点在我国现阶段更具有突出的意义。

因此，农业推广学的研究对象是：揭示科学技术应用于农业生产过程中农民行为改变规律及其影响因素。即：研究农业创新成果传播、扩散规律，农民采纳规律及其方法论的一门科学。用通俗的语言讲，就是研究如何向农村传播和扩散新的信息、成果和知识，如何用教育、沟通、干预等方法促使农民自觉采用创新成果，如何使农业、农村的发展尽快走上依靠科技进步和劳动者素质提高轨道的一门学科。具体包括：

（1）研究如何以先进的新的科学技术与技能、新的知识与信息为内容，以试验、示范、培训、干预、沟通（或教育）为手段，采用传授、传播、传递等方式，使农民自愿改变其行为的规律性，包括农民个人行为、群体行为。

（2）研究改变农民行为诸因素变化的规律性。具体地说，就是研究外界社会的、政治的、经济的、自然的环境诸因素的变化及其规律如何影响农民行为变化。

（3）研究有效诱导农民行为变化的方法论。具体地说，就是研究诱导农民行为改变的方法。

（三）农业推广学研究的内容

从农业推广的性质、特点和任务，以及农业推广学的研究对象，可以了解到这门学科的内容十分广泛，它不仅继承了传统的农业推广经验，也广泛吸收了许多有关学科的理论与方法。比如作物学、栽培学、植保学、土壤肥料学、生物学等农业技术性科学，农村社会学、教育心理学、行政组织学、传播学等社会学和行为科学，农业经济与管理学、市场营销学等经济科学，都为它提供不少有益的营养成分。因此，可以说，农业推广学是建立在多种学科基础上的一门综合学科，它的研究领域相当宽广，它所涉及的内容十分丰富，其主要内容有以下几个方面：

1. *农业推广的原理*。包括农民行为的产生与改变；农业创新扩散；农业推广沟通等。

2. *农业推广的方式与方法*。包括集体指导方法；个别指导方法；大众传播方法等。

3. *农业推广的技能*。主要包括试验与示范；信息服务；项目管理；经营服务；推广工作评价；农村人力资源的开发与利用等。

4. *农业推广学的研究方法*。包括理论研究方法，案例研究方法，社会调查方法等。

（四）农业推广学与相关学科的关系

农业推广学可以从多方面应用相关的其他社会科学的理论直接或间接地研究农业推广活动。它在确定自己的研究对象和从事实际的研究活动中，要与许多学科发生关系，其中关系最为密切的有农村社会学、教育心理学、社会心理学、行政组织学、传播学、行为科学等。正确理解这些关系，不仅可以使我们进一步掌握农业推广学的研究对象、内容，而且还可以帮助我们从不同的角度，了解农业推广学的性质与特征。下面分别介绍农业推广学与上述几门学科的关系。

1. 农村社会学。主要研究农村社会，从农村社会这个特定领域，研究发生在其中的社会现象中具有特殊性的理论和原理。农业推广作为促进变革的一种手段是不可忽视的，农村社会学中的若干概念，如社会变迁与计划变迁、社会组织、社会阶层、大众媒介的社会性、创新的传播与采用等，都为农业推广学的发展提供了理论与方法的基础。

2. 教育心理学。主要研究教与学的心理规律。农业推广是通过一种干预、沟通、诱导农民自愿变革的活动。教育心理学的许多概念，都为农业推广所应用。主要有：继续教育、个体差异、心理特征、学习动机、交流、沟通等。

3. 社会心理学。主要研究在人们的社会相互作用中，个体和群体的社会心理和社会行为规律。它的许多概念如态度、人际沟通、群体特征、环境心理、群体心理等都为农业推广学从心理学方面研究农民个人、农民群体的行为提供了理论与方法的基础。

4. 行政组织学。是研究公共行政的组织系统、组织原则和行政管理工作规律的一门科学。推广是由某些机构部署的工具，这一事实自然地引出一个组织因素。因此，行政组织与农业推广学的关系，不但发生早，而且关系密切。行政组织学的若干概念，常常应用到农业推广工作中，如工作制度、个人与组织目标、正式组织与非正式组织、决策等。

5. 传播学。是研究人类一切传播行为和传播过程及其发生、发展规律的一门新兴学科。农业推广是一种传播行为，是一个传播过程，传播学的许多概念在农业推广学里得到广泛的、直接的应用，如大众传播、组织传播、个人问题、媒介、信息传播、传播策略等，用于诱发农民自愿行为变革。

6. 行为科学。顾名思义是若干社会科学的集合体。概括地说，凡研究与人类行为有关的科学，均属行为科学，例如心理学主要是研究个人行为，如欲望、动机、需要等；社会学是探讨人类生活在一起的演变与组织上的问题，如社会关系、社会制度等团体行为；而人类学则着重文化、社会规范等团体行为。这些学科都研究与人类行为有关的问题。由此可见，行为科学可以说是在若干社会科学里孕育出来的，由于社会的发达，才有今日的行为科学。农业推广工作所产生的社会背景，与其他社会学科的行为改革工作可以说是不谋而合。如此，农业推广工作本身也是促成行为科学发展的一个重要原因。所以，凡是对行为科学有贡献的社会科学理论，也可以视为对农业推广学理论发展具有同等重要的作用。

7. 其他学科。农业推广作为一种社会现象，还可以应用其他学科的理论进行研究和解释，如农业经济与管理、农业技术经济学、市场营销学、农业技术学等。

在各学科发展过程中，农业推广学与相关学科会相互促进，相互补充。

·思考题·

1. 试述农业推广的涵义。
2. 试述农业推广的基本概念。
3. 农业推广在农业发展中的作用和功能有哪几个方面?
4. 试述农业推广学科的性质。
5. 试述农业推广学的研究对象。
6. 试述农业推广学与相关学科的关系。
7. 农业推广活动、农业推广学的产生和发展情况。

·参考文献·

[1] 全国农业技术推广总站．农业技术推广中心的建设与管理［M］．北京：中国农业出版社，1995

[2] 汤锦如．农业推广学［M］．北京：中国农业出版社，2005

[3] 史金善．农业院校纳入农技推广网的构想．农业科技管理［M］．2000（1）：31～33

[4] 许无惧等．农业推广学［M］．北京：经济科学出版社，1997.117～139

[5] 王慧军．农业推广学［M］．北京：中国农业出版社，2002

[6] 任晋阳．农业推广学［M］．北京：中国农业大学出版社，1998.215～247

[7] 汤锦如等．农业推广学［M］．南京：东南大学出版社，1993

[8] 张仲威．农业推广学［M］．北京：中国农业科技出版社，1996

[9] 徐思祖．农业科技工作者指南——从选题立项到成果转化［M］．北京：中国农业出版社，1996

[10] 聂闯等．国外农业推广试验及其对中国的借鉴［M］．北京：中国农业出版社，1993

第二章　行为与行为改变

【本章学习要点】本章重点是掌握行为产生与改变的主要理论；农民行为改变的方法；行为学理论在农业推广中的应用。难点是行为改变理论的理解和应用。

农业推广的最终目的，是通过农村人力资源开发，并由此引导和促进农民行为的自愿改变，来促进农业和农村发展。因此，通过行为学原理的学习，并将其应用于农业推广实践，有利于我们有的放矢地开展推广活动，达到事半功倍的推广效果。

第一节　行为产生和改变理论

一、行为的基本涵义

（一）行为的概念

行为是人类日常生活所表现出来的一切动作。人的行为（Behavior）是人在环境影响下所引起的内在生理、心态和心理变化的外在反应。

关于人类行为的定义，心理学家克特·勒温曾用下面的公式进行表述：即

$$B=f(P \cdot E)$$

式中：B——行为；

P——个人——内在心理因素；

E——环境——外界环境的影响（自然、社会）。

上式表明行为（B）是个人（P）与环境（E）交互作用所发生的函数或结果。由此可见，人的行为由以下四个基本要素构成：①行为的主体。行为的主体是人，无论是个人行为还是团体行为，都是由具体的人所表现出来。②行为是有意识的活动。正常人的活动受意识所支配，具有一定的目的性、方向性、预见性和能动性。③行为的客体。人的行为与一定的客体相联系，作用于一定的对象，其作用的对象可以是人，也可能是物。④行为的结果。人的行为总是要产生一定的结果，其结果与行为的动机、目的有一定的内在联系。

（二）行为的特点

人和动物都有行为，但人的行为与动物的行为有着本质的区别。人的行为受社会道德规范、法律等诸多因素的制约，具有以下主要特点：

1. 目的性。人的活动一般都带有预定的目的、计划、期望。

2. 调控性。人能思维，会判定，有情感，可以用一定的世界观、人生观、道德观、价值观来支配、调节和控制自己的行为。

3. 差异性。外部环境和个体生理、心理特征强烈地影响着人的行为，所以人与人之间的行为表现出较大的差异。

4. 可塑性。人的行为是在社会实践中学到的，由于受着家庭、学校、社会的教育与影响，一个人的行为会为了适应社会发展的需要而发生变化。

5. 创造性。人的行为是积极地认识世界、改造世界的创造性活动。个人的行为受其主观能动性的影响，总是有所发现，有所发明，有所创造。

（三）行为产生的机制

行为科学研究表明，动机是人的行为产生的直接原因，而动机则是由人内在的需要和外界的刺激共同作用而引起的，其中人的需要是人的行为产生的根本原因。所谓需要（Needs），就是一个人所缺少的，但对其生理和心理健康而言又是必需，是人们对某种目标的渴求或欲望。所谓动机（Motivation），是由需要和外来刺激引发的，为满足某种需要而进行活动的意念或想法。根据需要、动机、目标、行为理论，人们的不同行为，总是受个体不同的欲望和动机的驱使，并指向一定的目标，这种由动机引发、维持与导向的行为，又称为动机性行为。

人的行为产生的具体过程是，当一个人产生某种需要尚未得到满足，就会处于一种紧张不安的心理状态当中，此时若受到外界环境条件的刺激，就会引起寻求满足的动机；在动机的驱使下，产生欲满足此种需要的行为，然后向着能够满足此种需要的目标前进；当他（她）的行为达到目标后，也就是需要得到了满足，原先紧张不安的心理状态就会消除。过一段时间后，又会有新的需要和刺激，引发新的动机，产生新的行为……如此周而

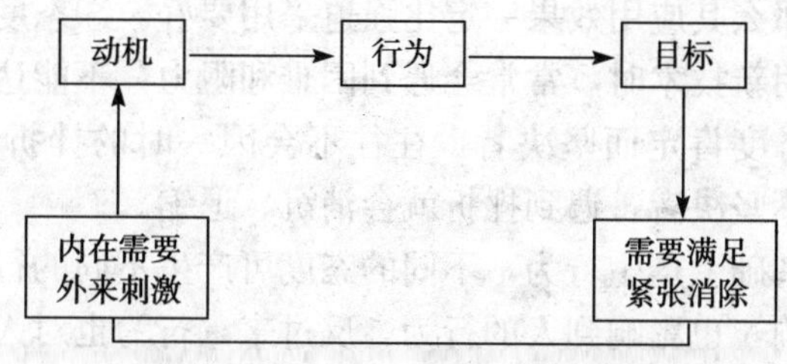

图 2-1　行为产生的机理示意图

复始，不断产生新的行为。这就是人的行为产生的机理，见图2-1（高启杰，2003）。

这个模式说明，人的需要在外界刺激下衍生出行为动机，在动机的推动和目标的吸引下产生行为，使其实现目标。需要是行为产生的源泉，动机是行为产生的直接推动力量，刺激和目标是行为产生的外在条件，目标和实现目标的可能性是吸引行为产生的拉动力。

二、行为产生的主要理论

（一）认知、态度理论

1. 认知。认知（Cognition）就是指人对事物的看法、评价以及带评价意义的叙述，是人们对外界环境的认识过程。在这个过程中，人们通过感觉、知觉、记忆到形成概念、判断和推理，这就是从感性认识到理性认识的过程，也就是一个认知过程。通过认知过程，人们对客观事物产生了自己的看法和评价。在农业推广活动中，农民对推广人员、推广组织有一个认知过程，对推广内容也有一个认知过程。他们认知的正确与否直接影响着对推广人员和推广内容的态度，也影响到推广工作的成败。

2. 态度。态度（Attitude）是人在社会生活中所形成的对某种对象的相对稳定的心理反应倾向。态度由三个因素组成：①认知因素。这是对对象的理解与评价，对其真假好坏的认识。这是形成态度的基础。②情感因素。指对事物的好恶的心理反应，带有感情色彩和情绪特征。情感是伴随认识过程而产生的，有了情感就能保持态度的稳定性。③意向因素。指对对象的行为准备状态和行为反映倾向。

态度对人的行为具有重要影响。它能影响人的知觉、感情、判断，进而影响人的行为。①态度影响行为积极性。例如，当农民对某项农业创新持好感态度时，就会在行为上积极响应；否则就会抵制或消极敷衍。②态度影响行为效果。持好感、响应、赞同态度，行为效果比较好。如果能让农民自愿积极地采用某项新技术，那么其应用效果一定比强迫采用要好。③态度对行为坚韧性有影响。农民在采用新技术时，常常会遇到困难和阻力，不能达到目标，即受到挫折。对新技术态度肯定而坚决者，往往不会因一时的挫折而放弃采用新技术。态度犹豫而不坚决者，遇到挫折就会消沉、退缩。

人在态度的基础上产生行为，不同的态度可产生不同的行为。同时，认知通过对态度的影响，也影响到人的行为。反过来，行为也对人的认知、态度发生影响。三者之间是相互联系和相互制约的。

（二）需要理论

需要的概念前面已经进行了阐述，需要是人对某种目标的渴求或欲望。一个人的行为，总是直接或间接、自觉或不自觉地为了实现某种需要的满足。人的需要具有多样性和阶段性的特点。美国心理学家马斯洛（A. Maslow）于1943年提出了著名的“需要层次论”，把人类的需要划分为五个层次，并认为人类的需要是以层次的形式出现的，按其重要性和发生的先后顺序，由低级到高级呈梯状排列，即生理需要——安全需要——社交需要——尊重需要——自我实现的需要（图2-2）。

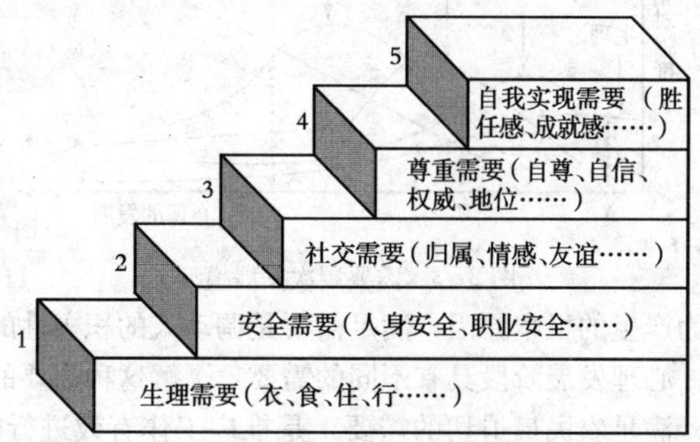

图2-2 需要层次理论

1. 生理需要。这是人类最基本的需要。包括维持生活、延续生命所必需的各种物质上的需要。

2. 安全需要。它包括心理上与物质上的安全保障需要。农村社会治安的综合治理，农村养老保险、医疗社会统筹等，都是为了满足农民的安全需要。

3. 社交需要。又称社交文化需要或感情和归属的需要。包括两个方面。一是文化的需要，二是人们之间的彼此交往、同情、友谊、爱情、互助以及归属某一集体，或被集体所接受、理解、帮助等方面的需要。在农村，各种学校、群团组织、文娱体育团体、专业技术协会等，都是满足农民社交需要的机构或群体。

4. 尊重需要。是自尊和受别人尊重而带来的自信与声誉的满足。这是一种自信、自立、自重、自爱的自我感觉。在农村，农民希望尊重自己的人格；希望自己的能力和智慧得到他人的承认和赞赏；希望自己在社会交往中或团体中有自己的一席之地。在推广中，一定要注意到农民的尊重需要，不要伤害了农民的自尊心。

5. 自我实现需要。是指发挥个人能力与潜力的需要。这是人类最高级的需要。

以上五个层次需要的发展被认为是循序渐进的。在低层次需要获得满足之后，会发展到下一个较高层次的需要。但高层次需要发展后，低层次的需要仍继续存在。需要层次发展模型说明，人在某一特定发展阶段，具有不同的需要，但不同需要之间具有不同的相对强度（如图 2-3）。

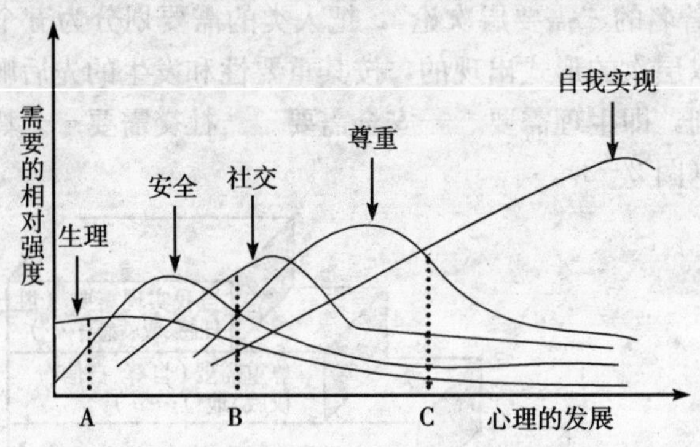

图 2-3 需要层次发展模型

需要是行为产生的根本原因，满足需要是调动人的积极性的重要手段。不同的农民在同一心理发展阶段具有不同的需要，了解这种需要的差异是开展农业推广的前提；满足农民最迫切的需要，是推广工作有效进行的保障；同时，农业推广工作中还要注意协调好农民个人需要与国家需要、市场需要以及近期需要与可持续发展需要的关系。

（三）动机理论

1. 动机的概念和作用。动机（Motivation）是行为的直接力量，它是指一个人为满足某种需要而进行活动的意念和想法。动机对行为具有以下作用：①始发作用。动机是一个人行为的动力，它能够驱使一个人产生某种行为。②导向作用。动机是行为的指南针，它使人的行为趋向一定的目标。③强化作用。动机是行为的催化剂，它可根据行为和目标的是否一致来加强或减弱行为的速度。

2. 动机产生的条件。动机的产生要满足两个条件。①内在条件，即内在需要。动机是在需要的基础上产生的，但它的形成要经过不同的阶段。当需要的强度在某种水平以上时，才能形成动机，并引起行为。②外在条件，即外界刺激物或外界诱因。它是通过内在需要而起作用的环境条件。设置适当的目标途径，使需要指向一定的目标，并且展现出达到目标可能性时，需要才能形成动机，才会对行为有推动力。因此在分析一个人的行为时，既要考虑其内在因素，又要考虑外在条件的影响。

人的行为是由动机推动的，动机主要是由需要引起的，而各种各样的动机对人的行为的推动作用又有不同的特征。

三、行为改变的主要理论

行为改变的基本内容就是行为的强化、弱化和方向引导，可以分为以下四种情况：①知识的改变；②态度的改变；③个人行为的改变；④团体或组织行为的改变。行为改变理论强调的是对行为的激励，因此也被称为激励理论。所谓行为激励（Behavior Motivation）就是激发人的动机、使人产生内在的行为冲动，朝向期望的目标前进的心理活动过程。也就是通常所讲的调动人的积极性。关于行为激励理论很多，这里主要介绍几种农业推广中直接或间接应用到的理论。

（一）操作条件反射论

操作条件反射论是由斯金纳（Skinner）提出的。该理论认为，人的行为是对外部环境刺激做出的反应，只要创造和改变环境条件，人的行为就可随之改变。该理论的核心是行为强化。强化就是增强某种刺激与某种行为反应的关系，其方式有两类，即正强化和负强化。正强化就是采取措施来加强所希望发生的个体行为。其方式主要有两种：①积极强化。在行为发生后，用鼓励来肯定这种行为。可增强这类行为的发生频率。②消极强化。当行为者不产生所希望的行为时给予批评、否定，使其增强该行为的发生频率。负强化就是采取措施来减少或消除不希望发生的行为，主要方式有批评、撤销奖励、处罚等。

（二）归因理论

归因理论由海德（Heider）最先提出。该理论认为，人内在的思想认识会指导和推动人的行为。因此通过改变人的思想认识可以达到改变人的行为的目的。人对过去的行为结果和成因的认识（归因）不同，会对日后的行为产生决定性影响，这主要反映在人们的工作态度和积极性方面。因此可以通过改变人们对过去行为成功与失败原因的认识来改造人们日后的行为。一般来说，如果把成功的原因归于稳定的因素（如农民能力强、创新本身好等），而把失败的原因归于不稳定因素（如灾害、管理未及时等），将会激发日后的积极性；反之，将会降低日后这类行为的积极性。由此可见，归因理论的意义在于通过改变人的自我感觉和自我思想认识，来达到改变行为的目的。

（三）期望理论

首先，让我们了解一下期望的概念，所谓期望，是指一个人根据以往的经验在一定时间里希望达到的目标或满足需要的一种心理活动．期望理论由美国心理学家佛罗姆（Vroom）于 1964 年提出。该理论认为，人的积极性的调动是靠对其需要满足的激励。当人们有需要，又有满足这些需要和实现预期心理目标的可能时，其积极性才会高。因此得出激励力量（水平）的公式，即：

激励力量（M）＝目标价值（效价）（V）×期望概率（E）

激励力量是指激励水平的高低，即调动人的积极性，激发内部潜能的大小；目标价值（效价）是指某个人对所要达到的目标效用价值的评价；期望概率是一个人对某个目标能够实现可能性大小（概率）的估计。效价和期望值的不同组合，可以产生不同强度的激励力量。一般分为以下五种情况：

①$E_{高} \times V_{高} = M_{高}$，为强激励；

②$E_{中} \times V_{中} = M_{中}$，为中激励；

③$E_{低} \times V_{高} = M_{低}$，为弱激励；

④$E_{高} \times V_{低} = M_{低}$，为弱激励；

⑤$E_{低} \times V_{低} = M_{低}$，为极弱激励或无激励。

这些公式表明：①同时提高目标价值和实现目标的可能性，可以提高激励力量或水平；②由于不同人对目标价值（效价）的评价和实现目标概率的估计不同，同一目标对不同人的激励力量不同。因此，要提高激励水平，就要因地制宜、因人而异地恰当确定目标，使人产生心理动力，激发热情，从而引导行为改变。

（四）公平理论

该理论是美国行为学家亚当斯（J. S. Adams）于1956年提出。这是一种探讨个人所作贡献与所得报酬之间如何平衡的理论。每个人都会把自己付出的劳动和所得的报酬与他人付出的劳动和所得的报酬进行比较，也会把自己现在付出的劳动和所得的报酬与自己过去付出的劳动和所得的报酬进行历史的比较。当一个人知道他的行为努力（投入）与得到报酬的比值与他人的投入和报酬比值相等时，就是公平；否则，就是不公平。公平就能激励人，不公平则不能激励人。因此，人们行为能否受到激励，不仅决定于报酬类型和多少，还决定于自己的报酬和别人的报酬是否公平。比如，工业产品价格高，农业产品价格低，农业生产的比较利益低，将会挫伤农民投入行为的积极性。消除不公平的措施有两种，对投入不少而报酬不足的应增加报酬，对报酬过多或投入过少的，应减少报酬或增加投入。

四、行为改变规律

1. 影响行为的因素。人的行为受人的内在因素和外在环境的影响。

（1）内在因素：包括：①生理因素。②心理因素：包括气质、能力、性格、态度、价值观、世界观、兴趣等，心理因素主要影响行为的强度和速度、行为的方向、行为的选择和行为的意义。但是，在所有心理因素中，对人们行为具有直接支配意义的，则是人的需要和动机。③个人经验。④文化水平等。

（2）外在因素：包括：①环境因素，即自然环境（地理、地貌、气候等）和社会环境（社会政治、经济、文化、道德、习俗等）。自然环境和社会环境的相互作用，使不同环境下的人们（农民）表现出不同的行为特征。②情势因素：指的是他人制造的情境使人改变行为。例如采用支持的方法，使他人对行为改变感到有些需要，从而对改变行为产生信心，最终达到改变行为的目的。

2. *行为改变的层次性*。农业推广工作的目的是通过引导和促进农民行为的自愿改变，来促进农业和农村发展。在整个推广活动过程中需要发生不同层次和内容的行为变化，最终才能达到这一目的。据研究，人们行为改变的层次主要包括：知识的改变；态度的改变；个人行为的改变；群体行为的改变。这四种改变的难度和所需时间是不同的（图 2-4）。

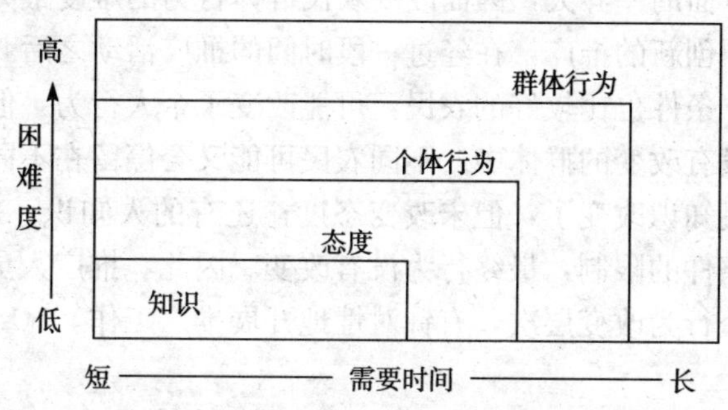

图 2-4　不同行为层次改变的难度及所需时间

（1）知识的改变。就是由不知道向知道的转变，一般地说比较容易做到，它可通过宣传、培训、教育、咨询、信息交流等手段使人们得到相关知识并改变其知识结构，从而增加认识和了解。这是行为改变的第一步，也是基本的行为改变。只有知识水平提高了，并有了一定的认识，才有可能发展到以后层次的改变。

（2）态度的改变。就是对事物评价倾向的改变，是人们对事物认知后在情感和意向上的变化。态度中的情感成分强烈，并非理智所能随意驾驭的。态度的改变一般要经过一段过程：

①遵从阶段：包括从众和服从两种情况；

②认同（同化）阶段：指人们自愿地接受他人的观点、信念，使自己的态度与他人的要求相一致；

③内化阶段：是指人们真正从内心深处相信并接受他人的观点而彻底地改

变自己的态度。

同时影响态度形成和改变的因素也比较复杂，包括：对社会的认识能力和程度、知识、个人经验、个体心理（如需要、价值观、个体心理特征）等主观因素以及活动环境氛围及交往对象、团体的影响等客观因素。

由此可见，态度的改变比知识的改变难度要大，而且所需时间也较长。但态度的改变是人们行为改变关键的一步。

(3) 个人行为改变。个人行为的改变是个人在行动上发生的变化，这种变化受态度和动机的影响，也受个人习惯的影响，同时还受环境因素的影响。例如，农民采用行为的改变，就受到对创新采用的需要和动机、对创新的态度意向、采用该创新所需物质条件和自然条件等多种因素的影响。因此，个人行为的完全改变其难度更大，所需时间更长。

(4) 群体行为的改变。这是某一区域内人们行为的改变，是以大多数人的行为改变为基础的。在农村，农民是一个异质群体，个人之间在经济、文化、生理、心理等方面的差异大，因而改变农民群体行为的难度最大，所需时间最长。比如对某项创新的推广，在经过一段时间的推广活动之后，对于那些对创新接受比较快，条件也比较好的农民，可能改变了个人行为，但也会有没有改变行为的。在没有改变的群体中，不同农民可能又会停留在不同的行为改变层次上。有的农民知识改变了，但未改变态度；还有的人知识、态度都改变了，但由于受某些条件的限制，最终行为没有改变。因此，推广人员要注意分析不同农民属于哪个行为改变层次，有针对性地开展推广工作。

第二节　农民行为特点及变化规律

一、农民行为特点

农业和农村的发展都与农民的行为密切相关。农民的行为包括许多种，涉及生产、生活、社会交往、社会参与等各方面。不同的国家由于社会的历史、经济和自然条件的差异，农民的行为会表现出各自的特点。

目前中国传统的二元社会和经济结构特点，以及在农村推行家庭联产承包责任制，实行统分结合的双层经营体制等，这些宏观背景与农民行为的特点是互为条件和结果的。根据国内的一些研究结果，可将农民的行为分为社会行为和经济行为。

（一）社会行为

农民的社会行为包括交往行为、社会参与行为、创新采纳行为以及生育行为等。

1. 交往行为。交往行为是指农民人际关系的表现形式。农村人际关系的特点表现为三个方面：①血缘性。这是中国农村人际关系最基本的特点。亲属、家庭及其相互组合在农村经济、政治、伦理以及心理生活中均占有重要地位，重要的经济合作多发生在亲属和家庭之间。②情感性。在农村的人际关系中，情感色彩比较突出、人情味浓厚，这是中国人际关系一个重要的特点。人与人之间的亲疏远近大多是以在家庭利益基础上形成的情感好恶为标准，其他方面退居次位。③内向性（封闭性）。即人际交往主要局限于熟人之中，特别是亲朋好友以及邻里之间。④非契约性。在农村的合作性交往中常常不规定双方的权利、义务关系，不规定彼此的责任、利益或风险的分担形式、条件等。一旦合作失败，事情难以处理，严重影响交往双方的关系。这种非契约性合作的主要原因，在于双方具有较好的感情基础，认为定立契约表明互不信任、互不放心，反而妨碍双方的合作性交往。

2. 社会参与行为。是指农民对农村社会管理、经济决策等参与机会和角色活动的表现。由于受传统封建思想的影响，我国农民的社会参与意识比较差，即使有社会参与行为，也大多是被动的。这是因为农民常常被认为是落后的、保守的、顺从的，他们不需要参与社会管理和经济决策，只要执行就可以了。

长期以来，推广被理解为一种以技术为导向的、以技术人员为主体的技术推广，因此采用的是一种单向的自上而下（Top-Down）的过程，对技术的选择和决策缺少基层农民的参与，缺乏基层技术应用的反馈。所以实际的发展结果并不尽如人意。实际上，我们要充分认识到，农民对技术的获取是一个主动的过程，即农民可以能动地根据自己的生产、生活需要来寻找技术并采用技术，动力来自农民。在这种情况下，对技术的选择和决策是通过广大农民的充分参与而共同做出的，它是以农民—用户为导向的，具有双向性。因此，我们应该一改以往传统的推广体系和方法，把农民作为推广的主体，采用一种自下而上（Bottom-up）的工作思想和推广方法，使得农民充分地在发展中参与创新。

我国改革开放和实行村民自治以来，农民的社会参与意识大大增强了，不仅把农民从传统的政治被动者的角色推向了政治主动者的地位，而且还把农民从传统的政治生活的非制度化参与者逐步改变为制度化参与者。尽管这个过程还没有完成，但是目前农民在参与村民自治的过程中，正在发生非常明显的积极变化。我国农民的公共参与意识正在加强，公共参与的主体和形式呈现多样化，农村新的公共领域和公共权力组织正在形成。

3. 创新采纳行为。农民为了满足某种需要，改变传统的技术、习惯以及思维方法，采用新技术、新技能，新方法、新观点，这种行为就是创新采纳行为。农民个体对某项创新由认识、感兴趣、试用、评价到采用的过程为个体的采用行为；由个别少数人的采用到群体大多数人的采用的过程是群体的采用行为。

农民的创新采纳行为受多种主客观因素的影响，如农民的科学文化素质、经营规模、生产水平、家族关系、社交能力、社会价值观念、国家的政策因素以及创新本身的特点等都影响农民对创新的采纳。

农民的创新采纳行为受农民务实心理的影响，表现采纳初期多数人的观望和小心谨慎以及后期的盲目从众特点。这说明农民对创新采纳更多表现为“百闻不如一见”之后的模仿行为。因此，在农业推广工作中做好试验示范是非常重要的。

4. 生育行为。受传统观念的影响以及农村社会保障的相对滞后，目前农村中多数农民存在“多子才能多福”，“养儿防老”的思想行为。不少农民未认识到个体的生育行为对人类群体和社会的影响。有研究表明，农村经济越发达，农民文化素质越高，则家庭生育的小孩数量越少；相反在贫穷落后地区则陷入“越穷越生，越生越穷”的恶性循环之中。

（二）经济行为

1. 农民投资行为。投资行为是以一定的心理（包括农民需要、社会需要、市场需要、投资动机等）为基础并有既定任务目标的行为。它是农民对未来生产的一种预期。从其内容上看，它不仅包括农业生产投资，还包括非农业生产投资和家庭人口再生产投资；从其投资方式看，包括货币投入、实物投入和劳动积累。

农户、集体、国家的物质需要以及市场的需求是农民投资的原始动力，家庭生活动机、经济扩张动机、社会服务动机、服从动机构成了农民投资行为的多元的基本动机。由于不同时期社会经济条件不同所导致的需要具体内容不同，主导动机也有变化。20世纪50年代是维持基本生活；60、70年代为生活调剂；现阶段为改善生活和经济扩张，同时辅之以社会服务和服从动机。

据调查，目前大多数农民具有一定的投资意识，但存在着为了避免风险的“心理极限”，阻碍着投资的积蓄和经营行为的扩大。

另外，通过对农民投资中生产性固定资产所占份额，长效有机肥使用量、劳动积累投入量、人力资本投资状况以及农户在追求自身利益的同时，对社会管理成本的影响等方面的考察发现，农民投资行为明显表现出短期性、兼业化、货币化特征以及地域差异性的特征。

我国农民投资的特点：①在农户总投资中，农业投资比重仍占大头。并呈缓慢上升趋势；而非农业投资占有一定位置，但呈微弱下降。农户投资的这种结构状况，在不同的历史时期。不同收入水平的农户，不同的区域位置，表现是不尽相同的。②在农户农业投资中，种植业投资为主要形式，且畜牧业比重还有继续攀高趋势。农户投资的这一结构特征，同样受不同历史时期、不同的收入水平、不同区域位置影响。③在非农业投资中，家庭手工业、运输业和商业饮食业仍是农户的主要投向。这里，其阶段性特征较其农业投资更为明显，它受国家宏观经济政策的影响最为直接。另外，农民非农业投资有两大主要特征：即同构化和两极分化。同构化指农户与农户间，在选择非农业投资项目上的方向趋同现象。所谓两极分化，指一部分农户非农业投资数额庞大，而大多数农户则属“小本经营”。④在农户家庭人口再生产投资中，生活费用支出比重逐渐降低，而教育费用、医疗费用投资呈上升趋势，且幅度较大。这说明我国农民家庭人口再生产投资正在实现由追求规模向追求质量转变。

我国农民的投资行为主要受以下因素的影响：①户均收入水平。收入水平的高低决定了农民投入能力的大小。一般而言，随着农民收入水平的提高，生产性投入也相应增加。②农民文化程度。在我国，劳动力文化程度越高，农户家庭从事种植业的比重越低，而从事非农产业的比重就越高，因而在生产经营性投入上，具有强烈的非农投入倾向。但在现有土地制度下，又不愿放弃对土地的经营，其结果表现为，文化程度较高的农民对农业的劳动投入较少，而资本投入相对较多。③农业经营规模。户均耕地面积、养殖规模等影响投入数量。农业部 1996 年全国农村观察点的资料表明，户均种植面积与家庭经营费用投入之间呈 U 形关系，即户均规模偏大或偏小都会造成投资的不经济。④家庭经营结构。农户家庭经营结构是指农户家庭生产经营活动中，某项产业的经营收入占总收入的比重。农户不同的经营结构是多年资金、劳力投入的结果。它反过来又对家庭劳力、资金的投入方向产生影响。⑤农业的比较利益。作为商品生产者，农民在价值规律支配下，预期收入最大化是选择就业项目和资金投入的行为准则。在农业比较利益低的情况下，就会减少劳力和资金的投入。农产品价格上涨幅度普遍大于生产资料上涨幅度时，农民会增加农业投资；反之，减少农业投资。

2. *农民劳动组织行为*。农民的劳动组织行为是以农户为单位，在农户这个由若干个劳动成员组成的有独立支配自已劳动成员权力的有机组织中，就业安置和劳动分工、协作的活动。

农户安置就业的主要心理基础是家庭成员对劳动自身的需要和农户生活（生存）需要。农户劳动组织行为的任务目标是：获得较稳定的劳动就业机会，获得尽可能高的劳动报酬。对于农户安置劳动力就业的历史回顾表明：1950—1957年为主动农业就业阶段，农户将绝大部分劳动力安置在农业上；1958—1978年为被动单一农业就业阶段。人民公社化剥夺了农民在生产经营决策上的自主权，农民就业仅仅被动地安置在种植业部门。1979年以来为主动的大规模转移安置阶段。转移安置的明显标志是土地以外的就业场所和人数的增加。1984年出现了强壮男性劳动力务工经商，妇女、老、幼从事农业生产的行为现象。

3. *农民收入分配行为*。农民收入分配是农户再生产过程的一个重要环节，分配状况对再生产过程具有重大反作用。农民家庭纯收入是总收入扣除生产经营费用、国家税金及集体提留等剩下的部分。收入的分配包括两项：生产积累金和生活费用。其中上缴税金和集体提留部分基本是稳定的，而农户生产积累基金分配水平无论从绝对数量看，还是积累占纯收入的比率看，都是不稳定的。另外，农户对消费基金的分配增长太快，在一定程度上争夺了生产、积累基金，给生产发展带来不利影响。农户的开支主要是对外的交往性开支，属于农户的特种消费。农户收入分配在大多数年份都是“赤字”和“亏空”，属“赤字财政”。目前随着国家“减轻农民负担，取消农业税，给予农民种粮补贴”等支农政策的出台，这一现状有所改善，农民的纯收入有所增加，收入分配状况也更趋于合理。

4. *农民消费行为*。消费水平是研究农户消费行为的一个基本范畴，农户消费的总量特征为：①消费—收入增长同步性。②消费水平变动的阶段性。例如，1978年前属“低消费”或“滞后消费”；1979—1984年间为“适度消费”；1985年以来的现阶段则属“高消费”或“超前消费”。③农户消费水平的户间和区间差异性。④年内农户消费水平的月（季）间波动性。

改革开放以来，我国农户消费结构有极大变化，主要表现在商品性消费支出增加，比重上升，消费的序列结构变化中突出的是住房消费支出的超前现象。主副食消费结构变化的特征是副食品消费支出的速度快于主食消费的增长。同时，农户消费结构根据不同地理位置也具有不同的特征。如城郊与乡村及不同农业区之间都有明显差异。

5. *农民市场行为*。随着农村商品经济的进一步发展，农民开始越来越多地参与市场活动。农民的市场行为分为销售行为和购买行为。

农民销售行为，是指农民为实现其产品的价值和完成既定的计划、合同任务，作为经营主体在市场上，把产品销售出去的活动过程。即以农民为主体的售卖活动过程。按照售卖的对象和性质不同，农民的销售行为可分为两部分：一是农民自由销售行为，是指农民根据自身家庭再生产和消费过程的需要，按照价值和市场供求变化的要求，将自己的产品在自由市场上销售；二是农民的计划销售行为，是指农民根据定购合同规定的要求，将一定种类、数量和质量的农产品交销给国家指定的商业机构。

农民的销售行为具有两重性特征。一方面要追求较高的经济效益，实现生产资金、产品资金到货币资金的转化，即受经济利益驱动完成销售行为过程。由于二元价格结构（国家收购价低，市场贸易价高）的影响，农民的销售行为往往倾向于自由市场贸易。另一方面要满足国家、社会的公共需要，受任务驱动完成销售过程，产品由国家指定的商业机构收购。

农民的销售行为受政府的政策影响很大。1979 年前属于政策影响下的徘徊发展阶段；1979—1982 年为农产品提价为主动因的市场驱动阶段；1983—1984 年为以联产承包责任制为主动因的利益驱动阶段；1985 年以后为以非农业发展为主动因的稳定发展阶段。

我国农民销售行为，特别是从 1978 年以后，主要有以下特征：①销售结构不合理，农户销售同构性强；②农民销售行为分布不均衡，地区间及不同收入组的农户间差异较大；③农民销售行为受自然、政策因素的影响，波动性大；④农民销售手段落后，销售条件较差。

市场行为的另一方面是购买行为。农民的购买行为是指农民为满足其生产和生活的需要，从市场上买进生产资料及生活资料的过程。

农民购买行为有如下几个特征：①区间、户间差异特征。具体表现在不同经济区的农户购买水平及内容、结构不同；不同收入水平农户的购买水平及内容、结构也不同。②季节差异性。生产季节生产资料购进多，农闲季节则购进生活资料较多。③“生产大件”和“消费大件”购买率的逆向运动。生产性大件（生产性固定资产）购买率下降，生活性大件（住房和耐用消费品）购置及比率上升。

就农民的科技购买行为来说，可以分为农户分散购买行为和群体统一购买行为。农户的购买动机来源于自身需要及政策和市场等外部环境的诱发。群体购买主要是集体资金较多的村社进行的统一购买和一些协会成员的联合购买。购买动机主要源于行政压力、政策推动、群体利益的驱使。就农民的分散购买而言，对不同创新的购买行为又具有不同的购买动机，主要有：①求新购买动机。不少农民认为，新的总比旧的好，对同一类型农业技术、成果和产品的购买，总是喜欢最新产品。②求名购买动机。许多农民在科技购买时，追求名牌产品，对大型科研单位、农业大学、名专家、信誉好企业的产品特别信任，愿意花高价购买。③求同购买动机。在对新产品的特性拿不准的情况下，由于从众心理的作用，不少农民看到亲戚、邻居或他人买什么就跟着买什么。④求实购买动机。这类农民在科技购买时，讲求价廉实用，安全可靠，特别注意以前用过而又比较好的产品。⑤出于对推广人员的信任。这类农民在具体购买时拿不定主意，相信推广人员，常常根据推广人员的建议来购买。

农民是一个异质群体，不同的农民在进行科技购买时具有不同的心理、心态和行为特点，因而可以分为以下类型：①理智型。这类农民对技术产品的性能、用途、成本、收益等的询问很仔细，对不同品种进行对比分析，头脑比较冷静，反应比较谨慎，有自己的见解，不易受他人的影响。对这类农民，要以科学事实为依据，耐心说服，才可能促使购买。②冲动型。这类农民易受外界刺激的影响，对产品的情况不仔细分析，常常在头脑不冷静的情况下做出购买决定。对这类农民，要广泛宣传、因势利导，让他们在理智的情况下做出合理的购买决定。③经济型。这类农民重视技术的近期效益和产品的价格，喜欢“短、平、快”技术和购买廉价商品。对这类农民要注意让利销售，以促进他们购买。④习惯型。这类农民喜欢自己用惯了的东西、喜欢购买自己经常使用的技术产品，其购买行为通常建立在信任和习惯的基础上，较少受广告宣传的影响。⑤不定型。这类农民没有明确的购买目标，缺少对技术商品进行选择的常识，缺乏主见，易受别人影响。对这类农民，技术推广或推销人员要特别注意引导，促进购买。

6. *农民生产经营行为*。农民生产经营行为是以农户为单位表现出来的。农户生产经营行为是以满足自身需要、国家或社会需要为基础，以经济收入目标和实物收入目标为行为导向来组织进行的。在农户内部家庭成员之中存在着共同利益，并以此作为生产经营获得的共同目标和行为准则。在这一点上，农户在生产经营活动中表现出来的组织行为与一般企业有着相似之处。但是，由于农户内部联系的特点以及农业本身的自然属性，使我国农民的生产经营行为表现出以下特点：

（1）自给性生产与商品生产并存。农民生产的产品首先用一部分来满足自己的消费，然后才将剩余部分出售给国家或社会。这种自给性生产和商品性生产的相互交叉与“融合”，是我国大多数农民生产经营行为的一个基本特点。据统计，我国全部农副产品的商品率是60%左右，有40%左右被农民自己消耗掉。

（2）经济目标与非经济目标并存。农户作为农业生产的一种组织形式，它的行为与其他生产经营组织一样，具有经济目标，也是为了取得收入或利润而进行生产。但它的行为目标并不只限于经济目标，还有许多非经济目标，如生活的安定和保障、家庭的荣誉与地位等。这些非经济目标与经济目标一起，共同成为支配农民生产经营行为的动因。

(3) 行为一致性与多样性并存。就整体来看，我国农户的生产经营行为具有相当的一致性。当某种农产品市场供不应求、价格上涨时，大批农户一起涌向该产品的生产，使其来年产量大增；而当这种农产品市场供过于求、价格下落时，各农户又纷纷放弃该产品的生产，使下一年的产量剧减。但是，由于各地的经济发展不平衡，农户之间的经济文化背景、劳动条件、户主经营决策能力等差异很大，因此，农户之间的生产经营行为又存在着多样性。

二、农民行为变化规律

（一）农民个人行为的改变

1. *农民个人行为改变的动力与阻力*。农业推广的目的是要引导和促进农民行为的改变，而在某一特定的环境中，农民个人行为的改变是动力和阻力相互作用的结果。推广人员要善于借助和利用动力，分析和克服阻力，才能更好地完成推广任务。

(1) 农民行为改变的动力因素。农民行为改变受三大动力因素的作用：

①农民需要——源动力。大多数农民都有发展生产、增加收入、改善家庭生活的需要，这种需要是农民行为改变的力量源泉，是内驱力。在社会主义市场经济条件下，农民以家庭为单位独立占有生产资料和享有很高的生产经营自主权。他们根据国家需求、社会需求（市场需求）及家庭个人需求通盘考虑生产、经营问题。在这种情况下，能满足农民需要的技术，就是农民最感兴趣、最乐于采用的技术。可见，在市场经济条件下，农业创新成果推广的内在动力是农民的需要，这些需要诱发动机产生，动机驱使农民的采用行为，创新成果才能推广开来。

②市场需求——拉动力。随着市场经济的发展，农民收入的增加，农民开始越来越多地参与市场活动。因此，市场需求拉动着农民行为的改变。在市场经济体制下，农业生产中生产经营什么，种类比例如何，在多数场合已不再受制于政府计划，而是依据市场对农产品的供求变化。市场价格作为反映农产品供求变化的信号，对农民下一年度的种植、养殖等安排具有强烈的刺激影响作用。

③政策导向——推动力。农业生产关系国计民生，政府为了国家和社会的需要，要制定相应政策来发展农业和农村，这些会推动着农民行为的改变。事实表明，什么时候政策能够因地因时制宜，推广工作就有起色，对推广科学技术起到强大推动作用；政策失误则成为推广工作的阻力，推广事业就遭受损失。在市场经济条件下，政府当然不能用过去简单的行政手段推动推广工作；

而正确的宏观调控政策对农业推广工作仍有重要作用。

在以上三个动力中，农民需要最重要，它是行为改变的内动力，属内因。市场需求和政策导向属外动力，属外因。三者相辅相成，不可分割，其互相作用模式：①叠加型。农民需要、市场需求和政府政策导向三种动力方向一致，形成正向合力，最有利于农业先进技术的推广，效益最为显著。②相容型。三种动力方向不尽一致，但有互相接近的趋势，经过调整后可以形成一定的正向合力。如果农民需要与市场需求之间有一定距离，就应该调整农民需要，使其尽量向市场需求靠拢，政府政策导向也应向前两者方向靠拢。例如农民根据市场供求变化调整作物布局和经营结构，导致对新技术采用行为的变化；政府根据市场和农民需要调整政策及价格等，都是相容型的例子。③抵消型。三种动力有两种或两种以上方向互不一致，形成内耗，作用力互相抵消甚至形成负向合力，形成对新技术推广的阻力，最不利于农业新技术的推广应用。

（2）农民行为改变的阻力因素。农民行为改变的阻力因素包括两个方面。①传统文化的障碍和农民自身的障碍。一些农民受传统文化影响较深，存在保守主义、不愿冒险、只顾眼前、听天由命等传统的信念和价值观；另外许多农民受教育程度相对比较低，掌握技术的能力低，这些使不少农民缺乏争取成就的动机，阻碍着他们行为的改变。因此可以通过教育、培训等方式，提高农民的科技文化素质，从根本上改变农民的信念、观念和行为。②农业环境的障碍。主要是缺乏经济上的刺激和必要的投入。任何农业创新，如果在经济上不给农民带来好处，都不可能激励农民的行为改变。另外，某项创新即使对农民有一定的吸引力，如果缺乏必要的生产条件，农民也难以实际利用。这些阻力在经济状况落后的地方往往同时存在。只有改变生产条件，增加对农业的投入和经济上的刺激，才能激励和推动农民采用创新，改变行为。

2. *动力与阻力的互作模式*。在农业推广中，动力因素促使农民采用创新，而阻力因素又妨碍农民采用创新。当阻力大于动力或两者平衡时，农民采用行为不会改变。当动力大于阻力时，行为发生变化，创新被采用，达到推广目标，出现新的平衡。这以后，推广人员又推广更好的创新，调动农民的积极性，帮助他们增加新的动力，打破新的平衡，又促使农民行为的改变（图2-5）。因此，农业推广工作就是在农民采用行为的动力和阻力因素的相互作用中，增加动力，减少阻力，推广一个又一个创新，推动农民向一个又一个目标努力，从而达到促进农村发展的目的。

通过以上的分析可以看出，要改变农民个人行为，首先要增加动力。即根据农民的迫切需要，选择推广项目，激发和利用农民的采用动机；加强创新的宣传刺激，增加农民的认识，改变他们的态度，通过创新的目标来吸引他们的

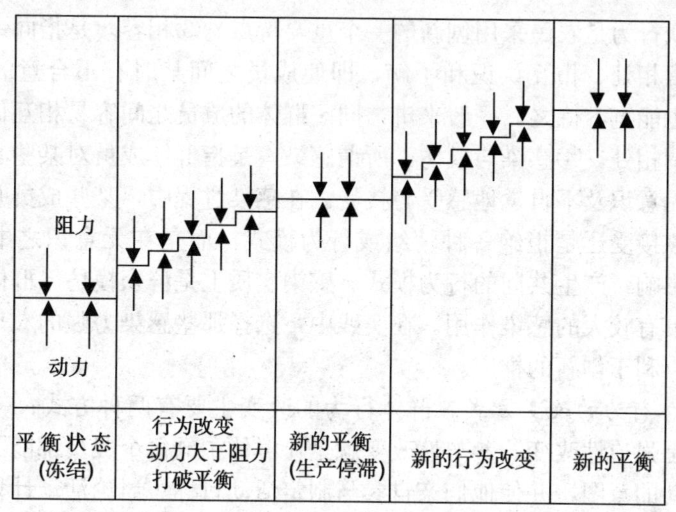

图 2-5 行为改变中动力与阻力的互作模式

采用行为。通过低息贷款、经费补贴、降低税收等政策，刺激农民采用创新；筛选和推广市场需求强烈，成本低、价格高、效益好的项目，促使农民在经济利益的驱使下采用创新。

其次要想方设法减少阻力。通过推广工作，直接改变农民的知识、技能、信念和价值观，提高他们的素质，这样阻力就会减少或被克服。因此，推广人员应尽力面向个人，通过宣传、引导、示范、技术培训、信息传播等方式，帮助不同类型的农民改变观念、态度和获得应用某项技术的知识与技能。同时要创造农民行为改变的环境条件，就是要在农村建立健全各种社会服务体系，向农民提供与采用创新配套的人力、财力、物质、运输、加工、市场销售等方面的服务。

（二）农民群体行为改变

农业推广的目的，不仅要改变农民个人（个体）的行为，而更重要的是改变农民的群体行为。因此，有必要了解和掌握农民群体行为规律及其改变方式，为更好地开展推广工作服务。

1. *群体成员的行为规律*。群体成员的行为与个人的行为相比，表现出以下特点和规律：①服从。遵守群体规章制度、服从组织安排是群体成员的义务。当群体决定采取某种行为时，少数成员不论心里愿意还是不愿意，都得服从，采取群体所要求的行为。②从众。是指群体对某些行为（如采用某项创新）没有强制性要求，但当大多数成员在采用时，其他成员会感受到一种无形的群体“压力”，从而在意见、判断和行动上表现出与群体大多数人相一致的现象。从众行为是农民采用创新的一个重要特点。③相容。是指同一群体的成员由于经常相处、相互认识和了解，即使成员之间某时有不合意的语言或行为，彼此也能宽容待之。一般来讲，同一群体的成员之间容易相互信任、相互容纳、协调相处。④感染与模仿。所谓感染，是指群体成员对某些心理状态和行为模式无意识及不自觉地感受与接受。在感染过程中，某些成员并不清楚地认识到应该接受还是拒绝一种情绪或行为模式，而是在无意识之中的情绪传递、相互影响，产生共同的行为模式。感染实质上是群众模仿。群体中的自然领袖一般具有较大的感染作用。在实践中，选择那些感染力强的农户作为科技示范户，有利于创新的推广。

2. *群体行为的改变方式*。群体行为的改变主要有两种方式：一是参与性改变，二是强迫性改变。参与性改变就是让群体中的每个成员都能了解群体进行某项活动的意图，并使他们亲自参与制定活动目标、讨论活动计划，从中获得相关知识和信息，在参与中改变了知识和态度。这种改变的权力来自下面，成员积极性较高，有利于个体和整个群体行为的改变。参与性改变持久而有效，适合于成熟水平较高的群体，但费时较长。强制性改变是一开始便把改变行为的要求强加于群体，权力主要来自上面，群体成员在压力的情况下，带有强迫性。一般地说，上级的政策、法令、制度凌驾于整个群体之上，在执行过程中使群体规范和行为改变，也使个人行为改变，在改变过程中，对新行为产生了新的感情、新的认识、新的态度。这种改变方式适合于成熟水平较低的群体。

（三）农民行为的改变方法

1. *行政命令方式*。行政命令方法所对应的是自上而下的农业推广机制。政策制定者普遍认为：①农民的需要和动机是一致和单一的，一套政策可以解决各地的大部分问题，所以认为政策的目标和内容是最重要的；②“三农”的中心是农业的问题，所以体现在政策上是农业技术为中心和产量为中心；③农民素质低，没有解决问题的能力，专家和政府官员比农民见多识广，比农民能力强。因此必须由专家和政府替他们寻找解决问题的方法。

运用行政命令的方式去改变农民的行为需要如下条件：①必须有足够的权力可以强制；②他必须了解如何达到目的。即有达到目的的方法与手段；③必须有能力去检查被强制的人是否按要求去做；④使用强制力量便意味着行使权力的人必须对农民的行为负责，如果失败或造成损失应全面承担责任。

这种方式可以在相对短的时间内，改变较多农民的行为，但耗费大，且被强制者未必总能按要求行动，同时也不利于发挥人的主动积极性。

在农民有能力办到，有必要去办，但并没有意识到其重要性的情况下，可以适当地使用这种方式方法。

2. 农民自发式。这种方法是由农民依据自己在生产中的需要，主动寻求创新，在此过程中达到改变态度、改变行为的目的。坚持这种方法的人认为：①农民比任何人更了解自己的需要，既然农业推广工作是为了解决“三农”问题，满足农民的需要，那么，让农民自己来陈述自己的需要是最合适的；②农民对符合他们切身利益的事情，会表现出极大的热情，较愿意给予支持，这样，通过农民自己的参加会促进激励他们的学习行为；③农民可以自由地发表自己的见解和观点，民主观念会得到巩固和加强。

这种完全依靠农民自发地陈述需要、主动寻找、学习采纳，并改变态度和行为的方法，能反映农民的切身要求，能解决他们真正想解决的问题。但这种方法需要农民有一定的文化水平和认识问题、分析问题的能力，需要将零散的观点整合成大众的基本观点，同时还需要有一个比较通畅的、能快速沟通的交流渠道，而这些条件在我国的大部分农村尚不完全具备。

3. 建议和咨询方式。这种方式是由农民提出要求，经专家和官员协同分析，拟定突破口并进行一系列工作指导和帮助的改变方式。其应用条件是：①就问题的性质与选择“正确的”解决方案的标准方面，农民与推广人员的看法一致；②推广人员对农民的情况了如指掌，有足够的知识来解决农民的困难，而且实践证明，这些知识是科学的、可行的；③农民相信推广人员能够帮助他们解决问题；④推广人员认为农民自己不可能或不必要自己解决问题；⑤农民自己具备足够条件采纳建议。

这种方式的优点是：①既注重地方农民的参与，又注重专职人员的重要性，将农民的切身需求与专业人员的理论观点结合起来；②目标与行动方案能体现各方的见识和智能；③农民的积极性与专业人员的理性有机地结合起来。这种方法融合了前两种方法的优点，能达到良好的改变行为的效果。

4. 公开影响农民的知识水平和态度。其应用的条件是：①由于农民的知识不够或有误，或者由于其态度与其所达到的目标不一致，推广人员认为单靠推广人员自己不能解决问题；②推广人员认为如果农民有更多的知识或改变了态度，就能够自己解决问题；③推广人员乐意帮助农民搜集更多、更好的信息，以促进农民改变态度；④推广人员有这种知识或知道如何获得这些知识；⑤推广人员可以采用教育方法来传播知识或影响农民的态度；⑥农民相信推广人员的专长与动机，愿意合作，并从合作中改变其知识或态度。

用这种方法可达到长期行为改变的效果，能增强农民自己解决类似问题的能力和信心，这是在推广或培训项日中常用的 种方法。例如：推广人员教给农民如何防治病虫害。应首先讲害虫及作物的生命周期，使农民懂得在害虫最脆弱的时候安全用药。这样，农民再遇到类似问题，就可以根据自己积累的经验，分析并解决问题。

5. 通过提供物资、资金、技术和服务来引导农民行为定向变化。作为农业推广组织，不论是公有的还是私营的，必须让农民感到农民可以从物资交换中获得一定的利益或能满足他们的某种需要。在交换或提供服务的同时，规定一些农民可以接受的行为模式，以克服农民不情愿改变的行为心理，以达到行为改变的目的。

这种方法的关键是让农民体会到提供各种服务的目的不仅是为了推广组织创造收益，而是双方互惠的甚至是专对农民有惠的。但这是需要一定时间和耐心的。例如，在某项创新推广的初期，可以向农民提供免费服务，无偿地将新技术或新产品赠送给农民，让他们试用。如果试用成功，农民就能够接受，并会自己去购买这项创新。无偿提供物资、技术或服务，可以作为农民尝试创新，改变传统生产行为的一种暂时性措施。

6. 操纵。操纵在这里的意思是指在农民尚未清楚的情况下来影响其知识水平和态度。其应用条件是：①推广人员坚信在某一确定的方向，改变农民的行为是必要而可行的；②推广人员认为由农民去做独立的决策是不必要或不可行的；③推广人员要掌握影响农民行为的分寸，使他们不易觉察到；④农民并不极力反对受这样的影响。在这种情况下，实施影响的人要对其行为后果负责。如推广机构发表拖拉机及其他农业机械的操作性能方面公正的官方试验报告，于是，农民可根据这些报告，对照厂家在广告中的宣传来检验机具的操作性能。

7. 改变农村的社会经济结构。在下述情况下，改变农村的社会经济结构可能是十分重要的影响手段：①推广人员认为农民的行为恰当，如农民自己组织专业技术协会、研究会等；②由于存在社会经济结构方面的障碍，农民处于不能按这种方式行动的地位；③推广人员认为结构方面的变化是合理的；④推广人员有权力朝这个方面开展工作；⑤推广人员处于可以通过权力或说服来影响农民的地位。

一般涉及到政治体制、规章制度、组织形式等社会和经济问题时，如果存在障碍，可以做一些调整或改变，通过这种结构变化来带动农民行为的改变。例如，帮助农民建立各种经济合作组织，调整产业结构等，都可以在一定程度上促进农民行为的改变。

（四）促使农民行为自愿改变的途径

农业推广的最终目的，是通过农村人力资源开发，并由此引导和促进农民行为的自愿改变，来促进农业和农村发展。因此，启发农民的学习动机，给农民以他们需要的知识、技能，帮助农民自主决策是农业推广组织和其人员所遵循的最重要的一个策略。

然而运用上述几种行为改变的方法却很难实现这一目标，即理论与现实存在一定的误差。为了说明理论与现实的区别，应该首先分析推广人员与农民的目标一致性问题。因为一般来说，目标一致性和利益一致性是决定自愿行为改变的两个重要的基本因素。

农业推广首先是政府的政策工具，同时又要在农民自愿条件下达到行为改变的目的。这就决定了推广是处于矛盾中的一种职业活动。原因是政府的目标和农民的目标往往是有区别的。这种区别在于政府和农民所要达到的目标层次不同。农民的目标可能基于农民本身的利益考虑增加收入；而政府则要基于社会目的和集体效用的考虑，将目标确定为国民的粮食保障，为城市居民提供廉价食品和国家资源的有效使用等优先于个体农民利益的目标层次上。作为国家干部的农业推广工作者（这里不包括各种民办推广组织在内）总是夹在政府所赋予的使命的压力和对维护农民利益的责任感之间来开展工作。如果要扮演好这种推广工作者的角色存在以下两种可能性：一是使用权力来强迫农民执行政府的政策；二是站在农民一边，抵制政府的政策。显然，后者的立场是不可能的。因此，只有政府的目标与农民的目标达到相对一致的条件下，作为利用沟通干预来实现农民自愿行为改变的推广才能发挥作用。

推广目标与客户目标之间可能存在以下几种情况：

第一种情况，推广目标与客户目标完全不一致

例如，政府推广生物农药的目的是期望以此来保护环境，维持生态平衡，控制害虫爆发的危害；而农民更喜欢用杀虫效果好的农药，至于是否环保他们考虑得不多，甚至会片面地认为保护环境是政府的事。在这种情况下，推广的作用在于使农民的目标转化为适合于推广的目标。这对于推广者来说，难度是很大的。问题解决的关键是在现有条件下使农民的利益最大化。例如，价格和补贴可以使农民对某种创新产生兴趣。推广人员的任务不是去说服农户被迫服从政府或其他干预团体的命令或指意，而是要花时间和精力放在对农民所面临的实际问题的了解和分析上。通过了解和分析，发现制约的瓶颈，然后反映给有关决策部门。这是推广的沟通干预的向上影响作用。通过这种工作，希望使得干预目标与客户目标达到部分一致。

第二种情况，推广目标与客户目标部分一致

一般来说，大部分农民在国家和个人目标之间是能够协调一致的。至少应该达到部分一致。例如，国家需要大量的棉花用于出口或满足工业生产的需要，这时如果适当提高棉花的收购价格，农民便也可以达到提高收入的目标。

这种推广对于农民自愿行为的改变所起的作用体现在对农业知识和信息系统的分析上，体现在促进科研、推广与农民之间的联系上，体现在争取支持服务系统的配合上。推广的具体任务应该是人力资源开发、动员、培训、技术支持、组织和管理。

第三种情况，推广目标与客户目标完全一致

推广的农户导向倾向和作为一种政策工具所具有的矛盾性决定了推广的目标与客户的目标不可能完全一致。除非政府组织或农民自己花钱所建立起来的推广团体，例如农民技术协会或专业研究会。但是，即使那样，这种驱动力往往也仅限于部分农民的兴趣和利益。

1. *农民自愿行为的改变与问题的解决方式*。问题解决的方式表现为沟通干预的不同模式。对沟通干预不同模式的概括可以归纳为自上而下和自下而上两种。实践表明，自上而下的方式可以引入变革，但所引入的变革往往无效或没有持续性。自下而上的方式导致对客户的有效服务，但往往不能达到必要的干预作用、因此不能诱导变革。理想的方式应该是自上而下与自下而上的结合，这是沟通干预力求达到的效果。二者结合的成功取决于两个主要部分：干预团体对目标对象和实际问题的了解程度；目标对象对干预活动的参与和影响力的程度。这绝不是双方代表坐在一起开会就可以解决的问题。当今，参与策略已成为国际农村发展的主流，并不是因为它是解决问题的唯一途径，而是因为过去对它的忽视所导致的失败使人们从经验教训中懂得要对它加以格外重视。

2. *农民自愿行为的改变与知识的积累*。一般说来，行为的改变需要外部的压力。与此相反，自愿行为的改变则更多需要知识的累积，知识的累积则需要不断地提供必要的信息。所有这一切的前提是干预团体对目标时象的信任和尊重。也就是说，要坚信农民绝不是愚昧无知的。如果必要的资源条件得到满足的话，他们可以根据自己已有的知识做出他们认为合理的决策。基于这一基本认识，推广工作者才能设计相应的沟通干预计划。

3. *农民自愿行为的改变与问题的解决步骤*。一般来说，问题解决可以分为以下几个步骤：对问题的确定，原因与后果分析，解决问题的潜力和可能的途径分析，解决方案的确定、实施、监测与评估。在这些步骤中，从问题的发现直至解决后的评估都应该是目标对象自己的事情。干预团体的作用在于在各个步骤对目标对象提供信息帮助以及必要的支持。决策应该是双方一起做出的。风险的承担者原则上应该是目标对象。但是，根据具体情况，也可采取风险共担的形式。风险往往与利益挂钩，如果风险共担，那么利益也应该分享。

4. *农民自愿行为的改变与技术推广*。根据我国的具体情况，推广工作者只局限于技术推广方面。这对于改变农民的自愿行为可以起很大的作用。但是，从整体看来，有一定的局限性。如果农民所遇到的问题不是某项具体技术，那么技术推广人员便不能起作用。在计划经济向市场经济转化的今天，农民所遇到的问题往往恰恰不是某项技术问题，而更多的是经营决策方面的问题。因此，首先需要对农业推广的地位和作用做适应性调整；其次是加强对农业技术推广人员有计划地培训。只有这样，推广工作者才能很好地利用沟通干预的手段在社会主义市场经济的建设中承担起改变农民自愿行为的使命，提高农民的素质是加速农民行为自愿改变的根本。

第三节　行为学原理在推广实践中的应用

一、农业推广中的行为分析

（一）农业推广中的行为类型

在农业推广中，根据行为主体不同，可以分为政府行为，推广机构行为和农民行为三种主要类型。政府主要起着项目决策、政策导向、法律保障的作用，推广机构主要起着项目推广、创新传播、信息服务、技术指导的作用，农民主要起着项目实施、创新采用、技术应用的作用。由于各自的属性、地位、作用、价值标准等方面的不同，从而具有不同的行为目的、行为准则和行为方式，表现出不同的行为特点。在这里，行为目的是指他们推广、采用农业创新或为其提供保障所希望达到的目的，行为准则是指他们参与某项具体创新的推广或采用所依据的价值标准，行为方式是指他们参与推广或采用农业创新的方法和形式。

1. 政府行为。在农业推广中，政府作为社会公共利益的代表者和社会经济发展的决策者，这就决定着政府行为的主要目的也就是参与农业推广的主要目的是：增加农民收入，促进农业发展，繁荣农村经济，保持社会稳定。它的行为目的具有很强的宏观性、长期性和公益性的特点。其行为准则是：优先支持影响面大、容易推广、投资较少、效益（经济、社会和生态三个效益）显著的推广项目，重点支持对农业发展具有重大推动作用的关键项目，连续支持对农业可持续发展有重大影响的项目，选择支持其他推广项目。其行为准则具有重点性、全局性和连续性的特点。其行为方式主要有：①以政策、法规、制度来调动创新推广和采用人员的积极性，促进和保证农业推广事业的发展；②组建公共农业推广机构和推广队伍，支持农业推广工作；③组建农业科研队伍，保证推广项目的来源和储备；④重大推广项目的决策和资助，控制农业推广方向。它的行为方式具有指导性、调控性和决策性的特点。

2. 推广机构行为。在我国，存在公共推广机构和民间推广机构，因其性质不同，其行为目的、行为准则和行为方式存在差异。公共推广机构的行为目的主要有三个方面：①通过推广，实现政府的行为目标；②通过推广成就来获得政府和社会的赞扬，以获得更多的支持或扶持；③利用推广获取一定的机构和成员利益。它的行为目的既表现出公益性，又表现出功利性。它具有两方面的行为准则，一是遵循政府的行为准则，二是体现自身利益的准则。对于后者，主要表现在，有利于机构和成员的社会地位、学术地位、经济利益和自身发展的农业创新，就主动积极地推广，否则就消极或拒绝推广。它的行为方式主要表现在：①为政府农业决策提供咨询和建议；②承担政府资助的推广项目；③常规技术指导，配套物质服务；④提供农业信息，普及农业技术；⑤为农业企业或农民进行有偿技术服务。

民间推广机构多以协会或企业的形式存在，它的行为目的，主要是利用技术推广服务来获取经济利益，表现出明显的趋利性特征。它以自身利益为行为准则。主要表现在：对商品率高、市场需求强烈、盈利大的项目就积极推广，否则拒绝推广。行为方式主要表现在：①进行技术有偿服务；②技术无偿服务，产品回收销售；③经营配套物资，组织产品销售；④产、供、销一体化经营。

3. 农民行为。农民是农业创新的采用者，一项农业创新能否推而广之，主要看农民是否采用。农民采用创新的行为目的主要有三方面：①增加产量，满足家庭对产品消费的需要；②完成国家对农产品的定购任务和农业税收；③增加经济收入，满足家庭的经济需要。随着农产品商品化程度的提高，第三个目的将越来越重要。其行为准则主要表现在：对实用性强、增产增收效果显著、投资少、风险小、见效快、获利高的技术，主动接受，积极采用；否则，难以接受和采用。表现出实用性、短效性的特点。他们的行为方式主要有：①反映对创新的需求；②实际应用创新；③评价应用效果；④决定是否继续采用。

（二）农业推广中的决策行为

决策是指理智的个体人或群体按照某个目标做出的行动决定，是对行动的设计和选择过程。在农业推广中，重大推广项目由政府决策，一般推广项目由推广机构决策，而采用什么项目技术由农民决策。他们决策的行为过程有相同之处，也有不同之处。

1. 推广项目的决策。就一个推广机构而言，一个推广项目决策的行为过程一般要经过五个阶段。①调查现状。通过调查，了解农民和市场的需要，明确需要解决的问题。②收集项目信息。根据问题症结所在，有针对性地收集解决该问题的项目信息。③分析筛选。对收集到的信息汇总分析，去掉情况不明、脱离实际和效益差的项目。④效益预测。对初步筛选出的项目，用科学的方法预测三个效益的大小，做到心中有数。⑤评估决定。根据效益预测情况，选择效益高的少数项目进行全面评估，选择决定最适宜的推广项目。

2. 农民决策行为。农民的决策行为分为理性决策行为和非理性决策行为。理性决策行为具有条理性、程序性、道理性（或科学性）、先进性的特点，而非理性决策行为具有随意性、冲动性、易变性、落后性的特点。一个理性决策行为一般由多个环节所组成。例如，诸培新等（1999）研究表明，农民在是否采取土壤保持措施的决策上要经过七个步骤：①农民要明白土壤侵蚀的症状，如土层变薄、增加投入等。②要了解土壤侵蚀的后果，如肥力下降、产量降低等。③对土壤侵蚀的反应。是认真对待，还是采取无所谓的态度。④农民要知道采取哪些措施可以防止土壤侵蚀。⑤农民有进行土壤保持的能力。⑥农民对土壤保持措施的认识和态度。社会和他人的态度具有很大的影响。⑦是否已准备采取措施。这一抉择主要取决于投入回报率的高低。

二、行为学原理在农业推广中的应用

（一）行为学与农业推广中的政府行为

根据行为学理论，在农业推广中，要使农民自愿改变态度和行为，实现推广目标，政府应该做好以下几方面的工作：

（1）要通过加大对农村和农民的教育投入来提高农民的文化科技素质，在改变其知识结构的基础上，来改变其态度和行为。

（2）要运用“操作条件反射论”，在舆论导向等方面鼓励采用创新，形成采用创新光荣的社会氛围，提高农民采用创新的积极性。

（3）可以运用“公平性理论”打破原有的“二元”社会和经济结构，缩小工业产品与农业产品价格之间的“剪刀差”，提高农业生产的比较利益，从而提高农民投入行为的积极性。

（4）要创造有利于农业创新应用的政策环境和制度环境，提供各种必要的服务，减少环境方面的障碍，通过环境的改变和优化来改变农民的行为。

（5）根据“需要、动机理论”，政府的决策要兼顾国家与农民的需要，特别是要把农民的需要放在首要的位置，根据农民的实际需要来确定推广项目，这样才能提高农民采用创新的积极性。

(二)行为学与推广机构行为

在农业推广中，农业推广机构和推广人员起到连接政府和农民的纽带和桥梁作用，其职能是通过对农村社区发展的技术推动和农村人力资源的开发来促进农村发展。

1. 认知、态度理论的应用。认知、态度理论认为：人在态度的基础上产生行为，不同的态度可产生不同的行为。同时，认知通过对态度的影响，也影响到人的行为。反过来，行为也对人的认知、态度发生影响。

根据农业推广的职能，推广机构通过推广活动，可以帮助不同类型的农民改变观念、态度和获得应用某项技术的知识与技能，从而可以通过改变农民对推广项目的认知来改变他们的原有态度，进而改变其行为，实现推广目标。因此推广机构可以通过下面几种方法来提高农民对推广项目的认识和改变态度：①在项目推广的初期，应通过大众传媒、展览会、举办报告会和组织参观等方法，尽快地让更多的农民知道，加深认识和印象；②农民对创新有了初步了解后，是否采用尚在犹豫之中，应尽可能为农民提供先期试验结果和组织参观，协助他们正确地进行评价，促使他们尽快做出决策；③通过成果示范和个别访问帮助农民增强兴趣；④鼓励农民参与到创新的实施活动中，让他们在参与中改变态度，从而改变其行为。

2. 需要、动机理论的应用。需要、动机理论认为：需要是行为产生的根本原因，满足需要是调动人的积极性的重要手段，动机主要是由需要引起的，而各种各样的动机对人的行为的推动作用又有不同的特征。在农业推广工作中，满足农民最迫切的需要，是推广工作有效进行的保障。因此，要实现推广目标，推广机构必须做到按农民需要进行推广。

农业推广工作就是要使农业创新成果转化为现实生产力，产生物质财富和精神文明。而创新成果的采用和转化则要由农业生产和经营的主体——农民去完成。可以说，推广工作的一切最后都要落实在农民身上，做不到这一点，推广工作就是一句空话，采用与转化均不可能实现。所以如何调动农民采用新技术的积极性是最为重要的问题。

(1) 按农民需要进行推广，是市场经济的客观要求。作为相对独立的微观经济主体的农户是自主的生产经营者，他们的生产经营是以满足市场和自身的经济利益为取向，即追求利润的最大化，作为宏观经济主体的政府以价格、税收、信贷等经济杠杆进行宏观调控，对农业经济进行管理。解决国家利益和农民利益矛盾的方法，是通过间接宏观调控两者趋于一致，而不能使用强制农民服从的办法。这样，推广工作就必须尊重农民的意愿、符合农民的需要，以增加农民的经济收入为最终目的，这与满足社会、国家的需要是一致的。

(2) 按农民需要进行推广，也是行为规律所决定的。行为科学认为，人的行为是由动机产生的，而动机则是由内在需要和外来刺激而引起的。其中内在需要是产生动机的根本条件。动机是行为的驱动力，它驱使人们通过某种行为达到某一目标。要想调动人的积极性，就要满足人的需要，从而激发人的动机，引导人的行为，使其发挥内在潜力，自觉自愿地为实现所追求的目标而努力。农民的需要是一种客观存在，是农民利益的集中体现，是农民从事生产活动的原动力所在。只有承认它、尊重它、保护它，才能调动农民的主动性和创造性、促进农业的发展。按农民需要进行推广，正是通过满足农民在生产经营中的实际需要，来帮助农民实现增加收入的最终目标。

按农民需要进行推广，推广机构和人员应注意的问题：

①要深入了解农民的实际需要，启发诱导、发掘农民需要；要尊重农民的客观需要；辨别合理与不合理、合法与不合法的需要；分析满足需要的可能性、可行性，尽可能满足农民合理可行的需要。

②分析农民需要的层次性。根据需要层次理论，推广人员应该对不同地区（发达、中等、落后等）和不同个体（生产水平高低等）制定不同的推广目标，满足不同地区、不同农民的不同需要。

③分析农民需要的主导性。所谓需要的主导性就是在众多的需要中，某种需要在一定时期内起主导作用，它是关键的需要，只要一经满足，就会起到较大的效果。如对农民尊重的需要有时会占主导地位，他希望推广人员看得起他，与他平等对话，而不希望指手画脚，高人一等。

3. 期望激励理论的应用。该理论认为，人的积极性的调动是靠对其需要满足的激励。当人们有需要，又有满足这些需要和实现预期心理目标的可能时，其积极性才会高。根据这一理论，推广机构在推广工作中要注意以下几点：

①正确确定推广目标，科学设置推广项目。期望理论表明，恰当的目标会给人以期望，使人产生心理动力，激发热情，引导行为。因此，目标确定是增强激励力量最重要的环节。在确定目标时，首先要尽可能地在组织目标中包含更多农民的共同要求，使更多的农民在组织目标中看到自己的切身利益，把组织目标和个人利益高度联系起来，这是设置目标的关键。再者，要尽量切合实际，只有所确定的目标经过努力后能实现，才有可能激励农民干下去；反之目标遥远、高不可攀，积极性会大大削弱。

②认真分析农民心理，热情诱发农民兴趣。同一目标，在不同人心目中会有不同的效价，甚至同一目标，由于内容、形式的变化，也会产生不同的效价。因此，要根据不同农民的情况，采取不同的方法，深入进行思想动员，从

经济效益、社会效益和生态效益的角度，讲深讲透所要推广项目的价值，提高对其重要意义的认识。只要推广的项目，能引起农民的重视，使他们觉得很有意义，那么其效价就高，这样激励力量就越强；反之，农民觉得无足轻重、漠不关心，其效价就会很低甚至为零；如果农民觉得害怕、讨厌而不希望实现，其效价为负数，不但不会调动积极性，反而会产生抵触情绪。

③提高推广人员自身素质，积极创造良好推广环境，增大推广期望值。恰当的期望值是提高人的积极性的重要因素。对期望值估计过高，盲目乐观，到头来实现不了，会产生心理挫折；估计低了，过分悲观，容易泄气，会影响信心。所以，对期望值应有一个恰当的估计。当一个合理的目标确定以后，期望值的高低往往与个人的知识、能力、意志、气质、经验有关。要使期望变为现实，推广机构要加强推广人员素质的提高，要求推广人员训练有素，既要有过硬的专业技术本领，也要有良好的心理素质。同时，要努力创造良好的环境，排除不利因素，创造实现目标所需的条件。

【案例分析】苏云金杆菌生物农药的促销策略

棉铃虫是危害棉花生产的重要害虫，长期以来主要依赖杀虫醚等巨毒化学农药防治，造成严重的环境污染和生态破坏。在20世纪90年代以来，兴化市推广苏云金杆菌生物农药防治棉铃虫，期望通过推广生物农药保护环境，维持生态，控制害虫爆发的危害。

现实中遇到的困难是：①农民对化学农药的迷信依赖，在满足现有防治效果的同时，不愿冒新的风险。②对污染认识不足，只注重眼前利益，不考虑长远发展，片面认为保护环境是政府的事。

针对上述推广过程中遇到的难题，我们应该怎样做？

•思考题•

1. 行为改变的主要理论有哪些？
2. 农民行为改变的动力因素有哪些？如何增加动力，减少阻力？
3. 行为学理论在农业推广中如何应用？
4. 农民行为改变有哪些方法？

•参考文献•

[1] 王慧军．农业推广学［M］．北京：中国农业出版社，2003
[2] 高启杰．农业推广学［M］．北京：中国农业大学出版社，2003
[3] 汤锦如．农业推广学［M］．北京：中国农业出版社，2001
[4] 王福海．农业推广［M］．北京：中国农业出版社，2001

[5] 任晋阳．农业推广学［M］．北京：中国农业大学出版社，1998
[6] 梁福友．农业推广心理基础［M］．北京：经济科学出版社，1997
[7] 胡继连．中国农户经济行为研究［M］．北京：中国农业出版社，1992
[8] 吴绍田．中国农户投资行为分析［M］．北京：中国农业出版社，1998
[9] 苏东水．管理心理学［M］．上海：复旦大学出版社，2004

第三章　农业推广沟通

【本章学习要点】通过本章学习，了解农业推广沟通的概念、农业推广沟通的特点；掌握农业推广沟通的要素，农业推广沟通的程序；领会农业推广沟通的基本要领。

第一节　农业推广沟通的概念和分类

农业推广不仅是农业推广人员向农民传授知识，推广科技新成果的过程，而且也是农业推广人员和农民进行信息交流，相互沟通的人际交往活动。通过与农民的沟通，推广人员可以更好地了解农民的各种需要与要求，可以针对农民的实际需求为农民提供信息，传授知识，教以技术，提高农民的技能和素质，改变农民的态度与行为。

一、沟通的概念与作用

（一）沟通的概念

“沟通”一词是从英文“Communication”翻译得来，译作联络、通讯、传播等，随着现代沟通学的发展，人们普遍认为沟通是指在一定的社会环境下，人们借助共同的符号系统，如语言、文字、图像、记号及手势等，以直接或间接的方式彼此交流和传递各自的观点、思想、知识、爱好、情感、愿望等各种各样信息的过程，或是社会信息在人与人之间的交流、理解与互动的过程。通过沟通可以影响别人和调整自己的态度和行为，最终可以达到一定的目的和目标。

由以上的概念可以看出，要实现对沟通概念的完整理解，需要注意以下几个方面：①沟通是双向行为，存在沟通主体和沟通客体，一般在自我交流、人与人、人与机、机与机之间进行交流；②沟通是一个过程，发出刺激一产生结果，只有信息传递而没有对信息接受者产生影响的过程不能称之为真正意义上的沟通；③沟通取得成效的关键环节是编码、译码和沟通渠道。沟通的前提是信息和信息的传递，且传递的信息能够被信息接受者理解；完美的沟通是发送者与接受者之间的信息没有任何衰减和失真。后面我们还要对沟通要素进行具体的阐述。

在现代社会生活中，沟通活动到处可见，社会中的每一个人，每一个群体或组织每天都毫无例外地在发送和接受信息，通过获取信息从事着沟通活动。如一个人每天除了睡觉，3/4 的时间都在从事沟通活动，因此说沟通具有普遍性。沟通还具有情景性。从宏观的角度看，不同的国家和地区具有不同社交礼仪和沟通方式。从微观的角度看，人们在不同的地点和场合有着不同的沟通心态和行为。例如，在开会和在家，人们会根据场合的不同而调整自己的行为方式。

从某种意义上讲，沟通有时比信息更重要，因为信息是一种客观存在，但人们对信息的接收、理解、感应程度却是多种多样的。沟通的心理学基础的一个重要方面是认知选择性，包括选择性注意（Selective Attention）、选择性理解（Selective Perception）和选择性记忆（Selective Remembrance）三个方面的内容，可称之为认知防卫圈（见图 3－1）。

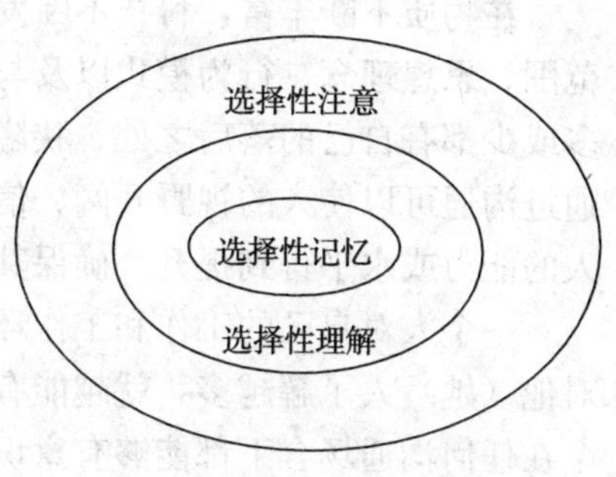

图 3－1　认知选择性的三个防卫圈

认知选择性说明，在纷繁多样的客观世界，人们不可能对客观事物全部清晰地感知到，也不可能对所有的事物都做出反应。人们习惯上排斥自己不熟悉或与自己观点不符合的信息，最后人们记住的东西往往是其需要和感兴趣的东西。

沟通是人际间交往的主要形式，沟通的目的在于交流思想、表明态度、表白感情、交换意见、表达愿望等，通过沟通达到了解各自的行为动机和发展需要，从而影响别人和调整自己的态度和行为，达到预期理想的结果。

具体到农业推广领域，沟通是指在推广过程中农业推广人员向农民提供信息、了解需要、传授知识、交流感情，最终提高农民的素质与技能，改变农民的态度和行为，并根据农民的需求和心态不断调整自己的态度、方法、行为等的一种农业信息交流活动。其最终目的是提高农业推广工作的效率。

（二）沟通的作用

沟通的作用可以从个人、组织、社会三个不同的层次来论述。

1. 有利于个人的生活与发展。沟通在现代社会生活中到处可见，是人与人之间交往的主要形式。通过沟通可以使人视野开阔、信息灵通、反应敏捷和思维方式多样化。一个人无论他（她）拥有多少物质财富，如果没有一定的社会网络关系，那么他（她）不会真正在社会上走上霸主的地位。很难想像一个把自己封闭起来，一个沟通范围很小的人在当今世界能大有作为。过去判断一个人的价值，常常看其拥有的财富或权力；现代社会判断一个人的价值和发展趋势，是看其载带的信息量，看其在与其他（她）人沟通中所处的位置和社会资本存量。

英国文豪萧伯纳曾说过："假如你有一个苹果，我也有一个苹果，当我们彼此交换苹果，那么，你和我仍然是各有一个苹果；但是，如果你有一种思想，我也有一种思想，当我们彼此交换这些思想，那么，我们每个人将各有两种思想"，这就生动形象地说明了沟通的重要性。

在物质不断丰富，科技不断发展的社会中，不同的人，其知识结构、观察范围、思想理念、行为模式以及与社会的融合程度都存在很大的差异，人们或多或少都有自己的落后之处、狭隘之处，以及内心深处的矛盾、犹豫和困惑，通过沟通可以使人的视野开阔、信息灵通、反应敏捷和思维方式多样化，使个人的能力或水平得到提升，确保其在平凡的岗位上做出不平凡的成绩来。

一个人对自己的工作和工作环境了解得越多，就越能更好地工作；一个人对他（她）人了解越多，就越能有效与他人交往，所谓知己知彼百战不殆。一个在任何沟通场合下都能够有意识地运用沟通的理论和技巧进行沟通的人，显然容易达到事半功倍的效果。没有沟通，就像一台没有联网的微机一样，自身性能再好也难发挥大的作用。

2. 提高组织的运行效率。现代组织理论的先驱切斯特·巴纳德（Chester Barnard）视沟通为组织不可缺少的三个要素之一。任何一个组织，无论是政府、军队、还是公司、铁路、医院，缺少沟通，必然影响其发展。20 世纪 90 年代我国成功的企业无不重视自己的形象，精心地进行企业包装，以期在市场竞争中获胜。

对组织自身而言，为了更好地在现有政策条件允许下，实现自身发展并服务于社会，也需要处理好与政府、公众、媒体等各方面的关系。对一个组织或单位内部而言，人们越来越强调"团队合作"（Team Work）精神。有效的内部沟通，使组织的管理者熟悉每个职员的优点和缺点，正确进行职员角色定位，激发成员士气和积极性，最大化发挥每个人的作用。因此，有效沟通是一个组织良性运行并获得成功的关键；对组织外部而言，沟通能够实现联合与互补，通过有效的信息沟通把组织同其外部环境联系起来，使之成为一个与外部环境发生相互作用的开放系统，提高有效决策的能力。这些都离不开熟练掌握和应用管理沟通的原理和技巧。

3. 促进人类进步与社会变革。回溯人类从原始社会到信息化高度发达的今天所经历的历程，研究者发现使人类成为今日之人类的关键要素有两个，即劳动和沟通。从某种角度上说，后者的力量更大。研究结果显示，人类如果缺乏信息交流，其语言表达能力及其认知能力将会受到严重损害。例如，在印度发现的狼孩和在我国发现的猪孩，由于长期脱落人类社会，在被人们发现后，带入社会后其语言的表达能力和认知能力很差。对于老年人和新生儿的研究也发现，如果多给他（她）们提供刺激，特别是社会性刺激，就能够促进儿童心理发展的速度，也能够减缓老年人的衰老速度，有利于他（她）们的心理健康。

如果说劳动是个体行为，那么沟通则是人类的群体行为。最初人类为了更好的生存条件而沟通，现在人类为了获得更多的科学技术、文化知识、社会认同等更高层次的需求而进行信息与思想的沟通。沟通通过改变意识和观念而改变环境条件并促进发展。沟通还使社会成员进一步了解各种社会规范如法律、纪律、道德、习俗等，形成一个良性的大环境。沟通使人们了解社会与科技的进步，消除矛盾和障碍，把不利因素转化为有利因素，把消极力量转化为积极力量，有利于整个社会加快变革和发展。

二、农业推广沟通的概念

在农业推广工作中经常使用的人际沟通，就是指推广人员和推广对象之间彼此交流知识、意见、感情、愿望等各种信息的社会行为。农业推广沟通是指在推广过程中农业推广人员向农民提供信息、了解需要、传授知识、交流感情，最终提高农民的素质与技能、改变农民的态度和行为并不断调整自己的态度、方法、行为等的一种农业信息交流活动。最终目的是提高农业推广工作的效率。

沟通是农业推广的重要组成部分，农业推广过程实质上是农业推广人员与农民沟通的过程。在这一过程中，农业推广人员为了组织和教育农民，应用行为科学与心理科学原理，采取各种有效的方法和手段，向农民传授知识、推广技术，同时推广人员与农民交流信息，深入农户了解农民的实际需要和要求，获得农民的需要信息，据此信息提供给农民相应的技术、技能及知识，提高了农民的科技素质和生产经营水平，改变农民的态度和行为。

三、农业推广沟通的分类

根据不同的角度，沟通可划分为不同的类型，一般有以下几种：

(一) 根据沟通者之间的组织关系不同进行分类

1. 正式沟通(Formal Communication)。指在一定的组织体系中，通过明文规定的渠道所进行的沟通。这种沟通的优点是正规、严肃、富有权威性，参与沟通的人员普遍具有较强的责任心和义务感，从而易于保持所沟通内容的准确性和保密性。缺点是信息传播速度慢，传播范围小，缺乏灵活性。正式沟通按信息的流向可划分为4种类型：

(1) 上行沟通。信息由下级农业推广人员向上级农业推广人员流动。如乡农技站向县推广中心报送汇报材料，反映执行推广计划中的问题等。

(2) 下行沟通。信息由上级推广部门向下级推广单位下达政策、规章、任务、计划等。如省农业技术推广总站向市(地区)农技推广部门下达通知、任务等。

(3) 平行沟通。指同级推广机构之间的信息交流，如省内不同县的农业技术推广中心的推广人员之间互相交流各自的推广项目及进展情况。

(4) 斜行沟通。指与外地非同级推广机构的信息交流。如某省市农技推广中心与其他省市农技推广站进行信息交流。

2. 非正式沟通(Informal Communication)。指非组织、系统所进行的信息交流，如农技员与农民私下交换意见，农民之间的信息交流等。此种沟通不受组织的约束和干涉，可以获得通过正式沟通难以得到的有用信息，是正式沟通有效的、必不可少的补充。非正式沟通除了交流工作信息外，还有更多情感交流，对于改变农民的态度和行为具有相当重要的作用。

(二) 根据沟通媒介不同进行分类

1. 语言沟通(Langue Communication)。是指利用口头语言和书面语言进行的沟通。在农业推广工作中，为了获得较好的沟通效果，常常把口头语言沟通和书面语言沟通两种方法结合起来应用。

(1) 口头语言沟通。口头语言沟通简便易行，迅速灵活，同时伴随着生动的情感交流，效果较好，如技术讨论会、座谈会、现场技术咨询、电话咨询等。口头语言沟通优点是信息传递及时，缺点是信息在传递过程中容易失真。

(2) 书面语言沟通。指利用报纸、杂志、活页、小册子等进行的沟通。书面语言沟通受时间、空间的限制较小，保存时间较长，信息比较全面系统，但对情况变化的适应性较差。

2. 非语言沟通(No-Langue Communication)。是指借助非正式语言符号如肢体动作、面部表情等进行的沟通。主要包括手势、身体姿态、音调(副语言)、空间距离和表情等。非语言沟通与语言沟通往往在效果上是互相补充的，二者同时使用能够提高沟通效率和效果。有人认为，在人所获得的信息总量中，语言沟通的作用只占7%，语调的作用占38%，表情的作用占55%左右。非言语沟通的类型主要有以下几种。

(1) 表情（Expression）。人类祖先为了适应自然环境，达到有效沟通的目的，逐渐形成了丰富的表情，这些表情随着人类的进化不断发展、衍变，成为非言语沟通的重要手段。人们通过表情来表达自己的情感、态度，也通过表情理解和判断他人的情感和态度，学会辨认表情所流露的真情实感，是人类社会化过程的主要内容。

农业推广人员在进行推广活动时所表露出的真诚、热情，可以调动农民自愿采用行为发生，提高其参与社会变革活动的积极性。

(2) 目光语（Eye Behavior）。俗话说，眼睛是心灵的窗户，它可以传递丰富的信息，是表达情感信息的重要方式。人们将通过眼睛这一视觉的接触来进行信息交流的方式称作目光语。

一般认为，目光语具有提供信息、调节气氛、启发引导、互动、暗示的作用。行为心理学的研究认为，目光语的注视行为包括：注视时间、注视的部位和注视的方式。注视的时间长可以表现为吸引，也可以表现为憎恨，如长时间的注视会引起对方生理上和情绪上的紧张。注视的部位因双方关系的不同而不同，友好的注释为平视，充满敌意的注视往往为斜视。在一般交谈的情况下，相互注视约占31%，单向注视约占69%，每次注视的平均时间约为3秒，但相互注视约为1秒。当我们喜欢一个人的时候，我们就会与他（她）有更多的目光接触。

(3) 身体语言或体态语（Body Language）。在日常生活中，人们经常采用身体姿势或身体动作来与别人交流信息，传达情感。法斯特认为，身体语言是人们同外界进行情感交流的反射性或非反射性动作。比如，摆手表示制止或否定、搓手或拽衣领表示紧张、拍脑袋表示自责、耸肩表示不以为然或无可奈何；触摸也能表达一定的情感和信息，因而也常被人们用作沟通的方式。但是身体的接触或触摸是受一定社会规则和文化习俗限制的。

(4) 装饰（Ornament）。装饰可以表现一个人的特性，传达人的职业、文化修养、社会背景等信息，如服装、服饰等。农业推广人员在与农民沟通时，若穿着奇装异服，说话装腔拿调，会使贫穷落后地区的农民有一种不舒服的感觉，人为加大沟通距离。

(5) 时空距离（Space）。人们在交谈中相互空间的变化也可以表明双方的关系。英国人类学家爱德华·霍尔（Hall）根据人们的交往状况将沟通中的人际距离分为四类：①亲热距离，是0～0.46米；②亲近距离，在0.46米～1.22米左右；③社交距离，为1.22米～3.66米之间，同乡、同事、同学、熟人间的沟通和交际处于这个距离；④公众距离，为3.05米～7.62米，常见于上课、公开演讲及报告等公共场合。这种分类在一定程度上反映了社会生活中人际距离的远近与人际关系的亲疏确实有密切关系，但在不同文化、职业、地位、个性、性别的人中会有不同的做法。

预约、守时、准时的时间概念是人际沟通中非语言尺度，反映了人的个性、文化、价值观以及沟通过程中的诚意和尊重程度。

3. 电子沟通（Electronic Communication）。电子沟通是随着电子通讯技术的发展而应运而生的。目前电子沟通特指对互联网技术的应用，通过互联网信息以高速度、大容量、滚动化、开放性的方式传递，而且可以检索和复制。人们借助手机、可视电话、电子邮件等现代电子技术，人与人之间的交流日趋广泛，信息沟通的数量和种类显著增加，信息更新更快捷，对时间和空间的依赖性几乎消失，电子邮件（Email）、短信、博客、网络电话、聊天工具（QQ、UC）等已成为人们最普遍使用的沟通工具。

（三）根据信息发布者与信息接受者的地位可交换性

1. 单向沟通（One Way Communication）。指发信者与接受者地位不变，如技术讲座、演讲等，主要是为了传播思想、意见，并不重视反馈。单向沟通具有速度快、干扰小、条理性强、覆盖面广的特点。如果意见十分明确，不必讨论，又急需让对方知道，宜采用单向沟通。如推广人员向农民发布病虫害发生情况及预防措施，由于病虫害一旦发生，就应该及时防治，推广人员可以采用单向沟通方式。

2. 双向沟通（Two Ways Communication）。指沟通过程中发信者与接受者地位不断交换，信息与反馈往返多次，如小组讨论、咨询会等。双向沟通速度慢、易受干扰，但能获得反馈信息，了解接受状况，同时使沟通双方在心理上产生交互影响，能使双方谨慎而充分地阐释和理解信息。

（四）根据沟通接触范围和媒介的不同进行分类

1. 内向沟通（Interpersonal Communication）。指信息在一个人个体内的传递过程。内向沟通属于自我信息交流，是个体对外界环境的感知以及大脑对外界刺激的反应。这种自我内向沟通活动是人固有的最基本的沟通活动，是人类一切沟通活动的前提和基础。如自言自语就是内向沟通的反应。

2. 个人沟通（Personal Communication）。指个人之间直接面对面或通过个人媒介进行的沟通，如书信、农家访问、电话咨询等。个人沟通具有针对性强，可以直接解决问题的优势，如农业推广人员与农民的直接沟通，可以解决农民关心的问题。但这种沟通方式的沟通成本较高，当推广人员相对于农民数量较少时，个人沟通的次数要减少，而且要针对典型农民进行。

3. 大众沟通（Mass Communication）。指借助大众传播媒介如报纸杂志、广播电视等进行的沟通，如科技广告、科普杂志等。大众沟通具有信息传播速度快，数量大的特点，但对反馈信息接收慢。

在农业推广工作中，在创新采用的不同阶段，上述两种沟通的作用不同，在认识阶段，大众沟通的作用较大，而在试用与采用阶段，个人沟通的效果更为明显。

（五）根据沟通的内容不同进行分类

1. 信息沟通（Information Communication）。指以交流信息为主要目地的沟通。在农业推广沟通中，推广人员提供给农民的各种信息，如气候信息、病虫害信息、新技术信息等均为信息沟通。

2. 心理沟通（Psychology Communication）。指人的感情、意志、兴趣等心理活动的交流。例如，通过推广人员耐心的科技教育转变农民对新技术的态度，从拒绝采用到主动采用；对于生产上遭受挫折的农民，经过推广人员的帮助，找出问题，确定对策，使农民鼓足勇气，克服困难等。

第二节　农业推广沟通的要素、程序和特点

一、农业推广沟通的要素

农业推广沟通是一个多因子构成的复杂过程，是传送者与接受者之间多因子相互作用的过程。沟通过程主要包括 8 个要素：①传送者；②接受者；③信息；④渠道；⑤障碍；⑥反馈；⑦关系；⑧环境。只有这些沟通要素有机地结合在一起的时候，才能构成沟通的有效体系，实现信息的有效交流。其中传送者和接受者共同构成沟通的主体、信息为沟通的客体。

（一）沟通主体

沟通主体指承担信息交流的个人、团体及组织。根据他（她）们在沟通活动中所处的地位和职能不同，沟通主体又分为发送者与接收者。

1. 发送者（Sender）。又叫信源，指在沟通中主动发出信息的一方。在农业推广活动中，推广人员一旦获得了农业创新信息，就会产生向农村、农民传递此项创新的意向和行为。这时，推广机构和人员就成为信源。发送者在沟通中居于主动地位。

2. 接收者（Receiver）。指接受信息的一方。当推广人员发出信息后，农民通过一定的渠道接受信息，有选择地消化这些信息，并转化为自己所能理解的形式，所以接收者是被动的沟通者。

在双向沟通中，发送者和接收者是相对的，农业推广机构及人员与农民互为发送者和接收者，共同构成农业推广沟通的主体。

（二）沟通客体

沟通客体指沟通的信息内容。农业推广沟通客体主要由讯息、情感、思想等构成。

1. 讯息（Message）。是在发送者与接收者之间以某种相互理解的符号进行传递、沟通的信息。讯息作为沟通客体极为普遍，它是发送者所要表达的内容，如技术、方法、经验、意见、见解等。农业推广中，讯息是一种客观存在，有时也称作信息，是农业推广的内容，一般以农业科普文章、讲话、简报及声像资料的形式进入沟通过程。

2. 情感（Sense）。常常被作为沟通的客体。在农民群体中，其内聚力的大小决定于农民之间的人际关系状况。推广人员与农民之间如果互相尊重，双方共同商讨技术问题，彼此发表各自看法，互相吸取对方的有益意见，相互满足心理上的需要，就会产生亲密感和相互依赖感。由此可见相互的“感情投资”的重要性。用感情沟通的手段可以提高与农民群体的凝聚力，增加农民主动采用农业新技术的积极性。

3. 思想（Ideas）。思想亦称观念，即理性认识。思想沟通普遍应用于农业推广上是农业科技进步的必要条件。农村联产承包责任制给农村带来的巨大变化，就是思想解放的硕果。没有思想沟通，就没有社会进步。集体指导所采用的讨论会、座谈会、评价会等正是现代农业推广思想沟通的好方式。其基本特点是力求形成最大信息流量和容量的思想沟通网络，最大限度地提高思想信息共享和相互反馈的机会。

（三）沟通渠道

沟通渠道（Communication Channel）是指由发送者选择，用于传递讯息的媒介。农业推广中常见的沟通渠道有以下几种类型。

1. 单串型。由首先发出信息的人经过一系列的人依次把讯息传递给最终的接受者；接受者的反馈信息则以相反的方向依次传递给最初的发出信息者，见图 3-2。在农业推广机构中，上级机构给下级机构或组织下发文件和通知，或下级机构或组织向上级机构上报材料，属于这种类型。这一沟通渠道信息发送速度慢，在传递过程中，信息容易被误传和失真。采用这种沟通渠道时，信息的传递者要深刻理解信息的内容，并及时传递，否则，信息就会失真或耽误

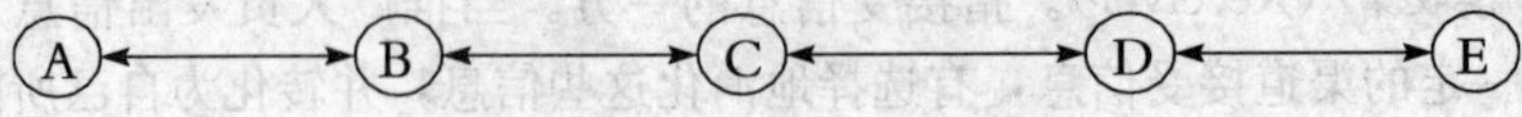

图 3-2 单串型沟通渠道

时间而失去使用价值。

2. 饶舌型。又叫轮式渠道，即由一个人把信息同时传递给若干人，反馈信息则由此若干人直接传递给最初发出信息的人。在农业推广活动中，方法示范、集体指导即属于此种类型，见图 3-3。

3. 扩散型。由一个人将信息传递给若干人，再由这些人把信息分别传递给更多的人，使信息接收者越来越多，反馈信息则以相反的方向回流，最终流向最初发出信息的人，即平常所说的“一传十，十传百”。推广工作中，由推广人员首先指导农村中文化素质较高的科技示范户、重点户、农民“二传手”，这些积极分子再把创新知识、技术传递给周围一大批农民，就属于此种类型，见图 3-4。

4. 全通道型。指参与沟通的多数人互相之间均能有信息交流的机会。例如在推广工作中，根据实际需要，推广人员组织农民参加小组讨论会、辩论会等，见图 3-5。

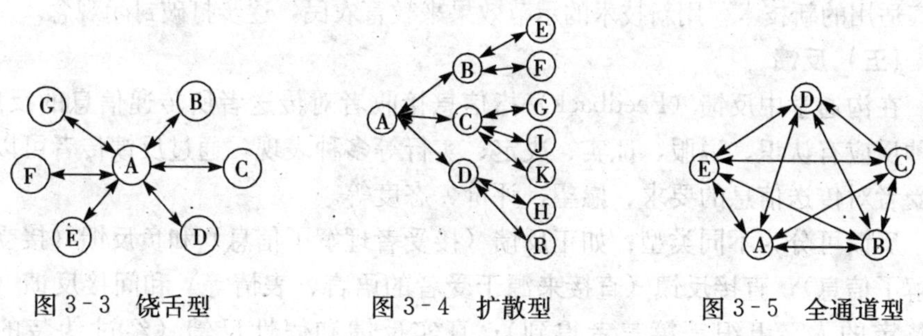

图 3-3 饶舌型　　图 3-4 扩散型　　图 3-5 全通道型

（四）沟通障碍

无论何种类型的信息在沟通过程中都存在信息弱化、失真或误传，这种现象被称之为障碍，也有人称之为噪声或摩擦。根据沟通的基本过程，产生沟通障碍的主要因素包括：

（1）信息表达障碍。传者由于语言和文字能力不强，或在传送之前不够深思熟虑而造成所传送的讯息不够充分、不够清楚、不够准确；如对于同一种作物，各地有很多不同的名称，比如玉米就有玉茭、包谷、棒子、包米、玉麦、珍珠米等多种叫法。甜高粱在我国南方被称为芦粟；大豆中黑皮种被称为黑豆，黄皮种被称为黄豆。为了克服语言方面的障碍，推广人员要多钻研专业知识，准确地把握不同作物、不同原理与技术中专业名词的含义，同时也要听懂农民的方言，把专业术语与地方方言有机结合，克服语言方面的障碍。“行沟”、“代沟”都可能成为信息表达的障碍。打破“行沟”最有效的办法就是各自换个位置想一想，调个角度看一看，彼此理解了，就会顾全大局、识大体，这样再进行沟通时就会顺利许多。

(2) 沟通渠道的障碍。沟通的链条过长或中间环节过多，很容易产生信息的损耗；接受者与传送者之间空间距离过大，接触机会少及选用错误的沟通渠道都会产生沟通障碍。如对知识水平较低的人群发放较复杂的文字资料。沟通渠道障碍的典型问题是“过滤”，也就是信息丢失。

(3) 信息接收者方面的障碍。接收者对新的信息不感兴趣、不重视、精力不集中，或接收者听话、阅读、记忆、理解等方面的能力有限所造成的沟通障碍。

(4) 观念方面的障碍。观念属于思想范畴，由一定的经验和知识积累而成，是一定的社会条件下被人们接受、信奉并用以指导自己行动的理论和观点。在农业推广中，有的观念是促进沟通的动力，有的观念则成为沟通的障碍。

封闭观念往往在一些落后的地区较为普遍，克服封闭观念的障碍需要推广人员长期、细致的工作，在某些地方可以长期蹲点，从农民群众中选拔创新者，推广适用的新技术，用新技术的示范效果来教育农民，逐步打破封闭观念。

(五) 反馈

在沟通学中反馈（Feedback）指信息接收者对传送者所传递信息的反应。这种反应有认识、说服、证实、决定、实行等多种表现，通过反馈传者可以了解受者对传送信息的要求、愿望、评价、态度等。

反馈可分为不同类型：如正反馈（接受者理解了信息）和负反馈（接受者误解了信息）；直接反馈（直接来源于受者的语言、表情等）和间接反馈（通过特定的人、组织等第三者得到）；真实反馈和假性反馈（经过伪装的反应）等。

(六) 关系

指传者与受者之间的亲密关系、信任程度以及相互间的亲和力。当传送者与接受者的关系逐步密切起来的时候，便可以看作沟通的关系逐渐加强，信息以某种方式被交换或解释，当这种关系处于削弱状态时，信息可能变成另一种方式进行交换和解释。

在农村中，农民最不喜欢的就是那些“官不大、架子不小，本事不大、脾气不小”的干部，对那些在田间地头或企业指手画脚、胡乱指责的干部，要么敬而远之，要么消极对待，甚至公开对抗。因此，农业推广人员要与农民平等相待，把农民作为自己的朋友。

(七) 环境

沟通总是发生在一定的情景和场合中，沟通的环境可以影响其他要素或者整个沟通过程。人作为一种群居性动物，必然受到所处群体文化氛围的影响和制约，在不同地区和环境内人们表达的方式、交换信息的内容等都会有很大差别。另一方面，同样的信息在不同场合下会引起受者不同的理解。比如在小学里说学生们天真是形容孩子的可爱，但是如果说成年人天真可能是形容他们思想比较浅薄。

沟通要素间是一种信息流动的动态结合过程，沟通过程也就是信息按照一定的阶段循序的、有规律的运动，而不是随意进行的。对沟通过程的不同要素和不同阶段分别进行考察，了解农业信息交流在每一阶段上运动的情况，保证农业信息交流的正常进行，才能提高农业推广沟通的有效性。

二、农业推广沟通程序

农业推广沟通的一般程序是：首先由推广人员进行农业信息准备，然后将这些信息进行编码，变成农民能够理解的信息传递出去，经一定的渠道让农民接受；农民在收到信息以后，进行译解，变成自己的意见，并采取一定的行为，将行为结果反馈给推广人员。具体地讲，可分为如下六个阶段。

（一）农业信息准备阶段

农业信息准备是指推广人员从多种途径获得农业信息，有了传播的意向，为信息的传递所做的准备工作，该阶段具体包括以下工作。

1. 确定农业信息内容。即在正式沟通以前，先系统地分析本次沟通所要解决的问题、目的、意义及信息的质量、适合性等。推广人员得到的信息较多，在众多的信息中选择适用的信息。如目前玉米新品种比较多，推广人员可以得到大量新品种的信息，推广人员要选择适合当地种植的品种信息。

2. 确定信息接收者。即确定信息传送给农村中的集体或个人，领导或群众，示范户或一般农户等。农业推广人员根据实际情况，分析推广对象是个人还是集体，是领导还是群众，最终确定合适的推广对象。如果推广对象选择不当，造成农民积极性不高或推广范围较小，将大大影响推广效率。

3. 确定信息传递时间。信息传递的时间很重要，过早则时机不成熟，不一定能引起对方兴趣；过晚，则由于时过境迁而失去使用价值，因此要把握好沟通的时机。一般在大多数农民最需要信息的时候，是传递信息的最好时机；这时候，农民会主动了解信息，带着极大的兴趣来掌握信息内容。如在播种前是传递品种、肥料、播种技术等信息的最好时期。

（二）农业信息编码阶段

农业信息编码就是指推广人员将所要传播的信息，以语言、文字或其他符号来进行表达，以便于传递和接收。信息编码有以下三方面的要求：

1. 农业信息表达要准确无误。农业推广沟通最常用的工具是语言和文字。在与农民进行沟通时，要使用简单明了、通俗易懂、形象生动的语言文字来准确地表述科学概念、原理及技术方法。如对于传播春大豆、夏大豆的知识时，农村中往往农民把这两种大豆叫做“大黄豆”、“小黄豆”，农业推广人员要把书面语转化为农民容易接受的语言，使农民不会把大豆和蚕豆混淆，使农民准确掌握大豆信息。

2. 沟通工具要协调配合。例如书面语言和口头语言相配合，语言沟通和非语言沟通相结合。要根据沟通内容选择适当的沟通工具。例如，在某一病虫害大发生的时候，推广人员到某村进行病虫害防治知识的宣传，这时如果通过广播向农民讲授病虫发生和防治知识，效果较好，但农民听后，容易遗忘，推广人员可以先印刷一些讲座的宣传单，先把宣传单发给农民，然后再进行广播，农民对照宣传单听讲，理解效果会更好。

3. 要考虑农民的接收能力。在编码时要考虑农民的文化水平和接收能力。据研究，人在单位时间内所能接收的信息量是有一定限度的。因此，在一次沟通中，信息量不能太多，否则影响沟通效果。如在玉米播种前，当地政府请高校玉米方面的专家给农民讲玉米栽培技术，这时专家要考虑农民的接受能力，一次不要讲太多的内容，最好只讲与播种有关的知识，如品种选择、肥料的选用、播种工具使用、播种量多少等内容，这些内容农民往往比较喜欢听，也容易接受，而玉米田间管理要等到玉米出苗后再讲效果比较好。同时阐述一些专业术语时，要用通俗易懂的语言介绍。

（三）农业信息传递阶段

本阶段是推广人员借助沟通工具，通过一定的渠道，把农业信息传送出去的过程。有效的传递，要注意以下几点：

1. 选择合适的工具和渠道。同一信息可以通过不同的渠道和工具来传递，在选择工具和沟通渠道时，推广人员要根据信息的特点选择既经济实惠又效率高的渠道和工具。

2. 控制好传递的速度。传递的速度过快，可能会使对方接收不完全，欲速则不达；过慢，则可能坐失良机，影响沟通效果。因此，推广人员在传递信息时，要控制传递的速度，使信息传递速度适合农民的接收能力，既让农民完全接受信息，又不延误时机。

3. 防止信息内容的遗漏和误传。农业推广人员在信息传递中，要尽最大努力排除各种干扰因素，避免信息内容遗漏和误传，力求做到准确、无遗漏。

（四）农业信息接受阶段

农业信息接受指农民从沟通渠道接受农业信息的过程。推广人员要创造良好的接受信息的环境，确保农民在接受信息时力求做到完整，不漏掉传递来的每一个信息符号。这一阶段对推广沟通的影响较大，如果农民接受到的信息不完整、不全面，就会使得农民与农业推广人员的沟通出现误解和断章取义，严重影响沟通活动的顺利进行。

（五）农业信息译码阶段

农业信息译码是接收者将获得的信息转换为自己所能理解的概念的过程，又称译解或解码。接收信息时一定要做到完整，力求接收传送来的每一个信息信号。要求接受者能充分地发挥自己的理解能力，准确地理解所接受信息的全部内容，不能断章取义，更不能误解传递者的原意。实际上沟通的主体具有相同经验或经历是完成沟通过程的必要条件，传送者与接收者的相同知识、经验和经历越多，沟通成功的可能性就越高。如果双方对信息符号及内容的理解缺乏共识，那么就无法达到共鸣，因此，就不可避免地产生认知差异和障碍。农业推广人员要及时、正确的引导使理解和接受有困难的农民能够准确理解信息。

（六）农业信息反馈阶段

农业信息反馈是接受者对接受到并理解了的信息内容加以判断，向传递者（推广人员）做出一定反映的过程。良好的反馈应满足以下两点要求：

(1) 反馈要清晰、主动。反馈者要清楚地说明自己的意见和想法，便于传送者了解接收者的全部想法，以便进行及时调整。只有接收者的主动反馈，才能使沟通过程不断升华。日常生活中许多农民由于平时缺乏锻炼，在与推广人员沟通时，往往不能把自己对沟通信息的理解和想法说清楚，推广人员态度要热情，要鼓励农民多提反馈意见，要耐心、细致的解答农民的疑问，打消其顾虑和畏惧心理。

(2) 反馈要及时。迅速地反馈可以使传送者及时了解传递信息被接受的程度，便于传送者及时采取相应措施，这样才能提高沟通效果。要求推广人员平时多与农民沟通，使二者关系融洽，农民有什么意见和建议都敢与推广人员交流。

三、农业推广沟通的特点

（一）沟通双方互为信息的发布者

农民与推广人员的信息沟通不是某一方发送信息另一方接收的单向信息传递，而是沟通双方之间的双向信息交流。他（她）们的位置可以变换，即发信者可以变为接受者，同时，接受者也可以变为发信者。如在推广活动中，当推广人员向农民传递信息时，同时农民也在向推广人员进行信息反馈，在这一沟通中，推广人员和农民互为信息发布者。

（二）沟通双方使用统一的或相同的符号

农业推广沟通需要借助一定的符号，因此沟通双方必须使用统一的符号或者对所使用的符号所代表的意义有相同的理解，否则沟通难以进行，也就无法进行信息交流。例如，当推广人员在某地推广某一技术时，推广人员不懂当地语言，而农民也听不懂推广人员的学术语言。这时，农民与推广人员的沟通活动就不能进行，即不能实现二者的对话（Dialogue）过程。

（三）沟通双方对交往的情境有相同的理解

农业推广沟通必须在一定的交往情境下进行。沟通的情境是影响沟通过程的重要因素。在沟通过程中，沟通的情境可以提供许多信息，也可以改变或强化沟通的内容。所以，在不同的沟通情境下，即使是完全相同的沟通信息，也可能获得截然不同的沟通效果。对于农业推广人员和农民，双方对沟通的情境必须有相同的理解，否则就无法进行沟通。

（四）沟通双方互相影响

农业推广人员与农民在进行沟通时或完成沟通后，对各自的心理和行为都会产生一定的影响，而不是一种纯粹的信息交流。推广人员对农民的影响是要提高后者的素质和技能，改变其态度和行为，也就是说，通过沟通要使农民掌握一定的先进技术，把科技成果传播普及开来，变为现实的生产力。农民对推广人员的影响则是使后者对前者有更充分的了解，如当前存在的问题是什么，农民需要哪方面的技术和信息等，从而改变推广的方式与方法，调整推广服务的内容。例如，推广人员通过与农民的交流，对农民的生产生活状况有了进一步的认识，可能激发推广人员的敬业精神和改变工作态度，对农民更热心、更主动；而农民通过与推广人员的沟通，被推广人员的工作精神所打动，增强其参与社会变革的积极性。

（五）推广人员主动适应农民

农业推广人员往往是信息的发出者，是农业推广过程中沟通的主体，处于沟通中的中心地位，是沟通的组织者和发动者。在农业推广活动中，农业推广人员是根据农民的具体生产条件、具体需要决定沟通的方法和内容，而不是农民根据推广人员的需要来决定内容和方式。

（六）沟通的多层次性和侧重性

1. *沟通的多层次性*。由于农业生产的自然条件、社会环境和经济条件差异，造成了农民生产经营状况复杂多样，农民的生产水平和经营管理能力高低不一，因而对农业新技术的态度不同，需要的层次也不同。这就决定了农业推广沟通的多层次性。农业推广人员应根据农民不同的需要层次采取不同的方法和技巧进行沟通。

2. 沟通的侧重性。由于推广内容不同和推广对象的差异，沟通会有所侧重，这就形成了农业推广的侧重性。在我国广大农村地区，农民生产经营条件各异，在农业推广中，推广人员要分析不同时期不同农民需要的层次性，抓住农民的主导需要来进行推广才能取得良好的推广效果。

第三节　提高农业推广沟通效率的方法与技巧

一、影响农业推广沟通效率的因素

农业推广工作，在很大程度上是一种信息采集、传播、应用的工作。沟通是信息传递系统中重要的组成部分，没有沟通，即使有最好的信息也不能起作用。因此从某种意义上讲，沟通有时比信息更重要，因为信息（知识、技术、方法、技能等）是客观存在的事物，需要通过沟通媒介才能使接受者感受到。人们对信息的接受、理解、感受、态度是多种多样的，它既受到客观因素的影响，又受到主观因素的制约，而后者产生的影响在很大程度上决定于沟通这一要素所发挥的调控作用。

每一项具体的农业推广活动一般应包括两大要素，即推广内容（信息）和推广方法（沟通）。内容与方法的有效结合是推广工作成败的关键，也是影响推广工作效率的主要因素，即：推广内容（信息）×推广方法（沟通）＝推广效果。

内容（10）×方法（0）＝0

内容（0）×方法（10）＝0

内容（5）×方法（5）＝25

内容（3）×方法（8）＝24

在同一地区，生产条件相同，推广同一个项目时，可以遇到农民的不同的态度和看法。所以推广人员要根据不同推广对象的实际情况，有针对性地采用有效的沟通方法，才能达到预期的效果。

二、农业推广沟通的基本准则

（一）沟通的内容要与农民生产状况相关

要做到这一点，推广人员需要把农民划分为若干类群，了解各个类群的兴趣、爱好、需要与问题，从而有针对性地提供技术和信息咨询服务。例如，在持续的旱灾期间，同农民谈论土壤改良技术，农民是不会有多大兴趣的，而农民关心的问题是干旱对作物生长发育的影响与有效的抗旱技术，因为他（她）面临的紧迫问题是度过灾害以求生存。

有时候，推广人员传播的新技术的确对农民有作用，但农民可能不以为然。出现这种情况后，推广人员要深入了解农民不接受新技术的原因，如果是由于语言方面的障碍，就需要用农民熟悉的语言与其沟通，如果是由于农民观念上的障碍，则推广人员要耐心向其解释新旧技术之间的关系与差异，用新技术的成果示范来引导与教育农民。

（二）维护和提高沟通内容的信誉

沟通能否成功在很大程度上取决于信息接受者对待信息源的态度和方式。例如，一个农民认为某个推广人员是一个可信赖的朋友，那么他（她）对这个推广人员提出的建议就会抱积极的态度从而加以采纳。如果他（她）对报纸或其他信息源抱消极或否定的态度，他（她）就倾向于忽视这些信息源提供的信息。但是，如果当他（她）后来发现报纸等信息源也提供了有用的信息时，他（她）会及时地转变态度。推广人员要想在农民中树立良好形象，就得花费一定的时间与精力同推广对象进行沟通，了解他（她）们的需要与问题，向他（她）们介绍实用的技术与信息，培养他（她）们的自主能力与自我决策能力，同时也建立起一种相互信任的良好关系。

（三）推广沟通内容的组织与处理应简洁

在推广沟通的内容的组织与处理中应注意以下三点：

1. 选用正确的传播媒介。在农业推广信息处理时，要选择适合的传播媒介，编码简单易懂，适合农民的接受能力。多运用些模型、图片、图表、实物来传播新技术通常比只用语言、文字、符号效果更好。

2. 解释新出现的概念。在传播每一个新的概念之前需要指明其意义。因为对传播者而言可能是很简单的术语，但对接受者而言可能意思不明。如作物栽培中的“中耕除草”，对于推广人员来说是一个简单的术语，而对于农民就不知道了，推广人员在讲述中耕除草技术时，先要给农民解释中耕除草就是用锄头或机械设备疏松土壤，除去杂草。

3. 注意信息的逻辑顺序和结构。推广人员在组织信息时，要注意信息的逻辑顺序和结构安排，尽可能使信息的理解与接受简单、明了，这样农民就更容易理解。

（四）适当重复信息的关键内容

1. 口语传播信息中的重复。在口语传播信息中，由于信息传递速度快，农民很容易遗忘信息的内容，重复特别重要。推广人员在进行培训、讲座时，要在适当时机重复一些重要内容，通常需要重复的内容为重点、难点，澄清误解，举例说明。

2. 多种信息源进行信息重复。通过多种信息源进行信息重复效果更佳。例如，人们以前已经从大众传播媒介上了解到某项技术，若再在某地进行成果示范和方法示范，带领农民到现场考察，使其接受培训和指导，农民会更信服这项技术。

（五）合理运用比较和对比方法

“比较见异同，比较分优劣”。在农业推广沟通活动中，推广人员要多运用比较和对比方法，把准备扩散的新技术和旧技术联系起来，把已知的信息和未知的信息进行比较，会更容易看出它们之间的异同，从而更清楚地使农民了解新技术的优越性，提高农民对新技术的认同感。

（六）加强信息反馈

有效的沟通远远不只是单向地传播技术和信息，而是一种双向的信息交流。在推广沟通中，推广人员和农民都是沟通的参与者，他（她）们之间是互教互学，相互促进的关系。因此，只有加强信息反馈，才能增进理解、实现互动。才能使推广人员真正了解农民的实际需要，有针对性地开展农业推广活动。

（七）重视沟通网络

在农业推广过程中，农业推广人员必须充分认识到他（她）们是在同农民、农业企业组织机构与人员一道开发知识并交流信息。例如，在推广活动中，推广人员与农村社会的基层行政组织、农民技术协会等各种团体，以及参与农业服务的农业科研机构、教育机构、生产资料供应机构、市场营销机构、金融与信贷机构等各种组织进行有效的沟通，在这种沟通网络中推广人员是关键的一员。因此，推广人员需要加强同网络中其他成员的沟通，以形成高质量的信息流，为农业和农村社区的发展提供更有效的服务。

（八）改善沟通环境

1. 改善沟通的社会、文化环境。社会、文化环境指农民的文化水平、价值观、宗教信仰、传统习惯、家庭组织规模、传统生产操作方法以及农村社会结构等。改善这些环境能提高推广机构和推广人员的工作效率。例如，文化程度低的农民，不能充分利用机会和有限的资源，很少采用新技术，而文化程度较高的农民则积极主动采用新技术。

2. 改善沟通心理、外部的物理环境。沟通的心理、外部的物理环境的改善，可以提高推广沟通效率。例如，在一间闷热的房间里，农民很难聚精会神地听讲。同样，在烈日当空或寒风刺骨的野外，农民也不可能全神贯注地观看示范、接受信息。在刺耳的噪音环境中，农民根本无法听清推广人员的讲话。

三、农业推广人员的沟通技巧

（一）给人留下好的第一印象

农业推广人员刚走上工作岗位，或到一个新的工作环境时，都有与别人第一次见面的问题。初次见面，别人往往对你形成一定的认识，这就是第一印象。第一印象形成后，会给人的大脑皮层印上很深的痕迹，以后要抹掉这个痕迹是很困难的。

作为农业推广人员，要给人以好的第一印象，即朴实、诚恳、勤奋、大方。因为推广工作的对象大部分是最基层的人，他（她）们都非常朴实，只有给他（她）们一个朴实的印象，推广人员才便于与之交流与沟通，才有利于开展工作。当他（她）们看到推广人员不在乎、不挑剔农村比较差的条件时，才认为推广人员不摆架子，才愿把推广人员当成知心朋友。如果过分地注重衣着打扮，穿戴时髦，坐下来二郎腿高翘，无休止地高谈阔论，恐怕推广人员再有能耐，他（她）们也不买账。而面带笑容、不卑不亢、自然开朗、大方洒脱、文雅朴实、积极肯干，就会给人留下美好的第一印象。

（二）做农民的知心朋友

农业推广工作者，要想提高推广工作效率，获得推广事业的成功，就必须成为农民的知心朋友。要成为农民的知心朋友，就必须克服一些自身缺点，做到与人为善、认真负责。

1. 克服自身缺点。推广人员要克服以下四方面的缺点：

（1）性格内向。农业推广活动需要推广人员与农民进行大量的交流，倘若推广人员性格过于内向，平时少言寡语，不大愿意主动与人交往，就会被人误认为是“高傲”、“难以接近”，就会疏远想与推广人员接触的人。

（2）心胸狭窄，妒忌心重。推广人员若心胸狭窄，妒忌心重、缺乏自知之明、容不得别人，就会断送友情和人缘。在农业推广活动中，推广人员应心胸宽广，性格开朗，与人为善。

（3）性格多疑。如果推广人员多疑、对他（她）人不信任、与人从不沟通心灵，就很难建立良好的人际关系。推广人员应该相信农民，与农民坦诚相待。

（4）狂妄自大。若推广人员觉得自己知识渊博、经验丰富，自以为是、狂妄自大，瞧不起人，会引起农民群众的反感，就会拉大与农民的心理距离。

2. 加强知识修养。要做农民的知心朋友，应努力做到以下几个方面：

(1) 尊重他（她）人，关心他（她）人，对人一视同仁，富于同情心。

(2) 热情、开朗、喜欢交往、待人真诚。

(3) 稳重、耐心、忠厚、诚实。

(4) 热心农业推广活动，对工作高度负责。

(5) 谦虚、谨慎、爱独立思考，善于解答农业推广中农民提出的问题。

(6) 知识渊博，说话幽默，有多方面的兴趣和爱好，不受本人所学专业的限制。

（三）与农民沟通之前先"认同"

1. "认同"的含义。大学生、研究生从学校毕业后，由一个丰富多彩的校园，走向一个比较单调的农业推广工作岗位，需要按时上下班；下乡时会看到农村中的大杂院，狗、猪满街窜，鸡、鸭遍地飞，吃饭馒头白开水加一根葱，街面污水到处流；这时在日常生活和工作中，都会感到极不习惯。怎么办？这就需要先"认同"。"认同"在心理学上就是在千差万别当中，在一定的条件下能够在某些方面趋向一致。认同的过程就是协调人际关系的过程。

2. "认同"的三个阶段。

(1) 顺应。顺应就是要求一方迁就一方。迁就在沟通中很重要，双方暂时迁就，就会有机会互相了解、体谅，各自就会逐渐打开心扉，开始说真话。

(2) 同化。顺应可能是不十分乐意的，也许是一种策略，而同化则是另一回事，最后可以"入乡随俗"。"人家这样干我也这样干"，"老推广人员能这样咱也能这样"，"他（她）是人咱也是人，为什么不能像他（她）那样呢？"这样干得多了，下乡次数多了，就习惯了，适应了，觉得没有什么不舒服不自在了，这就是被同化了。

(3) 内化。内化就是推广人员长期和农民在一起，各方面和某一方面都达到高度一致，十分默契，对于你的推广对象的性格、兴趣、习惯和作风等摸得很透，十分适应，双方觉得非常合得来。

3. 认同的原则。推广人员和推广对象表现亲密、和睦、团结一致的认同是正常的，但还须注意，这种认同往往是在非原则问题上，并注意用好的同化差的、真的同化假的、文明的同化落后的、积极的同化消极的、不能本末倒置。

（四）站在对方的角度上看问题

推广人员每推广一项技术，每说一句话，都要站在对方的角度上看问题，不妨做这样的假设，我如果是他（她）会怎么看？怎么想？怎么做？即设身处地，将心比心。做到了这一点，农民就会对推广人员或推广人员的推广内容感兴趣。如20世纪70年代正是高粱种植面积大的时候，当时推广“晋杂5号”杂交高粱，明明单宁含量很高，很涩，又带壳，适口性很差，有的推广人员却大讲杂交高粱多么好吃，营养多么丰富，产量多么高，应该大种特种，实际上他（她）自己也不愿吃。生产队长跟他（她）对着干，在地的四周种杂交高粱，而在中间种谷子，秋后就说杂交高粱不高产。这就是推广对象对推广者不感兴趣而消极反对的典型例子。实事求是地、客观地站在对方的角度上看问题，应该成为农业推广工作者的工作原则。

（五）善于利用人们迷信成功者的心理

人们都有探求别人秘密的好奇心理，每个人都有迷信成功者的心理，推广人员要善于利用这一心理。欧洲曾有一个推广马铃薯的故事：哥伦布发现新大陆后，起源于美洲的作物逐渐被引入欧洲。当时马铃薯是由传教士带回欧洲的，某传教士为了尽快地把这一作物推广开来，他白天将马铃薯的幼苗连盆端出，放在院子里，晚上再端回室内。邻居们觉得这一定是一个非常好的东西，这么珍贵，便开始悄悄偷他的马铃薯。人们不断地偷，他就不断地往外端，而且白天还装作非常担心丢失的样子。不久，马铃薯就在这里传播开了。虽然这个故事不一定真实，但它却道出了人们都有探求别人心理的道理。

人们都迷信成功者，当推广人员试验某一项技术获得成功，确信可以推广时，就应该先让推广对象看自己的结果，不要轻易将技术的关键道出，让对方先对推广人员产生迷信，他（她）就会更相信推广人员的技术肯定对他（她）有用。相反，在农民还没有引起足够重视的情况下，推广人员便将技术讲给他（她）听，他（她）会不相信，或者认为没这么简单，这样，推广人员的话就不能打动农民。而当农民对推广人员及其技术产生了迷信心理之后，抱着渴求的心理在迷惑不解的时候来找推广人员时，推广人员一旦说出，他（她）便有茅塞顿开之感，通过交流，使他（她）对技术理解得深，掌握得好，并且传播也快。

（六）了解、利用风俗，为农业推广服务

农业推广人员每到一地，首先必须了解当地的风俗习惯、风土人情，努力做到“入乡随俗”，才能成为一个受当地人民欢迎的人，不了解当地风俗习惯就容易产生笑话，甚至直接影响推广工作。了解了风俗习惯，就可以利用这些为农业推广服务。如近年各地兴起的“科技赶集”，就是一种非常行之有效的推广方法。一些推广人员利用集日人多、集中的特点，宣传科学技术，进行技术经营，收到非常好的推广效果。国外农业推广人员也有利用人们到教堂做礼拜的习惯，将教堂作为传播技术的场所。在教堂里发放宣传品、新种子等，起到了很好的推广效果。发达国家遍布全国的俱乐部、周末晚会，都是他（她）们宣传、推广技术的主要场所。这些方法既符合了当地的风俗习惯，又顺应自然，生动活泼，涉及人员多，推广面大，推广效果好。

（七）善于发挥非正式组织的作用

非正式组织的存在，对农业推广活动有积极作用，也有消极作用。就其积极作用而言，它可以沟通在正式交往渠道中不易沟通的意见，协调一些正式组织难以协调的关系，减少正式组织目标实施中的阻力；同时与非正式组织成员的沟通，还可以结识许多新的朋友，扩大推广效果。就其消极作用而言，容易形成小圈子，一个人有消极的情绪后，会影响到一大批人。

正式组织与非正式组织是相互依存、相互制约、相互补充的关系。农业推广人员要注意发挥非正式组织的积极作用，纠正和克服消极作用。如在农业推广中，就需要寻找非正式组织中的领袖人物，可以将其培养成科技示范户、科技带头人。利用他（她）在非正式组织中的地位和威信，形成科技推广的“辐射源”，以其为中心向四周成员“辐射”，将科技新信息迅速传播，使农业推广收到事半功倍的效果。

四、农业推广沟通的基本要领

（一）摆正“教”与“学”的相互关系

在沟通过程中，推广人员应具备教师和学生双重身份，既是教育者，要向农民传递有用信息，同时又是受教育者，要向农民学习生产实践经验，倾听农民的反馈意见。要明白农民是“主角”，推广人员是“导演”，因此，农民需要什么就提供什么，不是推广人员愿意教什么，农民就得被动接受什么。推广人员与农民两者是互教互学、互相促进、相得益彰的关系。推广人员应该与农民共同研究，共同探讨推广内容与技术，不断完善推广内容，共同提高专业水平。

（二）正确处理好与农民的关系

国家各级推广机构的推广人员既要完成国家下达的任务，又要为农民服务。这样，在农民的心目中，可能认为推广人员是代表政府执行公务的，推广人员有时也会不自觉地以“国家干部”的面目出现。这就难免造成一定的隔阂，影响沟通的有效性。所以，在农业推广中，推广人员一定要同农民打成一片，了解他（她）们在生产和生活中的迫切需要，与他（她）们一起讨论其所关心的问题，帮助他（她）们排忧解难，取得农民信任，使农民感到你不是“外来人”，而是“自己人”。这样，推广人员就可以更好地开展推广工作，取得推广成绩。

（三）采用适当的语言与措辞

要尽可能采用适合农民理解的简单明了、通俗易懂的语言。如，为了说明玉米、大豆等作物如何留种，推广人员要给农民解释遗传变异原理，遗传现象可以用“种瓜得瓜、种豆得豆”等形象化语言来形容，变异可以用“一母生九子，九子各不同”来比喻；解释玉米杂交种的杂种优势时可用马与驴杂交生骡子为例来说明等。切忌总是科学术语的“学究腔”、“书生腔”。同时还要注意自己的语调、表情、情感及农民的反应，以便及时调整自己的行为。

（四）善于启发农民提出问题

推广沟通的最终目的就是要为农民解决生产和生活中的问题。农民存在这样那样的问题，但由于各种原因，如文化素质、知识、智能等使其形不成问题的概念，或提的问题很笼统。这样，就要善于启发、引导，使他（她）们准确地提出自己所存在的问题。例如，可以召开小组座谈会，互相启发，互相分析，推广人员加以必要的引导，这样就可以较准确地认识到问题所在，形成问题的概念。

（五）善于利用他人的力量

由于目前我国推广人员数量较少，不可能直接面对千家万户，把工作“做到家”。因此，要善于利用农民中的创新先驱者为“义务领导”、科技示范户等，把他（她）们作为科技的“二传手”，借助他（她）们的榜样作用和示范作用，可产生“倍数效应”与“辐射效应”，使农业科学技术更快更好地传播，取得事半功倍的效果。

（六）注意沟通方法的结合使用和必要的重复

多种方法结合使用常常会提高沟通的有效性，所以要注意各种沟通方法的结合使用。如大众传播媒介与成果示范相结合、家庭访问与小组讨论相结合等进行农业推广活动，可以大大提高推广工作效率。行为科学指出，人在单位时间内所能吸收的信息量是有限的，同时，在一定的时间加以重复则可使信息作用加强。所以在进行技术性较强或较复杂的沟通时，必须每次进行重复才能增强沟通效果。例如，大众传播媒介，需要多次重复才能广为流传，提高传播效率。

五、提高有效沟通的措施

要提高沟通效果，除克服推广沟通中的一些障碍外，还需要运用恰当的方法与措施。

（一）必须尽量提高沟通信息的清晰度

要提高沟通信息的清晰度可采用以下一些方法：

（1）增加沟通的渠道。通过多种渠道向农民传递信息，可以提高农民对信息的接受效果。如推广某一玉米新品种，可以通过电视、广播、集会、网络、种植公司等多种渠道传递新品种信息。

（2）明确沟通的问题及传递的信息。推广人员要明确自己与农民沟通的问题是什么，传递的信息是什么，有针对性的与农民进行沟通。

（3）沟通中言语与行动要保持一致。农业推广人员要言行一致，实事求是地与农民交流，不能夸夸其谈，不干实事。

（4）沟通中用语简单、选取最主要的信息。农业推广人员与农民沟通时，要考虑农民的接受能力，不断提高自己的语言表达能力。语言表达要深入浅出、形象生动、朴实无华。沟通内容要选择最主要的信息，抓住重点，突出难点。

（二）必须增加沟通双方的信任度

推广人员和推广对象在沟通过程中，如果坦诚相待，自始至终保持亲密、信任的人际关系，同时采用有效沟通技巧，农民就会感受到推广人员的热情和真诚，使农民感到推广人员不是“外来人”，而是自己人，为农业推广沟通奠定感情基础。

（三）及时获得沟通的反馈信息

反馈信息对沟通双方都很重要，它是沟通的重要环节，可以增进理解，实现良性互动。反馈信息要及时发出，而且要具体、明确，这样推广人员才能根据农民的反馈意见调整自己的心理和行为。

（四）积极创造良好的沟通气氛，努力克服不良的沟通习惯

良好的沟通气氛，是顺利进行沟通的重要保证，而不良的沟通习惯既影响沟通本身的进行，又影响人际交流、人际关系和人际评价。

（五）沟通言语要通俗易懂

推广人员要尽可能选择适合当地农民文化背景的言语。用于信息沟通的语言不仅要简明扼要，通俗易懂，而且还要根据当地农民文化背景的差异，选择合适的言语，这样可让对方充分理解其中的含义。

（六）善用非正式沟通

由于非正式沟通往往可以获得比正式沟通更好地效果。因此，如果有一些信息沟通用正式沟通效果不理想，可选用非正式沟通。

（七）主动聆听

聆听是一个综合运用身体、情绪、智力寻求理解和意义的过程。只有当接受者理解发送者要传递的信息，聆听才是有效的。接受者只有主动聆听，才能更好地理解发信者的信息内容。主动聆听的特点有：

（1）排除外界干扰，如噪音、风景等。

（2）目的明确。一个优秀的聆听者总倾向于寻找说话者所说内容的价值和含义。

（3）推迟判断，不要妄加评论和争论，至少不要在开始时就做结论，要等别人陈述完一件事后，再进行判断，可以提高判断的正确性。

（4）根据信息的全部内容寻找发送者的主题。

·思考题·

1. 农业推广沟通的分类有哪几种?
2. 农业推广沟通由哪些沟通要素组成?
3. 农业推广沟通有哪些特点?
4. 农业推广沟通的基本要领有哪些?
5. 采取什么措施可以提高农业推广沟通效率?

·参考文献·

[1] 郝建平，蒋国文等．农业推广原理与实践［M］．北京：中国农业科技出版社，1997
[2] 梁福有，郝建平．农业推广心理基础［M］．北京：经济科学出版社，1997
[3] 许无惧．农业推广学［M］．北京：北京农业大学出版社，1989
[4] 王慧军．农业推广学［M］．北京：中国农业出版社，2002
[5] 许无惧．农业推广学［M］．北京：经济科学出版社，1997
[6] 付文杰，彭泉开．试论农业推广沟通的特点和要领［J］．宜春学院学报．2003，25（4）：63～65
[7] 王德海．发展传播学［M］．北京：中国农业科技出版社，2003

第四章　农业创新扩散

【本章学习要点】本章学习要点是掌握农业创新涵义；了解农业创新的采用过程，创新采用者分类，农业创新扩散过程；理解S扩散理论及应用，影响农业创新扩散的因素。并能够根据创新的特点绘制创新扩散曲线和对创新扩散曲线进行分析说明。

没有创新就没有社会的发展，可见创新的重要性。由第一章对农业推广涵义的介绍，我们知道农业推广活动的一个重要职责是通过有效手段，将农业领域内出现的新成果、新技术、新知识、新信息及时有效传递给农业生产者，并诱发其自愿行为变化，促进农业与农村发展。那么，这个过程就是农业创新扩散。因此，农业创新的采用与扩散是农业推广的一个核心问题。

第一节　农业创新与采用

一、农业创新的涵义

创新理论是美籍奥地利人约瑟夫·阿洛伊斯·熊彼得（J. A. Schumpeter）在20世纪30年代提出来的。按照熊彼得的观点，所谓创新就是建立一种“新的生产函数”，生产函数即生产要素的一种组合比率P=f（a，b，c，…，n），也就是说，将一种从来没有过的生产要素和生产条件的“新组合”引入生产体系。他将“创新”和“发明”这两个概念严格区分，他认为发明是新技术的发现，而创新则是将发明应用到经济活动中，为当事人带来利润。他认为创新存在的形式包括：①引进新产品或提供一种产品的新质量；②采用新技术或新生产方法；③开辟新市场；④获得原材料的新来源；⑤实现企业组织的新形式。

由此概念引发，创新是一种被某个特定的采用个体或群体主观上认为新的东西，它可以是新技术、新的产品或设备，也可以是新的思想或新方法。亦指在原有基础上的一种变化，这种变化与当时的观点和已有的实践相比并不一定是先进的，但被农业生产者主观地认为对于解决当时当地的问题是首创的、新的、适用的实用技术、知识与信息。在推广领域有助于解决推广对象在特定时间、地点与环境下生产与生活中所面临的问题，满足推广对象的需要，如应用该创新可以相对原有的技术或产品提高劳动生产率，增加农业生产者收入。

二、农业创新的采用过程

农业创新的采用是指农民从获得新的创新信息到最终在生产实践中采用的一种心理、行为的变化过程。农业推广学家从行为心理学角度分析认为，农民在采用创新的过程中，一般情况下需要经过认识、感兴趣、评价、试用、采用五个阶段。

1. 认识阶段（Cognition Stage）。认识阶段是农民采用农业创新的最初阶段。农民通过各种途径获得比他（她）过去所用更好的新成果、新技术信息，这些信息包括物质形态的技术，如新农药、新品种、新肥料、新植物生长调节剂，以及非物质形态的技术，如棉花简化整枝技术、水稻直播栽培技术。但还没有获得与此项创新有关的详细信息。因此，他（她）对创新成果持迟疑态度。

2. 感兴趣阶段（Interest Stage）。感兴趣阶段是部分农民在初步认识到这项创新可能会给自己带来一定的好处时，表现出对这项创新的关心和感兴趣，并想进一步了解，并伴有学习行为出现。一些农民会主动地向邻里打听，或者阅读相关资料，或者找推广人员进行咨询。

3. 评价阶段（Evaluation Stage）。农民一旦对创新产生兴趣，就会联系自己的实际情况对该创新的优点、缺点进行评价，对采用创新的利弊得失加以分析、判断。

例如在玉米渗水地膜覆盖栽培技术的推广应用中，农民在采用渗水地膜（渗水地膜是以“小雨资源化”理论为基础，基于半干旱与半湿润地区设计的一种可使水分下渗的新型地膜）这一新产品时，往往是采用过普通地膜的农民先考虑是否采用渗水地膜，这些农民一般要从渗水地膜新产品功能优势、成本、增产增收效果等方面进行权衡比较。在评价过程，农民通过朋友、邻居、报纸、杂志、推广人员等途径获取渗水地膜上述三方面的信息，自己进行评价或请邻居、朋友、推广人员协助评价。在同一地区，会出现部分农民由于正确掌握了玉米渗水地膜覆盖配套栽培技术获得增产，而有的农民则由于不能正确掌握这一技术，采用玉米渗水地膜覆盖后增产不明显或大大增加劳动力投入的现象。这时，对于玉米渗水地膜覆盖栽培技术这一创新，农民的评价就会不同。有的对这一创新评价很高，另一部分农民则在这一阶段表现得犹豫不决，对创新没有把握，他（她）或者想试验一下，或者想观察一下其他农民试用创新的情况。这意味着在评价阶段感兴趣农民需要了解该创新的详细信息，为其采用或放弃决策行为作依据。

4. 试用阶段（Experiment Stage）。农民经过评价，认同了创新的有效性，但为了减少投资风险或新技术采用风险，往往在大面积采用前先进行小规模的试用。在试用过程中，农民常常不是经过一次，而是二次、三次以至四次试验，直到对创新成果完全满意为止。如有的农民在采用玉米渗水地膜覆盖栽培技术时，可能要先小面积试验，通过与普通地膜比较，可能试验一年效果不明显，再试验一年或几年，经过亲自试验，农民取得了成功的经验和掌握了渗水地膜覆盖栽培技术，就会确信这项创新的优越性。

5. 采用（或放弃）阶段（Adoption or Give up Stage）。农民经过自己试验得出结论，决定是否采用创新。如果该创新增产、增收效果显著，农民便会根据自己的生产状况和资源禀赋进行决策，如安排采用计划。这一过程可能持续几个小时或几年的时间，一般农业生产周期长，有代表性的创新如新品种采用过程需要几年时间。

由农业创新的采用过程的5个阶段来看，在认识和兴趣阶段实现的是知识层面的变化，在兴趣与评价阶段实现的是态度层面的变化，在试用和采用阶段实现的是行为层面的变化。当然，作为农业推广工作者，应该知道在特定的创新采用阶段需要采用的推广策略，即根据创新采用阶段选择特定的推广沟通渠道，以达到预期的创新扩散效果。

以上把创新采用过程分为五个阶段，表示一种农民采用创新的心理、行为变化的顺序，但不一定每一项创新的采用或每个农民在采用某项创新时都必须经过以上五个阶段，根据不同的创新或不同的农民群体可以跳过一个或几个阶段，有的创新可以不经过其他阶段而直接进入采用阶段。

三、创新采用者的分类及分布规律

上述农业创新采用的五个阶段，是指农民个人对某项创新的采用而言。对于不同的农民来说，即使对同一项创新，开始采用的时间是有先有后的，有的农民从获得创新信息起就决定采用，有的则要经过较长时间才肯采用，这是普遍存在的现象。

根据某社会系统成员采用某创新的时间不同可以人为将创新采用者划分成的不同类群。一般用创新度表示。创新度（创新采纳度）是指某一个体（或其他采用单位）在采用某一创新时比社会系统中其他成员相对早的程度。社会系统是指在一起从事问题解决以实现某种共同目标的一组相互关系的成员或单位，其可以是个人、非正式团体、组织以及某种子系统。

根据创新度不同把采用者划分为以下五种类型：

1. *创新先驱者*。指首先采用某项创新，具有承担风险的意识和能力的少数人。在农村社区中，他（她）们文化程度较高，具有一定的经济承受能力，思维活跃。创新先驱者（Pioneer）承担着较大的创新风险，一旦成功就会优先受益，而万一失败则会蒙受不少损失。因此，推广人员要关注这一群体，建立创新激励机制，激发创新先驱者的采用创新热情。

2. *早期采用者*。这一部分农民是紧跟创新先驱者之后采用创新的农民。在农村社区中，这部分农民也积极主动关心创新，只是他（她）们不愿意承担风险，对创新持谨慎态度。这部分人与创新扩散关键期直接联系，假如没有早期采用者出现，在一定程度上预示创新扩散失败。因此，农业推广工作者要根据早期采用者心理和行为特点，给予适当的干预措施，以帮助早期采用者采用行为的发生。

3. *早期多数*。指那些注视着创新先驱者和早期采用者的相当多数的农民，他（她）们没有经过太多的时间，也采用了这项创新。一般认为，只有当采用者群体达到社会系统成员的15%～20%时，按照创新采用者的行为惯性，创新采用进入自我推动阶段，实现创新成果转化。

4. *晚期多数*。指那些遇事过于小心谨慎，看到邻近农民多数已经采用创新，他（她）们迫于压力也一起加入创新采用行列。

5. *落后者*。指直到最后才采用创新或拒绝接受创新的少数农民。落后者资源短缺，行为受传统思想观念束缚严重。

美国学者罗杰斯（E. M. Rogers）研究了农民采用玉米杂交种这项创新，发现采用的时间与采用者人数的关系呈正态分布曲线。他采用数理统计方法计算出了不同时间的采用者人数比例的百分数，其中，创新者占2.5%，早期采用者占13.5%，早期多数占34%，晚期多数占34%，落后者占16%，见图4-

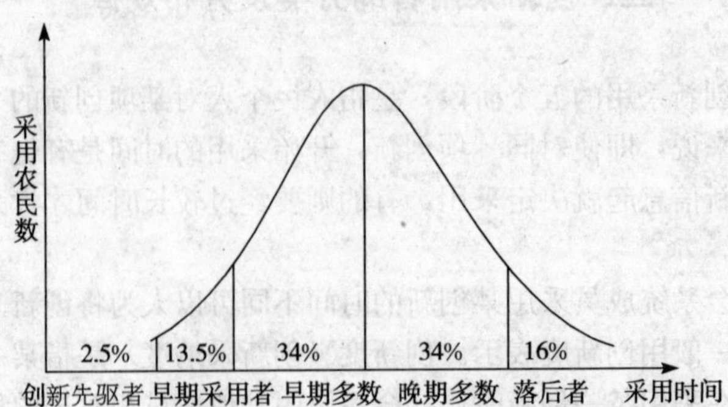

图4-1 创新采用者分类及其分布曲线

1（E. M. 罗杰斯《创新的扩散》）。

图 4-1 只说明创新采用者人数结构的一般规律，为一种典型的理论数字，并非每项创新都严格按照上述比例对采用者分类。由于不同创新的内容，采用者对其要求的迫切性及经营条件、技术条件、社会条件、经济条件等不同，对采用者的心理状态都会有不同的影响。在农业推广实践中，应用这一分类统计方法时必须结合生产的具体实际，具体问题具体分析。

四、不同采用者在采用过程中各阶段的差异规律

创新采用过程是有阶段性的，不同采用者对某项创新的采用在不同阶段其心理、行为表现有较大差异。这里列举两个典型案例加以说明。

（一）日本某地农民采用番茄杂交种

从图 4-2 可以看出：

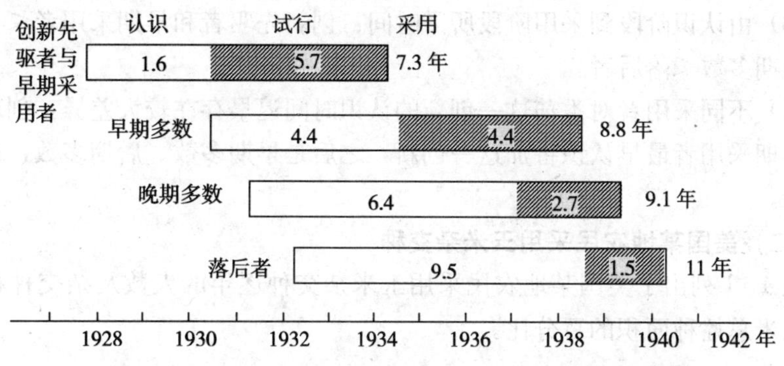

图 4-2　不同类型的采用者采用过程中各阶段的时间差异

（1）创新先驱者和早期采用者从认识到试行只经过 1.6 年，但从试行到采用却经过 5.7 年，整个采用过程共经过 7.3 年，从认识到试行占整个采用时间的 22.0%。这说明创新先驱者和早期采用者接受新事物很快，但要采用创新，则必须花费较多的时间进行一系列的试验、评价工作，经过多年重复试验，对创新有绝对的把握时，才最终采用创新。

（2）早期多数从认识到试行，从试行到采用都是经过 4.4 年，整个采用过程共计 8.8 年。其认识到试行时间比创新先驱者和早期采用者多 2.8 年，但其从试行到采用比创新先驱者和早期采用者少 1.3 年。

（3）晚期多数从认识到试行经过 6.4 年，但从试行到采用仅用 2.7 年，采用过程共计 9.1 年；其认识到试行的时间占整个采用时间的 70.3%。其认识到试行所花的时间是创新先驱者和早期采用者的 4 倍。这部分人有自己的经

验，不轻易接受新技术，有自己的经验，当遇到创新时，要经过较长时间来认识和试验新技术，而一旦试验成功，则很快采用新技术。

（4）落后者从认识到试行经过 9.5 年，这个阶段比创新先驱者与早期采用者长近 5 倍，而试行期仅有 1.5 年，是创新先驱者与早期采用者所用时间的近 1/4，整个采用过程共计 11 年，比创新者采用过程多用了 3 年多的时间。这部分人不轻易相信别人的试验结果，对创新的认识较为模糊，在多数人已经采用创新的情况下，不得不采用创新。

从以上分析可以得出：不同采用者在采用番茄杂交种过程中各阶段所用时间及整个采用过程所用时间存在着明显差异，呈现出的变化规律为：

（1）由认识阶段到试行阶段所用时间：创新先驱者和早期采用者＜早期多数＜晚期多数＜落后者。

（2）由试行阶段到采用阶段所用时间：创新者和早期采用者＞早期多数＞晚期多数＞落后者。

（3）由认识阶段到采用阶段所需时间：创新先驱者和早期采用者＜早期多数＜晚期多数＜落后者。

（4）不同采用者对番茄这一创新的认识时间迟早存在较大差异，创新先驱者和早期采用者最早认识番茄这一创新，之后是早期多数、后期多数，最后是落后者。

（二）美国某地农民采用玉米杂交种

表 4-1 列出了美国某地农民采用玉米杂交种逐年的人数及杂交种种植面积占玉米总播种面积的百分比。

表 4-1 美国某地农民采用玉米杂交种开始年度和播种面积百分比

开始年度	农民采用人数	各年度玉米播种面积占总播种面积比例（%）							
		1934	1935	1936	1937	1938	1939	1940	1941
1934	16	20	29	42	67	95	100	100	100
1935	21		18	44	75	100	100	100	100
1936	36			20	41	62.5	100	100	100
1937	61				19	55	100	100	100
1938	46					25	79	100	100
1939	36						30	91.5	100
1940	14							69.5	100
1941	3								54

从表 4-1 可以看出：1934 年只有 16 个农民在自己总播种面积 20%的土

地上种植杂交玉米，以后逐年增加杂交种种植面积，到1939年则在自己全部土地均种植了杂交种，整个采用过程共用了五年时间。1935年又有21个农民在自己18%的土地上试种杂交玉米，到1938年全部种了杂交玉米，从试种到全部采用只花了三年时间。1936年有36个农民在自己20%的土地上试种杂交玉米，也是用了三年时间就全部采用。1937—1939年的农民从开始试用杂交种到全部采用仅用二年时间。1940年有14个农民在自己的69.5%的土地上试种杂交玉米，只用一年时间就全部采用。

从以上分析可以得出，如果农民开始试用时间越早，其试用时间越长，开始试用的面积比例越小，逐年增加幅度较小；而开始试用时间越晚，则试用期越短，开始试用面积比例越大，逐年增加幅度较大。

（三）创新采用者采用过程不同阶段的一般规律及启示

以上两例说明：

（1）创新先驱者和早期采用者从认识到试种所花时间最少，之后试种的农民从认识到试种的时间逐渐增加，落后者所用时间最长。

（2）创新先驱者和早期采用者从试种到全部采用，要花比其他采用者长的时间，而后期采用者虽然起步较晚，但从试种到全部采用所需时间较短。

出现这种现象的原因主要有以下三方面：

（1）杂交种与农民种植的农家品种不同，只能种植第一代，第二代就减产，这样农民每年都需要购买新种子，这就存在成本问题，有的农民不愿意花更多的钱买杂交种，而是用自己的农家品种进行种植。

（2）杂交种的出现对农民来说是个新事物，一开始多数人不太了解，即使知道了杂种优势的原理，还想看看收成和效益如何。随着时间推移，参加试种的农民都获得好的收益，这种成果给后来采用者一种吸引力和推动力，大家较快地就接受了这种杂交种并普及应用开来。

（3）农民主观上愿意种杂交种，但有许多客观条件不具备，如水肥、农药及资金等服务供应跟不上，大面积应用有困难。

创新采用者采用过程的不同阶段一般有如下规律：当一项创新被传播给某一农民群体中时，如果农民开始试用时间越早，则试用时间越长，而且开始试用规模较小，以后逐年加大规模；开始试用时间越晚，则试用期越短，而且开始试用规模也较大。

创新采用规律启示推广工作者，当一项创新在某一农民群体中采用时，要缩短从认识到采用的时间，关键是缩短创新先驱者和早期采用者的试用时间，在实际工作中要发挥推广部门的主观能动作用，将创新的技术要点积极传授给农民，同时要有配套的技术指导、物资、资金等各项服务，这样可以有效减少创新在生产上试用时失败的次数，从而减少了创新试用次数，缩短了试用时间，加快了创新采用进程。

五、创新采用过程中推广方法的选择

农业创新采用过程具有阶段性，并且不同农民采用创新的时间差异也较大。农业推广工作者在推广创新时，要把握采用过程的阶段性和采用者的差异性这两个基本特点，选择适当的推广方法开展推广活动。

（一）根据创新项目开展情况选择推广方法

1. 未曾推广过的创新。假如某项创新在某地区从未采用过，则先要在当地进行适应性试验。试验成功后推广人员首先要通过大众传播手段向农民提供有关创新的信息，帮助农民充分认识、了解创新的特点及优越性，同时要开展巡回访问、同农民个别交谈、组织参观成果示范，使农民产生兴趣，并注意在农民中发现创新先驱者，帮助他（她）们评价，鼓励他（她）们带头试验和采用。

2. 曾经推广过的创新。某项创新在特定地区被部分农民采用，而其他（她）农民迟迟不采用创新，使创新停留在某一程度无法再扩散，而且无法进一步扩散的原因不是农民没有兴趣。在这种情况下，推广人员要深入调查创新推广不开的原因，是经营条件、技术问题或是支农服务问题。找准问题所在，针对问题的性质，采取个别访问、小组讨论、方法示范或让其他服务部门配合，使这一创新进一步推广应用。

（二）根据采用过程的不同阶段选择推广方法

在采用过程的不同阶段，要根据农民认识上或实践中存在的问题，采取最有效的推广方法，具体指导和帮助农民解决这些问题。

1. 认识阶段。推广人员要尽可能较快地让农民知道创新技术和事物。最常用的方法是通过广播、电视、报纸等大众传播媒介，以及成果示范、报告会、现场参观等活动，使更多的农民了解和认识创新。

2. 感兴趣阶段。通过大众传播媒介使农民了解创新后，可以通过成果示范和个别访问、小组讨论和报告会等方式，帮助农民提高认识、消除顾虑，增加他（她）们的兴趣和信心。

3. 评价阶段。农民对创新有了进一步的了解后，对是否采用新技术还犹豫不决，这时就特别需要得到分析、决策上的帮助。推广人员应通过成果示范、方法示范、经验介绍、小组讨论等较有效的方式，帮助农民了解怎样去做，让他在技术上有把握。并针对农民的具体条件进行指导，帮助他（她）做出决策。

4. 试用阶段。农民在试用新技术时，对新技术掌握不一定准确，推广人员要多进行个别指导和方法示范，并加强巡回指导，鼓励和帮助农民，避免试验失误，取得试验成果。

5. 采用阶段。推广人员在此阶段采用的主要方法是方法示范和技术指导。推广人员的主要工作是指导农民总结经验、提高技术水平，还要帮助农民获得生产物资及资金等经营条件，扩大采用创新的面积。

（三）根据地区差异、农民差异选择推广方法

我国各地区生产条件不同，气候条件各异，在推广创新时，应视当时当地的具体情况灵活应用各种推广方法。例如，大众传播在那些交通不便、广播电视尚无的地方就不能应用，可改用下乡巡回访问。

不同的农民对同一创新采用过程的各个阶段进展速度不同。推广人员要根据他（她）们各自接受的速度采取分阶段的指导，对处于采用过程中不同阶段的农民的需要，给予分别指导，做到“因人而异，因材施教，机动灵活，实事求是”。

六、沟通渠道对农业创新采用的影响

（一）信息来源对采用过程各个阶段的影响

农民获得的各种信息的来源具有不同的特点和功能，对农民采用过程中不同阶段的作用和影响有较大的差别（见表4－2），列出了台湾大学农业推广系1964年的一项调查结果。

表4－2　不同沟通渠道在采用各阶段所占比例（%）

阶段	信息来源						
	邻居朋友	小组接触	个别接触	大众接触	商人	自己经验	其他
认识	29.6	24.1	23.9	14.9	4.4	0.3	2.8
感兴趣	38.0	25.4	23.6	10	2.4	0.3	0.3
评价	46.9	26.2	17.2	5.6	3.5	0.3	0.3
采用	21.6	21.0	44.2	8	4.7	0.5	0
平均	34.0	24.2	27.2	9.6	3.8	0.4	0.9

从表4－2资料可以看出：

1. 认识阶段。邻居朋友、小组接触、个别接触是农民获得信息的主要沟通渠道。由于多数农民受教育程度不高，一般来说尚未形成从大众媒介获得信息的习惯，只是把它作为欣赏性媒介，其教育性价值尚未引起农民足够重视；

不少地区广播、电视尚未普及，也不能普遍订阅报刊杂志，因此大众接触在认识阶段所占比例小于邻居朋友、小组接触、个别接触；但大众接触在采用过程的各个阶段中，认识阶段获取信息的机会要比其他阶段高。

2. 感兴趣阶段。邻居朋友、小组接触、个别接触仍然是农民获得信息的主要沟通渠道。这一阶段邻居朋友的影响度大大提高；大众接触的影响度下降了许多。

3. 评价阶段。邻居朋友及小组接触的影响最大，这说明本阶段个人交流对评价决策具有重要作用；个别接触对创新的评价有较大影响，但影响力不如前两个阶段大。

4. 采用阶段。个别接触作用最大，其次是邻居朋友、小组接触，同时商业信息地位有所上升，因为采用阶段必须有一定的物资配套。农民也会根据自己的经验来决定是否采用。

（二）信息来源对农民采用阶段的作用

信息来源对农民采用阶段具有不同的作用，表4-3（许无惧，1989）可以看出，大众传播方式主要的作用是传播信息，加深农民对创新的认识，在采用的最初阶段作用大，之后作用逐渐减小。农民接触可以互相学习，取长补短，双向沟通，互动性强。推广人员掌握特定的知识和技能，在创新采用各阶段均起导向作用，推广人员的素质高低直接影响创新的采用。随着市场经济的发展，农民整体素质的提高，农业企业在创新采用中的作用逐步提高，对加速我国新技术的传播起到了重要作用。如目前的玉米杂交种这一创新已经被广大农民朋友接受，每年农民要购买大量的玉米杂交种，育种单位培育的新的杂交种的推广应用主要依赖遍布全国各地的大大小小的玉米种子公司的工作。

表4-3　信息来源的职能、沟通特点及对农民采用阶段的作用

信息来源	主要职能	沟通特点	对农民的作用
大众传播	提供广泛的信息，广告性宣传，在认知阶段作用大	传播次数多，被接受的机会也多；缺乏个人接触，单向沟通，适合一般性内容	给予新信息
农民接触	互相帮助，取长补短，在评价阶段作用较大	双向沟通，直接接触，信息内容适合当地情况	帮助决策，指导行为改变
推广人员	传播特定信息，传授技术技能，提供咨询服务，在各阶段均起作用	双向沟通，信息种类多，有权威性，内容具有普遍性、特殊性、地方性，可进行系统性传播	帮助决策，指导行为改变
商业机构	买卖商品，职业性服务和技术指导，在采用阶段作用大	双向沟通或间接接触，内容由买卖情况而定，与各自的经济利益有关	给予信息，指导行为改变

第二节　农业创新的扩散

创新的扩散是指某项创新在一定的时间内，通过一定的渠道，在某一社会系统的成员之间被传播的过程（Rogers，1983）。这种传播可以是由少数人向多数人传播，也可以是一个单位向另一个单位或社区的传播。研究农业创新的扩散规律，对提高农业推广工作的效率具有重要的意义。

一、农业创新的扩散过程

农业创新的扩散过程是指在一个农业社会系统内或社区内（如一个村、一个乡）人与人之间创新采用行为的传播，即由个别少数人采用，发展到多数人的广泛采用，这一过程称为农业创新的扩散过程。农业创新的扩散过程也是农民群体对某项创新的心理、行为变化的过程，是"驱动力"与"阻力"相互作用的过程。当驱动力大于阻力时，创新就会扩散开来。典型的农业创新扩散过程具有明显的规律可循，一般要经历四个阶段。

（一）突破阶段

农村中的科技示范户、科技带头人，与其他农民相比，他（她）们具有较高的科学文化素质、较好的生产经营条件，他（她）们与外界联系较广，信息灵通。这些农村中的创新先驱者思维敏捷，富于创新，勇于改革。他（她）们有强烈的改革要求，认识到要发展农业生产，改善自己的生活，增加对国家和社会的贡献，就必须改革落后的生产方式。这些需要激发起他（她）们参与改革的动机，这种动机是一种驱动力，促使他（她）们更多地关注生产上适用的农业创新，对采用新的创新跃跃欲试。在采用创新的起步中，他（她）们还要克服各种"静摩擦"，即来自各方面的阻力，如传统观念的束缚和社会舆论的压力，旁观者的冷嘲热讽以及万一失败后引起的经济损失等。更为重要的是他（她）们必须付出大量心血和劳动来进行各种试验、评价工作。他（她）们一旦试验成功，以令人信服的成果证明创新可以在当地应用而且效果明显的时候，就实现了"突破"，突破阶段是创新扩散的必不可少的第一步。

（二）紧要阶段

紧要阶段是创新能否进一步扩散的关键阶段。这个阶段的特点是人们都在等待创新的试用结果，如果创新确实能产生良好的效益，则这项创新就会得到更多人的认可，引起更多人的兴趣，扩散就会以较快的速度进行。紧要阶段实际上就是创新成果由创新先驱者向早期采用者进行扩散的过程。早期采用者可以说是农村社区中的潜在的改革者，这些人也有较强的改革意识，也非常乐意接受创新，只不过不愿意“冒险”，比先驱者更稳妥一点。这些人对先驱者的行动颇感兴趣，经常观察、寻找机会了解创新试验的进展情况，也从各个方面征求人们对创新的看法。一旦信服，他（她）们会很快决策，紧随先驱者而积极采用创新。

（三）跟随阶段

当创新的效果明显时，除了先驱者和早期采用者继续采用外，被称为“早期多数”的这部分农民认为创新有利可图时，就会积极主动采用。这些人刚开始可能不理解创新，一旦发现创新的优越性，他（她）们会以极大的热情主动采用，所以跟随阶段又叫自我推动阶段。

（四）从众阶段

当创新的扩散已形成一股势不可挡的潮流时，个人几乎不需要什么驱动力，被生活所在的群体所推动，被动地“随波逐流”，使得创新在整个社会系统中广泛普及采用。这一阶段称为“从众阶段”。农村中那些称之为“后期多数”及“落后者”就是所谓从众者。

以上四个阶段是根据学者们的研究结果人为划分的，但实际上每项具体的创新扩散过程除基本遵循上述扩散规律外，还有各自本身的扩散特点；另外，不同扩散阶段与不同采用者之间的关系也不是固定不变的，应具体问题做具体分析。农业推广人员应研究掌握创新扩散过程的规律，在不同阶段采用不同扩散手段和对不同类型的采用者运用不同的沟通方法，从而最大限度地提高农业创新的扩散速度和扩散范围。

二、农业创新的扩散方式

农业创新的扩散方式是多种多样的。在不同的农业发展历史阶段，由于生产力水平、社会经济条件的不同，特别是农业传播手段的不同，农业创新的扩散表现为多种方式，一般可归纳为以下四种，见图4-3（郝建平等，1997）。

（一）传习式（世袭式）

主要采取言传身教、家传户习的方式，由父传子、子传孙，子子孙孙代代连续不断地相传下去，逐步发展到一个家族、几个山寨、一群村落。这种方式在生产力水平低下，科学文化极其落后的原始农业生产阶段最为普遍。由于是一代一代连续不断的往下传创新，故这种方式又称为“世袭式”。在这种传播方式下，创新扩散后几乎没有变化或稍微有所变化［图 4-3（a）］。

（二）接力式（单线式）

在技术保密或技术封锁的条件下，创新的扩散有严格的选择性与范围。在传统农业阶段，一些技术秘方，以师父带徒弟的方式往下传，如同接力赛一般。师父所带的徒弟，是由师父严格挑选的。这种扩散方式，虽然也是代代相传，但呈单线状，不是辐射状，故又称之为“单线式”，这种创新扩散后，只能引起技术上的弱变［图 4-3（b）］。

（三）波浪式（辐射式）

由科技成果中心将创新成果呈波浪式向四周辐射、扩散，犹如石投池塘激起的波浪一层层向周围扩散。这种状态可以用“一石激起千层浪”来形象的描述。我们平时说的“以点带面”、“点燃一盏灯，照亮一大片”，指的就是这种扩散方式，故又称为“辐射式”。这是当代农业推广普遍采用的方式。其特点是，辐射力与距科技成果中心的距离成反比，即距中心越近的地方，越容易也越早地获得创新成果；而距中心越远的地方，则越不容易得到或很晚才得到创新成果，长此发展下去，就出现了边远地区技术落后现象。这种方式可以促进技术的变化和发展［图 4-3（c）］。

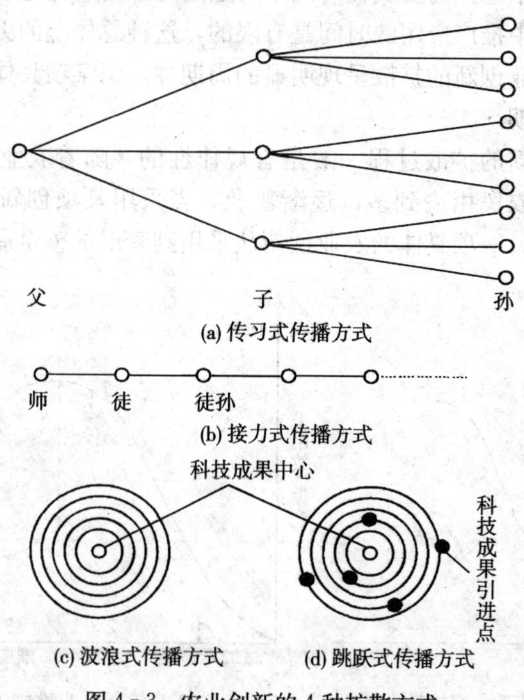

图 4-3 农业创新的 4 种扩散方式

（四）跳跃式（飞跃式）

随着市场经济的发展，农业创新之间竞争激烈。信息灵通，交通便利，扩散手段先进，在此条件下，创新的转移与扩散常常呈现出跳跃式发展。即科技成果中心一旦有新的成果和技术，不一定总是按常规顺序向四周一层一层地扩散，而是打破了时间上的先后顺序和地域上的远近界限，直接在同一时间内引进到不同地区实现了创新的扩散。例如现在培育的玉米杂交种，在一些边远地区可以和育种单位所在地区同步推广使用。这种扩散方式，可以大大加快创新扩散速度，随着扩散手段的现代化程度的不断提高，这种方式将得到广泛的应用［图 4-3（d）］。

三、S 扩散理论及其应用

在农业推广学中，S 型扩散曲线所揭示的规律称为“S 扩散理论”。S 扩散理论包含创新扩散周期内的阶段性规律、创新时效性规律及新旧创新的交替性规律。

（一）农业创新 S 扩散曲线

农业科学技术总体的发展在时间序列上是无限的，而每项具体的农业创新成果在农业生产中推广应用的时间是有限的，这种总体上的无限和个体上的有限的统一，使农业创新的扩散呈现明显的周期性。而某项具体创新成果的扩散过程就是一个周期。

每项农业创新的扩散过程一般是有规律性的。随着农业创新的出现和扩散，采用创新的农民由少到多，逐渐普及，当采用某项创新的人数达到高峰后，又逐渐衰减。一项具体的农业创新从采用到衰退的整个周期中其扩散趋势

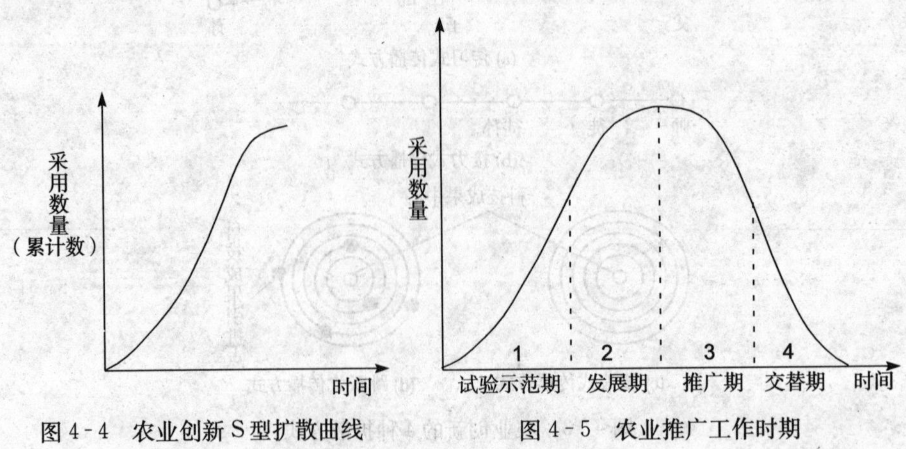

图 4-4　农业创新 S 型扩散曲线　　图 4-5　农业推广工作时期

可用“S扩散曲线”来表示。它是一条以时间为横坐标轴，以创新采用者数量的累计数（或累计百分数）为纵坐标轴绘制而成的曲线，其形状呈明显的“S”型曲线，见图4-4（郝建平等，1997）。扩散速率曲线则可以用正态分布或近似正态分布曲线来表示，见图4-5（郝建平等，1997）。

（二）S扩散曲线形成原因

S扩散曲线的形成，是由于一项农业创新引进并开始推广时，多数人对它还不熟悉或者创新使用代价较大，很少有人愿意承担使用的风险，所以一开始只有少数人采用，扩散较慢；但当通过试验示范，大多数人对试用后的效果感到比较满意时，采用的人数就自然逐渐增加，使扩散速度加快，传播曲线的斜率增大，当采用者达到一定数量以后，由于新的创新成果的出现，旧的创新成果被新的创新成果逐渐取代，扩散曲线的斜率逐渐变小，曲线也就变得平缓，直到维持在一定水平不再增加。这样就形成了S型曲线。从农业创新扩散速率曲线看，创新扩散速度前期慢、中期快、后期又慢。

（三）S扩散理论及其在农业生产中的应用

1. 阶段性规律及其应用。根据扩散曲线中不同时间创新扩散的速率和数量不同，可把创新扩散过程分为四个阶段，即：①投入阶段；②发展阶段；③成熟阶段；④衰退阶段。与上述4个阶段相对应，我国农业推广工作者提出了推广工作的四个时期。这四个时期分别是：

（1）试验示范期。从创新的引进、开始试验到示范成功为试验示范期。

（2）发展期。从示范成功开始，推广面积或采用数量逐渐增加到最大时为发展期。

（3）推广期。创新推广面积稳定，直到出现衰退迹象时为成熟期，这一时期是创新技术成熟、推广效益最高时期。

（4）交替期。随着新的创新成果的出现以及旧创新的老化，旧创新推广面积明显下降，在生产中基本停止使用为衰退期。

阶段性规律启示我们，为了确保创新成果的扩散，要确保试验示范期获得当地政府和相关单位的有力支持，能够顺利进入发展期，在成熟期要加大推广力度，要推迟衰退期的到来。另外，应明确一项创新在农业生产中的推广应用，基础在试验示范期，速度在发展期，效益在推广期，更新在交替期。

2. 时效性规律及其应用。S型扩散理论表明一项创新的使用寿命是有限的，因为每项创新进入衰退阶段是必然的，只不过是早晚而已，人们无法阻止它的最终衰退，但可以设法延缓其衰退的速度。

造成农业创新衰退的原因主要有：①无形磨损。创新不及时推广使用就会被新的创新项日所取代，从而过期失效。如当前各育种单位培育的玉米杂交种，如果杂交种审定后不及时推广应用，过几年新的杂交种出现，则这样的杂交种就被取代了。②有形磨损。创新成果本身的优良特性由于使用年限的增加而逐渐丧失，从而失去了推广价值，如小麦、谷子等自花授粉作物优良品种在生产过程中很容易发生混杂，使得优良的种性退化或抗病性的丧失。③推广环境造成创新的早衰。主要表现在以下三方面：一是政策磨损，指国家农业政策、法规法令及农业经济计划的调整造成农业创新的早衰。二是价格磨损，指农业生产资料价格上涨和农产品的比较价格下降造成农业创新早衰。三是人为磨损，指由于推广方法不当造成科技成果早衰，例如示范推广失败，引起农民逆反心理，导致成果早衰。

时效性规律启示我们：一项创新的应用时间不是无限的，具有过期失效和过期作废的特点。当一项农业创新计划推广时，推广机构和推广人员必须做到：尽早组织试验，果断决策进行示范；加快发展期速度使其尽快从试验示范期进入成熟期；要尽可能延长成熟期，延缓衰退，特别要防止过早衰退。

3. 交替性规律及其应用。一项具体农业创新寿命是有限的，不可能长盛不衰，而新的研究成果又在不断涌现，这就形成了新旧创新的不断交替现象，见图 4-6（许无惧，1989）。例如玉米新品种选育成功后，经过试验、示范、推广，进而逐步代替旧的玉米品种，实现了玉米品种的更新换代。新旧交替是永无止境的，只有这样，科学技术才得以不断发展，不断进步。

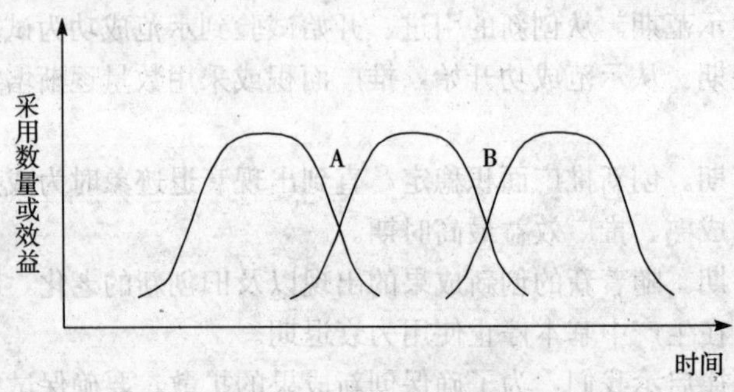

图 4-6　农业创新更新交替示意图

注：A、B 表示创新交替点。

交替性规律启示推广工作者：①要不断地推陈出新。即在一项创新尚未出现衰退的迹象时，就应不失时机地积极研发和引进新的项目，保证创新扩散的连续和发展，不要出现“旧已破、新未立”的被动局面；②选择好适当的“交替点”。就是说既要使前一项创新能够充分推广、实现最大效益（不早衰），又要使新的创新及时进入大面积应用阶段。新旧创新很好地衔接，避免交替点过早或过晚出现。

（四）农业推广实践中常见的几种扩散曲线

上述S型扩散曲线为一个普遍的规律，对任何一项创新的扩散都是基本适用的。但由于各种因素的影响，使各项具体的创新的扩散速度和范围呈现很大变化，即扩散的形状表现各异，我国农业推广实践工作中，常见的扩散曲线有以下四种类型。

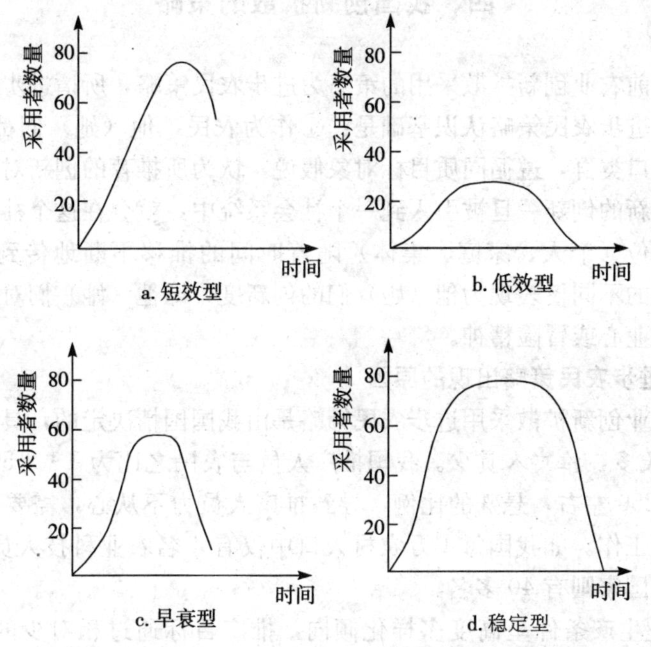

图 4-7 农业推广中常见的几种扩散曲线

1. 短效型［图 4-7（a）］。创新扩散前期发展较正常，上升较快，但达到顶峰后很快就急剧下降，即成熟期维持很短时间就衰落下来。出现这种情况的原因是多方面的，主要原因可能是无形磨损所致；即创新本身技术不过硬，被新的创新过早取代。

2. 低效型［图 4-7（b）］。创新扩散速度始终很慢，没有达到一定高峰，维持时间虽较长，但始终没有在大面积推广应用，所以效益很低。这可能是由于该创新技术难度较大或需要过高投资等原因所致。

3. 早衰型［图 4-7（c）］。创新扩散在早期、中期都较正常，缺点是衰退期过早出现，这种情况不同于第一种类型，既不是由于创新本身的推广价值太小，也不是由于新的创新取代，形成原因主要是有形磨损所致，例如，一个很好的谷子品种育成后，在推广使用的过程中，推广人员由于不注意提纯复壮工作，致使这一创新的优良种性退化，农民也就不愿意购买这一品种，而选择其他较好的谷子品种，这样这一品种的使用期限就相对缩短了。

4. 稳定型［图 4-7（d）］。稳定型是一种比较理想的类型，说明试验示范及时、发展迅速，大面积应用时间长，交替点的选择也较适当，是一种效益最好的类型。

四、我国创新扩散的策略

我国目前农业创新扩散采用的策略为进步农民策略，所谓进步农民是指创新先驱者。进步农民策略认识基础是：①作为农民，他（她）们都是一样的，是同质的人口类群，遵循同质目标对象假说，认为所推荐的创新对所有农民都是相关的。新的创新一旦被引入到一个社会系统中，就会在这个社会系统中从一个决策单位（个人、家庭、集体）随着时间的推移不断地传到下一单位。②农民之间的不同仅表现为他（她）们的创新度，即他（她）们对创新要求的迫切性、事业心或冒险精神。

（一）进步农民策略出现的原因

我国农业创新扩散采用进步农民策略是由我国国情决定的，具体表现在：

1. 农民多，推广人员少。我国推广人员与农民之比为 1∶2 500，而发达国家在 1∶250 左右，悬殊的比例，导致推广人员力不从心，需要借助进步农民协助进行工作。如我国每 1 万农村人口中仅有 4 名农业科技人员，而美国、日本等发达国家则有 40 多名。

2. 农业生产条件呈高度多样化倾向，推广目标通过相对少的农民实现，比较省力。

3. 进步农民有一定经济实力，承担风险能力强，且对推广服务感兴趣，不用花太大力气去劝服。与推广人员利益相关，水平相近，容易沟通。

4. 他（她）们往往是在一个社会系统中优先得到信息和传播信息的意见领袖人物，具有较高的文化水平、有较大的农业生产规模、较高的社会地位、较强的创新性、较容易接触大众传播媒介、较容易得到外部支持。如果他（她）们的创新要求得不到满足，他（她）们会抱怨，并有能力影响推广人员的工作。

（二）进步农民策略存在的问题

1. 目标群体的异质性与假设目标群体同质性的矛盾。进步农民策略的假设前提是同质目标对象，而事实上农民个体在心理特征（在智力和能力上）、年龄结构、小组行为规范、资源禀赋、获取信息的能力方面均存在明显的差异。

2. 机会利润带来的两极分化。机会利润是指创新者和早期采用者率先采用创新而获得了较高的利润，待更多农民开始采纳的时候，农产品有限的需求弹性导致价格下降，创新者和早期采纳者因此获得了机会利润。相对而言，早期采用者采用创新所需要的资源更为丰富而便宜（化肥、信贷等），农业技术进步加之进步农民策略可以让小农不得不被挤出农业快速发展之外。

3. 信息失实。由于噪音的影响，信息在传递过程会存在扭曲、弱化现象。同样，在信息从进步农民向一般农民传递过程，也会导致一定程度的信息弱化，或在人们保守心理作用下，不愿意将创新的关键技术告诉别人，导致信息失实。

4. 技术开发的适用性问题。由于资源禀赋的差异，创新成果不可能对所有目标对象具有同样的实用性。一般农民往往不具备新技术采用需要的资金、技术和生产物资而没有办法采用。如进步农民可以优先得到信息和技术支持，并可以得到技术人员手把手技术传授，但一般农民不具备这些条件，创新成果采用的效果一般较差。

（三）解决进步农民策略负面效应的对策

参与式农业推广认识到进步农民策略存在的问题，并在基于不同群体需要方面进行创新，即将不同农民根据特定需要划分为不同相对同质的目标对象，然后再根据目标对象的资源禀赋、问题、需要进行目的性的创新扩散活动。具体过程我们将在参与式农业推广的相关章节进行详细介绍。

第三节　影响农业创新采用与扩散的因素

在介绍影响农业创新扩散的因素之前，需要明确什么是采用率，它与创新度之间有什么区别。采用率是指某一创新被某一社会系统众多成员所采用的相对速度。它通常可以用某一特定时期采用某项创新的个体数量来度量。而创新度是指某一个体（或其他采用单位）在采用某一创新时比社会系统中其他成员相对早的程度。二者都是用以研究创新扩散速度与扩散范围的概念。

影响农业创新采用与扩散的因素有很多，主要包括创新特性、经营条件、农民自身因素、社会政治因素、创新决策的类型、沟通渠道的选择和行为变革者的努力程度等方面，因此说这是一个复杂的过程。其中，沟通渠道的选择我们已经在第三章农业推广沟通里进行了系统介绍，但需要知道，沟通渠道的选择对农业创新采用与扩散的成败具有重要的影响。下面具体介绍每一方面包括的因素对农业创新采用与扩散的影响。

一、创新的特性对采用与扩散的影响

1. 相对优势。相对优势是指某项创新与被其所取代的原有创新相比具有的优势。通常表现为经济上的获利性、时间上的节约、不舒适感的下降等。通过采用创新，农民可以从节约成本、增加产量、提高产品品质等多方面获得经济上的收益。节省时间和提高舒适感也是某些创新带给农民的间接收益。

在农业生产中，机械化设备的使用可以大大节省农民的时间，降低农业生产劳动强度，这些类型的创新普遍受到农民的欢迎。如水稻采用抛秧技术后，可以使用抛秧机作业，农民不需要人工插秧，农民对这一创新就较欢迎；采用地膜覆盖技术后，人工铺地膜费工费时，采用机械铺膜机作业，可以大大减轻农民的劳动强度，减少农民的劳动时间。

2. 一致性。一致性是指人们认为某项创新同现行的价值观念、以往的经验以及潜在采用者的需要相适应的程度。某项创新的适应程度越高，意味着它对潜在采用者的不确定性越小。如果创新容易和现行的农业生产条件相适应，而经济效益又显著时就容易推广；反之则难。

3. 复杂性。复杂性是指人们对某项创新在理解和实施方面感觉困难的程度。有些创新的实施需要复杂的知识和技术，有些则不然。复杂的创新往往对农民的专门知识与技术有较高的要求。当农民的技术水平达不到相应的要求时，采用创新可能带给使用者一定的困难和收益的减少。

这里以一看就懂的技术和需要学习理解的技术进行说明。有些技术只要听一次讲课或进行一次现场参观就能掌握实施；有些则不然，还需要有一个学习、消化、理解的过程。例如，在农民选择抗虫棉还是种植普通棉花品种进行病虫防治时，农民往往优先选择抗虫棉品种，因为棉花病虫防治技术需要系统学习理论与方法。如首先需要对棉花病虫的生活习性、发生规律等方面进行了解，然后根据病虫发生状况选择最有效的药剂品种和剂型，了解使用方法和安全措施，最后，农民还要了解产生最好喷药效果的时间、次数、浓度及用药部位等。

另外，对农民来说实施某一单项技术（如合理密植或增施磷肥），难度不大，实施不复杂，影响面较窄，因此农民接受快；而综合性技术（如作物模式化综合栽培技术），同时要考虑多种因素（如播种期、密度、有机肥、氮、磷、钾肥的配合、水肥措施等），从种到收各个环节都要注意，比单项技术的实施要复杂得多，所以推广的速度就快不了。

4. 可试验性。可试验性是指某项创新可以小规模地被试验的程度。采用者倾向于接受已经进行了小规模试验的创新，因为直接的大规模采用有很大的不确定性，因而有很大的风险。可试验性与可分性是密切相关的。可分性大的创新如作物新品种、化肥、农药等就较易推广开；而可分性小的技术（配套农业机械装备的推广）就要难一些。

5. 可观察性。可观察性是指某项创新的成果对其他人而言显而易见的程度。在扩散研究中大多数创新都是技术创新。创新的扩散速度与其采用效果的可观察性成正相关。在农业生产中农民往往容易接受立即见效的技术，而不愿采纳长远见效的技术就是这个道理。例如，化肥、农药等是比较容易见效的，推广人员只要对施肥技术和安全使用农药进行必要的指导，就不难推广。但有些技术在短期内难以明显看出它的效果和效益（如增施有机肥、种植绿肥等），其效果是通过改良土壤、增加土壤有机质和团粒结构、维持土壤肥力来达到长久稳产高产的目的，因此不像化肥的效果那样来得快。所以，此类技术推广的速度就要相对慢一些。

二、经营条件对创新采用与扩散的影响

农业企业及农户的经营条件对农业创新的采用与扩散影响很大。经营条件比较好的农民，他（她）们具有一定规模的土地面积，比较齐全的机器设备，资金较雄厚，劳力较充裕，经营农业有多年经验，科学文化素质较高，同社会各方面联系较为广泛。他（她）们对创新持积极态度，经常注意创新的信息，容易接受新的创新措施。

美国曾对16个州的17个地区10 733家农户进行了调查，发现经营规模对创新的采用影响很大。经营规模主要包括土地、劳力及其他经济技术条件。经营规模越大则采用新技术越多（表4-4）。

表4-4　经营规模与采用创新的关系

采用创新类型	小规模经营	中等规模经营	大农场经营
采用农业创新技术数（个/百户）	185	238	293
采用改善生活创新技术数（个/百户）	51	73	96

从表4-4看出，中等规模经营的农户采用农业创新技术比小规模经营农户增加28.6%，采用改善生活创新技术数增加43.1%；大农场经营比小规模经营的两种创新技术采用分别增加58.3%和88.2%；大农场与中等规模经营相比，采用农业创新技术增加23.1%，采用改善生活创新技术数增加31.5%。

日本的一项调查也反映了同样的趋势（表4-5）。从表4-5可以看出，在

10年中每户农民采用创新技术的项目数，经营规模超过1.5公顷的农户比小于1.0公顷的农户要多55.7%。

表4-5 经营规模对采用创新数的影响（日本）

经营规模	小于1公顷	1～1.5公顷	1.5公顷以上
调查户数	9	13	11
采用创新数量（件/户）	14.9	15.0	23.6

在我国，就种植业来说，以全国0.94亿公顷耕地，1.87亿户农户计算，平均每户0.56公顷耕地，每户平均9.7块土地。而每块土地的土质不尽相同，加上土地分散，使得这种很小规模的生产，在采用创新方面成为一种制约因素。

三、农民自身因素的影响

在农村中，农民的知识、技能、需要、性格、年龄及经历等都对接受创新有影响。农民的文化程度、求知欲望、对新知识的学习、对新技术的钻研、是否善于交流等，都影响创新的采用。

（一）农民的年龄对创新的影响

年龄常常反映农民的文化程度、对新事物的态度和求知欲望、他（她）们的经历以及在家庭中的决策地位。日本（1967）报道，100位不同年龄的农民采用创新的数量，最多的是31～35岁年龄组（表4-6）。处在这一年龄段的农民对创新的态度、他（她）们的经历及在家庭中的决策地位都处于优势。而50岁以上的人采用创新的数量随着年龄的增加越来越少，说明他（她）们对创新持保守态度；同时也与他（她）们的科学文化素养及在家庭中的决策地位逐渐下降有关。

表4-6 农民年龄与采用创新的关系

年　龄	采用创新数	年　龄	采用创新数
30岁以下	295	46～50岁	301
31～35岁	387	51～55岁	284
36～40岁	321	56～60岁	283
41～45岁	320	60岁以上	223

（二）农民文化素质对创新采用的影响

据四川省的调查（唐永金等，2000）发现，户主文化程度越高的家庭，采用创新的数量越多，一般是高中＞初中＞小学＞半文盲和文盲。日本新泻县曾对不同经济文化状况地区的农民进行调查，发现不同地区的农民对采用创新的独立决策能力是不同的（表 4-7），平原地区经济文化比较发达，农民各种素质较高，独立决策能力比山区农民高出一倍。独立决策能力强，则越容易接受并采用创新。

表 4-7　不同文化发达地区农民独立决策能力（日本）

类　别	调查个数	能自己决策（%）	不能自己决策（%）
山区农民	22	36.4	63.6
半山区农民	15	40.0	60.6
平原地区农民	17	70.6	29.4
合　　计	54	48.1	51.9

（三）农民家庭关系的影响

1. 家庭的组成。如果是几代同堂的大家庭，则人多意见多，对创新褒贬不一，意见较难统一，给决策带来一定难度。如果是独立分居的小家庭，则自己容易做出决策。在我国部分农村地区，还存在一定数量的几代同堂的大家庭，大家由一位年长的农民领导，各种农事活动统一进行，年底收成按人数分配。这种生产方式由于对创新的采用不积极，生产效率较低，正逐步被一家一户小家庭生产取代。

2. 户主年龄与性别。家庭中由谁来做经营决策也非常关键，一般来说，中、青年人当家接受创新较快，老年人则接受较慢。户主性别，一般来说，男性户主家庭采用创新数量多于女性家庭（唐永金等，2000）。

3. 农业经营和家庭经济计划。家庭收入的再分配、家庭发展计划和家务安排计划，都对采用新技术有一定影响。

4. 亲属关系和宗族关系。采用新技术改革的过程中，特别在认识、感兴趣及评价阶段，有些信息来自亲属，决策时需要同亲属商量研究，这些亲属或宗族关系的观点、态度，有时也影响农民对创新的采用。

四、社会政治因素

社会政治因素包括：政府的政策措施、社会机构和人际关系、社会价值观等方面。

1. 政府的政策措施因素。政府对创新的扩散，可以采取多方面的鼓励性政策措施，给予支持和促进。主要有土地经营使用政策，农业开发政策，农村建设政策，对农产品实行补贴及价格政策，供应生产资料的优惠政策，农产品加工销售的鼓励政策，农业金融信贷政策，发展农业研究、推广、教育的政策等。以上激励政策的出台与执行对创新的扩散带来一定的影响。

2. 社会机构和人际关系的影响。农村社会是由众多子系统组成的一个复杂系统，各子系统之间的相互关系能否处理得好，各级组织机构是否建立和健全，贯彻技术措施的运营能力，各部门对技术推广的重视程度，都影响新技术的有效推广。另外，农民之间的互相合作程度，推广人员与各业务部门的关系，与农民群众的关系，也都影响推广工作的开展。

3. 社会价值观的影响。由于旧的农业传统思想和习惯，如“盘古开天几千年，没有科学也种田”，“粪大水勤、不用问人”等，排斥采用新的科学技术。更有极少数人相信“宿命论”，认为人的命运由神主宰，满足于无病无灾有饭吃就行，影响了人们采用科学技术。

五、创新决策的类型

创新的采用与扩散要受到社会系统创新决策特征的影响。影响创新决策的类型主要包括个人选择型创新决策、小组选择型创新决策和权威选择型创新决策。

1. 个人选择型创新决策是由个体自已做出采用或拒绝采用某项创新的选择，不受社会系统其他成员的支配。

2. 小组选择型决策又称集体选择型创新决策，是由某个社会系统中的成员一致通过而做出的采用或拒绝采用某一创新的行为决定。能够体现相对同质的目标需求。

3. 权威选择型创新决策是由社会系统中有一定社会威望、有权力和地位或专业技术知识的少数个体做出的采用或者拒绝采用某项创新的选择。社会系统中的其他成员处在服从地位。

一般情况下，在正式的组织中，集体决定型和权威决定型决策比个人选择型创新决策更普遍，而对市场经济时期的农民个体或群体，个人选择型的创新决策日益占主导地位。但就创新采用率来说，权威决定型占很大的优势。而就创新决策速度而言，由快到慢依次为权威决定型、个人决定型和集体决定型。

六、行为变革者努力的程度

行为变革者是指那些按照变革机构所认定的方向来影响目标群体决策或采纳行为的人。

1. 行为变革者的作用主要包括：①发现目标对象的变革需要；②建立信息交流渠道；③分析目标对象的问题；④启发目标对象的变革意识；⑤实施变

革方案；⑥保持采纳行为的连续性；⑦培养目标对象的自立能力。

2. 行为变革者获得成功的关键因素：①在目标对象心目中的地位和信誉；②行为变革者与目标对象认知结构的趋同行；③行为变革者对目标对象问题及相关背景信息的了解和理解程度；④巧妙借助意见领袖等权威人物发挥作用的程度；⑤行为变革者与目标对象对话的频度。

需要指出的，进步农民对行为变革者工作目标的实现具有重要的作用，需要推广人员和农业工作者关注这一方面，以顺利实现变革目标。

· 参考文献 ·

[1] 郝建平，蒋国文等．农业推广原理与实践［M］．北京：中国农业科技出版社，1977

[2] 许无惧．农业推广学［M］．北京：北京农业大学出版社，1989

[3] 王慧军．农业推广学［M］．北京：中国农业出版社，2002

[4] 许无惧．农业推广学［M］．北京：经济科学出版社，1997

[5] 段茂盛．技术创新扩散系统研究［J］．科技进步与对策．2003（2）：76～78

第五章　农业推广的基本方法和技能

【本章学习要点】通过本章的学习，要了解农业推广工作中常用的各种推广方法、基本技能和农业推广程序，掌握推广方法和技能的具体应用。掌握农业推广各种文体的写作格式和方法，重点掌握它们的具体操作程序和应用技巧。

农业推广工作者不仅要了解农业推广的基本理论，而且要熟练地掌握农业推广的基本方法和技能，并能灵活地运用于农业推广的实践中，以促进推广人员和推广对象之间的沟通和互动，解决推广对象面临的问题，满足推广对象的需要。农业推广工作者还需要了解农业推广程序，能根据农业推广不同阶段开展相应的工作，以达到良好的推广效果。

第一节　农业推广的基本方法

农业推广方法是农业推广部门和推广人员为达到推广目标，运用各种沟通技术和信息传播媒体，启发、教育和激励推广对象的组织措施和服务手段。随着科学技术的进步，各种沟通技术和传播媒体不断创新，农业推广方法也更加丰富和完善。作为推广部门和推广人员，要在掌握正确的推广方法的基础上，提高推广服务的技巧，并能根据特定环境，灵活选择运用各种措施和手段，实现农业推广的最佳目标。根据采用的媒介、手段和效果，将农业推广分为几种可操作性强的实用方法。

一、访问法

由于推广对象的需要存在差异，为了了解个别成员面临的问题，推广人员需要同农民单独接触，研究讨论其关心或感兴趣的问题，提供信息和建议，帮助寻找最佳的问题解决方案，此时可以采取访问法（Household Interview Approach）。在访问中，推广人员可以和推广对象面对面接触，不仅增加了解决问题的直接性和针对性，而且能够建立起相互信任的感情，实现有效的双向沟通，有利于推广活动的开展。其缺点是：信息传播范围小，费用较高，而且推广效果受推广对象的教育程度、年龄、经济条件等限制。为了有效地开展农户访问并取得良好的效果，一般要按照以下的程序进行。

（一）访问前

访问是一种社会交往活动，访问对象是有思想、有感情、有心理活动的个性化的人，在实施农户访问之前，推广人员必须作的准备工作包括：

1. 确定访问对象，充分了解访问对象的有关背景情况。主要包括个人性格、社会地位、社会观念、生产经验、经济情况、家庭情况以及对新事物的认识态度和接受程度等等。

2. 明确访问目的。推广人员要明确自己的访问目的，并要了解和掌握相关领域的知识，对农业生产中容易出现的问题以及相应的解决措施，要心中有数，以便能及时地为农民提供建议和帮助。

3. 选择访问的具体时间、地点和场合。一般而言，访问时间应选择在访问对象工作、劳动和家务不太繁忙，心情愉快的时候。例如农闲季节，晚上等等；访问地点和场合应该以有利于被访者准确回答问题和畅所欲言为原则。

（二）进入访问现场

进入访问现场（Interview Spot）是进行访问的前奏。如果有一位与访问对象熟悉的人引见将有助于访谈活动开展，增加被访问者对访谈者的信任感。如果没有引见人，推广人员要选择有效的方法接近访问对象。一般来说，接近被访问者有以下几种可供选择的方式：

1. 自然接近法（Natural Approach）。即在某种共同活动过程中接近对方。这种接近方式，是访问者有心而被访者无意状态下进行的。这种做法有利于消除被访者的紧张、戒备心理。

2. 友好接近法（Friendly Approach）。即从关怀、帮助被访问者入手来联络感情、建立信任。例如，对方家中有病人，就谈如何治病、买药和调养；对方在生产生活中遇到了困难，就帮助出主意、想办法、提建议；对方如果遇到了挫折和不幸，就表示同情等等。如果条件允许，还可以采取一些具体行动来帮助对方解决实际困难，这样更有利于建立感情和信任。

3. 正面接近法（Face to Face Approach）。即开门见山，先作自我介绍，直接说明访问的目的、意义和内容，然后进行正式访问。在推广人员与被访问者有些熟悉或被访问者没有什么顾虑的情况下，一般可采用这种接近方式。

4. 求同接近法（Seek Common Approach）。即寻找与被访者的共同点，激发被访者的热情与兴趣。例如，可从共同的经历、共同的兴趣爱好、同乡等方面寻找共同语言，作为最初交谈的话题。也可以从对方熟悉的事情、最关心的问题等谈起，例如，与农村老大妈谈她养的鸡鸭，与年轻媳妇谈她的孩子等等。

总之，在进入访问现场的过程中，推广人员无论采取哪种方式接近被访者，都应以朋友或同志的姿态与对方建立起融洽的关系，然后再进入正题。同时要注意以下几个方面，推广人员初次接触访问对象遇到的第一个问题就是如何称呼的问题。一般来说，称呼恰当，可以为接近被访者开了一个好头，称呼搞错了，就会闹笑话，甚至会引起对方的反感。要注意对访问对象的称呼要入乡随俗，亲切自然，既要对人尊敬，又不可一味奉承。另外，衣着、服饰和打扮等外部形象，往往是一个人的职业、教养等内在素质的反映，因此，推广人员要注意自己的穿戴、服饰，给对方以易于接近和交往的信息。同时要注意言谈举止，既不可过于招摇，又不可过于拘谨，要给人留下良好的第一印象。

（三）正式访问

在访问双方形成了一个融洽的交谈气氛之后，推广人员就可以围绕访问主题开始正式的访问（Formal Interview）阶段，以获取有价值的信息。为了使访问能够达到目的、取得成功，推广人员必须能够熟练掌握、运用谈话技术和引导、追问技术等等。

1. 提问的技巧（Skill on Asking Questions）。提问是访问法的主要手段和环节。要掌握提问的技巧，需了解问题的种类、提问的方式和语言。

（1）提问的种类。了解问题的种类是做好访问的基础。访问过程中提出的问题，可分为两大类，即实质性问题和功能性问题。所谓实质性问题是指为了了解访问的实际内容而提出的问题。所谓功能性问题，是指在访问过程中为了消除拘束感，创造有利的访问气氛，或从一个谈话内容转到对另一个谈话内容而提出的问题。在访问过程中，访问人员在重视实质性问题的基础上，不能忽视功能性问题。因为，提问的技巧恰恰体现在功能性问题上，在访问中要善于灵活运用各种功能性问题，以促进访问过程的顺利进行。

（2）提问的方式。总体上讲应该采用闲谈式或“拉家常”式，切忌“审问式”。总的原则是要使访问过程在平等、友好的气氛中进行。同时要根据被访者的情况、问题本身的性质特点和访问双方之间的关系来定。

（3）提问的语言。提问的语言应做到“一短三化”，即提问的话语应尽量简短，地方化、口语化和通俗化，这“一短三化”集中到一点，就是提问语言要对象化，能够被访问对象理解和接受。

（4）提问和解释问题要保持中立。即访问过程中提问不应具有诱导和倾向性。对于被访者的回答，无论正确与否，都不宜作肯定或否定的评价，更不应去迎合或企图说服对方，而只能作一些中性的反应。如表示“你的想法我已了解了”，“请你继续说下去”等，以鼓励对方把内心话说出来。

2. 听取回答的技巧（Skill on Acquiring Answer）。听取回答是访问法的另一个重要环节。推广人员只有做到善问会听才会达到访问的目的。听取回答的核心内容是访问者应做到有效地听。要做到有效地听，推广人员应作好以下几方面工作：

（1）要有正确的态度。首先要作到有礼貌耐心。当访问对象回答问题时，推广人员应该聚精会神，做到边问、边听、边记。如果访问人员心不在焉、睡意绵绵，被访者就不可能认真地谈下去；其次要做到有感情地听。访问过程不仅仅是语言信息交流过程，也是感情交流过程，访问过程中，推广人员应努力做到与访问对象喜怒哀乐皆共鸣，如访问对象谈到成绩时要为他（她）高兴，谈到困难时要为他（她）着急，谈到挫折和不幸时要表示同情等。

（2）善于对被访者的回答做出恰当的反应。当被访问者认真回答问题而且答得对路的时候，或是为了回答问题而努力回忆、积极思考的时候，或是在几种可能性中做出选择的时候，推广人员一般不插话、不干扰，保持沉默，专心地听。但在更多的情况下，推广人员应对访问对象的回答做出恰当的反应，可以用“嗯”、“对”、“讲得好”、“真有意思”、“增长了见识”等语言信息，或者用点头、肯定的目光和手势等非语言信息鼓励访问对象继续谈下去。对被访者的回答做出恰当反应，是保证访问过程正常进行的必要条件。

3. 引导与追问的技巧（Skill on Guiding & Exploring）。在访问过程中，不仅要提问，许多时候还需要进行引导与追问。引导与追问不是提出新的问题，其实质是对提问的引申和补充，是为了使被访者能够正确理解和准确、真实、全面地回答问题。

（1）引导。引导的目的是为了帮助被访者正确地理解和回答已经提出的问题；一般在交谈中遇到障碍不能顺利进行下去或偏离原定计划时，应及时加以引导。为了提高访问的质量，推广人员要根据具体情况，采用适当的引导方法。如果是被访者没有听清所提问题，就应用对方听得懂的语言将问题再复述一遍。例如，“我想你可能没有听清楚我刚才提出的问题，我再说一遍……”如果是被访者对问题的理解不正确，则应根据统一的标准，对问题作出具体解释或说明。如果是被访者思想上有顾虑，就应摸清根源何在，然后采取对症下药的方法消除顾虑。例如，“你反映的这个问题，我们绝对保密，请你放心地讲。”如果是被访者一时遗忘了某些具体情况，就应从不同角度、不同方面帮助对方进行回忆。如果是被访者的回答离题太远，就应寻找适当时机，采取适当方式，有礼貌地把话题引向正题。例如，“你刚才谈了很多有关这方面的问题，很好，现在请你再谈谈另外一个问题。”如果遇到一些不善于交谈的访问对象，推广人员要耐心细致地加以引导，并让对方有充分思考的余地。总之，引导的目的就是为了排除访问过程中各种干扰和障碍，使访问得以按原定计划顺利进行下去。

(2) 追问。在访问中，追问也是一种不可缺少的手段。追问则是为了使访问者能真实、具体、准确、完整地了解或理解被访者所回答的问题。一般用于下列情况，当被访者的回答前后矛盾，不能自圆其说时候；当被访者的回答残缺不齐、不够完整的时候；当被访者的回答含混不清、模棱两可的时候；当被访者的回答过于笼统，很不准确的时候；当推广人员对一些关键问题的回答没有听清楚的时候；当被访者避而不谈、欲言又止、有意说谎的时候等。可以针对具体情况采取以下几种方式：①直接追问与迂回追问。对于一般的问题，访问者可以直截了当地请被访者对未回答或回答不具体、不完整的问题再作补充回答；对于记忆不清的问题和有所顾虑的问题宜采取迂回追问的方式，即通过询问其他相关联的问题或换一个角度询问来获得未回答或回答不完整的问题的答案。②反感追问。对于被访者极力回避和掩盖的问题，为了达到访问的目的，可以采取激起对方一定程度的反感而促使其回答的方法，即反感追问。③当场追问与集中追问。对于一些简单的问题，可在对方回答问题时立即进行追问，如对某个具体数字没有听清楚的情况。而对于一些比较重要、复杂的问题，则应记下来，或在记录本上打上标记，留待访问告一段落后集中追问。

（四）记录技术

访问的目的就是获得资料。访问法所获得的资料是通过记录而得到的。因此，作好记录是访问中的一项重要工作。一般访问记录的内容包括：访问对象、时间、地点、环境、内容等信息。访问过程中如何记录、采取何种方式记录，应根据实际情况而定。一般可以采取推广人员口问笔记，或者安排专人记录的方式。推广人员亲自记录一方面有利于边听边积极地思考问题，及时进行引导和追问，将谈话的问题引向深入，对不清楚的问题也便于做出标记集中进行追问。另一方面也表示对被访者的尊重及对其回答的重视，能在无形中起到鼓励被访者发表自己意见的作用。

记录形式可以采取笔记，也可以采取录音机录音。笔记是访问记录的最基本形式，但录音形式可确保资料完整、具体，避免笔记中的误差，还可以节省时间，但使用时必须征得被访者的同意。

（五）结束访问

访问的最后一个环节是做好结束工作。做好结束工作一是要做到适可而止，二是要做到善始善终。首先要注意掌握访问时间和访问气氛适时结束。一般访问时间的长度通常以不妨碍被访者的正常工作和生活秩序为原则，不超过一两个小时。同时要随时关注访问气氛，如果被访者感到厌烦，情绪变坏；或者当男主人与你交谈时，女主人却在一旁打狗、赶鸡、骂小孩；或是家中来了客人需要接待；或是被访者有其他要紧的事需要处理等也要及时结束访问。总之，良好的交谈气氛一旦被破坏，就应马上结束访问活动。其次结束访问时要对访问对象的积极配合表示真诚地感谢。如果这次访问没有完成任务，那么就需要约定再次访问的时间和地点，最好还能简要说明再次访问的主要内容，以便对方做好思想和材料准备。

（六）访问资料的整理和归类

每次访问结束后，要对资料进行初步整理，如果发现模糊的地方和遗漏的问题，要做好标记，寻找适当的时机进行回访，以保证资料的正确性和完整性。同时要对访问资料进行合理归类，相似问题或者有相同情况农户可以归为一类，并妥善保管，便于以后遇到相似问题时进行查阅和借鉴，节省时间，提高农业推广效率。

二、咨 询 法

咨询（Consultation）主要包括办公室咨询或定点咨询和信函、电话、网络咨询等形式。

（一）办公室咨询或定点咨询

办公室咨询或定点咨询是指推广人员在办公室（或定点的推广教育场所）接受农民的访问（咨询），解答农民提出的问题，或向农民提供技术信息、技术资料，属于较高层次的咨询服务工作。来办公室或定点机构进行访问（咨询）的农民一般学习与兴趣都异常浓厚迫切期望能得到推广人员的帮助，很容易接受推广人员的建议和主张，农业推广效果较好。

为了鼓励农民进行咨询，农业推广机构或人员应做好以下几方面的工作：

1. 访问（咨询）地点应设在农民来往方便的地方，接待时间也要尽可能方便农民。

2. 应建立来访登记、值班登记制度。推广人员应严格坚持办公时间，不能让农民空跑。

3. 应设置最新信息公告栏，张贴推广宣传画和挂图，准备一些便于发放的技术小册子、技术明细纸。

4. 推广人员应热情接待来访农民，主动询问解答他们关心的问题，尽可能使来访农民满意而归。

同时推广人员可利用节假日、集会和各项公众活动周（日、月），针对办公室咨询中获取的信息，开展某一方面的技术咨询和宣传活动，可以有效地克服办公室咨询中来访的农民数量有限，不利于新技术迅速推广等缺点。其次也可以根据当前农业生产需要或重点推广某项技术时，在产前、产中组织有关技术专家巡回咨询。这种形式方便灵活，解决问题快，深受农民的欢迎。

（二）信函咨询

信函咨询是以发送信函的形式传播信息，它不受时间、地点的限制，也没有方言的障碍，不仅为推广人员节省了大量宝贵时间，而且农民还能获得较多、较详细、具有保存价值的技术信息资料。因此，为了激发进行信函咨询的农民的积极性，推广人员在进行信函咨询时应做好以下几个方面的工作：

(1) 推广部门要设专职或兼职人员负责处理农民的来函。

(2) 回答问题必须建立在了解当地情况的基础上，必要时要进行实地调查和了解，然后再作回答。

(3) 对农民提出的问题及时回答，不能延压，以免耽误农时和失去信誉，如果推广人员答复不了，要请有关部门的专家答复。

(4) 答复的内容要让农民能够看得懂，尽可能选用准确、清楚、朴实的词语，避免使用复杂的专业术语，最好使用当地农民习惯的语言或方言，必要时可连同答复寄送有关技术资料。

(5) 回函字迹要清楚，并注意向农民问候。

（三）电话咨询

利用电话进行技术咨询，是一种效率高、速度快、传播远的沟通方式，在通讯事业发达的国家利用较为广泛，但在不发达的国家里很少应用。主要是由于电话咨询受到时间、环境、费用和沟通效果等多种因素的限制，农民采用的频率比较低。

（四）网络咨询

自从人类进入计算机时代，网络已经成为农业推广工作的重要辅助工具。尤其当前在互联网四通八达的情况下，网络咨询作为一种方便、简捷、快速和有效的咨询方式，逐渐受到农民的欢迎，其主要应用于：

1. *农业信息快速查（咨）询系统。*农业技术推广部门可以通过网络，建立通用技术信息库，将农业科学研究成果和实用技术信息贮存于软件中，农民根据需要，输入关键词即可调出有关信息，用以指导农业生产。农业推广部门同时提供解答农民相关的咨询的服务，对于农民在网络中提出的问题，及时解答。这种方法既可以大大提高数据的共享和查询效率，又可以帮助农民更好地学习这些技术信息，解决他们农业生产中遇到的问题。

2. 网络视频咨询。农民可以在规定的时间段，利用网络视频，针对农业生产中遇到的各种问题，和专家进行远程实时咨询，例如通过展示染病的植株、发病的动物等，和专家进行沟通交流。该方法通过视频画面，拉近了专家和农民之间的距离，能做到信息的及时传输，解决问题更具有时效性。

三、集体讨论法

集体讨论（Collective Discussion）法是指推广人员与农民，农民与农民之间就某一特定的题目进行深入讨论或辩论时运用的方法。

根据讨论的内容不同，可以分为两种类型，一种是综合性或非正式的讨论。农业推广人员在大家适宜的时间，不拘形式地把部分农民集中在一起，讨论大家共同关心的问题，交流信息、经验和观点，借此机会推广人员把有关的知识和技术推荐给农民。参加人数一般不超过 20 人，否则难以很好的控制。另一种是专题性讨论。其讨论内容比较专一，能够对技术问题进行深入的了解和探讨。参加人数一般为 6～8 人。为了达到讨论的目的，作为讨论会的组织者和主持人的推广人员应该做好以下的工作。

（一）讨论前的准备

主要包括明确会议的主题，准备讨论提纲，确定会议规模，物色到会人员和选好会议的场所和时间等。

1. 讨论提纲是进行成功讨论的前提。拟定讨论提纲时，从讨论主题、目的、要求到相应的次级主题、可能涉及的方面以及先后顺序等，都要尽可能地做出比较周密的计划，做到清楚明了，并且应该事先把讨论的目的和内容等通知与会者，让到会的人了解开会的意义和内容，使他（她）们事先有所准备。这样，既可以使推广人员心中有数，便于对会议进行有效地指导，又能够使讨论对象明确讨论的中心议题和要求，便于打开思路，发表意见。

2. 物色到会人员，是做好集体讨论的基础。应根据讨论的主题，挑选熟悉情况、经验丰富、思想敏锐的人来参加，同时，要尽可能使有限的讨论人数具有广泛的代表性。即要注意挑选与讨论内容有关的各个方面的人员参加，包括相同见解的、不同见解的、还包括积极分子、中间的和后进的人员，既要有干部，更要有群众。这样才有利于听取各方面的意见，全面了解实际情况。

3. 选择好会议地点和时间是集体讨论成功的一个必要条件。会议地点应该比较适当、方便，可以是一户人缘好的人家，也可以是乡亲邻里天然的聚会、聊天场所等。同时座位的布局要随意一些，最好是当地群众聊天时的那种就座布局，这样可以减轻与会人员的拘束感，利于创造轻松的讨论氛围。另外，对于一些领导干部不必出席的会议，应该做好他（她）们的工作，尽可能不要出席会议，如果到了现场，领导干部最好坐在不被注意的地方，以免影响群众的畅所欲言。会议选择的时间要适合当地群众，这样有利于与会人员集中精力进行讨论，充分发表自己的意见。

（二）讨论开始时的工作

讨论开始时，推广人员首先要和与会人员建立起相互理解、相互信任的关系，努力营造群众平常聊天时的气氛。如会议开始推广人员首先打破短暂的沉默，按照当地的习惯，用群众的语言与与会人员打招呼，说明会议的目的、意义、内容和要求。或者会前先物色好带头的发言人，在推广人员简单介绍完后就请他先发言。

（三）讨论期间

讨论期间为了得出符合实际的结论，推广人员应该注意以下几个方面：

1. 首先要谦逊、客观。推广人员不能够轻易表示自己的看法和观点，不应对与会者的发言进行轻率的肯定或否定，即不应该充当“裁判员”或“评论员”的角色。

2. 会议期间能够创造良好的氛围，引导农民参与，敢于发表自己的见解。讨论期间推广人员可以适当作一些简短的插话和解释，以活跃气氛，减少压抑感，尤其要注意保护少数，充分尊重少数人的发言权利和意见。

3. 能够把握会议主题。讨论期间讨论热烈时，议论的中心往往难以控制，出现跑题现象。这时，推广人员应紧紧把握会议主题，或者等待时机因势利导，把与会者的兴奋中心引回会议主题；或者是另辟蹊径，围绕讨论主题提出新的问题，形成新的议论中心。

4. 做好与会者之间的协调工作。在讨论过程中，与会者可能会出现意见分歧，甚至产生激烈的争论、争吵，出现这种情况时，推广人员应该能够妥善做好引导和协调工作，以保证讨论的顺利进行。

（四）做好会议记录

推广人员要亲自口问手记，边问边记，把应该记下的资料记录下来，笔记要根据需要确定详细取舍，一般以详细为好。有些重要的会议，也可安排专人做记录，会议主持者则可以集中注意力，边问边思考，启发与会者打开思路，畅所欲言。在征求与会人员的同意后，也可以采用录音机或录音笔进行实时录音，可以节省现场记录的时间。

（五）讨论资料的整理和归类

讨论会议结束后，要对会议记录或录音进行及时整理，并进行合理分类和归档。讨论形成的结论性建议，要结合农业推广情况，及时在农业推广工作中进行实践和应用，把农民反馈的信息和农业推广工作紧密结合，增强农业推广工作的时效性。

四、大众媒体传播法

大众媒体（Mass Media）传播法是推广者将农业技术和信息经过选择、加工和整理，通过大众传播媒体传播给广大农民群众的推广方法。该方法具有信息传播威性高；信息传播数量大、速度快；信息传播成本低、范围广等优点。根据大众传播媒体的特点，将其分为如下几种类型：

（一）印刷品媒体传播法

依靠文字、图像组成的农业推广印刷品媒体进行信息传播的方法叫做印刷品媒体传播法。该方法中利用的媒体可以不受时间限制，供农民随时阅读和学习；也可以根据推广项目的需要，提前散发，能够及时、大量、经常地传播各种农业信息。主要包括：

1. 报纸和杂志（Newspaper and Journal）。报纸是农业推广的有效传播渠道，它传播对象广，速度快，信息容量比较大。推广人员可以通过报纸报道下列内容：重要推广活动，如调查研究、参观考察、演讲会议等；各种与推广有关的信息，如科研成果、推广成果、典型经验、市场信息、统计数字；特写文章，较详细地介绍信息背景。但注意编辑报纸应注意掌握及时性、主要性、准确性、鲜明性、生动性和趣味性，以提高报纸的新闻价值。杂志与报纸相比，具有容量大、内容丰富系统的特点，但一般周期较长，没有报纸传播速度快。

2. 墙报（News Reporting on Wall）。墙报是应用比较广泛的推广手段。一般来说，墙报具有体裁广泛、形式多样，内容可长可短，时间可根据要求而定，省时省力，适合于农业推广信息在一定区域传播的特点。推广墙报一般张贴在人群密集的建筑物上，或是村部、公共场所的墙壁上。当然，如果再加上新颖实用的内容、图文并茂、具有乡土气息的版面，就一定能够吸引更多的群众。但墙报具有传播面狭小的缺点。

3. 黑板报（News Reporting on Blackboard）。在目前推广部门经费普遍紧张，尤其是村级农技服务组织缺乏经费的情况下，黑板报是一种经济实用的推广手段。在人群密集的街道、场所涂上一块黑板，利用粉笔、毛笔、广告颜料等很简单的工具，就可办成一个经济有效的板报。这种板报，与报纸、墙报等其他形式相比，不需要纸张和太多花费就可进行宣传教育。黑板报要注意根据生产和推广的需要，抓住关键技术，以简明扼要的方式进行介绍，也可进行科技知识的连载。但要注意勤写勤换、图文并茂、实用、实际、实效。

（二）视听媒体传播法

农业推广活动中的视听媒体主要指声、光、电等设备，如广播、电视、录像、电影、VCD、幻灯等。这种通过声像传播科技信息的宣传手段，比单纯的语言、文字、图像（图画、照片）有着明显的优越性，能最大限度地激发农民参与热情，扩大农业科技信息传播的范围，提高农业推广工作的成功率。

1. 广播。广播是依靠声音传递信息的媒介，由于具有传播速度快、受众面广的特点，成为传播农业信息常用的手段。随着传播技术的快速发展，广播除了可以传输像天气预报、病虫害预报等一些简单的农业信息以外，现在很多广播电台还专门开设“农业科普热线”广播讲座，既传播科普农业知识，又解答农民提出的相关技术问题，效果显著。

2. 电视（Television）。电视是远距离图像和声音的直接传播手段，是当代人们传递和接受声像信息最多最快的一种工具。在农业推广中，运用电视节目开展农业技术专题讲座，介绍新信息、新品种、新产品，宣传新技术成果等，影响面大，效果好。在电视教学中，把原理、原则与实物图片、图表、数据结合在电视媒介中运用，是一种理论联系实际的有效手段。教学电视的内容应分门别类进行，根据需要，时间可长可短，可复制使用，也可作为技术培训班的教具。

3. 录音和录像（Recording and Video）。录音是通过唱片录音、磁性录音、光学录音等方法把声音记录下来，以备随时播放。它可以长期保存，反复使用，有利于扩大范围、增强传播效果。录像是把图像和声音信号变为电磁信号的记录过程，它是电视传播过程中不可缺少的一个环节。农业推广中，录像非常重要，它能把推广工作者的声音、形象真实地反应在接受者面前，是提高推广工作成效的重要手段。

4. 电影（Film）。电影是用摄影胶片，通过复杂调控过程，用声、光、电传递音像的一种动态视听媒介。农业电影是指专门用来传递农业信息的影片，有农村故事片、农业科教片、农业纪录片等，电影能将人物声音、图像、色彩结合在一起，经过复杂调控过程后放映，对人们吸引力大，兴趣感强，深为广大农民群众欢迎。看电影既是一种群众性的娱乐活动，又可以学习农业技术、经营管理方法和家政科学等，可以收到一举多得的效果。

5. 网络。作为现代传媒技术，网络是农业推广极为重要的沟通与传播渠道，它可以集语言、文字、声音、图像的特点，大容量、高速度地承载和传播农业信息，做到及时更新。当前，在技术信息传播方面，网络可以在以下方面发挥作用：

(1) 技术监测。对农业环境、农业生态和农作物生长发育情况的观察资料进行分析处理，获得农业生产所需求信息，并向生产者提前发出预报、警报或报告，为农业技术措施的选择提供依据。这一系统的服务内容包括病虫害预测、天气尤其是灾害天气预报、土壤肥力及矿物质营养监测、作物生长发育进程监测等。

(2) 专家系统。专家系统是人工智能研究的一个应用领域，其总结和汇集专家的大量知识与经验，借助计算机进行模拟和判断推理，以解决某一领域的复杂问题。专家系统 20 世纪 70 年代应用于农业，美国和日本分别建立大豆、玉米和西红柿等病虫害诊断系统，棉花、大豆、玉米、小麦和水稻等栽培管理专家系统。我国 80 年代建立农业专家系统，目前已有不少农业专家系统应用于生产实践，如安徽省的砂姜黑土小麦施肥专家系统，水稻、小麦栽培管理专家系统，作物病虫害预报和防治专家系统，配方施肥及配合饲料专家系统等。农业专家系统具有系统性、灵活性、高效性和操作简单等特点。

（三）静态物像媒体传播法

静态物像媒体传播法以静态物像与农民沟通，以简要明确的主题展现在人们能见到的场所，从而影响推广对象的推广方式。如广告、标语、科技展览陈列等。这里着重介绍科技展览陈列的方式。

科技展览是将某一地区成功的技术或优良品种的实物或图片定期地、公开地展出。由于科技展览把听和看有机地结合起来，环境和气氛比较轻松愉快，方便推广人员和农民的接触和交流，有利于技术的普及和推广，效果非常显著。为提高科技展览的效果，一般应做好以下几方面的工作：

1. *展览之前，要选择好展览时间和地点。*首先要将展览场所安排在交通方便、较为宽敞的地方，并设置明显的标记或宣传标语；其次要利用广播、电视和广告等媒体广为宣传，使农民知道展览的时间和地点。

2. *科技展览的陈列品要具有典型性和代表性，能反映出实物真实特征的表现形式。*展品陈列要主题突出，以明显的对比、生动的形象来引起参观者的注意。一般科技展览的陈列品有以下几种形式：

(1) 样品（Sample）。包括农用物资、农机具、农业生产成果样品或标本等，可以直观地反映推广内容的形态、特征，加以图文介绍，便于农民了解其性能、特点、使用方法等，可信度高、直观性强，便于扩大传播范围，便于满足农民学习的重复性要求。

(2) 模型 (Model)。绘制农业技术成果的图片或制作模型，反映其特征或特性。可以运用放大、缩小或夸张手段，提高清晰度和可视性，一般比实物造价低、耐搬运。

(3) 照片 (Photograph)。与模型的特点和功能基本一致，画面更真实可信。通过对不同时间、空间的照片进行编辑、排列，可以更全面、系统地反映农业生产技术的全过程，增强传播效果。

3. 展览过程中要配合操作、表演、示范方式强化传播效果，同时要在介绍技术时，发放附有资料的宣传小册子或销售相应的种子和其他产品或物品，进一步扩大推广范围，提高推广工作的有效性和长效性。

五、农业科技信息综合服务法

农业科技信息综合服务法是利用现代通讯工具和网络技术，采取多种手段和形式为农民开展技术服务和信息服务的一种农业推广的创新方法。当前应用范围广、效果较好的农业科技信息综合服务形式是农业科技 110（简称“农技110”）。“农技 110”克服传统农村推广方法受时空限制、互动性弱等因素的限制，难以满足广大农民日益增长的个性化科技信息需求的弊端，成为当前农村科技服务体系的新形式。

（一）“农技 110”服务工作内容

农技 110 采用现场咨询、实地指导、科技示范、技术培训和发放资料等多种形式，为农民提供产前、产中、产后的信息服务指导，及时解决农民在农技方面的急难问题，推广农业新技术、新品种、新物资，有效促进了农业技术的推广和农产品的流通，主要工作内容包括：

1. 成立农技 110 机构，开通农技 110 咨询电话，建立农技 110 信息网络。

2. 聘请专家实行无假日工作制，接受农民的政策、技术和信息咨询，开展坐诊与出诊服务。

3. 利用互联网、报刊杂志等多种渠道，收集各方面信息，通过多种途径向社会发布。

（二）“农技 110”服务注意事项

1. 加强信息资源建设。农技推广部门要针对不同需求，做好农业科技信息、农业市场供求信息以及农村政策法规信息等各类信息的采集、加工、分类、整理和集成，建立共享农业信息数据库。

2. 灵活运用多种服务形式和手段。农技 110 要在实践中不断创新，借助新型媒体，实行当场答复与实地指导相结合，咨询与培训相结合，建网络与联基地相结合，农民上门咨询和农技人员主动下乡服务相结合，技术咨询与物资供应相结合，义务指导与有偿服务相结合，开展多元化服务，满足广大农民在市场经济条件下对技术信息、市场信息的强烈渴求。

3. 提高农业推广人员处理信息的能力素质。农业信息服务是一项综合性很强的工作，需要复合型人才。农业推广人员要积极自学，并参加多种形式的培训，尤其是农业信息技术和计算机应用技能的培训。农业推广人员要牢固树立为“三农”服务的思想，把农技 110 当作一项为民服务的事业办好。

4. 建立健全各种规章制度，确保信息服务质量。农技 110 要建立一套严格的运作制度，包括信息处理发布制度、岗位管理责任制度、值班制度、接待制度、信息反馈制度、培训和考核制度等，提高办事效率和服务水平，确保农技 110 规范有序、高效运转，真正实现为农民的“全天候”服务。

第二节　农业推广的基本技能

农业推广基本技能是各种农业推广工作方法的具体化和应用技巧，具有程序性、实用性和可操作性的特点。作为一名合格的农业推广人员，应该在认识和了解各种基本技能的作用和特点的基础上，掌握并能熟练应用，以便更好地服务于农业、农村和农民。

一、农业推广写作技能

写作是推广人员必备的一项基本技能。农业推广人员将农业科技推广活动和成果，以不同的文体形式传播出去，提高农业推广工作的绩效，从而推动农业科技进步和农村经济的发展。现介绍几种常用的写作种类。

（一）农业推广论文的写作

农业推广论文（Thesis）的种类很多，主要包括关于农业技术方面的“硬技术”论文和关于农业推广理论和方法论的“软技术”论文，无论何种论文，都要具备学术性、创造性、科学性和可读性等特点。如何才能写好农业推广论文呢？一般要解决好以下几个方面的问题。

1. 农业推广论文的选题。农业推广论文写作应该首先明确写作目的，即选好主题。通常情况下，可以选择有创新的问题、有争论的问题、农业生产实际中急需解决的重大问题或是根据自身能力，选择自己研究领域内擅长的题目，这样较易写出学术性、科学性较强且有价值的论文。无论选择怎样的主题，一般要遵循如下的原则。

(1) 借鉴与创造性原则。首先要广泛查阅文献，了解前人工作，并认真分析思考，确立研究和写作的方向。可归纳为：博览群书，检索查新，寻找“前言”，乘胜追击。

(2) 需要性原则。需要是论文写作的前提，农业科技论文写作一定要从“三农”发展需要，推动科技进步需要，以及实现农业现代化需要出发，若脱离上述需要，农业推广论文就没有价值。

(3) 可行性原则。选题，要量力而行，遵循可行性原则，重点要考虑主观、客观两方面。客观条件指占有资料、实验条件、时间、精力等是否满足需要；主观条件指选择的主题是否有利于发挥作者本身的业务水平、专业知识水平等。如果作者理论基础比较好，可以选择理论性论题；如果实践经验丰富，可以选择技术性论题。

(4) 适中性原则。这里的“适中”，主要指论文题目不宜太大。如果好高骛远，贪大求全，不易写深写透。

(5) 实事求是原则。选题时既要有理论依据，又要有事实依据，而不能主观臆测。论文必须客观真实地反映科研的真实成果，不准夸张虚构。

2. 农业推广论文的结构格式。按照论文的一般分类方法，科技论文可分为科学论文与技术论文两种。推广论文一般属于后者。尽管不同刊物，对论文格式的要求有所不同，但归纳起来，技术论文类一般包括：标题、作者署名（包括作者所在地区、工作单位、邮政编码）、摘要（英文摘要）、关键词、正文、参考文献等部分。

(1) 标题（Heading）。推广论文的标题应具有确切、鲜明、醒目和简洁等特点。一个好的论文标题能吸引读者，达到“先睹为快，欲阅下文”的效果。标题确定还应注意论文的定性问题。试验、推广进行中的结果报道，可用“……简报”；分阶段研究与推广的成果，可用“……初报（一报）”，“……二报”；试验研究结论与他人结果有出入的同类研究，可用“……探讨（商讨）”，或用谦辞“……初探”等；如果课题研究结果一致，占有资料较丰富，把握性较强，则可以用“论……”或“……研究”等。综上可见，标题虽短，含义深刻，需反复推敲。

(2) 作者署名（Author Signature）。对作者而言，论文署名表示作者对论文负有责任；对编者来说，则是对作者劳动的肯定；从作者与读者的关系而言，便于读者与作者联系沟通；从作者与作品关系看，署名则是确定学术成果的归属，署名的前后位次，应按对论文贡献大小依次排序。有些论文要在署名下方用小括号注明作者单位和邮政编码。例如：

辽西易旱区不同耕作方式对土壤物理性能的影响

张＊[1]，侯＊＊[1]，张＊[2]，王＊＊[1]，蒋＊＊[1]，贾＊[1]
(1. ＊＊＊＊农学院，辽宁沈阳 110161；2. ＊＊县农机局，辽宁＊＊ 123200)

(3) 摘要（Abstract）。摘要是对论文内容准确而不加评论地简短陈述。内容包括研究目的、方法、成果和结论。摘要一般不用图表、化学结构式及非公式的符号和术语。摘要不能太长，一般要求 200 字左右。有的刊物要求同时有英文摘要。

(4) 关键词（Key Words）。为适应信息检索、情报查寻需要，每篇论文需要提炼出 3～8 个关键词。由于关键词是反映论文核心内容的名词和术语，因此应尽量从主题词表中选用。

(5) 正文（Text）。正文是反映论文价值的主体部分。推广论文类论文一般由前言、材料与方法、结果与分析、讨论与结论等部分组成。

①前言（Preface）。简要说明本项研究课题的提出及其研究意义（学术、实用价值）；本项研究的前人工作基础及其欲深入研究的方向和思路、方法以及要解决的主要问题等。

②材料与方法（Material and Method）。材料主要描述用于试（实）验的生物、试剂、工具及主要配套用具等材料的规格、型号、数量。方法包括试验的设计方案和主要仪器安装，操作方法以及与试验有关的环境条件等。

③结果与分析（Results and Analysis）。运用简洁的语言，对研究结果进行充分合理的分析。为了使表达更为准确、简洁，常常采用图表。图表多用来表达具体的试验（实验）和统计结果，一般研究的对象为行题，研究所观察的对象为列题。论文常用的图表包括曲线图、柱形图、图形图、示意图以及表格等。

④讨论与结论（Conclusions and Discussions）。结论是指对试验结果分析后的概述，一般是按一定的逻辑关系，先后罗列成结论性条文。“讨论”通常是对某些不成熟的结论，或经过本试验尚不能作出明确结论的现象或问题，加以推断性的解释。有的甚至对与前人持有不同观点的结论，发表商榷性意见。还可以提出进一步研究的建议。

(6) 参考文献（References）。为了反映论文的科学依据，同时表示作者尊重他人研究成果的严肃态度，以及向读者提供有关信息的出处，正文之后一般应列出参考文献。所列出的参考文献应限于论文中曾经出现或提到的，一般应该是公开发表的文献。文献的格式，不同刊物有不同的要求，投稿前应仔细查阅该刊物的投稿指南，按要求书写。

(7) 附录（Attachment）。在一些推广论文中尚有附录一项，列在论文的末尾，作为正文主题的补充项目，但不是必须的。一般包括，某些重要的原始数据，数学推导、计算程序、框图、结构图、装配图、图片、照片等。

（二）农业推广报告的写作

农业推广工作的社会性与广泛性，决定了农业推广报告种类繁多。诸如立项报告、开题报告、可行性报告、调查报告和工作总结报告等。不同报告有不同的特点及撰写要求，现分述如下：

1. 项目可行性研究报告的写作。项目可行性研究报告指根据社会需求、现实条件、经济、社会、生态效益等情况，从技术、资源、人、财、物等因素考虑，在推广项目立项前，对项目进行定性、定量分析，论证其可行性所形成的报告性文字材料。可行性报告是否可行，最终需经过现实性，科学性，综合性论证，通过答辩最终确定。

（1）撰写格式。可行性研究报告没有固定、统一的格式，其篇幅也长短不一，没有一定的要求。可行性报告正文的内容也因研究的课题不同而异。一般来说，包括以下部分。①封面。一般应写明论证项目名称，项目主办单位及负责人，承担可行性研究或主持论证单位及送审日期；②目录。将可行性研究报告的主要内容列成目录形式；③正文。正文一般包括前言、项目内容、效益分析、结论与讨论等部分。前言概括说明项目的产生背景，目的，意义。项目内容包括现实条件分析，主要依据，工作范围，主要过程、技术、经济等指标，承担单位基本条件及计划进度安排等部分（建设项目还应包括资源、协作、建厂、环保等相关内容）；效益分析根据项目实施条件进行效益预测，包括经济、社会、生态、技术效益，提出经费预算与来源；结论与讨论提出论证结果并指出存在问题及建议等；与论证报告相关的图、表，参加人员等说明，可作为附录附后。

例1：项目可行性研究报告封面

＊＊省科学技术计划项目申报书

计 划 名 称：____________________

技 术 领 域：____________________

申 报 主 题：____________________

项 目 名 称：____________________

项目负责人：____________________

申 报 单 位：____________________

通 讯 地 址：____________________

邮 政 编 码：________电子邮箱：________

联 系 电 话：__________传真：__________

主 管 部 门：____________________

申 报 日 期：____________________

＊＊省科学技术厅

二〇〇×年×月　印制

例 2：项目可行性研究报告编制提纲

一、项目提出的目的及意义；

二、与项目相关的国内外发展概况及市场需求分析；

三、主要攻关内容及技术路线（技术可行性分析）；

四、现有工作基础和条件；

五、申请人基础条件（包括主要研究成果）；

六、进度安排和实施方案（包括运行机制）；

七、预期成果和考核目标；

八、推广及应用前景；

九、经费概算及来源；

十、合作单位基本情况；

十一、申报资料附件清单；

十二、申请单位主管部门或市科技局意见。

2. **项目开题报告的写作**。可行性研究报告是课题没有确定以前，对一个科研项目进行"可行性"论述，而科研开题报告是课题确定以后，对所开题准备情况和研究计划做出概括的反映。可行性研究报告是解决"能不能研究"的问题，科研开题报告是解决"如何研究"的问题。就其内容来说，前者是"探索性"的，后者是"实施性"的。撰写开题报告对研究项目顺利开展有着十分密切关系。项目开题报告的内容有：

（1）开题报告的封面，应当写明项目名称、承担人员、协作单位、项目负责人和主要合作者、起止时间、填写日期。

（2）正文主要包括以下部分：①选题依据：指出项目研究的目的、意义，国内外研究现状、水平和趋势分析，主要参考文献及其出处；②研究方案：主要包括研究目标、研究内容和拟解决的关键问题；针对研究内容拟采取的研究方法、技术路线、实验方案及可行性分析；本研究的特点与创新之处；研究进度、工作内容和预期成果；③经费预算：包括申请资助的总金额和其他渠道已得到、已申请或拟申请的经费来源及金额。预算支出项目有：科研业务费、实验材料费和管理费等；④研究基础：与本课题有关的研究工作基础，包括主要仪器设备、研究技术人员及协作条件和已取得的研究成果；⑤项目责任人和主要合作者的业务简历：填写主要学历和研究工作简历，发表的与本研究有关的主要论著目录和科研成果名称，并注明出处及获奖情况。

3. 调查报告的写作。调查报告是在对客观事物或社会问题调查研究后，将所得认识和结论准确、精炼、系统地写出来的书面报告。它是上级或相关部门了解情况、制定政策、发现典型、总结推广经验、解决和处理问题的依据、调查报告种类很多，根据其内容和特点，一般分为基本情况调查、典型经验调查、查明问题调查和报道新生事物的调查等四种类型。

调查报告的写作一般由标题、前言、正文、结论和参考文献等部分组成。

(1) 标题。标题要具体、醒目，甚至可以明确调查的地方和内容，例如彰武县“四位一体”能源生态模式推广状况调查。

(2) 前言。前言是调查的导语，它包括调查工作背景资料的综述，调查的单位、对象、目的、方式、内容及过程等，要写得简洁、概括。

(3) 正文。正文是调查报告的主体，总的要求是：全面客观地报告调查的主要事实、结果、分析讨论、结语。材料应典型化，数据化，可比化，并根据内容及逻辑关系归纳精练，分析讨论，揭示本质，上升到理性高度。

(4) 结论。结论部分是报告的结尾，是全篇报告的浓缩，此部分要总结全文要点，深化主题；作出展望，提出建议和设想；指出存在的问题和不足以及说明社会反响等。

(5) 参考文献。正文之后一般应列出参考文献。所列出的参考文献应该是报告中曾经出现或提到的，一般应该是公开发表的文献。文献的格式，不同刊物有不同的要求，要按要求书写。

4. 总结报告的写作。总结是对个人、单位（或集体组织）在过去某一时期内工作实践历程的经验、教训，进行分析研究、归纳整理，从中找出规律，用以指导今后工作实践（或作为工作成效评价依据）的报告性材料。总结报告按其内容或时限可分为不同种类：如技术总结、工作总结、综合性总结、专题性总结，个人总结、年度总结、阶段总结等。在这里主要介绍技术总结和工作总结的写作。

(1) 技术总结报告。技术总结报告主要是在某一科研或推广课题阶段或全部结束后，将取得成果、经验教训进行回顾检查，归纳分析，得出指导性结论，同时指出今后工作方向、改进措施等的文字材料，属于专题性科技总结类。技术总结报告应体现课题的学术水平，要总结规律性，提炼主题，同时应反复推敲，形成观点，科学论证，保持报告的科学严谨性。技术总结的写作一般包括标题、正文、署名和日期三个部分。

①标题。写明研究或推广项目名称、完成单位、时间等。

②正文。开头（导语）主要概述情况，包括课题目的意义，工作进程，研究成果等。力求简明扼要。主要工作成绩与做法是总结的重点部分，应详实、具体，包括课题主要技术要点及创新点，遇到的问题，采取的措施，经验体会。另外还应指出课题实施中存在的问题。结尾部分还应提出课题的发展趋势、今后努力方向及相应建议。

③署名和日期。若标题下已经写明，此部分可略。

（2）工作总结报告。与技术总结报告有所不同，工作总结报告是对科研或推广课题的实施方法，组织管理，工作成效等进行总结的专题报告。一般是与相应的技术报告平行共用的一类报告。写作格式也包括标题、正文、署名和日期三个部分。

①标题。写明研究或推广课题名称，完成单位、时间等。

②正文。主要包括工作进展情况概述、课题实施方法、组织管理措施、主要工作成效、取得经验、存在问题、发展趋势及今后建议等。如果说技术报告侧重于技术要点，而工作报告则应侧重于工作方法或管理措施。当然其他内容亦不可少。

③署名和日期。若标题下已写明，此可略。

（三）农业推广宣传应用文体的写作

农业推广是一项复杂的社会性工作，经常需要宣传应用类文体的写作。如科普文章、科技简报、合同协议和科技广告等。下面就上述文体分别加以介绍。

1. 科普文章的写作。科普文章是科技论文的一种，其特点是用深入浅出、生动活泼的语言，阐述科学道理，从而使深奥的理论和科技知识得以普及。科普文章按其内容及主要性质，可以分为知识性科普文章和技术性科普文章两类。因此，二者在写作特点与要求上有所不同。

（1）知识性科普文章。知识性科普文章是普及科学知识的作品，主要讲述各种科学知识，尤其是自然科学各学科基础理论与实践。其写作应注意以下几点：①由浅入深。即应根据不同读者对象，用通俗浅显语言，循序渐进，逐步展开。使读者易懂易记，获取知识，理解掌握科学原理；②超前求新。应以介绍新知识、新技术、新信息、科技发展新趋势等为创作的主要内容，从中选材。并以新角度、新方法研究探讨，赋予新意，使读者获得新知识；③引人入胜。把知识性与趣味性融为一体，寓阅于悦，启迪思想，吸引读者，激发其探索求知欲望，引发思考，使读者深入其中，获取知识，既是写作的基本要求，也达到了作者的写作目的。当然趣味性应从科学知识中挖掘提炼，而不应为之而为之，更不可低级趣味，有失科学严肃性。

（2）技术性科普文章。技术性科普文章是普及应用技术的作品，主要讲述专业性实用技术。与知识性科普文章不同，技术性科普文章注重实用性与专业性，因此写作除了应具备知识性科普文章的写作要求和特点外，还应掌握以下几点：①实用具体。指这类文章材料能够解决读者的一些相关实际问题，具有实际应用的价值。措施具体，技术实用，易于掌握，施之即效；②通俗易懂。指作品应力求使抽象的科学理论、原理深入浅出，在内容、结构、图文等方面精心设计，以通俗化扩大阅读面，实现科普；③艺术巧用。为激发读者兴趣，引人入胜，技术性科普作品可以运用如贴切的比喻、艺术手法，新颖词句或概念等，渲染气氛，吸引读者，实现科学与艺术的有机结合。

2. 农业推广科技合同、协议的写作。在农业推广中，由于推广工作的需要，必然使单位与单位或单位与个人之间发生联系，进行合作。为了明确双方或数方的权利和义务，就需要将经过协商取得的一致意见用合同或协议的形式固定下来，形成科技合同或协议。在农业推广实践中常用的科技合同有技术服务、技术开发和技术转让合同等。其写作格式如下。

（1）标题。一般由“合同（协议）类别＋合同（协议）两个字”构成如科研合同、农业推广合同、技术合同（书）（技术开发、技术服务、技术咨询、技术转让合同书）有时大标题定性后，下面可加上具体项目名称。有时将“具体项目内容＋合同类别＋合同（或协议）”混在一起用。如：“黑龙江省无公害稻米生产科技推广项目专项合同”。

（2）订立合同（协议）双方。与标题隔一行、空两格写订立合同（协议）双方单位名称。一般甲方为（委托单位或主持单位）和乙方为（承担单位或执行单位），如有第三方称为丙方。接着写见证单位（公证单位）或中介方。以及起止年限（年月）、或签订日期、有效期限等。

（3）正文。正文依合同种类应因文制宜，内容围绕项目所涉及的主要经济、社会效益，双方应有权利、应尽义务及违约责任等。

（4）署名与签约日期。合同正文之后，写明甲乙双方（或数方）单位全称，加盖公章、单位代表签字（项目负责人、企业法人代表）、签约日期。

3. 科技简报。简报，即简短的情况、信息通报。科技简报指科研、推广、企事业单位内部及其上、下、平级单位之间，用来反映科技领域内的科研动态、推广进展、情况交流、问题调研、信息报道的一种简短文字材料。科技简报按其内容可分为工作简报、会议简报和专题简报三类。由于简报具有报道及时性，内容针对性，文体简洁性等特点，因此撰写上应注意选题新颖、材料真实、及时快报和简明扼要等原则。科技简报的写作格式，一般由报头、正文和报尾三部分构成。

(1) 报头。在首页用大体（粗体）醒目红字写上简报名称。视情况可用不同名称，如××简报（或简讯、动态）、××情况交流、××工作通讯、××参考等，注明简报密级，如“内部刊物，注意保存”、“机密”等。还要写明期号、编印单位、印发日期等。

(2) 正文。包括标题、按语和正文主体三部分。标题应醒目、准确、直言主题、一阅了然。按语一般用较小字体，对简报内容加以提示、说明、评注，指出要点、重要性或提出要求等。正文主体通常用叙述手法写作。开头用简短文字概括全文中心或主要内容，正文可写一项科研成果，一个事件等，要重点突出，分析得当，序码或小标题分段撰写。从写作形式看，简报通常有新闻报道式、转发式（加按语）、集锦式等形式，可根据内容选择。

(3) 报尾。写明简报供稿人（单位），报送单位，印数等。

4. 科技广告。科技广告侧重于宣传科技成果，信息、科技服务等科技内容。科技广告种类很多，按其表现形式，可以归纳为以下 4 种主要类型：文字广告、音响广告、图像广告、实物广告。科技广告除了应掌握一般广告的写作要点外，有两点不容忽视：①科学性，即广告不能违背自然、科学规律；②真实性，即广告内容必须实事求是，不能夸张虚构，否则既毁坏了科技广告的声誉，又失去了“科技”广告的科学性、严肃性。

由于广告的宣传目的，要求广告文词应达到引起注意、刺激需求、维持印象、促成购买等要求，因此在写作上便具有区别于其他文体的特点。完整的科技广告，通常由标题、正文、标语、随文几部分构成。

(1) 标题。标题即广告题目。应简短、恰当、醒目。把最能说明信息的内容简化成几字写出。其形式不拘一格，可直言其事，亦可设置悬念。主要有如下几种形式：

①新闻式（报道式）。采用新闻报道标题写法。如“适合××地区种植的冬麦新品种——××试种成功”。

②名称式。直接用厂名、产品名称或兼二者作标题。如“××制药厂治疗××新药××”。

③提问式(问题式)。以消费者设身处地，指出“为什么”、“怎么办”引发思考。如可用“×××怎么办?”、“如何能使×××”。

④赞扬式。如“××在手，×××不用愁”。

⑤敬祝式。如“××向广大新老用户致敬”。

⑥祈使式。如“××××，欢迎光顾”。

除此之外，还有记事式、号召式、悬念式、对比式、寓意式、抒情式等，可灵活运用。

(2) 正文。正文是广告的核心，一般由开头、主体和结尾三部分组成。亦有只写主体部分的。正文内容主要起着介绍商品（技术）、建立印象、促进购买（采用）等作用。如规格、性能、用途、技术要点、价格、出售（函购、承包转让）方式、接洽办法等。常用的有陈述、问答、散文说明、对比等写作方式。另外写作时还应掌握消费者心理、市场动向，内容应真实可信，具有使公众见文有求的魅力。

(3) 广告标语。广告标语或广告口号的作用是，通过在广告中反复出现，以增强消费者理解与记忆，形成强烈印象，促进需求。撰写时应简短易记，特点突出，有鼓动号召力。常见的有赞扬式、号召式、情感式、标题式等形式。

(4) 广告随文。主要写明与业务相关事项，包括单位名称、地址、电话、电报挂号、银行账号、联系人、洽谈办法及有关手续等，以便消费者联系或购买。

二、农业推广演讲技能

在农业推广工作中，演讲（Speech）是一项经常性活动。农民培训、科普宣传、推广总结、经验交流等经常用到。因此农业推广人员必须掌握推广语言特点，将推广内容通过演讲使其艺术再现，才能达到推广目的。

（一）演讲稿的撰写

主要应把握以下几个方面：

1. *主题的选择*。主题是演讲稿的中心论题。演讲应围绕主题展开。每场演讲一般只选一个主题，以便听众掌握重点。主题的选择应考虑适合当地农民生产生活需要及学科学、用科学的心理需求，并适合农民科技文化素质。推广项目宣传应考虑农民经济承受能力，还应考虑典型性与可行性等。演讲者应全面掌握有关主题的理论依据，并能向听众解释全部演讲内容。

2. *材料的选择*。主题选定后，就要围绕主题选择材料。选材应把握材料的真实性、典型性、新颖性、佐证性等。真实性指材料要尊重事实，有根有据；典型性指材料应有代表性，可以推而广之；新颖性指材料新鲜，属前沿性论题，生动感人；佐证性指材料应能全方位地论证主题，为表现主题服务。

3. *演讲稿结构与形式*。有了好的主题，丰富的材料，还需要根据其内在联系，将二者有机地结合起来，才能形成一篇好的演讲稿。常见的结构形式有两种，即议论式和叙述式。

(1) 议论式。通常采用排列法、深入法、总分法、对比法等手法。

（2）叙述式。通常采用时间法、空间法、因果法、问题法等手法。

4. 语言修辞。应根据农业推广语言特点与运用原则，做到用词准确，科学规范，并根据不同场合，掌握语言运用的技巧性。

（二）农业推广演讲

1. 演讲的开头与结尾。

（1）演讲的开头。万事开头难，好的开头对整个演讲成功至关重要。从开头类型看，大致有情感沟通，提出问题，阐明宗旨等。具体可有如下方法提供参考：①用故事开头；②以物品展示开头；③用提问开头；④用名人的话开头；⑤用令人震惊的事件开头；⑥以赞颂的话开头；⑦用涉及听者利益的话开头；⑧从有共同语言的地方开头。总之，演讲如何开头，应因时、因地、因人而异，即兴发挥。

（2）演讲的结尾。有人认为，演讲开头难，收尾更难。此话有几分道理。好的结尾应比开头更精彩，使其在演讲的高潮中结束。演讲结尾应把握如下几个要点：①高度概括主题，使听众加深认识；②尽收全文，精炼结论；③激发热情，坚定信心，激励行动；④发人深省，耐人寻味。使听众言听欲行。演讲结尾虽无定式，但应以深刻含蓄为要。正所谓“结句当如撞钟，消音有余”，给听众以言已尽，意无穷的感觉。草草收尾或画蛇添足，都是结尾之大忌。

2. 演讲的临场发挥。有了好的演讲稿，只能说演讲者“成竹在胸”，然而能否“真竹呈现”，还要看临场发挥是否正常。因此可以说，成功的演讲是演讲佳作与临场正常发挥相结合的结果。要达到这一目的，应掌握如下几方面技巧：

（1）调节自我心理。演讲者心理素质与临场状态是最重要的主观因素。心理学认为，多数人面对众人讲话都有一种羞怯心理，尤其陌生场合，出现手足无措，声音颤抖，语无伦次，忘词错句等现象，即所谓怯场。克服怯场的有效办法，就是树立自信心。当然其基础就是对讲稿内容的精通。另外忘却时要顺水推舟，即兴联结。讲错时可不予理睬，当然关键性问题应巧妙补救。

（2）掌握听众心理。听众是一个异质群体。同场倾听，各怀心腹。好奇、求知、了解情况等。演讲者要善于察言观色，从写在脸上的提示及时调整演讲进展。详略得当，有的放矢。有时可能备而不讲，有时亦可不备而谈，灵活掌握。

（3）正确运用声调。主要包括音量、音调和节奏。音量大小因内容而变化。强调、呼吁等情节宜加大；分析原因，交代措施等可低些。音调指声音的升降、亦应随情节起伏来调整，以感染听众。节奏指演讲节拍变化。也是演讲内容的艺术再现技巧。平铺直叙的演讲是难以引起轰动效果的。

（4）掌握表情神态。巧用眼神，变换表情及手势助讲，是提高演讲效果不可缺少的要素。演讲者应予掌握，不可忽视。

（5）注意整体形象。首先要注意仪表美，将自然美和修饰美结合起来，穿着大方得体，树立良好的第一印象。要注意登台的举止礼仪，正确的做法是：自然大方地面向听众站好，然后以诚恳的态度向听众敬礼，不要急于开口，应以尊敬的目光环顾一下听众，然后开始演讲。讲完之后，应该说句：谢谢大家，再见。然后向听众致意，之后，可走向原座。

3. 演讲水平训练与提高。要想成为出色的演讲者，作为推广人员必须苦练基本功。要做到虚心学习，博采众长，融会贯通，总结创新，以形成自己独特的演讲风格。同时要不怕失败，不被“嘲讽”、“面子”所限，大胆练习，百折不挠。在平时的演讲练习中，可以采用将发音、语气、语速、姿势、手势等逐一练习的单项练习方式，或者将以上几部分结合起来进行综合练习，体会其中原理与技巧。也可以采取先个人练习，然后当众亮相的方式，只要持之以恒，知难而进，一定可以提高演讲水平。

三、农业推广培训技能

农业推关培训就是在一段时间内，把与推广活动或项目有关的人员组织起来，就推广过程中有关的农业生产问题，进行集中传授解惑的过程。根据参加人员的不同，其培训的内容深浅、时间长短应有所不同，如果培训对象是与推广活动或项目有关的领导、推广人员、农民技术员、科技示范户等文化水平较高的人群，则可进行较为系统的培训，时间可长一点，内容可丰富一点。而面对一般农户，只能选择在生产的关键季节，就某些技术要点、具体做法进行针对性的操作技能培训。搞好培训通常需要做好以下工作。

（一）制定培训计划

培训计划地制定是关系到培训效果的首要环节。培训计划一般应包括下列内容：

1. 培训主题和目的的确定。在培训之前首先要统筹思考并确定培训主题和培训目的，培训主题要达到培训目的，培训目的也要切合培训主题。要重点区分本次培训是要解决某一个关键技术环节问题，还是要在某一个领域进行基础知识的介绍；是要让参加培训者掌握一项基本技能，还是对某一类知识有综合认知等。

2. 培训时间和地点的确定。要根据培训主题和内容来确定培训时间和培训地点。在农村，由于路途较远、交通不便以及农时限制，要把一定数量的农民组织在一起比较困难，因此，培训应安排在农闲时间进行。对于季节性较强的技术培训活动，培训时间的安排就要符合时令性，可在关键季节（如棉铃虫的防治、水稻旱育秧等）进行，提前或延后都收不到良好效果，同时要事先估计培训所需要的总体时间，让培训者做到心中有数。培训地点也要根据培训内容和培训时间进行事先确定，培训地点应安排在人们易于到达的地方，并要有一定的教学设备。有些技术培训可以选择在田间地头，采用边讲解边示范的培训效果会更好。

3. 培训人群的类型和数量确定。根据培训主题和目的确定培训的目标人群，并了解他们的科技文化水平、对讲题了解的程度、接受新知识的热情等等。同时要事先规划好预计的听众数目，以便于更好地组织开展培训活动。

4. 培训内容的准备。作为推广人员，要根据培训主题和目的准备好培训内容。培训内容一般包括理论知识部分和操作技能部分。对于理论知识部分要分章分节明确列出讲解提纲，对具体内容要能熟练讲解，操作技能部分要对具体的操作步骤烂熟于心，能根据具体实物进行熟练操作演示。

5. 培训辅助手段的准备。对于培训中所需要的辅助工具要事先准备好。如培训用的黑板或投影仪、多媒体等，操作环节中需要用到的演示工具。一些需要发给培训对象的书面材料也要事先复印备用。

（二）培训的组织工作

为了使培训获得圆满成功，必须要精心组织，周到安排，最好安排专人负责。选择好培训时间和地点后，培训前应把有关事项通知到所有感兴趣的培训对象，以便他们及早做好安排。如果培训时间较长，需要解决好食宿等问题。在培训之前，最好还要检查一下周围是否有噪音和其他影响培训进行的因素。

（三）培训的实施及其技巧

为了使培训能达到预期效果，推广人员应该充分注重培训中的每一个环节，不断提高培训技巧，使培训者完全融入培训的气氛，在轻松愉快的气氛中掌握技能，增长知识，提高科学技术水平。

1. 上台前的要点。培训成功实施的关键在于培训者打动人的嗓音，在未登台前，应首先确认几点事项，使自己的声音呈现最佳状态。包括确认会场空间大小；确认学员人数；事先应检查话筒，并测试；在无人处模拟讲课，检查嗓音有无沙哑。要检查自己的仪表及着装。包括照镜，观察头型是否满意；张嘴，看是否有附着物；检查胡须是否刮干净；检查衣服、下装，特别留意领带与拉链；关掉随身的 BP 机和手机。

2. 引出主题的方式。为激发听者的听课兴趣，导入主题的技巧非常重要，一般可采用开门见山直切主题；以社会热点问题作开场白；以格言、警句引出问题；以幽默、笑话的方式引出话题。不管以何种方式作开场白，都应迅速的切入主题，切忌长久游离于主题之外，喧宾夺主。

3. 培训时的要点。

(1) 要保持讲述的条理性。培训者要保持清晰的条理，抓住培训的重点，突破难点。这要求培训者必须在课前做好准备工作，不仅要收集大量的材料，且要对材料进行归纳整理，找出培训内容的重点，并到熟悉为止。

(2) 实现听觉与视觉结合。在培训中，培训者妄图只凭借自己优美的声音就能打动听众，是很不现实的。若只凭声音的技巧来讲授，很容易变得僵硬、单调。因此最好能活用黑板、幻灯片等辅助教具，有条件的地方可以采用多媒体培训方式，配合自己的表情、手势，达到视觉与听觉的双重效果。

(3) 充分运用身体语言。培训中，应注意自己的手势与动作，特别是手势应符合当时的语气与内容，身体姿势切不可单一、僵硬，应尽量放松自然。有时手中拿一小道具是放松的要诀，小小一根教鞭也能辅助培训者达到理想的效果。

四、农业推广示范技能

示范分为成果示范和方法示范两种，是推广工作中常用的行之有效的手段和方法，分别介绍如下。

(一) 成果示范

成果示范就是在农业推广人员指导下，由成果示范户在自己承包的土地上作业或经营，将某项科技成果、组装配套技术或某项实际经验的实际效果展示出来，引起周围广大农民的兴趣，并鼓励、敦促他（她）们去效仿的方式。

推广人员要选择有资格的农民来充当成果示范户或科技示范户。他（她）们应具备一定的文化程度，并有丰富的农业生产经验；具备示范工作所需的物资，并且经济状况良好；在乡里有一定威望，有一定影响及号召力；自愿成为示范经营者，并真诚地与推广人员合作，主动宣传示范成果；不保守，能热情欢迎外来群众观察学习，并将经验毫不保留地介绍给其他农民；在示范工作结束后，他本人应首先采纳。

成果示范的方法步骤介绍如下：

1. 成果示范的设计。成果示范在设计上要注意下列事项：在不影响示范效果的前提下，尽量简单。示范区的规模应足够大，以获得真实的示范效果。示范区位置的选择要合理，示范区最好设立在示范题目与发生问题有联系的中心地带。此外，还应交通方便，使农民便于到达，以便参观学习。示范区应设立示范牌，示范牌上要注明示范的题目、内容、方法、时间及示范的完成单位，技术依托单位等，依据具体情况和需要也可以把农业推广指导人员及示范户的姓名显示出来，以增强荣誉感和责任感，同时要设立对照区，以显示示范区的长处。

2. *成果示范的实施*。在示范前和示范进行中，农业推广人员要经常去指导示范户。这样可以使示范户能够更好地种植好示范田，同时也能够使农民感到工作的重要并自觉加以重视。同时要进行系统的调查与记载，对必要的阶段进行摄影或录像，便于以后说明示范的全过程。示范田除设立示范牌外，还可在示范进行过程中利用大众媒介或其他方式宣传示范技术，引起当地农民的重视。要不定期地组织农民及当地行政领导参观学习，示范或参观过程中由推广人员或示范户进行讲解，说明示范的原因、技术问题、经济成本及展望，同时要留出时间让参观人员与示范户及推广人员之间有机会进行经验交流，并要详细解答他（她）们提出的问题。

3. *成果示范的总结*。成果示范结束之后，应编写出一整套工作总结。其内容主要包括示范背景、范围、计划、程序、结果比较、工作概要、存在问题及工作效果等，并附上原始记录及照片资料。对于一些成功的经验，要注意利用各种会议及媒介进行宣扬。这样做，第一，可以宣扬示范成果，以扩大影响面，引起更多农民的兴趣并效仿；第二，可用以充实农业推广的教学内容，增加以后对农民教育的实例。尤其是对于邻近地区，大家都知其位置，并且有名、有姓，农民更易接受；第三，在总结、宣传的同时，借以表彰示范者，鼓励他（她）们以后继续承担示范任务。

（二）方法示范

方法示范是农业推广工作中，一种较好的教学方法，它可以在群众面前边讲边操作，并且可以结合农事操作的具体环节，将具体做法一步步通过形体、手势、语言、实物介绍给农民，一目了然。例如，果树春季的修剪、水稻旱育壮秧技术等。农民可以通过视觉、听觉、触觉等感官进行学习，能在较短的时间内达到较好的理解和记忆效果。方法示范的实施要求介绍如下。

1. *方法示范计划制订及示范准备*。①方法示范计划的制订。作为示范者不论有多么丰富的经验，在进行方法示范前都要制订计划。在示范计划中要把示范的目的、示范程序和步骤、农民可能提出的问题及解决方式逐条列出，以便于方法示范整个过程有条不紊地进行。②方法示范的准备。除了要制定示范计划以外，对于示范进行过程中所使用的工具及材料，在示范前应准备充分，并熟练掌握工具及材料的组装和使用技术。同时，还要考虑示范工具及材料与示范参加人数，以便在农民实际操作时能够提供必要的工具及材料。对于如何生动地表达示范的内容及示范的实际操作顺序，推广人员事先都应通过练习而做到心中有数。

2. 示范。首先要介绍示范者本人的姓名及工作单位；其次要宣布示范的题目，对技术的示范动机及对当地农业发展的重要性加以说明，使群众产生兴趣，主动地参与。

在示范过程中，应做到：①示范者所站的位置要适当，尽量做到使每一位示范参与者都能看到示范的实际操作过程并听到技术讲解。②示范者的操作速度要慢，而且每一步都要交代清楚。对于技术的关键点应进行必要的重复，以利于群众的接受和掌握。③要用通俗、简单的语言，甚至有时要把理论术语转为乡音土语，使群众易于听懂和掌握。④有必要可以请群众协助完成较复杂的技术操作环节。

在示范操作结束后，要对示范的内容做出概括性总结。将示范中的重要技术环节提出并进行重复说明，做出结论。

3. 回答问题。在示范结束后，农民会根据示范的内容结合自己的实践提出各种相关问题。对于群众所提出的问题，推广人员能够现场解答的，则应简单地将问题重复一遍，使其他人能够听清示范者在回答什么问题。对于不能现场做出回答的问题，则不要勉强答复，应说明以后查找资料或请教农业专家后再做解决。

在回答问题结束后，如果时间允许，可以给农民实际操作的机会。在操作中再解决群众的疑问，使群众更好地掌握方法示范的技术成果。

五、农业推广调查技能

调查（研究，调研）活动，几乎涉及社会各个领域。要进行农业推广活动，也必须进行农业推广调查。通过调查，可以了解情况、发现典型、总结经验、查明问题，为制定农业推广计划，制定政策、决策提供依据与参考。

（一）农业推广调查的主要内容

1. 农业资源调查。包括自然资源和社会经济资源。其中自然资源包括水资源、土地资源、生物资源和气候资源；社会经济资源包括人力资源、物质资源、财力资源和信息资源

2. 农业生产调查。包括生产结构、商品生产、经济政策、生产经营效果等几方面。

3. 农村市场调查。主要包括供求情况、营销效果、发展趋势以及市场影响因素调查。

4. 农业文化素质调查。包括农民思想观念、农村社会风气（迷信、法轮功）、农民文化素质、农民受教育方式和类型（夜校、扫盲班、技术培训班）。

5. 农业推广机构及推广现状调查。农业推广机构是否建立、健全、推广队伍建设、推广网点设置、农业创新成果推广应用情况、推广经费有无及落实情况（尤其用于推广、扶贫的专款）、科技成果推广率、推广效益等等。

（二）农业推广调查的方法

1. 文献调查法。文献法即利用文献资料间接收集情况、信息的方法。如报刊、杂志、书籍、统计报表、农业推广档案、地方志、历史资料、总结报告。为了充分发挥文献法的作用，首先要提高推广调查人员的素质，包括政治、理论修养、社会经验、责任心等。同时注意根据调查主题，通过多种渠道，尽可能全面地搜集已有资料。并且由专人负责登记、分类、保管等，确保资料的真实性、可信度。文献搜集方法和途径主要包括：检索工具法，利用手工、机读两种工具进行查询；参考文献查找法，查找文后（书后）所列参考文献；循环查找法，主要是将以上两种方法结合交替使用。

2. 实地观察法。亲临现场，实地考察，是一种直接调查搜集法，所得资料是第一手材料，真实可靠。为确保调查准确，防止误差，实地观察法应注意以下几点：①要正确选择时间、地点、场合、对象；②灵活安排观察程序，合理选择主次程序法，即先观察主要（对象、部分、现象），后次要（对象、部分、现象）；方位程序法，即按照一定时空分布（所处方位）为序进行。由近及远或先远后近，左右序还是上下序；分析综合法。先由整体到局部或由局部到整体，然后综合分析、得出结论。③与被观察者建立良好人际关系，目的是消除误会、请求配合；④尽量减少对被观察对象的影响；⑤观察、思考、分析相结合；⑥做好观察记录。

3. 访问调查法。即通过语言沟通、口头交谈、咨询、请教方式了解情况的方法。它取决于被访者的态度是否合作，能否推心置腹，实话实说。

4. 问卷调查法。问卷法即调查者运用统一设计的调查问卷（表格）向被调查者了解情况，或征询（求）意见和方法。问卷调查一般包括如下步骤：①问卷设计。一般结构包括前言、主体、结语三个部分，也有直接列表格，提出问题、选择回答方式、说明等。②选择调查对象。可用抽样法选择（群体小时可总体参与），由于一般回复率、有效率都＜100％，所以调查对象应多于研究对象，用公式进行计算：调查对象＝研究对象/回复率×有效率。③分发问卷。可以采取多种方式：邮递，或派人到相关单位代发，或登门拜访。④问卷回收。为提高回复率，应注意取得相关职能部门支持配合，精选调查对象，科学巧妙设计调查问题等问题。⑤问卷审查。认真审查分析，逐一审阅，找出规律，推断结论。

5. 实验调查法。实验法指在人工制造（创造）的特定环境中，按照事先设计，对研究对象的活动进行观察、记载、分析、收集资料做出结论的一种研究方法。如研究农民采用某项创新技术效益情况，可以采取实验法。首先在几个不同村的农民小组中试验，最后分析效益情况。通过产投比、纯收益分析这项技术项目在该区域推广的可能性，有哪些限制因素等问题，最后作出是否推广或采取何种方式推广的建议。

（三）农业推广调查的步骤

1. 选择调查课题。根据调查目的选择调查课题，例如可以考虑本次调查是为了了解基本情况，或者是查清查明问题，或是发现树立典型，亦或是报道新生事物等。

2. 拟定调查方案。围绕调查课题，拟定相应的调查指标体系，包括社会、经济、生态等反映农村及农业推广本质特征的指标体系，如农业总产值、人均纯收入、劳动生产率、成果入户率、农业推广效益等等。

3. 搜集调查资料，选择调查方法。根据调查内容、调查目的科学地选用前述的调查类型和调查方法。

4. 调查资料的审核、整理、分析、总结。通过复核、验算、对比等确保资料的科学性、准确性、完整性，同时进行资料的整理、分析，如谈话记录、观察记载材料补充整理，另外，要将文字资料归纳、分类，将反映同一问题的材料集中等。将数字资料运用统计学原理，分组，制表、统计分析、曲线图形（柱形图、折线图、区域分布图即统计地图等）最终汇成“统计表”和“统计图”，并运用数理统计方法分析描述。在工作的基础上，运用逻辑学原理，对整个资料全面、综合、系统地分析归纳，形成调查报告，为解决和分析实际问题提供理论、数据和事实基础。

第三节 农业推广程序

农业推广程序是农业推广方法和技能在推广工作中的具体应用，它是一个动态的过程。从建国以后，我国的农业推广基本都以“试验、示范、推广”作为基本程序。当前农业推广程序在理论的指导下，得到了不断丰富和完善。概括起来可分为“项目选择、试验、示范、推广、培训、服务、评价”等七个步骤，其中“试验、示范、推广”仍是农业推广的基本程序，其他步骤是在此基础上的辅助措施和手段。

一、农业推广的基本程序

（一）试验

试验（Experimentation）是推广的基础，是验证推广项目是否适应于当地的自然、生态、经济条件及确定新技术推广价值和可靠程度的过程。由于农业生产地域性强，使用技术的广泛性受到一定限制，因此，对初步选中的新技术必须经过试验。而正确的试验可以对新成果、新技术进行推广价值的正确评估，特别是引进的成果和技术，对其适应性进行试验就更为重要。如新品种的引进和推广就需要先进行试验。历史上不经试验就引种而失败的例子很多。因此掌握农业推广试验的方法，对农业推广人员搞好推广工作十分重要。

试验一般分为小区试验（又称适应性试验）和中区试验（又称中间试验、区域试验、生产试验）两个阶段。小区试验一般在科研部门进行，中区试验一般在县农业推广站（中心）的基地（点）上进行，也可在科技示范户和技术人员承包的试验田中进行。

在推广过程中，进行小区试验是将科研院所、高等院校及国内外的科研成果引入本地、本单位，在较小的面积上或以较小的规模进行试验，其目的是探讨该项技术、新成果在本地的适应性和推广价值。在小区试验基础上进一步扩大试验的规模，即中区试验。中区试验的目的主要是进一步验证新技术的可靠性。通过多年的试验，掌握农艺过程和操作技术，获得第一手资料，直接为生产服务。有时为了加快试验速度，可以在以往农业推广工作取得丰富经验和对当地生产实际深刻了解、对新技术也有一定了解的基础上，对新技术明显不适应的部分直接加以改进或重新进行组装配套。

（二）示范

示范（Demonstration）是推广的最初阶段，属推广的范畴。示范是进一步验证技术适应性和可靠性的过程，又是树立样板对广大农民、乡镇干部、科技人员进行宣传教育、转化思想的过程，同时还要逐渐扩大新技术的使用面积，为大面积推广做准备。示范的内容，可以是单项技术措施、单个作物，也可以是多项综合配套技术或模式化栽培技术。

目前我国多采用科技示范户和建立示范田的方式进行示范。搞好一个典型，带动一方农民，振兴一地经济，示范迎合了农民的直观务实心理，达到“百闻不如一见”的效果。因此，示范的成功与否对项目推广的成效有直接的影响。

（三）推广

推广（Extension）是指新技术应用范围和面积迅速扩大的过程，是科技成果和先进技术转化为直接生产力的过程，是产生经济效益、社会效益和生态效益的过程。新技术在示范的基础上，一经决定推广，就应切实采取各种有效措施，尽量加快推广速度。目前常采取宣传、培训、讲座、技术咨询、技术承包等手段，并借助行政干预、经济手段的方法推广新技术。在推广一项新技术的同时，必须积极开发和引进更新更好的技术，以保持农业推广旺盛的生命力。

二、农业推广的辅助程序

（一）项目选择

项目选择（Project Selection）是推广工作的前提，是一个收集信息、制定计划、选定项目的过程。如果选准了好的项目，就等于农业推广工作完成了一半。项目的选定首先要收集大量信息，项目信息主要来源于四个方面：引进外来技术；科研、教学单位的科研成果；农民群众先进的生产经验；农业推广部门的技术改进。推广部门根据当地自然条件、经济条件、产业结构、生产现状、农民的需要及农业技术的障碍因素等，结合项目选择的原则，进行项目预测和筛选，初步确定推广项目，推广部门聘请有关的科研、教学、推广等各方面的专家、教授和技术人员组成论证小组，对项目所具备的主观与客观条件进行充分论证。通过论证认为切实可行的项目，则转入评审、决策、确定项目的阶段，即进一步核实本地区和外地区的信息资料，详细调查市场情况，吸收群众的合理化建议，对项目进行综合分析研究，最后做出决策。确定推广项目后，然后制定试验、示范、推广等计划。

（二）培训

培训（Training）是一个技术传输的过程，是大面积推广的“催化剂”，是农民尽快掌握新技术的关键，也是提高农民科技文化素质、转变农民行为最有效途径之一。培训时多采用农民自己的语言，不仅通俗易懂，而且农民爱听，易于接收。培训方法有多种：如举办培训班、开办科技夜校、召开现场会、巡回指导、田间传授和实际操作，建立技术信息市场、办黑板报、编印技术要点和小册子，通过广播、电视、电影、录像、VCD、电话等方式宣传介绍新技术、新品种。

（三）服务

服务（Serving）贯穿于整个推广过程中，不仅局限于技术指导，还包括物资供应及农产品的贮藏加工运输销售等利农、便农服务。各项新技术的推广必须行政、供销、金融、电力、推广等部门通力协作，为农民进行产前、产中、产后一条龙服务，为农民排忧解难，具体来说：帮助农民尽快掌握新技术，做好产前市场与价格信息调查、产中技术指导、产后运输销售等服务；为农民做好采用新技术所需的化肥、农药、农机具等生产资料供应服务；帮助农民解决所需贷款的服务。所有这些是新技术大面积推广的重要物质保证，没有这种保证，新技术就谈不上迅速推广。以上几方面也是新技术、新产品推广过程中必不可少的重要环节。

（四）评价

评价（Evaluation）是对推广工作进行阶段总结的综合过程。由于农业的持续发展，生产条件的不断变化，一项新技术在推广过程中难免会出现不适应农业发展的要求，因此，推广过程中应对技术应用情况和出现的问题及时进行总结。推广基本结束时，要进行全面、系统的总结和评价，以便再研究、再提高，充实、完善所推广的技术，并产生新的成果和技术。

综上所述，农业推广程序在推广过程中起着非常重要的作用，是推广工作的步骤和指南，不但要求每个推广人员必须掌握，而且还要求推广人员根据项目的性质及当地自然条件和经济条件灵活运用。

三、农业推广程序的灵活应用

农业推广程序在推广过程中起着非常重要的作用，是推广工作的步骤和指南，不但要求每个推广人员必须掌握，而且还要求推广人员充分结合当地自然条件和经济条件，根据技术特点灵活选择运用。

（一）先进地区已经大面积推广的技术

在同一自然条件下，由于先进地区和落后地区思想观念不同，某项先进技术已在先进地区大面积推广开来，而落后地区还未采用。在这种情况下，可以组织农民到外地参观、运用示范等各种推广手段直接进行推广，而不必进行试验。

（二）农民总结出来的实用技术

农民自身在多年的实践中结合当地的实际情况总结出的行之有效的实用技术。对于这样的技术，推广部门再进行试验、示范，就没有什么意义了。因此，推广部门就应在及时总结关键技术要点的同时，采用召开现场会等手段扩大宣传，号召在同类地区大力推广。

（三）科研部门培育的适应性品种

科研部门培育的某些新品种，在培育过程中就适应了某地的自然条件和生产条件，并且科研部门为了试验研究，在多处设点试验，具有一定面积的示范，在农民中产生了一定的影响，这样的品种一经审定后，就可在某地直接进入推广阶段，运用到生产中去，推广部门就不必再进行重复的试验。

（四）有针对性地研究成果和技术

针对某地区的研究成果可直接应用。由于科研单位研究的某项技术就是针对某一地区存在的主要问题进行研究的，当研究成功后，就可以减少中间环节，直接在当地进行大面积推广。

（五）经过一定面积示范后的试验成果

试验成果在取得成果之前要在一定范围内推广。由于现代科技成果管理上规定，某项科研成果在取得成果前，必须有一定的示范面积，而这些示范工作多是科研部门和推广部门共同完成的。因此，这样的成果，推广部门不必进行试验就可以在其适应的范围内迅速推广。

（六）联合攻关协作完成的科研成果

进入20世纪80年代，为了解决科研、教学、推广相脱节的局面，在推广项目中，都采用了“教育、科研、推广”三结合的形式，建立协调小组，分工协作，联合进行攻关项目，形成最优化的科研成果后，进行鉴定后，就可以在适宜地区直接进行推广。

（七）综合组装技术的推广

由于综合组装的技术多数都是在当地进行多年探索后的单学科的各项技术或正在推广应用的技术，实践证明是行之有效的，所以组装起来后不必进行试验、示范，就可以直接推广，达到增产增收的目的。

• 思考题 •

1. 访问法的具体操作步骤和注意事项是什么？
2. 讨论法在实际应用中如何进行操作？
3. 咨询法和大众传播媒体法包括的种类分别是什么？
4. 如何写好农业推广论文？其结构格式主要包括哪几部分？
5. 农业推广报告包括哪几种？写作要求分别是什么？
6. 农业推广宣传文体的种类分别包括哪几种？其写作要求分别什么？
7. 如何才能作好农业推广演讲？
8. 农业推广培训的实施技巧有哪些？
9. 农业推广方法示范和成果示范的具体操作步骤包括哪些？
10. 农业推广的基本程序和辅助程序分别指什么？

• 参考文献 •

[1] 钟涨宝．农村社会调查方法．北京：中国农业出版社，2002

[2] 郝建平．农业推广技能．北京：经济科学出版社，1997
[3] 汤锦如．农业推广学．北京：中国农业出版社，2001
[4] 高启杰．农业推广学．北京：中国农业出版社，2001
[5] 王慧君．农业推广学．北京：中国农业出版社，2002

第六章　参与式农业推广方法

【本章学习要点】理解参与式农业推广的含义与特点，掌握参与式推广基本方法应用的技巧；了解参与式农业推广的基本程序和步骤，参与式农业推广的一般准则，参与式农业推广方法应用过程存在的问题。

第一节　参与式农业推广的含义与意义

参与式农业推广是在新的历史时期为实现农村发展这一农业推广的宏观目标而开发的一种有效的方法。参与式农业推广的主要指导思想是“参与”理念，即将“参与”的基本理念和方法运用到农业推广工作过程，其目标是实现现代农业推广的农村人力资源培养目标。

一、参与式农业推广的基本含义

“参与”是“Participation”的中文译法，但它并不能确切地反映英文中所表达的含义，人们往往从字面上将其简单地理解为相关利益群体的“介入”或“参加”。而事实上，“参与”反映的是一种基层民众被赋权（Empower）的过程。通过赋权，使他（她）们有机会参与与自己生产、生活息息相关的社会、生产活动中，并在参与过程提高他（她）们的素质和能力。如通过广泛的参与，使参与者能够确认自我需求并为实现需求而付出积极的行动，从而逐步提高基层群体的自我组织和自我发展能力。因此，参与是参与者在内在需求（Need）和外在干预（Intervention）共同作用下，由改变现实状况的行为动机所诱发的一种自发行为。

在农业推广领域，参与可体现在推广对象参与推广项目的决策与选择，如农民率先根据发展需要主动提出优势发展需求和想法，以此来限定推广工作的重点，这样就可以使推广的项目更好地满足农民的现实生产需要，并能够保证农民为项目开展进行承诺与贡献，在项目执行过程主动地付出自己的努力。一个比较现实的案例是由加拿大国际发展研究中心（IDRC）支持的“中国以农民为中心的参与式研究网络”在吉林省双阳区开展的“农民参与式技术创新与扩散研究”基本上就是按照这样的思路向前推进的。同时，在农业推广领域，参与还体现在参与者有权分享项目过程和项目结果给自己带来的收益。在推广项目执行过程提高参与者的能力，优化资源的利用与管理等方面的内容。

回顾农业推广概念的变化可以看出，人们对农业推广有了更深层次的认识。农业推广不再是人们所认为的单一的技术推广和对产量目标和经济目标的追求，而是通过一定方式的多向沟通和发展干预，以提高干预对象的自我决策与自我发展的能力，促使其自愿发展行为的产生，促进农业和农村社会实现全面、综合、可持续发展的现代农业推广内涵。

由农业推广内涵的演变可看出，参与式农业推广是实现现代农业推广目标的一个较有效的手段和方法。如在推广项目实施过程，通过对农民赋权来推动农民的学习进程（Learning Process），使农民能够用一种持续的方式为提高生计（Livelihood）水平而进行决策。具体说，参与式农业推广是农业推广工作者与社区发展主体之间进行广泛的社会互动，实现在认知、态度、能力、观念、信仰等层面的双向影响。并通过有计划的动员、协调、组织、咨询等活动，实现农村自然、社会、人力资源开发和知识系统管理的一种工作方式。

由于“参与”理念在推广领域的应用使得常规的自上而下的沟通方式自觉转化为自下而上和自上而下相结合的方式，使农业推广主要内容从技术领域扩展到农村人力资源开发过程，推广目标从增产增收到人力资源建设和农村持续健康的发展。其核心是以社区为基础的推广和参与的相关群体共同能力建设。最终目标是实现农村社区人力资源建设和实现社区的可持续发展。

二、参与式农业推广的特点

参与式农业推广为农村社区发展提出了一个全新的视角，并以参与式理念为指导，提倡内源发展（Endogenous Development）、乡土知识（Indigenous Knowledge，IK）、整体观（Holistic）、性别敏感（Gender Sensitivity）、关注角色差异（Actor Diversity）等方面，以更好地满足农村社区持续健康发展的需要。归纳起来，参与式农业推广具有以下特点：

1. 参与性（Participation）。任何农村社区发展都会涉及不同的角色或群体，这些角色或群体以不同形式影响着社区发展进程。参与式农业推广认识到不同角色或群体（专家、农民、地方政府）在项目执行过程中的作用，通过参与实现人力资源的优化配置，以最大限度发挥团队作用，产生整体大于各部分效应之和的效果。打破了常规项目只是由外部有权力的群体操纵项目的传统格局。农业推广成功的经验表明：对农民或农村社区的问题具有创新性和可接受的解决办法均来自于社区内部人和社区外来者的共同努力。突出社区发展主体对社区发展作用。

参与性的假设是：人类本身先天具有创造知识的能力，这种能力并不是专业工作者的特权，也同样体现在农民身上。这一认识的思想基础：①社区人能够而且应该分析自己所处的真实状况，应当促使村民分享、更新、分析其生活的知识和条件，进行计划和采取相应行动；②需要所从事的项目公开透明，把发展和机会赋予社区发展的主体，以增加社区人对发展的拥有感（Ownership）、责任感（Responsibility），增加主动参与的积极性；③需要促进人们自主地组织起来，分担不同的责任，并联合行动（Collective Action），以实现共同的发展目标。推广项目的制定者、计划者及执行者之间应该形成一种有效的平等的“合伙人关系（Partnership）”。

参与性主要优点是它的相互启发性与合作精神。具体体现在推广工作者与农民之间的密切合作共同创造一种学习空间（Learning Space），并通过学习空间进行知识与信息的分享，通过不断的学习和互动，提高参与各方分析问题和解决问题的能力，为实现以社区人为基础的社区共管（Co-management）提供人力资源（Manpower-Resource）和社会资本（Social Capital）保障。

2. 自下而上（Bottom-up）的工作方式。这是参与式农业推广实践的最明显特点。所谓的自下而上的工作方式是推广机构（人员）根据社区的资源状况、发展目标、发展需求设立推广项目，社区发展主体-农民积极参与社区问题确认、问题分析、方案选择、目标确立、方案实施、监测评估的全过程，并影响项目发展方向的一种工作方式。在此过程中推广机构（人员）只起到一种协调、组织、动员作用。

自下而上工作方式的思想基础是：①所有外部的信息、技术及资金等干预只能对社区发展起到辅助性作用，而真正要实现社区的持续性发展，必须将所有的外部干预转化为村民的内源发展动力。②农民是社区发展主体，农民有能力和知识对自己社区的发展问题进行决策和管理。③农民具有不断改善生计水平，提高生活质量的发展需要。

因此，采用自下而上工作方式的参与式农业推广由社区发展主体具体运作做什么（What），分析为什么做（Why），确定谁来做（Who）、何时做（When）、怎样做（How）、在做的过程需要的外界条件等方面内容。当然，推广机构（人员）的角色作用也由为（For）农民工作，转变为和（With）农民一起工作。农民的角色作用由让我干，转变为我要干。在思想和行动上均体现出明显的用户需求导向。如吉林省双阳区农民根据自己的发展需要主动与推广人员联系，确定自己在特定时期的发展需要（购买种猪和仔猪防疫技术）和需要的外界支持，从而提高农民自我决策和发展能力。农民这种改变也诱发推广部门职能和推广人员工作性质的变化，即由行政职能转为服务职能，由被动落实推广计划任务到主动为农民排忧解难。

另外，通过这种方式和过程，农民能够充分认识并有选择地接受外部干预，并把推广项目的实行过程看作是实现自己发展目标的良好机会，大大增加农民对项目的拥有感、责任感，提高推广工作的效率和效果。因此，参与式农业推广不仅是推广模式的创新，也是农村人力资源开发的一种有效形式。

3. 整体性（Holistic）。常规农业推广发挥的主要作用是联结农业发展机构（研究单位和院校）与目标团体（农民、农村）桥梁与纽带，实现科技成果由潜在生产力转为现实生产力的桥梁。实践证明，这种作用的发挥还存在很大局限性，如发达国家的农业增长科技贡献率和农业科技成果转化率高达70%～80%，而我国却仅为35%～40%，且真正具有规模的转化率不到20%。产生较低的农业科技成果转移率和转化率的主要原因之一是农业研究体系的研究子系统、推广子系统和应用子系统的断层和其相互关系决定的。

参与式农业推广提倡研究-推广-应用子系统的有机整合，认为推广体系是由专业研究工作者、推广工作者和农民共同推动下的集研究、推广、应用于一体的系统，系统内存在较强的信息互动（如图6-1）。因此，参与式农业推广项目执行的过程是一个农业创新和农业创新扩散于一体的完整过程。在农业创新和农业创新扩散过程实现农民与研究人员、推广工作者知识体系的融合。

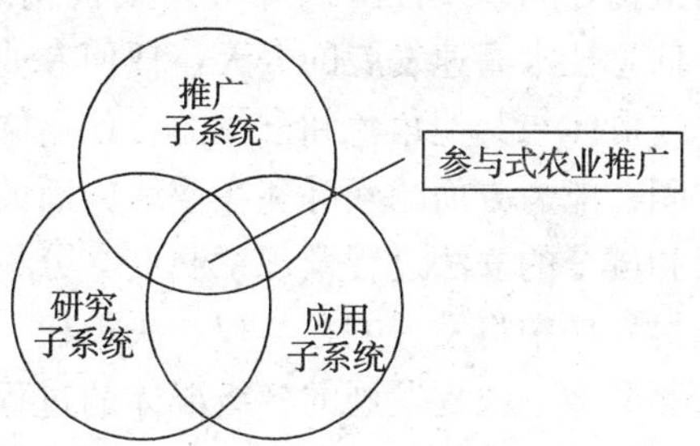

图6-1 参与式农业推广研究、推广与应用子系统之间的关系

由此可见，参与式农业推广扩大了农业研究子系统和农业推广子系统及用户子系统的交叠面，在这种条件下形成的农业创新系统好像一把大伞，使三个的子系统相互融合，共享同一片蓝天。

参与式农业推广的整体性发展观还体现在交差学科知识体系和多角色互作组合的新概念。社区发展是一个综合过程，这就决定农业推广工作不能只关注某一子系统的运行状态，还要考虑子系统之间及系统与环境之间的关系。因此，需要由多学科小组和多角色群体共同参与完成社区问题调查分析。也就是说参与的调查研究者不应只是农业领域专家，还要包括经济学、社会学等领域专家；参与角色即要包括研究工作者、推广工作者也要包括地方政府人员及普通农民。

此外，参与式农业推广的整体性还体现在对发展的重新定位和对其内涵的深入理解，发展不只是经济发展，还体现在社会、文化、政治、机制与立法、人力与性别、知识与技术、环境等领域的全面进步，协调发展。

社会方面的发展变化指社会的稳定、平等、民主。社会发展追求的是社区的稳定运行，社区内不同角色和群体之间的相互尊重，相互平等，以及在社区治理（Governance）方面和社区决策中充分反映社区成员意愿的民主制度；文化方面发展指文化的多元化和生动性，文化不存在主流与非主流，因此在开展农业推广工作时，需要充分尊重农民的乡土知识和乡土文化；政治方面发展指授权、易于发展的治理和合作方面。授权（Empowerment）又称赋权，指赋予社会（社区）内不同角色和群体以应有的发展权、决策权、资源分配权。宜于发展的治理（Governance）指的是要追求有利于实现整体发展的社会（社区）组织方式、管理机制和运作模式。这种治理的前提是要建立社区民主的体制和社区群体的参与机制。另外，政治方面的发展还提倡社区内不同群体，不同机构之间以及社区内外群体及机构之间广泛有效的合作（Co - operation）。在信息技术高速发展的今天，任何农业推广和农村发展活动都不能离开社区个体或群体与其他角色和群体的合作，同时广泛的合作也有利于不同角色和群体之间在能力方面的互补和在业绩方面的相互监督；在机制与立法方面发展指分权和健全的立法过程及规章制度。分权化（Decentralization）指在农业推广和农村发展中将发展的参与权、决策权、实施权由以往集中在某一社会角色身上而逐渐地下放到发展的各级群体的过程。如村级规划的制订与实施，就体现出分权化过程。而村规民约正是分权化产生的社区自治（Self - governed）的产物，它为社区安定和正常社会秩序的维护发挥不可替代的作用；在人力与性别方面的发展指能力建设（Capacity Building）、价值观（Value）、社会资本和性别敏感。社会资本（Social Capital）是在物质资本（土地、劳动力和资金）之外的，能够对社会发展起重要推动作用的社会网络、规范和规章制度。性别敏感（Sensitivity）是对常规推广策略因缺乏性别视角导致项目执行低效反思的结果，也是农村劳动力转移和农业女性化发展的一个产物，体现出妇女在农业生产和农村发展中不可忽略的作用；知识与技术方面的发展表现在知识的创新、乡土知识的改造。乡土知识（Indigenous Knowledge，IK）是农民在实践过程中产生的知识与文化，是与正规教育传授的现代知识相对应的。参与式农业推广提倡知识的融合与创新，即通过不同角色群体的沟通互动和对话，实现研究人员现代知识与农民乡土知识的融合，以实现知识的创新、乡土知识的改造；环境方面指环境发展的可持续性，并特别强调生物多样性、生产性和保护性。寻求经济发展与环境保护协调发展。

4. 开放系统（Open System）。参与式农业推广强调推广系统要素与系统环境之间，系统要素与要素之间的协调关系。为了确保系统运行的有效性，提高推广工作效绩，需要不断从不同领域和层面主动吸纳新的要素，如采用集思广益方式征集问题的解决方案并进行方案优化，及各相关部门之间为了项目高效运行而进行的合作，都体现出开放性特点。同时，参与式推广具有完善的信息反馈体系，在不断吸纳系统外部因素同时，系统内通过强的信息反馈体系进行计划调整，以确保项目活动正常有序开展。

5. 灵活性（Flexibility)。参与式农业推广的灵活性体现在项目计划的制定、项目活动开展、项目监测与评估等阶段。这些过程不是由社区外部有权利的机构事先计划好的，而是由相关的角色群体共同讨论决定的，项目执行过程是一个系统、逻辑、多循环过程，体现出灵活性的特点。如采用参与式方法进行的项目监测和评估的过程，能够做到对发现问题的及时修正。评估指标的制定也由参与的角色群体共同讨论后确定的，而不是在项目执行之前根据项目要求、按照科学理性事先制定。这些方面都体现出灵活性、实用性的特点。

三、参与式农业推广方法应用的意义

参与式的哲学思想与理念早就引起了人们的重视，但是系统的参与式方法主要是在 20 世纪 70 至 80 年代后在一些国家逐步得到应用和推广。

参与式农业推广是在对国际发展援助战略和常规工作方法效果反思的基础上产生的。据不完全统计，从二次大战后到 20 世纪 90 年代初的 50 年间，国际社会通过多边和双边的机构对发展中国家的财政和技术援助总额达到了 3 000亿美元。但南北在发展上的差距仍在不断地拉大，技术援助的效果甚微。在这时人们开始反思发展的指导思想、项目设计的方法、项目操作的程序、技术方案的选择程序、项目执行伙伴的约束制度。这些反思为参与式农业推广理论和方法产生奠定了基础。

从 20 世纪 80 年代，由于国际非政府组织（No-Government Organization，NGO）的介入，相继产生了与“参与”相关的一些新的推广方法。如世界银行（Word Bank，WB）开发的培训与参观体系（Training and Visit System，T&VS)，世界粮农组织（Food & Agriculture Organization，FAO）开发的战略推广战役（Strategic Extension Campaign ，SEC)，德国 GTZ 和瑞士共同开发的以农民为中心（Farmer Centered Approach，FCA）的方法。在 20 世纪

90年代，FAO开发的农民田间学校（Farmer Field School，FFS），WB和FAO一起推动的农业知识和信息系统与农村发展（Agricultural Knowledge and Information Systems/Rural Development，AKIS/RD）的概念。

我国参与式推广方法的应用是在20世纪90年代中期，如中国科学院政策研究中心在广西开展的参与式玉米育种和吉林农业大学在吉林省双阳区开展的参与式水稻工程节水技术开发与扩散项目。从国内外农业推广的实践中可以体会到，我国应用参与式农业推广的方法具有重要意义。

(1) 参与式农业推广方法的应用有利于实现农业推广方法与国际接轨，并在方法应用过程逐步实现方法的本土化，更好地为我国的农村、农业、农民服务。通过不断调整和适应，不断改进参与式方法的不足，提高方法的可用性。

(2) 参与式农业推广方法的应用有利于提高农民的自我组织与自我发展的能力，通过农民专业技术协会（如养猪协会、养牛协会）等团体的自我组建，缓解小生产和大市场之间的矛盾，提高农民面对市场进行决策的能力。同时，通过农村人力资源开发能够提高整个农村人口素质，提高国民整体素质，进而推进农业向产业化、规模化、现代化方向迈进的步伐，加快江泽民总书记在十六大报告中提出的全面实现小康社会的步伐。

(3) 参与式农业推广方法的应用有利于政府部门实行良政，提高管理工作的效率。通过对基层群众的赋权，一方面提高政府工作的透明度和群众参与推广项目的热情；另一方面能够提高项目资金使用的透明度、降低管理者的管理成本和提高工作效率。

(4) 参与式农业推广方法的应用能够提高农业推广体系的运行效率。参与农业推广方法在操作过程打破农业研究子系统、农业推广子系统、应用子系统层层断层的局面，有效缩短信息传播的链条，优化系统构成，提高系统运行效率。

第二节　参与式农业推广方法的应用程序

一、参与式农业推广方法基本程序与步骤

采用参与式推广方法开展的项目活动，需要遵循的基本程序包括五个阶段，分别是准备阶段、问题确认阶段、方案优选阶段、行动阶段、信息反馈与成果扩散阶段。而且，在每一阶段都需要完成阶段内的任务才能过渡到下一阶段。

（一）准备阶段（Preparation Stage）

这是开展工作的基础，主要包括制定工作计划、开展社会动员。

1. 制定工作计划（Plan）。任何一项工作的开展都是从计划开始，良好的计划是成功的基石。工作计划制定包括人、财、物的组织和协调，根据推广工作重点确定项目区和推广项目领域，行动计划拟订及相关培训计划制定等工作。

与常规推广方法不同的是，参与式农业推广是以社区为基础，因此项目区的选择要符合社区选择的条件。另外，参与式农业推广方法是一种比较新的方法，需要项目执行人员转变工作理念和掌握相关工作方法，因此在项目开展之前要进行人员培训。

2. 社会动员（Social Mobilization）。社会动员是指外来者通过一定的方式对特定区域内不同角色群体的一种发动过程。通过社会动员使大家明确即将开展的项目与自己的关系和自己在项目开展过程的角色作用。目的是引发不同角色群体主动参与的热情。

在社会动员阶段，需要特别明确的一点是要讲清楚我们是谁，来干什么，采用什么方式干，讲清楚参与式推广方法与常规方法区别。如使参与者明确即将开展的项目与社区和自己的关系，明确执行项目就是通过大家共同努力来解决社区的问题，满足社区的优势发展需求，实现社区发展的目标。外来的机构、群体、个人只是为更好地解决社区问题提供相应的帮助。

在社会动员阶段应该完成的任务包括：①取得群众信任，并建立合作伙伴关系；②了解社区的资源条件和存在的主要问题；③启动发展需求，激发社区主动参与的积极性。

（二）社区问题确认阶段（Problem Identify Stage）

参与式农业推广是以社区为基础，从系统角度对社区基本情况调查分析入手，以深入分析特定条件下的问题、问题产生原因和解决问题的手段。明确即将开展的推广项目如何有效地解决社区现存问题并更好地促进社区发展。社区问题确认包括：社区基本情况调查、社区问题识别、目标转化和目标分析、项目重点确定、深入问题分析、解决问题突破口的确定等内容。具体包括以下三个步骤：

1. 社区基本情况调查。主要采用实地观察、二手资料、知情人访谈等工具，从社会、经济、文化、发展角度了解社区，为下面确认的问题提供分析背景资料。

2. 社区问题识别。所谓的问题是指当事人现在状况与发展预期之间的差距，并用负面的语言进行的描述。社区问题识别主要采用知情人访谈和小组访谈等工具开展参与性社区问题分析。这一步要确认出项目开展的问题领域，如品种方面、病虫害管理方面还是综合营养管理方面，及该问题领域与其他问题领域之间的关系。

具体步骤是：①问题征集；②问题归类，并确定核心问题领域；③构建问题树，检验原因结果关系是否成立；④问题筛选，确定项目研究的问题领域。

在进行问题征集过程中，一般情况下群众的问题会很多，而且表达缺乏逻辑性、层次性，控制不好会陷入问题的海洋难于自拔。因此，应用参与式方法对主持人素质具有较高要求，如沟通技能、领导才干和对参与式方法应用的技能。主持人要清楚地解释每个环节要做什么，怎样做，为什么做；要善于引导，使发言者能够表达自我；要能够有效控制局面，使讨论有序进行。

3. 目标转化和目标分析。如图 6－2 所示，问题是现在的某一点，而目标是某一问题得到解决后将来能够实现的状况。中间是项目要开展的活动，即项目手段。目标转化实际上是把问题树中问题的负面描述转化为正面的目标描述。目标分析是指在现有资源条件下就实现目标的可能性而开展的分析。

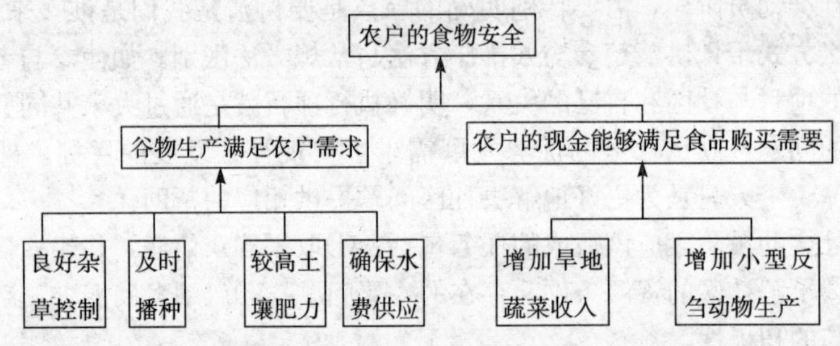

图 6－2　目标树结构与关系

目标转化和分析的步骤是：

（1）所有的问题陈述转化为正面的目标陈述。

（2）按问题树的结构构建目标树，如图 6－2 所示（引自 ICRA2003 Anglophone Program Training Material，Research Logical Framework Phase）。

（3）检验自下而上“手段—结果”的逻辑关系。

（4）目标筛选和优选。目标筛选是人为将项目难以控制的目标剔除。优选是就筛选后的目标进行问题分析的过程。目标筛选和优选的目的是减少干扰因素，提高工作效率。

4. 深入问题分析。深入问题分析是就项目开展的领域进行深入因果分析过程，以期从不同角度分析问题产生的原因，从而确定解决问题的突破口，即明确推广课题的内容。

在发展导向的农业研究和农业推广领域，多采用多学科交叉的思维方式进行问题分析，以期从不同学科视角、不同角色视角和不同的制度框架下深入分析问题产生的所有可能原因。这里暂以盲人摸象的故事来进行说明，假如大象是我们要认识和分析的对象（问题），不同的盲人是不同学科视角推广工作者（研究人员），不同的盲人通过自己的实践（触摸）得出的不同结论，是具有不同学科视角专家对现实问题的反应，对同一对象得出的不同结论反映的是单学科视角认识问题的局限性。因此，为了实现对现实问题的真实反映，最佳的选择是不同的盲人能够坐下来，以平等的心态阐述自己的看法和理解，以期实现对问题的深入理解和分析。

在整个分析过程中，问题分析是最关键的、最具决定性的一步，因为所有后面的分析及项目活动设计都是建立在问题分析的基础上。它不仅为后面将要形成的项目目标体系建立一个问题框架基础，同时为参与者提供一个讨论他（她）们所面临问题的机会。

（三）方案优选阶段（Project Priority Stage）

方案优选是根据上面的深入问题分析过程，采用集思广益的方式从各个层面征集问题解决的方案，并比较不同方案所具备的优势、劣势，和外界具有的机遇和存在的风险，确定比较有前途的解决问题的方案的过程。以期实现推广工作与社区发展的有机融合。在实际项目操作过程，有些风险是可以避免和消除，有些则不太可能消除，如自然灾害。风险因素分析对设计推广项目活动内容和开展项目活动具有重要的参考价值。

（四）行动阶段（ Action Stage）

这一阶段是由行动计划（Action Plan）和计划实施（Plan Implement）两个过程组成。行动计划是指在社会动员基础上，通过社区问题的参与性分析确定推广项目领域重点，通过目标分析确定推广项目目标，通过方案优选，确定推广项目活动内容、活动开展方式、活动结果，并形成详细的推广项目计划一览表①的系列过程。

项目计划一览表共 4 行 4 列，4 列分别是目标概述、检验指标、指标来源、重要假设。4 行分别是最高目标、目标、结果、活动。另外表内还包括投入及重要前提，具体内容见表 6 - 1。

项目计划一览表能够回答以下诸方面的问题，这些内容国际上称为 5W2H，具体为：

(1) 为什么（Why）要进行这一推广项目（即最高目标和目标）；

① 参考：叶敬忠，刘金龙，林志斌．参与·组织·发展．中国林业出版社，2001.313～321

表 6-1 项目计划一览表

目标概述	检验指标	指标来源	重要假设
最高目标			
目标			
结果			
活动		投入	重要前提

(2) 项目期望实现的是什么（What）(即项目活动结果)；

(3) 将怎样（How）实现期望的结果（即项目活动)；

(4) 哪些（Which）外部因素将影响项目的成功（即重要假设)；

(5) 如何（How）衡量项目的成功（即检验指标)；

(6) 从哪里（Where）获得评价项目成功的信息资料（即指标来源)；

(7) 项目需要多大（What）的投入（即投入)。

项目计划一览表的构建步骤是：

(1) 确定项目的目标框架。通过方案选择分析过程，确定解决问题实现的目标，这些目标构成的目标群就是项目计划一览表里结果一栏所需要的内容。

(2) 讨论项目的目标及最高目标。需要说明的是，表中的“结果”可以看成是项目活动的直接产出，而“目标”则可看成是项目的中期目标，而“最高目标”可以看成是项目的长远目标。因此，有了项目活动产出后，即可讨论出项目的中期目标及长远目标。

(3) 确定活动。有了“结果”一栏的项目直接目标后，就要对每一结果设计出实现这一结果的一步一步的活动，即项目活动。因为“结果”一栏的项目活动目标一般都很具体，因此确定实现这些具体的直接目标的活动也相对比较容易。活动内容具体包括做什么（What），谁（Who）来做，在哪里（Where）做，什么（When）时间做，怎样（How）做等内容。

(4) 确定检验指标。主要针对“结果”、“目标”及“最高目标”栏中目标设定检验的指标或者说检验的标准。他具体包括四个方面的内容：要素，如增加某作物产量；数量，如某作物产量每年增加 2 000t；质量，某地区小规模农场某作物产量每年增加1 000t;时间，到 2005 年某地区小规模农场某作物产量增加 1 000t。

(5) 确定指标来源。要说明从哪里可以查出那些检验指标来，如统计资料、项目进展报告、年度报告、特殊的调查报告等等。

(6) 建立重要假设和重要前提。这一步是比较困难的，涉及项目的风险分析。以下几个方面可以作为重要假设分析的参考：

①重要假设一定要是项目本身所控制不了的，但对确保项目的成功又是至关重要的，如降雨量；②有的重要假设可以从不可实现的目标中构想出来，并用正面语言进行描述。

现实中许多项目由于没有认识到重要假设和重要前提的重要性而导致项目失败，认识到这一点可以降低不必要的项目执行风险。

（7）进行逻辑检查，重点检查项目计划一览表中的横向与纵向的逻辑关系是否成立、是否严密。

计划实施是按照推广项目计划一览表中设计的项目活动内容，如要做的事、做事的人、做事的地点、做事的时间、做事的具体程序、程序的管理等方面进行实际实施的过程。在这个过程农民既是项目活动的组织者也是项目活动操作者，对项目活动过程和结果进行监测和分析评价。

与常规推广方法不同的是，参与式农业推广方法在项目计划与实施过程具有很大的灵活性和参与性，项目参与者可以根据工作需要和项目开展情况不断对项目活动过程进行调整，如适当根据具体农户资源禀赋调整项目活动内容和具体的农事活动计划，以提高项目活动的效果和效率。

（五）信息反馈与成果扩散阶段（Information Feedback & Results Dissemination Stage）

信息反馈包括两个环节，其一是指通过对活动过程连续性监测和对活动效果的评价，将得到的信息反馈到项目计划阶段，用于指导下一周期活动计划的过程。其二是参与的角色群体通过对项目活动结果的评估，将评估的结果信息通过信息反馈体系反馈到问题确认阶段，以检验确认的问题的正确性及其后系列过程的合理性，为行动计划的制定提供直接信息。

参与式农业推广方法在项目活动期间要定期进行参与的不同角色群体之间的信息交流和项目活动计划的调整，以保证项目的顺利进行和通过项目活动实现农村人力资源培养过程，整个项目实施过程是一个良好的学习过程。

二、参与式农业推广主要采用工具[①]

参与式农业推广方法在实践应用过程主要采用的工具与方法很多，主要可以分为五大类，分别为：①访谈类；②分析类；③排序类；④图示类；⑤展示类；⑥会议类。

① 主要参考：李小云．参与式发展概论．中国农业大学出版社，2001

(一) 访谈类工具 (Interview Tools)

推广工作者采用参与式农业推广方法进行工作时，首先应该熟悉社区，学会从农民的视角理解社区和社区的问题，以提高推广工作的目的性和有效性。因此，访谈类工具是推广工作者熟悉社区情况的一种不可缺少的工具。

访谈类工具主要包括半结构访谈、结构访谈、开放式访谈三种，这里以半结构访谈（Semi-structured Interview）为例进行介绍。

1. 特点。半结构访谈指根据推广项目任务和工作重点设计访谈的框架（大纲），然后根据访谈过程获取的有价值的具体信息进行问题探究的方法。根据访谈对象不同，半结构访谈又可分为：个体访谈（Individual Interview）、主要知情人访谈（Key Informant Interview）、小组访谈（Group Interview）、焦点小组访谈（Focus Group Interview）。

2. 目的。半结构访谈的目的包括：

（1）从特定人群的样本中获取特定质量和数量的信息。

（2）获取与特定主题相关的一般信息。

（3）获取关于特定主题的一定范围和程度的深入理解。

3. 主要优点。半结构访谈的主要优点是：

（1）能够鼓励访谈者和被访谈者间的双方交流，创造和谐的访谈气氛；

（2）能够实现信息的认证和创造双向学习的空间。获得的信息不仅包括问题而且包括问题产生的原因；

（3）有助于实地工作者和社区成员的相互熟悉。

4. 主要步骤。

（1）设计一个包括讨论的主题和主要内容的访谈框架；

（2）确定样本规模和选样方法；

（3）熟悉访谈技巧，提高引导、归纳总结、判断技能等；

（4）实地访谈；

（5）分析访谈信息；

（6）共同开展结果讨论。

5. 注意事项。

（1）为了提高访谈效果，访谈者在工作之前要打消被访者思想顾虑，使他（她）们能够在平和气氛中进行交流；

（2）访谈者要注意收集访谈中出现的许多事先没有预料到的额外信息；

（3）为个别被访者保守秘密；

（4）访谈中只记录访谈要点，访谈结束后立即整理访谈记录；

（5）采用多种访谈形式进行信息获取和信息的交互认证。

【案例】吉林农业大学农学院的老师在吉林省双阳区执行水稻生产实用技术创新研究项目时，在对单个的农户进行家庭社会经济状况调查所使用的半结构式的调查提纲如下：

1. 家庭人口结构；
2. 家庭收入来源；
3. 家庭主要支出；
4. 耕地利用及其收益情况；
5. 家庭与社区及社区外的社会经济联系；
6. 家庭中存在的社会经济问题及其克服途径；

……

（二）分析类工具（Analysis Tools）

参与式农业推广选题和项目设计中最常用的两个分析类工具是对比分析和因果分析。对比分析以 SWOT 为主，因果分析主要包括问题分析和目标分析。

1. 优势劣势—机遇风险（Strength - Weakness - Opportunity - Threat，SWOT，简称斯沃特）。

（1）特点。SWOT 分析是以一个四列多行的矩阵表为框架，对社区要开展的推广项目活动面临的内部和外部条件，可控和不可控因素进行系统的分析，其分析是制定社区推广项目计划及行动方案的依据。其中的优势指内在的从事某项具体措施拥有的有利条件或资源；劣势、缺陷指内在的从事某项具体措施所面临的不利条件和因素；机会指在特定优势、劣势相互作用下发生进步和变革的外在可能性；风险、制约指外在的制约机会和潜力向现实转化的现实和潜在阻力因素。

（2）SWOT 的操作步骤。

①确定要分析的问题范畴。如社区资源利用现状、产业现状、农村市场体系、人力资源发展状况及农村妇女的参与状况等领域；

②介绍讨论会的背景和研讨会的目的，研讨方法和步骤；

③绘制矩阵表。解释矩阵表中优势、缺陷/劣势、机会/潜力和风险/制约四列内容的含义；

④矩阵分析。采用集思广益方式收集与主题相关的优势条件，采用对比分析寻找与优势条件相对应的劣势和缺陷，通过优势劣势的对比分析确定发展与变革的潜力和可能性。针对机会和潜力分析形成潜在和可能的发展现实，并形成可能的外部客观制约因素和阻力。

⑤完善矩阵表。共同检查并完善矩阵表。

表 6-2 为吉林省农民参与式水稻工程节水项目计划阶段采用集思广益的

方式获取不同节水措施和由农民、研究人员共同参与下对不同节水措施的SWOT分析结果。

表6-2 水稻节水措施的SWOT分析

节水措施	优 势	劣 势	机 遇	风 险
水稻田间渠道软管输水系统	节水25%～30%，省地	费工，降低稻田水的温度；软管容易破损；阻水；较难控制水量	塑料三通及阀门设置能够控制送距和需水量	三通质量较差，容易破损；阀门需要进行创新
水泥U型槽	节水，提高水温；一次性投资使用时间长	投资大，材料需要精心管理	需要政府投资	政府难以全面投入
塑料制作的U型槽	节水，提高水温	一次性投资较大，材料需要精心管理	扩大需求群体，降低材料成本	市场没有适合的产品，且二次性加工材料对环境有污染
渠道铺黑色塑料膜	成本低，一次性投入少，在一定程度解决水温低的问题	费工，占用耕地。存在环境污染	在渠道铺设前，施用一定量的除草剂去除杂草	管理不当弱化节水效果
渠道铺白色塑料膜	成本低，一次性投入少	费工，膜下温室效应，易长草，改变渠道形状，阻水		弱化节水效果
田间保水剂	提高田间保水性，劳动强度低	成本高，效果不理想	需要研究单位广泛开展相关研究	有一定的负面影响如对地下水、稻苗生长
免耕措施	降低灌溉定额，并降低生产成本	田间板结，影响插秧质量		

（3）SWOT的优点和局限性。SWOT方法的优点表现在：

①针对性、系统性强。SWOT矩阵分析为小组讨论提供了一个框架，使分析具有较好的针对性和系统性，将优势、劣势、可能潜力和制约因素置于同一框架，实现项目规划过程问题分析、目标分析、方案分析的统一。

②直观表述效果强。在同一平面内同时分析与一个领域（如水稻节水措施）相关联的因子。

SWOT方法的缺点表现在比较费时，对讨论辅助人员的技能要求较高。

2. 问题分析法。

（1）概念。问题分析是针对特定社区或某一系统的现状（发展的初始状态）进行系统的参与式诊断方法。是系统内的相关群体和个体在外来人员的辅助下，从社区发展主体（团体、个人）的视角对其面临的环境和发展初始条件进行系统分析和认知的过程。

（2）问题分析步骤。

第一步：方法的介绍

在进行问题分析之前，推广人员应该采用通俗易懂的语言介绍开展调查和进行问题分析的目的、步骤、方法、分析结果、产出格式，以便与会者的参与。

第二步：问题的征集

采用“集思广益”的方式，邀请每一位参与者以书写卡片的方式，从个人不同的视角对社区，农户或个人面临的“不能令人满意的”现状用负面描述方式表达出来。如果小组人数超过 15 人，协调人可对每人描述问题的数量加以限定。引导参与者将与主题相关的多个问题作简短的排序，选出最主要的 2～3 个问题。待所有的与会者完成问题描述后，协调人收集所有的卡片，完成问题征集任务。

第三步：问题的分类

协调人宣读并展示收集的问题，按照问题领域进行逻辑归类、整理，即将同一类问题集中在展示板的一个区域。并拟定每一个问题领域的主题，在此过程同一类问题重复频率反映问题的普遍性和严重性，该方面问题可为项目内容确立提供参考。

第四步：原因—结果分析 操作步骤：

①确定核心问题。从分类整理的描述中选出一个能反映现状的核心问题。

②因果关系分析。将核心问题放在展示板中间，将第三步得到的其他问题领域按与核心问题的因果关系进行整合。属于原因的放在核心问题的下边，为结果的放在核心问题上边。

③因果关系的逻辑审查和问题树组装。从下至上进行逻辑检查，最后用逻辑关联线将所有的问题组装成一个问题树。核心问题为树干，原因为树根，核心问题导致的后果为树冠。

图 6-3 为吉林省农民参与式水稻工程节水项目确定之前与农民对“水稻生产成本高效益低”进行的与水资源利用效率低相关因素的问题分析并构建出的问题树，该问题树展示造成水稻水资源利用效率较低的原因和不同原因之间的相互关系。

(3) 优点和局限性。问题分析法有以下优点：

①系统性、逻辑性。问题是采用系统的逻辑分析方法，它基本遵循原因—结果的逻辑关系，操作过程具有很强的逻辑性。

②内容的直观性。用展示板，卡片展示研讨内容，可以帮助与会者对问题的理解和记忆，提高学习效果。此外，还有很强的开放性和灵活性，为不同层次的参与者提供了宽松的沟通环境。

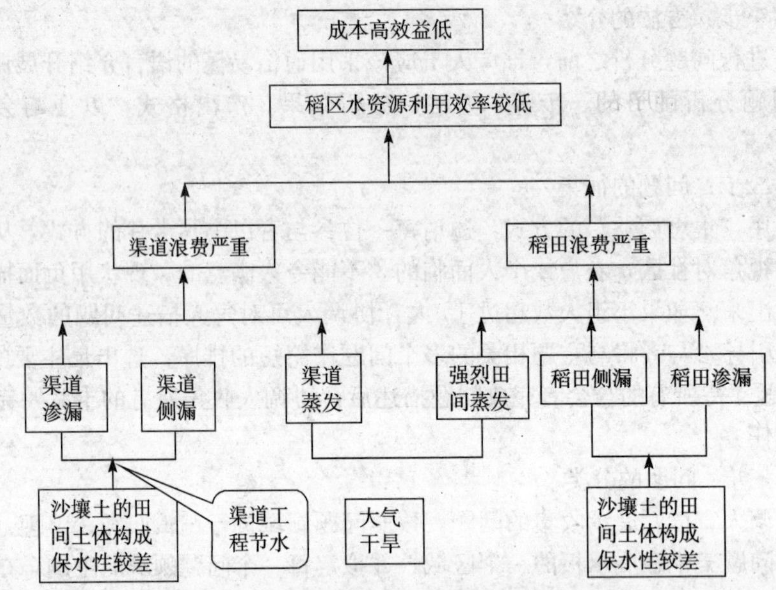

图 6-3　稻区水资源利用效率较低问题树分析

问题分析的局限性表现在：①耗时。如果小组人数过多，书写卡片内容比较分散，完成一次分类展示所需的时间很长，不但影响参与者的参与热情，而且也会影响整体分析效率和规划进程。②在实际操作中，因时间限制，常常难以做到问题描述的精确和准确。③逻辑局限性。有些问题具有多元性，结构化处理很困难。如很多问题对核心问题既是原因又是后果。

（三）排序类工具（Ranking Tools）

排序是将事物按照一定次序进行优先次序排列的工具。它不仅是了解、分析、识别问题与机会的有效工具，同时也是开放式的农民的自我评估与学习及对某一专门问题的较深入分析的工具。排序主要应用于问题、方案、技术的优先选择评估等活动中。

排序又可分为简单排序（Direct ranking）和矩阵排序（Matrix ranking）。简单排序是指对问题的排序是单列的，不包含根据不同指标来进行判断的内容。矩阵排序与简单排序不同，它不仅加入进行判断的指标，而且要通过横向和纵向的综合比较才能得出最后的排列。下面分别介绍简单排序和矩阵排序操作步骤。

1. 简单排序（Direct Ranking）的操作步骤。

（1）根据需要邀请排序人；

（2）在确定的项目领域内罗列排序的内容；

(3) 确定排序内容。为便于操作，应共同去掉最不重要的几项内容，使排序内容最好保持在 6 项左右；

(4) 绘制排序表格并填写排序内容。在大纸上画表，将要进行排序的内容靠左侧一列写好；

(5) 选择排序（投票、打分）法进行排序；

(6) 统计结果；

(7) 比较、讨论和分析排序结果。

表 6-3 农业生产限制因素的直接排序（打分法）

限制因素	农民 1	农民 2	农民 3	农民 4	农民 5	农民 6	总分	排序
病虫害	5	3	5	4	5	4	26	①
草害	2	2	3	5	4	5	21	②
技术短缺	3	4	4	1	3	3	18	③
资本短缺	4	5	2	2	2	2	17	④
劳动力短缺	1	1	1	3	1	1	8	⑤

注：表中 5 表示最重要，依此类推，1 表示最不重要。

2. 矩阵排序（Matrix Ranking）的关键步骤。

(1) 罗列排序内容、讨论评价指标。保证所选指标是农民认同的并具有褒义内涵，如“高产”“根系发达”。

(2) 画矩阵排序表。将排序内容和指标分别罗列在第一行和第一列，形成一个矩阵表。

(3) 就某一指标或内容分别进行排序。

(4) 讨论排序结果。在排序结果出来后，可以分别就横向和纵向进行讨论，并对有疑义的排序进行调整。

表 6-4 不同树种的用途矩阵分析

	冬瓜树	杉树	梨树
经济收入	*	****	**
用柴	****	*	*
水土保持	***	**	*

注：* 代表不重要，**** 代表很重要。

在农村操作时，为了贴近群众和方便操作往往用玉米粒数代表打分数，这种操作往往比直接打分法方便。

（四）图示类工具（Mapping Tools）

图示类工具是参与式推广方法中最为常见的工具之一，它以直观的形式将社会、经济、地理、资源等状况以图表、模型的形式表现出来，能够很好地吸引被访群体的注意力，引导被访群体积极参加讨论，是地方群体与外来人员了解地方情况的重要工具。图示类工具主要包括社区图、剖面图、历史演变图、季节历、机构关系图和活动图，本节主要介绍剖面图和历史演变图的绘制方法与注意要点。

1. 剖面图（Transect Map）。剖面图是一种对社区内土地及相关自然资源利用状况予以直观和有效表达的工具。剖面图是通过参与者对社区内一定空间立体剖面的实地踏查而绘制的包括社区内生物资源的分布状况、土壤类型、土地的利用状况及存在的问题图，为探讨和开发其潜力提供相应的依据。

（1）主要内容。①剖面的走向和距离，如东西剖面或南北剖面，剖面全长和分段距离；②剖面各地段的地势、海拔、坡度、土壤结构和类型；③剖面各地段的利用状况，标示出剖面上下的各种地物和对应的土壤类型；④各地段目前存在的问题、发展潜力和发展对策。

（2）制作的步骤。①组成实地踏查小组。由社区内和社区外的参与者组成小组（3～5 人）。②选择踏查路线。要求踏查路线的代表性和问题的说明性。③实地踏查。沿选好的踏查路线前进，边走边观察，同时记录，并进行必要的讨论。④绘制剖面图。踏查结束后，要及时进行剖面图的绘制，以防信息遗失。⑤剖面图修改完善。展示给其他农民，以征求他（她）们对剖面图的意见，由此而作必要的补充和完善。

（3）绘制原则。①在图的上方标明剖面图所属社区；②界定坐标和内容。如横轴表示距离，单位为公里，并分割成若干地段。纵轴表示土壤类型、利用现状、存在的问题、潜力分析和解决问题的对策。然后根据踏查中的观察和讨论，将其结果分别填入横向和纵向栏目中的相应位置。

（4）方法的优点和不足。剖面图的制作体现出社区内和社区外的参与者合作的过程，使之能对有关的问题能形成更全面而深入的认识，较之仅由单方面完成（尤其是社区外的参与者）更能反映实际的状况。因此，在这一过程中，会因为有一个良好的现场，而达到社区内和社区外的参与者相互交流、相互学习的目的，即社区内的参与者能从社区外的参与者那里学到有关生态学的科学知识、增强其对社区生态系统内有关问题的认识水平；而社区外的参与者则从社区参与者那里学到有益的乡土知识，进一步理解社区内的参与者对有关问题的见解。两方面的互补，显然会使最后的解决问题的对策更具有现实中的可操作性。因此，这是一种针对问题的学习过程，即结合实际情况，将发现问题、分析问题及讨论解决问题的办法融为一体，从而能更有效地调动和激发参与者的生态意识。但其缺点是往往会陷入就事论事的误区中，即很难从生态—社会秩序—社区制度—技术—经济的整体角度发现其真正的原因及有效的解决途径。

（5）注意事项：在剖面图的制作过程，应该选择农民熟悉的名称进行标识，利用时应该将农民所使用的名称同科学的名称对应起来，必要时应请有关专家核实。另外，作为社区外的参与者必须具备有关生态学和农业生产方面的知识，否则，不能形成双向的交流过程。同时，要尽量克服单因素分析方法的弊端。

2. 历史演变（History Change）图。历史演变图是运用制图的手段，将社区内某一事物的发展演变过程予以直观、形象地表达，加深参与者对社区自然生态、社会文化、社区制度、技术及经济变迁过程的认识。这一工具将有助于参与者理解过去事件（重大事件）对发展的深刻影响，并为进一步探讨未来的发展方向、途径和措施提供可资借鉴的经验和教训。

（1）包括的内容。①时间段：时间段的选择应根据参与者的实际经历来确定，而其单位可以为一年、五年或十年，同时以重大事件的发生顺序为准；②内容：不同时期的基础设施建设、社区主要资源（林业、草场等）管理方式、社区领导人的更换、新技术的引进和应用、外界对社区影响最大的时期、经济上的变化等重大事件；③影响：上述重大事件对其个人、家庭和社区的效应（正反两方面）；④表达方式：通常是定性地表达，当有足够的二手资料时，亦可定量。

（2）制作的主要步骤。① 确定制作内容；② 确定制作人。一般以社区内记忆力强的老年人作为参与的主要对象，其他参与者则起辅助作用；③介绍制作方法和反应的内容。如请参与者将其所经历过的重大事件画在纸上，按年代、内容及影响分为几栏。对事件的表述可采用图标的形式，由参与者自行选择；④由制作人对绘制内容进行复述，核实信息的准确性和全面性；⑤填加绘制人姓名、时间和地点，以便收藏和使用。

（3）工具的优点和不足。从历史的眼光来看待发展中的问题，通过参与的过程而形成对发展的共识，使之成为社区制定发展规划项目和启动其发展过程的动力。其不足是人们往往会陷入到对历史时间的罗列上，而很难对其效应进行有效的分析。

（4）注意事项。①由于老年参与者一般文化素质不高，回忆及语言表达的速度较慢，而且会对某些事件有所顾忌。因此，在绘图和讨论的过程中，要多采用鼓励性的语言，尊重他们，不要打断他们的回忆和表述；② 动员年轻的参与者积极协助制图人，并做必要解释和说明工作，同时，帮助绘画和笔录；③引导参与者从历史事件中认识发展的过程，指导其对现实的分析，并形成足够的发展意识。

以史为鉴，这是帮助参与者建立发展意识的最有效的途径之一。在这一过程中，推广工作者能够从社区过去的发展历史中得到有益的启示，尤其是对那些尚处于贫困状态的社区。从对历史的回顾中，能使推广工作者对社区的问题产生更深刻的认识。

【案例】图6-4是2005年4月中国农业大学人文与发展学院“以社区为基础的自然资源管理课程”贵州小组对大补羊村林业管理模式历史演变过程的调查。

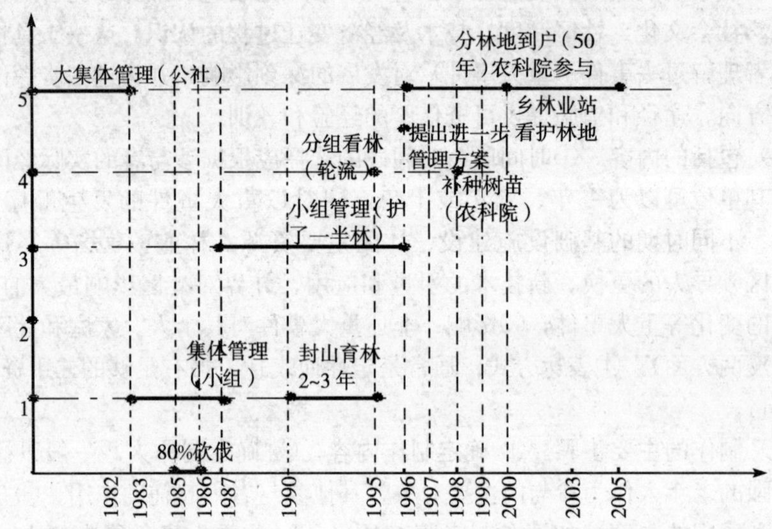

图6-4　大补羊村林业发展大事记

大补羊组的林地资源管理经历了四个阶段（见图6-4）：

①大集体时期（1983—1984）。未分产到户前的公社管理，拥有浓密的林木。组里用林木需要向上级部门申请，集体可以使用，私人无权使用。

②集体管理时期（1985—1987）。林地分到自然村，村、乡都没有专人看管，没有护林员，也没有互相监督的机制。在1986—1987年间80%的树木被砍，自然环境也受到影响。

③小组管理时期（1987—1997）。以家族为单位进行自我组织，十几户形成一个小组，抓阄决定地块。村民的责任心有所增强，并制定了乡规民约进行行为规范。

④分户管理时期（1997年至今）。林地的管理在小组管理时期虽然取得了一定的进展，但由于权责仍然不分明等原因，林地资源的管理仍然存在问题。在项目的干预下，1997年采取“谁管理谁受益”的原则，把林地分到农户，有继承权，50年不变。现有林地成材以后可进行间伐。落实了林权林责，形成社区与农户两级管理的林地管理体制。社区内部还建立了管理组织，落实了

管理人员，建立了管理和惩罚制度。

（五）展示类（Visualization）工具

展示类工具是从视觉、听觉方面给社区内的成员及外部人员提供信息，主要用于参与式问题分析过程及成果的展示。展示类的工具很多，如展示板、壁画/墙报、录像带等，不同工具之间进行相互补充。与常规的推广工具相比，参与式推广经常使用展示板，因此这里主要介绍展示板。

1. 工具描述。展示板是指用于农村评估、培训、研讨会等使用的便于操作的一块长方形专用板，四周有金属框，中间是泡沫板材，可以将纸、卡片用大头针扎到上面，并可任意调换位置，这种板也叫 ZOPP 板。

2. 主要优点。

(1) 直观展示信息；

(2) 便于挪动卡片，工作效率高；

(3) 及时展示讨论结果或问题；

(4) 工具使用亲和力强，增加与会者参与的热情。

3. 使用方法。

(1) 备齐用品，如 ZOPP 板、ZOPP 箱、牛皮纸、记号笔、卡片、大头针、胶水等。

(2) 固定好展示板，在其双面铺上牛皮纸。

(3) 动员与会者就讨论内容简明扼要地写在卡片上，并由专人负责将卡片扎到板上。

(4) 动员大家归纳，讨论。

(5) 社区成员讲解展示内容。

4. 注意事项。

(1) 写卡片时要简洁明了，如每张卡片表达一个完整的信息，每张卡片不超过三行文字；

(2) 归纳卡片内容时逻辑性要强；

(3) 文盲或半文盲较多社区，尽量多用图示少用文字；

(4) 展示板可以根据实际情况就地取材，如教室里的黑板、墙壁等。

（六）会议类工具

参与式方法所组织的会议研讨类工具，尽管会议的方式可能是多种多样的，但主要包括两种方式：召开农民大会（Villagers' meeting）和小组会议（Group Meeting），但不论采用哪种方式，集思广益法（Brainstorming）是其中的主要方式。考虑到参与式农业推广方法与一般推广方法的不同，这里只介绍集思广益法。

1. 集思广益法（Brainstorming）概念描述。集思广益是指在很短的时间内，在一个很和谐平等的气氛中，在主持人的引导下，全体与会者针对某一问题提出自己尽可能多的想法和意见的方法。其最大的优点是快速地较全面地反映大家的想法。

2. 主要用途。用于讨论一个社区中存在哪些问题；用于探索解决一个问题的若干可能的办法；用于收集与会者的感受、总体评价和建议等。

3. 操作步骤。集思广益在具体操作上又可分为两种，即卡片式和发言式，现以卡片式为例说明其具体做法。

①操作方法说明；

②确定主题；

③征集相关主题的想法；

④分享并展示结果。由主持人将每一张卡片大声念出，并固定在事先准备好的展示板上；

⑤将结果粗略的归类。如共同将展示的结果分为4～5类；

⑥结果审核和结果展示。

在操作过程中应当注意：主持人应解释清楚用于集思广益的主题；明确卡片书写原则，如简洁明了等；确保与会者独立、公平的展示自我。如主持人在收集大家口头表达意见时应对所有与会代表一视同仁，保证将每个人的意见反映出来。

第三节　参与式农业推广方法应用的准则和问题

一、参与式农业推广方法应用的一般准则

任何方法的应用都有方法应用的一般原则，参与式农业推广的方法在应用过程也如此。当然方法应用的原则不是一成不变，它也会随着理论的发展和社会的进步有所调整。在特定时间框架内，参与式农业推广方法应用的一般准则为：

1. 重视过程，而不只看重结果。参与式社区发展认为任何社区发展实践是一个实实在在的过程。参与式农业推广是农村社区发展的一种有效手段，推广项目的启动、规划、实施、监测评估过程应该是参与各方为实现各自目标而进行努力和学习的过程。踏实的过程是实现理想的结果的前提条件。在技能培训、研讨会、实地操作的工作环节，应将人力资源建设作为重要的产出。人的

发展是一个渐进的过程，是一个在实践中不断学习的过程，而不是只强调实际的活动内容和结果。

为了形成一个持续的能力提高过程，需要对学习过程进行赋权，以提高推广人员工作能力和改进推广机构服务水平。通过对农民赋权，使其能够真正参与到与自身利益息息相关的发展活动，并在参与过程实现自我分析问题、解决问题、管理资源等方面能力的提高，实现农村人力资源培养过程。如在贵州省某山区“托牛所”的建立与管理过程，“托牛所”管理思路是妇女小组代表罗二芬提出来的，其做法类似托儿所，全村村民每天将自己的牛集中在一起，由4个人集中赶到公共草场进行集中放养，根据每户牛的拥有量确定要放牛的天数。目的是通过联合放养降低社区养牛业发展的劳动力限制。

2. 以人为中心问题为导向。参与式推广和它的机制是以人为中心而不是以技术为导向，农业是由现实的人来进行的一项社会实践活动，参与的不同的利益群体具有特定的社会、文化背景和性别特点。因此，在方法应用过程应该做到因人而异，特别是要具有性别敏感性和关注弱势群体，体现方法的参与性和公平性。性别敏感是关注性别角色差异和需求差异。劣势群体是指在获取资源等方面处于不利地位的社会群体。

参与式农业推广项目是基于解决农村社区发展主体——农民的现实问题而设立的，方法应用过程要围绕社区发展主体的问题来进行，并探索有利于问题解决的方案。如吉林省双阳区在确认水稻生产高成本低效益产生的一个主要原因是水资源的无效利用，节水的一个有效措施是水稻工程节水技术开发，因此在项目管理人员的干预下采用集思广益方式征集并探索问题解决方案，并在不同角色群体参与前提下对不同方案的优势、劣势、机遇和风险进行分析评价，最后确认社区发展主体农民和研究人员认可的研究方案过程。以农民为中心问题为导向实现的前提条件是对农村社区赋权，使农民能够真正成为项目直接参与者和受益者，并积极参与项目管理活动。

3. 重视乡土知识、群众的技术与技能。乡土知识是人类长期生产实践的总结，是人类“前科学”能力的体现。社区群众在长期的生产实践中积累了丰富的乡土知识，并世代相传，形成他（她）们生存与发展的基本能力。参与式农业推广方法在应用过程应该尊重社区群众的乡土知识、技术、技能和经验及农民的需求。从农民行为合理性的角度进行社区问题和需求分析，这也是合作伙伴关系建立的前提。为了实现这个过程，应该建立以对农民和推广工作者赋权为核心的机制，以使其积极参与决策过程。

4. 多学科交叉原则。社区是一个比较独立的社会、经济、文化单元，应该从不同的视角对社区问题进行分析。因此，应该根据推广项目特点和重点进行多学科小组组建。当然，多学科的组成并不是简单的学科组合，而是各学科之间的有效互补与整合，其关键之处在于寻求各学科的交互点。

5. 集体行动与合作。参与式农业推广方法承认农村的复杂性现实，并对农民在发展过程作用高度认同，在方法应用过程实现了美国合作推广体系研究—推广—应用有机整合的实践构想，体现研究人员、农业推广工作者与社区发展主体农民为农村社会变革的共同目标进行积极合作，并在合作过程实现人力资源发展和社会资本积累过程。

二、参与式农业推广方法应用存在的问题与限制

参与式农业推广方法是在20世纪80年代以后产生的一种新的方法，是国际发展实践的产物。现在，这种方法越来越受到国际发展机构的关注和发展领域学者的认同。但任何一种新的思想和方法的产生和应用都会存在这样或那样的问题和限制。总结现有应用参与式农业推广方法的项目，该方法在应用过程主要存在以下问题和限制。

1. 政策与机制的限制。

（1）政府习惯采用自上而下的工作过程。尽管参与式推广方法强调对基层“赋权”，但在项目执行过程仍然存在严重的“集权”现象。特别是在进行决策过程，表现出政府导向的决策形式、技术指导、和“等待较高阶层”决策的文化。决策者也希望按照自己的想法进行“统一决策、统一执行”。目前，尽管农村社区存在问题与条件的复杂性和差异性的现实，推广人员还是习惯于采用自上而下的工作方式。这些自上而下方式的统治使参与式推广方法无法开展，而这种现存的集权机制和工作方式的改变还需要一定的时间。

（2）与政府项目的矛盾。现在，由政府推出的公共服务项目，特别是农业和社区发展项目仍然采用常规方法。虽然有些项目要求采用参与式方法，但多数项目设计采用参与式方法，执行却依然采用习惯做法，设计和执行过程缺乏一致性。有些项目的项目规划和执行不但没有统一反而经常存在冲突。尽管参与式方法强调以人为中心和人力资源建设，但却无法脱离经济目标的限制，因为经济是社区参与项目的直接动力源。

（3）与集中化和标准化的计划和财政体系的矛盾。目前，政府或项目管理者仍然采用集中化、标准化的计划和财政体系，这种管理方式没有为参与式推广方法留出必要的灵活的操作空间。参与式农业推广方法要求不断提高政府机构做事的公开性和廉洁度，确保不同级别（包括具有较低社会地位和职位）的人都清楚地知道外界资助多少、重点资助领域。腐败和缺乏公开性会破坏任何

改进的努力。

(4) 不利的激励和评价体系。农业推广的激励和评价体系注重硬性投入胜过项目执行的实际过程和定性指标。许多推广项目没有建立有关推广工作者取得工作业绩的评定标准和对具有创新性、创造性、主动性的推广工作者的激励机制。目前，我国多数项目评估时不注重项目执行过程和定性的产出指标，这与参与式方法相背。这就产生推广工作是为民众进行的有偿服务的普通理解，而不顾实际的生产力、效绩和结果。

2. 经验与资源的限制。

(1) 社区水平农业推广服务的经验不足。近几年，在社区水平开展的农业推广项目都存在不同程度的失败，产生这种情况的主要原因是自上而下的计划和推广工作者缺乏实际基层操作技能。目前，在社区水平开展的项目，其结果并没有真正达到预期效果，这在不同程度降低了推广工作者在社区的信用。因此，在新的方法应用之前，首先需要恢复推广工作者的信用，而要实现这一目标率先应该做的是对推广工作者的培训，使其掌握必要工作方法和技巧（如提高沟通技能是一堂必修课）以胜任社区发展的重任。实践证明，为了实现社区发展的定性指标和调动参与利益群体参与的积极性，应该建立参与者的激励机制。

(2) 农业推广机构的资金资源短缺。目前，基层推广机构处于瘫痪或半瘫痪状态，推广机构资金严重短缺，有的单位甚至无法保障职工的正常工资发放。在这种情况下，没有建立灵活的激励机制和激励措施的经济基础。

(3) 推广服务的基础设施较差。目前，我国大部分地区有利于推广服务开展的基础设施（通讯、交通、媒介和物资）还较差，有的推广工作者常因没有交通工具或路况较差而无法体察民情。这种现状不利于以社区为基础的参与式农业推广工作的开展。建立有利于工作开展的社区基础设施又会加剧财力紧张程度。

(4) 人力资源的限制。首先表现在人力资源质量的限制。在农业推广的不同层面，人力资源质量是参与式农业推广制度化的一个重要限制因素。参与式方法制度化，特别是参与式的理念和方法应用需要受过良好教育的推广人员和管理者。多学科的知识体系和社会沟通技能是对推广工作者最基本的要求，而许多国家的基层体系能够达到这个标准的推广工作者还寥寥无几。其次还表现在态度限制。受强烈的等级制度影响，多数人是按照“上级的指示”而非他们实际的客户来确定服务内容的，在农业推广和农村发展领域也如此。权威者对下属和社区的傲慢的态度是推行参与式农业推广方法的很大制约，因为这与参与式方法倡导的公开性和需求导向及分权等原则相背。

3. 新模式自身的限制。

(1) 引进参与式方法和制度化需要时间。由于参与式农业推广方法定位在特定的社区（而不是蓝图），它的制度化需要一定的时间。参与式推广方式的引入应基于当地的实际环境条件、具体的经验和反馈的信息，而不是一个统一的标准化的蓝图。另外，参与式农业推广一个重要方面是强调过程的重要性，为了实现踏实的过程需要较高的前期项目投入。如在先期的培训、研讨会、实地调查都需要大量的人力与资金投入，这些投入是常规项目无法承受和接受的。

(2) 群体态度的改变需要耐心和鼓励。参与式农业推广对政府机构是一种新的理念和方法，将其变成人们的自觉行为需要耐心和鼓励。计划经济时期长期形成的自上而下的工作方式和管理理念对人们的影响是根深蒂固的，要改变这种“定式”需要在知识层面和认识层面影响公众，再逐渐诱发群体行为变化。只有这样才能确保这种具有创新性和创造性的理念和方法的应用与推广。

(3) 采用参与式农村评价（PRA）工具存在认识问题。一般情况下，推广工作者和管理者具有这样的观点，认为参与式农业推广只是要求采用 PRA 工具，那么只要在工作过程采用 PRA 工具就意味着取得成功。但是，PRA 工具只是提高推广工作者和社区农民分析问题和解决问题能力的一种工具，参与式农业推广还包括许多理念和方法，如基于方式变革和采用的原则而开展的培训和学习。参与式农业推广方法的应用需要在不同的组织层面进行强烈变革，包括探索新的农业推广方法，引进新的管理系统。

(4) 农民习惯于外界的物质投入。农民习惯于传统的自上而下系统，也希望通过开展推广项目获取物资投入。当农民获悉参与式农业推广关注的重点不在于物资投入而在于人力资源开发时，会产生一种失望的情绪。因此，项目动员阶段的社区参与启动是很重要的。

(5) 非排他性的机构合作。参与式农业推广具有整体性和综合性特点，项目执行过程应该得到国家、地区、地方层面相关机构的支持、理解、合作、协调。相关的行政单位包括地方政府、市政府、省政府、省计划委员会等。相关的服务包括信贷服务、市场信息、生产资料供应、技术咨询等方面。为确保项目顺利完成各部门之间要建立畅通的联系，而通常情况下，各部门之间的联系是很有限的。

• 思考题 •

1. 什么是参与式农业推广？

2. 简述参与式农业推广方法的特点。

3. 简述问题树与目标树的基本关系。
4. 简述参与式农业推广方法应用的基本程序和步骤。
5. 简述“5W2H”的基本内容。
6. 简述项目框架的基本要素和逻辑关系。
7. 建树项目计划一览表的构建过程。
8. 举例说明如何应用 SWOT 工具进行比较分析。
9. 如何有效地应用集思广益法?

• 参考文献 •

[1] 李小云．参与式发展概论［M］．北京：中国农业大学出版社，2001

[2] 叶敬忠，刘金龙，林志斌．参与·组织·发展［M］．北京：中国林业出版社，2001

[3] Blackburn，James and Jeremy Holland（eds），Who changes? ［M］Institutionalizing participation in development，Intermediate Technology Publications，London，1998

[4] Christine Okali，James Sumberg and John Farrington. Farmer Participatory Research：Rhetoric and Reality［M］. 1st ed. London：Intermediate Technology Publications，1994

[5] FAO. 1994. Strategic extension campaign［R］：a participatory-oriented method of extension，by R. Adhikarya. Rome

[6] FAO/World Bank. 2000. Agricultural knowledge and information systems for rural development（AKIS/RD）：strategic vision and guiding principles［R］. Rome

[7] Hagmann，J.，E. Chuma，K. Murwira and M. Conolly. Putting Process into Practice：Operational Participatory Extension，ODI-Agricultural Research and Extension Network Paper No. 94，July 1999

[8] JYrgen，Edward Chuma，Kuda Murwira and Mike Connolly（1998）Learning together through participatory extension：a guide to an approach developed in Zimbabwe. 59 pp. Order No. A - 021 - E. Universum Verlagsanstalt，Germany

[9] Scarborough，Vanessa，Scott Killough，Debra A. Johnson and John Farrington（eds），Farmer - led extension，Concepts and practices，Intermediate Technology Publications，London，1997

[10] Sinaga，Nelson and Stefan Wodicka，Farmer-based extension in the marginal uplands of Sumba，Indonesia，a case study of Tananua experience，in Farmer-led approaches to extension，Agricultural Research and Extension Network Paper No. 59，ODI，January 1996

第七章　农业推广信息系统及信息服务

【本章学习要点】本章重点掌握农业推广信息的概念、特点、种类和作用；农业推广信息系统的概念及作用；农业推广信息服务的含义和模式；提高农业推广信息服务能力的措施。

第一节　农业推广信息系统概述

一、农业推广信息

（一）农业推广信息的概念

信息是对客观世界中各种事物的变化和特征的反映，是客观事物之间相互作用和联系的表征，是客观事物经过感知或认识后的再现是经加工、处理后有用的数据。世界是个宏大的信息网络，我们每个人每一天都生活在信息的海洋之中，每时每刻都接触到信息，通过"天气预报"了解天气信息，通过新闻等节目了解国内外政治的、经济的、文化的和军事的信息等。我们的生活、学习、工作就是利用不同渠道收集各方面的信息，经过分析、研究、筛选之后，加以运用的过程。农业推广工作则是农业工作者和农民收集农业推广信息、分析和利用农业推广信息的过程。

农业推广信息（Agricultural Extension Information），是指农业系统内部、农村社会等各个领域、各个层次产生并发挥作用的信息内容，是直接或间接与农业推广活动相关的信息资源。具体是指与农业生产系统有关的，能够满足信息用户需求的自然资源、生态环境、市场动态、高新技术、政策法规等方面的信息资料，通过人们的搜集、整理、加工、传递、利用，从而加速提高人们的劳动技能和管理水平，增加农业经济活动的效率和效益。

（二）农业推广信息的特点

由于农业生产具有广泛性、周期性、地域性、季节性等特点，因而农业推广信息具有以下的共同特点：

1. 综合性。农业科学涉及的专业领域广，包括在生物、医学、数理化、地理、气候、环境、食品、化工、经济、管理等众多学科。

2. 时效性。农业生产受季节制约，生产周期长，并受天气、农时、病虫及旱涝灾性的影响，时间性极强，农业生产管理与科学研究常常需要连续地获取一个农业周期甚至若干农业周期的时间序列信息。

3. 区域性。农业生产与试验研究离不开特定的地域环境，因而大多数农业信息与地理位置有关，这里地理位置是一个广义的概念，包括了地形、地貌、土壤类型与气候状况、地质水文、社会人文等，而这些本身也包含在农业信息以内。这也是农业推广信息有别于其他学科的信息资源的主要原因。

4. 关联性。一个农业推广信息往往直接或间接地与多个信息相关，相互联系，相互作用、因而一个信息通常都是多种信息的综合，如：作物长势信息实际上是土壤、气候、农田管理等信息的综合体现；农产品价格信息实际上是农业市场政策、农业生产状况与农村经济水平的反映。

5. 实用性。对于广大的农业生产经营决策者而言，农业推广信息是他们发展生产的根本途径。

（三）农业推广信息的种类

1. 农业资源、环境信息。包括各种自然资源和各种社会经济资源，以及农业区划等方面的信息。如土地、大气、水、生物品种等信息，掌握这些情况能及时正确地制定相应的政策与对策。

2. 农业政策信息。包括各种与农业生产和农民生活直接或间接相关的各种国家和地方性法律、法规、政策等。

3. 农业科技信息。包括农业科研进展、新成果、新技术、新工艺、生产新经验、新方法等。随着计算机的普及，可以借助农业信息网，促进农业科技成果交流与推广应用。

4. 农业生产信息。包括生产计划、产业结构、农作物品种与栽培技术、生产规模、生产进度、生产成果等信息。

5. 农业教育信息。包括各种层次的农业学历教育、技术培训的时间、地点、方法、手段、内容、效果等信息。

6. 农产品市场信息。包括农产品价格、储运加工、购销、对外贸易、市场预测、生产资料供求等方面的信息。

7. 农业经济信息。包括经营动态、农业收支、投入产出、农村人口及变化、教育、科技普及程度、农民生活水平状况等方面的信息。

8. 农业人才信息。包括农业科研、教育、推广专家的技术专长，农村科技示范户、生产专业户、农民企业家的基本情况及状况等。

9. 农业推广管理信息。包括农业推广队伍状况、组织建设、人员结构、经营服务内容及方式、推广工作的经验及成果等方面的信息。

10. 农业灾害信息。包括水旱灾害、病虫草害、畜禽疫病等方面的信息，对农业灾害信息进行监督、速报与预报，有利于农业的减灾和防灾。

（四）农业推广信息的作用

1. 农业推广信息可以引起农民行为的改变。信息的传递、捕捉、利用和反馈过程，就是农民行为改变的过程。此过程不断往复，使农民的思想不断解放，观念不断更新，技能不断提高。

2. 农业推广信息是农业生产经营决策的依据。决策的过程是一个不断收集和处理信息的过程。农业人员通过对信息的分析，可以减少决策的盲目性，降低生产经营的风险，积极指导农业生产经营和市场活动。而没有充足的信息或缺乏可靠的信息，农业生产经营决策就失去了决策基础。

3. 农业推广信息是完善农村市场经济的关键。农业推广信息贯穿农村商品生产的各个环节。市场经济体制下，农民对生产经营的决策越来越依赖于各类信息。如产前需要消费变化、市场预测等方面的信息；产中需要新技术、新工艺等信息；产后需要市场行情、农产品供求、储藏加工等信息。

4. 农业推广信息是农业各部门间联系的纽带。农业科研部门、农业推广部门、农业教育等各部门的联系，主要是通过信息的交流和沟通实现的，特别是在我国农业科研、农业教育、农业推广之间脱节，农业产、供、销还没有实现一体化的条件下，加强信息的交流与沟通，可以大大提高农业推广工作的效率。

二、农业推广信息系统

（一）农业推广信息系统的概念

荷兰的罗林教授（N. Roling）认为农业信息系统是从事知识和信息的产生、转化、传递、存储、回收、综合、扩散和应用过程的一系列组织或者人员，以及他们之间的联系和相互作用。此系统通过不同角色间的协作发挥作用。随着计算机技术的发展和计算机网络的普及应用，高启杰指出农业推广信息系统是指为了实现组织的整体目标，以农业知识、农业自然资源数据、科技成果、市场需求信息为内核，利用人工智能、计算机、数据库、多媒体、模拟模型等技术，对管理信息进行系统的、综合的处理，扶助各级管理决策的计算机硬件、软件、通讯设备、规章制度及有关人员的统一体。

（二）农业推广信息系统的组成

农业信息系统是农业推广要素有机结合实现信息有效传播的表现形式。因此就农业推广沟通的要素和程序而言，农业推广信息系统由信息服务主体、信息内容、传播媒介和信息服务客体组成。在我国，信息服务主体主要包括政府、农业科研单位、涉农企业、农民组织和农民等几种形式；信息内容涵盖政策信息、科技知识、农产品市场信息和农业投入品市场信息等方面；广义的传播媒介有广播、电视、电话、明白纸、板报、网络等，狭义的传播媒介就是指计算机和网络等新的传播媒介，随着农村信息化步伐的加快，农业推广信息系统的传播媒介一般采用狭义的概念。因此，从信息工程学角度来说，农业推广信息系统包括计算机硬件系统、软件系统、数据及其存储介质、通信系统、非计算机系统的信息收集、处理设备、规章制度和工作人员 7 个部分。

（三）农业推广信息系统的结构

农业信息系统基本结构主要包括纵向结构、横向结构。纵向结构是指从国家农业部、省级农业厅到市县农业局、乡农业办层层建立统一的农业信息结构，构成农业信息系统的层次结构，形成上下贯通的垂直信息流。纵向结构是农业信息系统主干线，多年来，在为各级领导提供农业生产情况，指导农业生产方面发挥了巨大作用。横向结构是指农业部门及其以外的商业、外贸、气象、水利、林业等部门，建立信息联系和交往，互通情报，进行经常性的信息协作。横向结构是农业信息系统总体建设必不可少的重要组成部分。通过横向的相互间的信息交往，可以拓宽信息渠道，丰富信息内容。更好地利用与发挥资源优势，有利于农村信息服务体系建设与运行机制的良性循环。

（四）农业推广信息系统的作用

农业信息系统的根本作用在于提高农业的综合生产能力和经济全球化背景下农业的国际竞争力。具体来说，农业推广信息系统可以为农业生产者提供产销决策服务；为政府农业管理部门提供决策服务；推进农业高新技术的产业化进程。

1. 为农业生产者提供产销决策服务。在计划经济体制下，农业生产以上级指令为依据，对于农业生产者来说，农业信息的作用不大。在农产品需求结构相对稳定、农产品以农民自我消费为主的年代，农业信息的作用亦不显著。但随着农业的商品化，尤其是在卖方市场转为买方市场的今天，农业生产受自然风险和市场风险的双重影响，其弱势产业的特点逐渐明显。要实现农业增产增效、农民增收。需要充分可靠的信息作为农业生产者进行生产经营决策的依据，完善的农业信息系统可以方便用户及时、准确的搜集所需要的信息。如生产者通过信息系统了解供求信息以合理调整种植结构；掌握价格信息可以提高农产品收益；了解新技术、新成果信息可以采取合理恰当的技术，提高产品的科技含量，增强市场竞争力；了解灾害信息可以采用防灾措施减少损失等。

2. 提高农业国际竞争力。

（1）农业信息系统有利于提高农产品的价格竞争力。因为农业信息系统所提供的农业投入品价格、农产品市场行情和国内外农业政策导向的信息有利于农民确定自己的比较优势，而按比较优势配置资源有利于提高农产品的价格竞争力。

（2）农业信息系统的完善有利于提高农产品的质量竞争力。国内外农产品质量标准及其变化的信息是农业信息系统的基本组成内容之一。当农业生产者能够从网络上便捷地得到有关农产品的质量标准信息，并以质量标准来规划农业生产时，农产品的质量竞争力无疑将得到大幅度的提高。

（3）农业信息系统有利于提高农产品的信誉竞争力。发达的市场经济是讲究诚信的经济。对讲信誉和市场影响大的客户进行介绍，并提供电子商务交易的平台是农业信息系统的重要功能之一。在一个信誉度不高的社会里，重视信誉的客户无疑可以获得可观的信誉租金。信誉租金的诱惑以及网上交易的重复博弈最终有利于培养农产品交易中的国际信誉竞争力。

3. 为政府农业管理部门提供决策服务。政府部门可以在农业推广信息系统中了解本地区、全国甚至国外的各种各样的信息，如农业科技信息、农业经济信息、农业生产信息、国内外农产品贸易信息、政策法规信息等，这些信息可在领导工作中拓宽思路，提供参考，提高其决策和管理水平。

4. 推动农业高新技术产业化。我国农业高新技术转化为现实生产力的比例仅为30%左右，而国外高达70%，主要原因在于我国农业科研单位与农业生产者之间的沟通不够，中国农民渴望高新技术，但对于经营规模小、收入水平不高的小农户来说，农业高新技术产业化中的风险往往足以使他们望而却步。农业信息系统包含有农户需求信息、农业高新技术的最新进展、应用前景、获取途径、技术咨询方式等信息内容，有利于缩小农业高新技术供给者同农业高新技术的需求者特别是广大农户之间的距离，进而降低农业高新技术产业化中的风险，推动农业高新技术的产业化进程。

第二节　农业推广信息系统的分类和应用

一、农业推广信息系统的分类

根据所处理的具体业务不同，常用的农业推广信息系统有农业数据库系统、农业情报检索系统、专家系统和管理信息系统。随着计算机技术的不断发展，各农业推广信息系统不断创新完善，推动农业向现代化发展。

（一）农业数据库系统

数据库是按照某种顺序，非常有规则地存放数据的“仓库”。数据库系统（Database System）是一种有组织和动态的存储有密切联系的数据集合，并对其进行统一管理和重复利用的计算机系统。农业数据库是利用数据库和网络技术，将一些农业数据整理、存储起来，以供人们利用，是农业推广信息系统和信息服务的基础性系统。农业数据库系统兴起于20世纪90年代，近年来发展速度非常快。各种农业信息的数据库包罗万象，涉及农业生产的各行各业。如农业气候数据库、土地土壤信息数据库、农作物品种资源数据库等都是农业资源数据库系统的重要组成部分。利用农业数据库系统，用户可以通过应用程序向数据库发出查询和检索等操作命令得到各类信息，满足不同的需要。例如人们可以从农业技术信息数据库、农产品及农业生产资料市场信息数据库中及时准确地获得农产品和农业生产资料的价格、供求数量等信息，给农业生产和经营带来了很大便利。借助农作物品种资源数据库系统，不仅可以进行品种资源和育种的研究，还能根据种植要求，如生长期、产量、品种适应性等进行有目的选种、引种，对农作物的种植决策非常有益。

我国成功地开发并投入应用的农业数据库有：中国农作物种质资源数据库、畜禽品种资源数据库、农业合作经济数据库、全国农业经济统计资料数据库、农村科技推广信息库、农业科技信息库和实用技术信息库、中国农业科技基础数据信息系统、农产品集市贸易价格行情数据库等等。我国农业科学数据中心以更为科学的分类对农业科学数据进行了整合、存储和管理，共分为12类数据库：作物科学数据库、动物科学与动物医学数据库、农业科技基础数据库、农业资源共享源与环境科学数据库、草地与草业科学数据库、食品工程与农业质量标准数据库、农业生物技术与生物安全数据库、农业信息和科技发展数据库、农业微生物科学与植物保护数据库、农业区划数据库、水产科学数据库、热带作物科学数据库等。

（二）农业情报检索系统

农业情报检索系统（Agricultural Information Retrieval System）是对与农业有关的情报资料进行收集、整理、编辑、存储、检查和传输的系统，农业情报检索系统往往以农业数据库系统为基础，以大型计算机和远程网络为技术手段，为用户提供各类信息检索服务。主要应用于图书馆、科技资料中心等信息存储量大、提供快捷信息服务的机构。

（三）农业专家系统

专家系统是人工智能研究的一个应用领域，其总结和汇集专家的大量知识与经验，借助计算机进行模拟和判断推理，以解决某一领域的复杂问题。

农业专家系统（Agricultural Expert System）是一个具有大量农业专门知识与经验的计算机系统。它应用人工智能技术，依据一个或多个农业专家系统提供的特殊领域知识、经验进行推理和判断，模拟农业专家就某一复杂农业问题进行决策。在农业生产管理中，专家系统可以广泛应用于大田作物的科学施肥、品种选择、病虫害预测防治、科学灌溉等生产管理，畜禽饲养、水产养殖中的疾病防治、各生育阶段的饲料配置管理，温室环境的管理控制，以及粮食的储存管理、农业生产的经济效益分析、农业机械的故障诊断与检修、农业生态环境监测控制等众多方面。例如，科学施肥决策系统可以模拟植保专家依据不同作物生长的养分需要、实际地块土壤的肥力情况、土壤养分吸收能力等因素，推理计算科学施肥量；根据作物所处的不同关键生长阶段、对作物生长实际状况的分析，进行科学的追肥计算等。病虫害预测与防治系统模拟植保专家根据作物生长各阶段的常发病虫害，以及通过对生长环境因素对其发生的促进或抑制作用的分析计算，推断当前一段时间易发生的病害、虫害，针对性地指导农户采取积极的防治管理措施；根据作物的症状表现，识别病虫害的类型，给出相应的防治措施等。

专家系统是在20世纪70年代应用于农业，美国和日本分别建立大豆、玉米和西红柿等病虫害诊断系统，棉花、大豆、玉米、小麦和水稻等栽培管理专家系统。我国20世纪80年代建立农业专家系统，目前已有不少农业专家系统应用于生产实践，如安徽省的砂姜黑土小麦施肥专家系统，水稻、小麦栽培管理专家系统，作物病虫害预报和防治专家系统，配方施肥及配合饲料专家系统等。农业专家系统具有系统性、灵活性、高效性和操作简单等特点。由于农业专家系统综合了多个农业专家的知识和经验，并且融合了案例推理、神经网络、面向对象技术和3S（GPS，GIS，RS）等技术，使系统决策更加科学可靠。因此借助于农业专家系统可以使农业生产经营由定性到定量，由零散到集成，由经验走向科学。

目前农业部门已开发并应用较好的决策支持系统和专家系统有200多个，分别为“高产型”、“经济型”、“优势型”等类型，涉及粮食、果树、蔬菜、畜牧、水产等不同的生产领域，如农业规划预测系统、水稻主要病虫害诊治专家系统、小麦玉米品种选育专家系统、小麦计算机专家管理系统、中国农电管理决策支持系统等。

（四）管理信息系统

管理信息系统（Management Information System）是用系统思想建立起来的，以电子计算机为基本信息处理手段，以现代通讯设备为基本传输工具，且能为管理决策提供信息服务的人机系统。即管理信息系统是一个由人和计算机等组成的，能进行管理信息的收集、传输、存储、加工、维护和使用的系统。其概念结构图见图 7-1（管理信息系统，中南大学）。由于管理信息系统的功能、目标、特点和服务对象不同，从层次上可以分为业务信息系统、管理信息系统和决策支持系统。

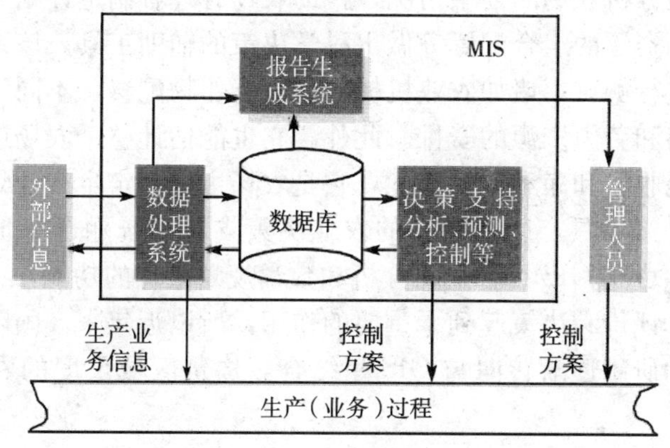

图 7-1　管理信息系统概念结构图

业务信息系统（Electronic Data Processing，EDP）又称电子数据处理系统，是针对某些业务处理要求设计开发的，主要进行数据处理，代替业务人员的繁琐、重复劳动，提高信息处理和传输的效率和准确性。

管理信息系统（Management Information System，MIS）收集和加工系统管理过程中的有关信息，为管理决策过程提供帮助的一种信息处理系统，主要目的是帮助管理者了解日常的业务，以便高效的控制、组织、计划，达到组织目标。

决策支持系统（Decision Support System，DSS）是以计算机技术为基础的对决策支持的知识信息系统，用于处理决策过程中的半结构化和非结构化问题，是为高层或基层的管理决策和策略的制定提供辅助决策的工具。决策支持系统的研究始于 20 世纪 70 年代初期，现在已经广泛应用于农业、工业、商业和贸易等方面，现代农业决策支持系统逐渐向以知识库系统、专家系统和地理信息系统（Geographic Information System，GIS）相结合的智能化、深层次方向发展，形成可以为高层领导决策部门、中层管理部门、基层生产部门各层次的农业策略的制定和科学管理起到辅助决策的作用的智能化的农业决策支持系统。针对农业中、基层管理的农业决策支持系统一般可分为田间尺度、农场尺度和区域度3种类型。田间尺度的农业决策支持系统在作物模拟模型的基础上研究田间单一作物状态，通过灌溉和施肥的决策，预测在不同气候和土壤条件下作物的生长、发育和产量。这类系统一般不考虑田间作业的制约和种植制度，而偏重于农作物生产管理的决策。其作用是能帮助决策者估价作物的产量，为制定粮食进出口贸易决策提供依据。同时，可针对不同年景为农民采取相应的栽培管理措施提供科学的决策。农场尺度的农业决策支持系统是分析农场的复杂情况、帮助农场管理者制定计划、合理安排劳动力以及农场资源的组合配置等做出科学决策的辅助工具。该系统能对各种资源的组合进行测试，诸如农业机械的能力、作物配置、不同气候年景下作物管理的策略和劳力资源的安排。此外，它也能估计整个农场或个别田块的作物产量、毛收益和净利等。因此，它是农场主们制定生产计划和农场管理的一个辅助决策工具。区域尺度的农业决策支持系统融合了地理信息系统（GIS）技术，由于GIS具有空间分析和数学规划最优的功能，并对区域自然资源的管理、评价和决策起到了重要的作用，所以近年来，国际上的农业决策支持系统的研制逐渐转向与GIS相结合，构筑区域尺度的农业决策支持系统。

二、我国农业信息系统的应用

目前我国农业信息系统的应用主要是智能化农业信息。以农业专家系统为代表的智能化农业信息系统是指以农业知识特别是专家的知识和经验、农业自然资源数据、科技成果、市场需求信息为内核，利用人工智能、计算机、数据库、多媒体、模拟模型等技术，按一定的推理机制与构建方式建成的一种信息系统。当前，智能化农业信息系统具有单机版和网络版，这也是我国智能农业信息系统两种主要的发展模式，适用于不同的经济发展地区。发达地区特别是我国城郊农村可率先借助互联网络，用户作为终端，通过上网选取所需的网络版智能化农业信息系统，从中获得信息和管理决策方案，如作物栽培的优化方案、栽培管理决策、病虫害诊断、技术查询等。在信息网络发展方面，1982年美国就开通了世界最大最著名的农业计算机网络系统AGNET。中国农业信息网起步较晚，1986年农业部开始组建农业部信息中心，1994年才建立“中国农业信息网”（网址：http：//www.agri.gov.cn），现每天向全国发布信息快讯、市场动态分析和农业气象等重要信息。1997年10月网络中心设在中国农业科学院的中国农业科技信息网（网址：http：//www.caas.net.cn）正式开通。截止2005年底，在中国农业信息网上自愿登记注册的农业网站已达6 389家。全国农业系统已经在260个地（市）设立了农业信息服务机构，占地（市）总数的78%；77%的县、47%的乡镇政府设置了农业信息管理和服务机构。农业部初步建成了以中国农业信息网为核心、集20多个专业网为一体的国家农业门户网站。

就农业推广信息系统的应用而言，最常用的方式是检索（查询）和咨询（决策）。检索的本质是用户在对话窗口输入检索词，系统自动在数据库中进行查找。在Internet网上最受欢迎的信息检索系统是万维网（WWW，World Wide Web），WWW服务是因特网上最好的多媒体信息查询和获取工具。使用WWW服务器可以按照客户机提出的要求发送相应的信息，客户机浏览程序可以获取这些信息，并将其在显示器上供浏览。万维网上比较有效的网上检索工具有：Google（http：//www.google.com）、Baidu（http：//www.baidu.com）、Yahoo（http：//www.yahoo.com）、Excite（http：//www.excite.com）、Infoseek（http：//www.infoseek.com）、Lycos（http：//www.lycos.com）、Hotbot（http：//www.hotbot.com）等。咨询主要是通过智能化农业推广信息系统进行农业生产和经营的辅助决策。以下是上网咨询农业专家系统的案例：

利用河北农业智能信息网咨询辣椒栽培管理专家系统

假定辣椒成株出现“不规则病斑，初成水浸状，后变成中间灰白……”，我们要利用河北农业智能信息网咨询辣椒栽培管理专家系统该病害名称及其防治措施。

一、进入专家系统

进入河北农业智能信息网（http：//www.hebaic.com.cn）主页，点击“智能农业决策咨询系统”，选择“辣椒栽培管理专家系统”，直接点击“进入”按钮进入辣椒栽培管理专家系统主界面。

二、农业问题在线诊断（专家决策方式一）

1. 选择决策项

进行农业问题在线诊断，首先选择决策项目在左面“农业问题在线诊断”一栏中的“请选择决策项目”下，提供了病虫害咨询与防治、病虫害识别与防治、育苗定植前、定植后盛果期、后期决策、盛果期决策和收获期决策等7种在线决策项目。用户要咨询辣椒病害防治。点击“病虫害识别与防治”决策项目，可以看到前面的符号“十”变成“一”，其下拉列表项里有病虫害识别一个决策项，左击“病虫害识别”。

2. 输入基本条件

如果要咨询“病虫草害识别与防治”中的“病虫害识别”，点击左侧决策项目，会出现一病虫害识别决策“专家咨询”界面，点击“下一步”按钮，出现“请您选择发生时期”界面，在下拉表单中列有成株期、苗期等选项。如果为成株期发病，选择“成株期”一项，也可以点击输入按钮直接输入，然后点击下一步。

如果病斑为规则性病斑，再出现的“请您选择症状1”界面中，在下拉列表单中选择“病斑规则”，然后点击“下一步”按钮。

再出现的“请您选择症状2”界面中，可以在下拉表单中选择相应的症状，如“初成水浸状，后变成中间灰白”然后点击“下一步”按钮。

在出现的“请您选择症状3”界面中，是空白项，可以根据具体情况，点击输入按钮直接键入，这里直接点及“下一步”按钮，就出现了所要的决策咨询结果——辣椒炭疽病。

用户点击下一步，开始基础情况录入，每输完一个点击“下一步”继续，如果想修改刚才输入的内容，点击“上一步”返回进行修改。

在所得的决策咨询结果中，可以看到病虫害名称以及辣椒病害特征的相应图片。点击“详细资料”可弹出一个页面，对这种叫作辣椒炭疽病的症状特征进行了详细介绍，点击“视频资料”可以播放短片，介绍了辣椒炭疽病的症状、产生原因及防治措施。最后，点击最下端的“返回”，系统就又回到了辣椒栽培管理系统主界面，可以重新进行新的咨询。

三、基本情况输入（专家决策方式二）

点击基本情况输入，进入情况输入界面，在下拉表单中的选择“事实表”一栏，选择“辣椒主要病害识别”。然后点击“下一步”，出现基本情况输入的界面。

可以看到基本情况输入信息的一个列表，这是以前保存过的第一条单页记录，左下脚显示数据记录总页数即总记录数。要输入需要咨询决策的条件信息，首先要点击“插入”按钮，即创建一条带有当前日期的新输入数据记录，弹出数据编辑对话框，提示“输入需要添加的空记录数”，默认数为1，然后确定，出现基本情况输入界面，并自动显示账户、编号及当前日期，左下脚的总记录数会随之增加。该基本情况输入界面首先要求用户按照从上到下、从左到右的顺序，输入相关的基础情况，即在标有“▼”标记的选框中进行下拉选择，无“▼”标记的选框中要直接键入所要输入的文字或数值信息或双击鼠标后在出现的新对话框中进行选择，在此输入的条件信息和专家决策方式中的相同，确认所输入决策条件准确无误后，点击“保存”按钮。已对当前数据记录进行保存，系统会提示“已经保存，当前记录数XXX”，然后确定，系统又回到基本情况输入界面。要进行决策，必须找到刚才所输入的新记录，即点击“最后一页”按钮，此时点击其最下端的“查看决策结果”按钮，即可得到咨询决策结果。

通过农业问题在线诊断和基本情况输入两种专家决策方式都可进行同样的决策咨询，得到同样的决策结果。

三、农业推广信息系统的运用保障

中国农业信息系统应用以网络为基础，以信息资源的开发与利用为核心，其实现知识服务的关键是信息资源及其咨询服务系统的开发利用。因此，大力开展数据库建设、组织各种农业科技信息上网流通、发布，面向农村提供以专家系统为中心的信息咨询和知识服务，是农业信息系统应用的保障。

（一）大力开展数据库建设

数据库建设是资源建设的重点。初步计划建设的数据库有：农业文献资料数据库；农业科技成果数据库；农业技术与产品交易数据库；农业资源数据库；农业科技人才数据库；农业政策法规数据库；农业知识库等。

（二）组织动态信息上网发布

在现有科技信息港动态信息发布系统的基础上，大力组织、采集各类指导性、实用性农用动态信息上网发布，包括：农业商贸信息；农产品市场信息；农用物资供求信息；农业科研进展信息；农业气象信息；农业灾害信息等。

（三）研制开发各类智能农业信息系统

以专家系统为中心的多种网络环境下的信息咨询和知识服务系统，提高信息系统的智能化程度，充分发挥网络的传播和辐射效应。除建立农业专家系统之外，还可适时建设网上农业技术培训系统、自然灾害测报及预警系统、宏观决策支持系统等。

第三节　农业推广信息服务

信息只有得到有效的应用之后，才能成为一种有用的资源。随着市场经济的建立和农民素质的提高，农业推广过程，在很大程度上是传播、传递农业推广信息的过程。

一、农业推广信息服务的含义和作用

（一）农业推广信息服务的含义

农业推广信息服务的范畴有广义与狭义之分。广义的农业推广信息服务涵盖了农业信息产品的生产加工、发布传播、交易分配，信息技术服务以及信息提供服务等综合性服务，泛指以产品或服务形式向用户提供和传播信息的各种信息的劳动。农业推广信息服务的狭义概念是指农业信息服务提供机构以用户的涉农信息需求为中心，展开信息搜集、生产、加工、传播等服务。我们这里讨论狭义的农业推广信息服务概念。通过农业推广信息服务，一方面全面、高效、快捷地为农民、农业企业家和管理人员提供其各自所需的、有价值的市场信息、知识信息和服务信息，提高工作效率和管理的科学性；另一方面提高农村基层适应市场的能力；建立高效的应用示范体系和灵活的推广机制，加强人才队伍的培养建设，提高农民的科技和文化素质。

（二）农业推广信息服务的作用

1. 农业信息服务有利于推进社会主义新农村的建设。大力增强农业信息服务水平，建立发达、顺畅的农业信息服务渠道，可以消除城乡之间信息占有和利用的差别，缩小数字鸿沟，促进农村市场的开拓。依靠现代网络技术，可以建立城乡间信息传递、互动、交换的平等关系，城乡居民可以同时分享各种现代技术知识与市场信息，促进农民享受现代社会的文明成果，从而推进农村科技、文化、社会各项事业的发展，促进农村小康社会建设，同时借助于信息化技术还可以实现农业经营和管理的高效化，促进农村社区组织建设。

2. 农业信息服务有利于引导农业结构调整。我国广大农村由于信息化水平低，农业生产管理技术、市场需求及营销等方面的信息获取困难，农业生产与市场脱节的状况十分严重。尤其进入WTO后，农业发展面临新环境，农业结构必须“适市”而调，也就是要考虑国内国际市场的需求趋势、价格变化以及宏观经济环境等因素，以此作为结构调整的依据。农业信息服务帮助农民快速、准确、全面地了解复杂多变的国际国内市场的变化趋势，科学地制定生产计划，避免生产的盲目性、盲从性，提高驾驭市场的能力。

3. 农业信息服务有利于指导农业生产经营管理。利用智能化农业信息系统，如农场生产管理信息系统、设计配方系统、动物营养需要预测、病害专家诊断系统、客户管理系统、销售管理系统等系列软件，辅助农业生产管理，以科学技术手段指导农业生产的全过程。另外，通过农业信息服务，广大农民可以及时掌握农业新技术、管理新方法。

4. 农业信息服务有利于促进农产品的流通。我国加入 WTO 后，国内国外两个市场逐渐融合，我国农业能否在这两个市场的竞争中取胜，不但取决于农产品的价格、质量及信誉，还取决于信息的竞争——谁先拥有市场信息，谁就赢得市场。山东省安丘市是我国重要的对日大葱出口基地。近几年，日方多次以技术壁垒名义限制我国大葱出口，致使当地企业和农民损失严重。事实上阻碍我国大葱出口的原因并不是质量问题，而是我们不掌握日本的大葱生产情况。

5. 农业信息服务有利于促进农业增效、农民增收。当前，一些地方出现的“卖难”问题，有时并不是农产品绝对过剩，而是信息服务不到位，错过了销售的最佳时机。如果信息及时准确，指导农民按照农产品的市场需求进行农产品生产，就会达到农业增效、农民增收的双赢效果。

6. 农业信息服务有利于提高农民的科学文化素质。通过浏览互联网，农民可以了解新闻信息，开阔眼界；分享文化信息，丰富文化生活；交流信息，促进人与人之间的交流；通过参加各种网络培训班，可提高当代农民的素质；通过集成整合相关的信息资源，可以提高农民搜集、分析和利用信息的能力等。

二、农业推广信息服务的内容和方式

（一）推广信息服务内容

农村改革 20 多年来，我国的农业推广信息服务由单纯的产中技术指导发展到产前、产中、产后的系列化服务，逐步向产前引导农民调整种植结构，产中指导农民节本增效，产后帮助农民销售农产品的方向发展。因此我国的农业推广信息服务主要涵盖生产、经营两方面内容。随着农业竞争的加剧，农民素质成为限制农业发展的瓶颈因素，因此，农业推广信息服务还将把农民教育纳入范围内，以提高农民的决策能力。

（二）推广信息服务方式

1. 根据推广服务的属性和主体划分。

（1）政府为主体的服务方式。农业是弱势产业，农业技术推广服务很大程度上是公益性的。农业技术推广中关键技术的引进、试验、示范，动植物病虫害及灾情的监测、预报、防治和处理，农产品生产过程中的质量安全检测、监测和强制性检疫，农业资源、农业生态环境和农业投入品使用监测，农业公共信息服务，农民的培训教育等服务投入产出低，并且有许多项目是农业生产者必需而又无力解决、企业有力但因无效益而无心承担的，应由政府提供，主要由农业主管部门、政府科技系统、农技推广机构、农业科研机构和高等院校、部分广播电视传媒等提供。

(2) 涉农企业为主体的服务方式。种子、肥料、饲料、兽药、农药、药械、农膜、种畜禽等农资的经营活动和市场上普通的商品无明显差别，可以依赖市场机制，以商品交换为基础，由农业产业化中的各类涉农企业提供。涉农企业在推销新型产品的同时，为农户提供技术指导，开展各种咨询服务，促进信息传播。

(3) 协会组织为主体的服务方式。农业推广信息服务除了具有公益性和经营性外，还具有准公益性质，推广活动中要兼顾公平和效益。如农技推广工作中的有限的推广力量与众多的服务对象之间的矛盾、农产品生产经营规模小与市场庞大之间的矛盾，农户生产存在技术、资金、信息和抗风险能力方面的不足。解决这些问题的有效方式是通过农业专业协会、农业合作组织将农民组织起来，实现农民组织内部的信息沟通和服务。

2. 根据推广服务方法划分。

(1) 科技项目服务方式。政府有关机构和农业科研教育机构合作组织实施具体的科技项目，推广有关的技术和管理方式。该方法因为有大量的外部资金和技术的投入，并且在特定的地点和时间实施，往往具有见效快的特点，从而促进科技信息的传播。

(2) 技术承包和试验示范服务方式。在技术承包和试验示范推广活动中，推广人员根据服务对象的特点，收集、分析信息，与服务对象共同决策，既发展了生产，又加快了科技信息的传播，同时还提高了服务对象的决策能力。

(3) 信息服务与技术、经营服务相结合的方式。通过推广机构兴办经济实体，采取“既开方又卖药”的方式，在经营农资产品的同时，提供新产品和相应的技术服务，实现农业科技信息的传播。

(4) 农业产业化经营服务方式。农业产业化龙头企业和特色作物产业化协会为会员提供生产资料、技术指导的同时，协调农民和企业的关系，带动农民进入市场，起到传播信息的作用。

3. 根据推广服务手段划分。

(1) 传统推广服务方式。以提高农作物产量为目标，推广人员通过广播、电视、杂志、宣传手册和现场指导、短期培训等方式将农业科技知识和农业政策法规传递给农民。

(2) 现代推广服务方式。推广服务客体通过网络、电话和手机短信服务，获取自身需要的农业政策、市场信息、科技知识等，调整农业产业结构，提高农业科技含量，实现农业高产、优质、高效。

三、农业推广信息服务模式

农业推广信息服务由信息服务客体、信息服务主体、信息服务内容、信息传播载体4要素组成。信息服务的模式是指对信息服务的组成要素及其基本关系的描述。在不同的农业推广信息服务模式中，信息服务客体、信息服务主体、信息服务内容、信息传播载体和信息服务策略等要素的关系程度和作用方式不尽相同。

（一）传统模式

农业信息服务的传统模式指通过传统媒体，如广播、电视及报刊等发布的农业信息，其特点是通过该模式发布的农业信息，全都是经过信息发布者经过挑选、分类、组织后，再分发给信息需求者。该模式又可以分为以信息提供者为中心的传递模式及以信息消费者为中心的使用模式。

1. 传递模式。传递模式描述的是源于信息服务内容（信息系统、文献等）并以信息服务产品为中心的信息服务过程，如图7-2（郑火国、胡海燕，2005）所示：

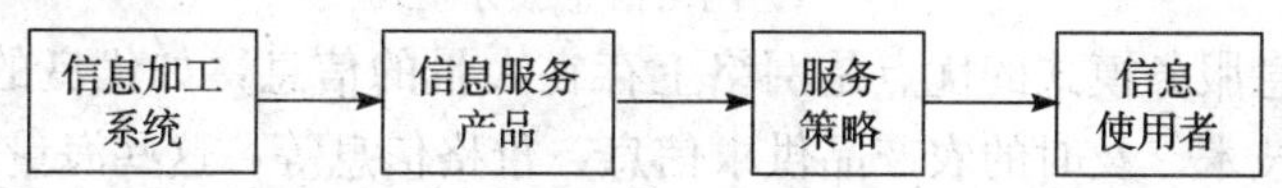

图7-2　信息服务的传递模式

传递模式的特点是信息服务者通过对信息进行加工或建立信息系统，形成信息服务产品（报刊、广播、出版物、光盘等），并以某种策略提供给用户使用。在这一过程中，服务者的生产劳动使原有信息得以增值，信息服务产品的生产占有重要地位。但是传递模式不重视信息服务者的特定服务和信息用户的能动性及信息使用情况。

2. 使用模式。使用模式描述的是源于信息用户的信息需求并以用户信息使用为中心的信息服务过程，如图7-3（郑火国、胡海燕，2005）所示：

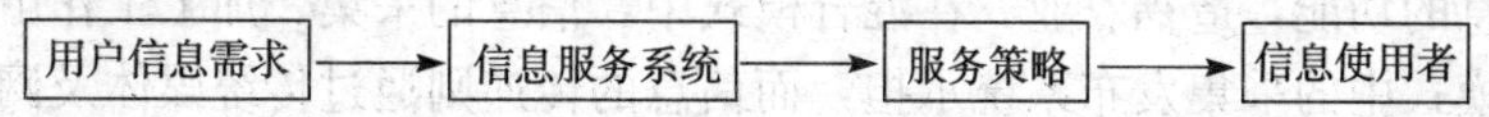

图7-3　信息服务的使用模式

使用模式的特点是信息服务者根据用户的信息需要，以某种策略生产信息服务产品并提供给用户，满足用户的信息需要。这是源于信息需要、终于信息需要的满足的过程。在这一过程中，信息用户对信息的需要和使用占有重要地位，信息需要是服务活动的出发点和归宿，用户的信息使用是满足需要的重要保障。信息服务的使用模式充分注意到了信息用户在信息服务活动中所受到的个性因素和社会环境因素的影响，重视用户信息需要的发掘和满足，重视用户对信息服务产品的选择，但没有注意到信息需要是如何产生的、用户除了产品外还需要哪些特定服务等重要问题，因而服务效益经常受到影响。

无论是传递模式还是使用模式，其服务都是单向的，用户获取的信息相对单一，在实际生产经营中存在一定的盲目性。

（二）网络信息服务模式

网络信息服务模式是指信息内容通过互联网传播的信息服务模式。网络信息服务是随着互联网的诞生、发展而出现和流行起来的概念。在网络信息服务模式中，信息服务提供者先从互联网的海量信息中采集出对信息消费者可能有用的信息，然后通过信息服务系统（网站、网络信息系统等）将这些信息发布给信息消费者，信息消费者通过网络访问这些已发布的信息，从中获取对自己有益的信息。其过程如图7-4（郑火国、胡海燕，2005）所示：

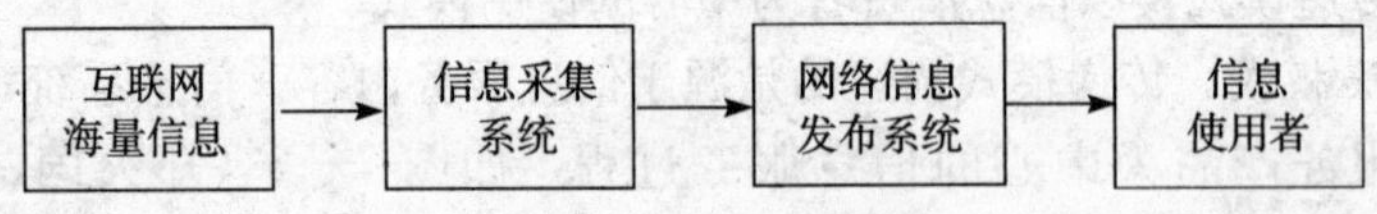

图7-4　网络信息服务模式

网络信息服务模式的优点是网络上存在大量的信息，如优良的种子信息、先进的生产技术、及时的农产品供求信息，价格信息等，这些海量的信息是传统媒体所不能比拟的。网络信息服务模式比较灵活，既可以以信息服务者为中心，也可以以信息使用者为中心进行信息的组织和发布。但该信息服务模式对信息服务提供者的要求较高，他们必须掌握先进的信息技术，构建信息量庞大、功能强大、易于使用的信息发布系统，并保证所提供的数据是真实有效、及时更新的。另外农民素质不高，信息化意识和利用信息的能力不强及网络成本较高，阻碍了信息化的普及。

（三）混合模式

混合模式是指将传统模式和网络信息服务模式的优点整合起来，更有效的发挥信息的功能，造福农业。在混合模式中，信息的采集、加工工作由网络信息服务模式中的采集发布系统承担，而信息的传递则通过传统媒体及网络信息服务共同承担。网络信息服务的信息采集和信息发布系统，可以做到对海量信息进行甄选，做到信息发布的及时性。对于条件许可的信息使用者，可以充分发挥网络信息服务模式的优势，而对于农业生产区域偏僻、分散，农村文化教育、经济相对滞后的地区，农业专业信息推广领域，传统媒体和传统信息渠道比网络信息渠道更有优势，它能有效的弥补基层中信息使用者的经济和素质状况的不足。既能解决信息的“最后一公里”问题，又能充分发挥传统媒体和现代网络媒体的优势，见图 7-5（赵雪芹，2007）。

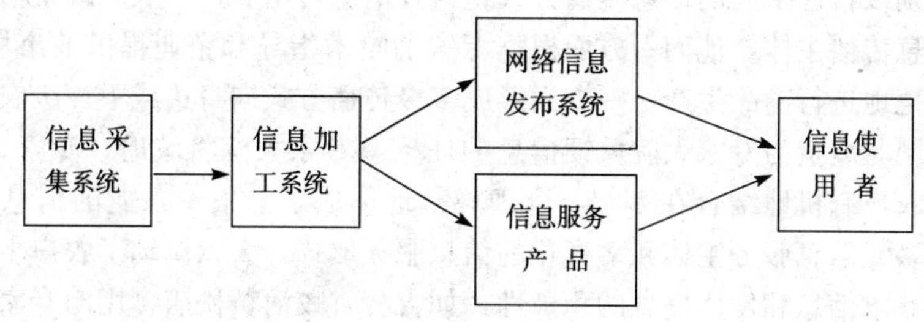

图 7-5 信息服务混合模式

（四）典型农业推广信息服务模式

1. 根据信息服务载体划分。

（1）“三电合一”和“三电一厅”农业信息服务模式。“三电合一”农业信息服务模式，主要是通过电话、电视、电脑 3 种信息载体有机结合，实现优势互补，互联互动。利用电脑网络采集信息，丰富农业信息资源数据库，为电话语音系统和电视节目制作提供信息资源；利用电话语音系统，为农业生产经营者提供语音咨询和专家远程解答服务；利用电视传播渠道，针对农业生产经营中的热点问题和电话咨询过程中反映的共性问题，制作、播放生动形象的电视节目，提高信息服务入户率。河北藁城在三电合一的基础上又建设了农业科技服务厅，设立信息服务窗口，综合信息、科技、物资等多种服务于一身，为农民解决产前、产中、产后的问题，提供“一站式”服务，称为“三电一厅”模式。

（2）农业科技“110”信息服务模式。农业科技“110”信息服务模式是在星火富民实践中涌现出的一种具有典型意义的农村科技服务创新模式，其主要特征是以科技服务农民为宗旨，以信息资源为核心，以服务热线为纽带，以数据网络为基础，致力推动信息在广大农村的低成本、高效率传播，实现科技与农民的零距离衔接。农业科技“110”信息服务模式的推广，重点在于加强农业科技信息服务组织系统、服务支持系统、数据资源系统、服务热线系统、用户终端系统、质量规范系统等“六大系统”的建设；构建从服务组织，到信息采集、信息处理、信息发布、信息查询，到服务应答、上门服务，再到信息使用和信息反馈的全流程、互动式的农业科技信息服务体系。如牡丹江市农业信息村村通工程。

（3）农业科技专家大院信息服务模式。农业科技专家大院信息服务模式是一种多元信息传播主体相结合的科技信息服务模式。专家大院信息服务模式一般有 4 个部分组成，即政府、农业专家、龙头企业或农民协会和农户。政府、专家、龙头企业为信息传播主体，农户为主要信息受体。信息传播主体各负其责，分别以自己不同的信息传播方式将科技信息传给农户。农户既是信息受体又是信息传播主体，他们一方面根据专家的技术指导和企业提供的市场信息，科学规范地进行商品生产，一方面形成多级传播方式向身边或下一级农户传播信息，同时肩负为专家大院反馈信息的任务。专家大院将政府、专家、企业、协会和农户有机地结合在一起，合理规范地形成了上下一条龙的信息服务模式，即多元信息服务主体和多样化的信息服务形式，大大调动了农户主动接受信息、寻求信息和使用信息的积极性，如吉林省蛟河黄松店食用菌专家大院的建设与发展。

(4) 农民之家模式。农民之家是政府部门投资兴建的农业信息服务大厅，一般设有农资销售柜台、技术咨询台、触摸式电脑和电子显示屏等，是敞开式、集农技咨询、农技推广、信息服务、经营功能于一体的农技服务场所。服务主体由各级农业部门组成，在经营农资产品的同时为农民免费提供技术指导，并建有专家组随时为农民提供技术咨询，具有全天候、“一站式”服务的特点。如浙江兰溪的农民之家。

(5) 农民远程教育服务模式。北京农村远程教育及科技信息服务系统利用卫星和网络技术，构建了完善的现代农村远程教育传输系统。该系统利用卫星覆盖面广、不受时间与空间限制等优点，通过搭建远程教育基层卫星接收站，实现农村远程教育与科技信息服务的“乡乡通”；利用成本低廉的智农 IP 信息接收机为媒介实现农村远程教育与科技信息服务的“村村通”；开通农业信息语音咨询服务系统，通过固定电话或移动电话实现农村远程教育与科技信息服务的“户户通”。农民可以把农业远程教育平台所传送的数据信息等保存到本地服务器，随时可以打开进行再复习，并可随时打电话向远程教育工程中心进行受训内容的预订，使农民的学习具有自主性，从而提高了农民的学习热情；完美解决了信息传递中的“最后一公里”问题。

(6)“三级联动”服务模式。“三级联动”是指县、乡、村三级农业信息服务站联合行动。县级依托市级农业信息服务中心建立农业信息网站，农业信息网站上连国内农业网络和省、市同类网站，下连全县乡镇农业信息服务站，逐步辐射到龙头企业、农村专业合作组织和农村专业大户。乡镇级依托乡镇农技站、农业龙头企业、农业标准化基地、产地批发市场、农业经合组织设立农业信息服务站，同时还结合社会主义新农村示范村建设，在示范村建立村级信息服务站。村级依托村委会、农协确定一批信息联络员，村组信息联络员加强与乡镇包村干部联系，并利用村组公开栏及时传递信息，通过县、乡、村三级联动，强化与各类信息传输载体结合，及时快捷为农民提供信息服务。如山东济南的“金农工程”、浙江缙云县、安徽芜湖县和舒城县以及四川江油服务站模式。

2. 根据信息服务的组织模式划分。

(1)“政府＋农户”型服务模式。该模式属于传统的农业信息服务模式。从事农业信息服务的主体是政府部门，主要包括农口部门、乡镇农技推广部门及村组织；客体包括广大农户，科技示范户，种、养、加运销大户，农民经纪人，农民协会以及公司等；服务内容全面，服务方式单一，一般为政府出资免费为客体服务。根据传播渠道可以划分为直接传递型（福建南平“科技特派员”模式)、传统媒介传递型（天津宝坻市农业信息服务模式）和先进媒体传递型（重庆“农网广播”模式、山东招远市“蚕庄模式”)。

(2)“政府＋协会＋农户”型服务模式。“政府＋协会＋农户”型模式的服务对象和服务内容比较单一，主要是针对协会会员，采取一种或两种传播渠道为特定经济环境下的农户提供一定专业领域的农业信息服务；传播渠道以直接传递型和传统媒介传递型居多；经费来源分两部分，一是政府拨款，二是协会自筹，农民一般不用缴费或交少量会费；组织和技术支撑由政府和协会共同承担，制度和风险保障的相关规则由协会制定，由政府监督。案例有：山东东营市农业科技信息协会模式（百姓使者、《农业科技报》)，山东莱州市“金城模式”(科技示范户、专家当面咨询)，浙江省新昌县“三位一体”模式（基地示范）等。

(3)“政府＋通信企业＋农户”型服务模式。此模式主要是由当地政府和企业合作，共同为农户提供信息服务。政府部门主要从事信息采集、加工整理以及解决客体需求等工作，或者只提供制度监督、政策支持和经费投入等服务，而由企业来承担技术支撑和信息服务等工作。该模式的信息内容广泛、及时、可靠；传播渠道单一，但大都比较先进。农户在接受服务的同时要交纳一定费用。如黑龙江大庆农信通、河南农信通，黑龙江牡丹江市的“致富宝典”、安徽的“致富信息机”、广西的“农村信息机”以及黑龙江伊春市“电视机顶盒”等。这些都是以信息接收机为主要传播渠道，由信息服务部门和当地联通公司或北京农信通科技有限公司合作，为农户配备信息接收机，农民只需交纳少量费用即可随时获取大量农业信息。

(4)“政府＋企业＋协会＋农户”型服务模式。此模式的服务主体由政府部门、涉农企业和农民协会组成，属于半官方、半民间性质的组织。企业负责农产品加工、销售，引导农户的种养殖方向，同时能够为客体销售其农产品；协会在生产过程中为农户提供技术服务，组织农户搞好生产，是企业与农户之间的纽带；农户负责直接的生产；政府部门的职能是提供支持与保障。这一模式在甘肃省白银市的农村信息化建设中得到了很好的应用。

(5)“农业龙头企业+农户”型服务模式。该模式通常是指涉农的公司企业直接与广大农户建立联系，为其提供公司所生产的新品种、新化肥、新农药、新农机具，并派技术人员指导使用，生产出的产品由公司销售，实行产供销一体化经营，企业和农户通过合同契约结成利益共同体，得到的利益二者按合同规定分成。支撑与保障工作由企业掌控，农户只有按合同规定行事的权利。主要服务方式是技术人员与农户间面对面的指导交流，信息服务内容仅局限在公司经营产品的范围内。“广东温氏集团+农户”的模式就是典型案例。

(6) 农民协会+农户（协会模式）。协会模式是在某一类农产品生产规模较大、对信息有较强需求的县、乡、村，由农民中的一些种养大户或能人把生产同类农产品的农民组织起来，在其自愿的基础上成立农民自主管理的专业协会，由协会为会员农户提供技术、市场、政策等方面信息服务。有的协会还统一为会员农户购买生产资料、统一销售农产品，如吉林省的扶余县。

目前，很多地区已经构建了适合本地区特点的农业信息服务系统和模式，分析表明，这些地区采用的都是多元化信息服务主体、多样化信息服务载体结合的混合模式。从服务主体看，大多是政府为主导，农业、广电、信息、企业、商业等多个行业和部门参与构成，从信息服务载体看，多采用网络、电视、电话等多种信息载体相结合的信息传播渠道。

四、提高信息服务能力的措施

（一）搞好信息的采集、加工工作

搞好信息的采集工作包括两个方面，一是了解农户信息需求。可以通过农户电话咨询或来人咨询；信息服务人员或各级农业工作者深入乡镇、村、农户调查；向农户发放信息服务卡或信息需求卡等收集信息。二是针对农户的需求，努力拓宽信息采集渠道，如依托互联网的各类相关专业网站，如中国农业信息网、中国林业信息网、中国农产品供求信息网、各地农业信息网等。从这些网站下载对当地农业生产有用的市场信息、种植养殖技术信息等；订阅报纸、杂志摘录有价值信息；各基层信息服务站点及时上报本地经济动态、农民生产经营过程中遇到的技术问题、市场问题等；通过各种科技培训、讲座、会议以及外出考察等途径收集信息等。根据农户需求进行鉴别、筛选、综合、加工、专家分析等工作，再予以发布。

（二）采用多种形式的信息传送方式

由于各地经济发展水平不同，信息用户的文化素质也存在较大差异，农业推广信息的管理和传送应根据当地情况采取现代与传统相结合、技术与人工相结合等多种服务方式，充分发挥各种资源的综合优势。

（三）加强信息服务队伍建设

现阶段农村信息服务人员能力普遍较低，而且大部分搞信息服务工作的还是兼职人员，既缺乏市场信息的采集、加工、分析能力，也缺乏计算机网络的知识和应用能力，不能很好地适应信息化工作的需要，在一定程度上制约着信息服务的质量和水平。因此，必须加大已有人员计算机、信息学、农业科学、市场学等知识的培训，提高基层信息服务工作人员的信息采集、鉴别、分析能力，帮助农民获取真实可靠、有用的信息。

（四）强化信息用户的信息意识

目前我国信息用户的市场意识、信息意识普遍相对薄弱，接受信息和技术服务的基础也较差，不适应信息技术、农业种养新技术迅速发展的形势。许多农民仍就生产谈生产，对新形势下信息的作用认识不足或无可奈何，获取信息、交换信息的能力较差。鉴于此要对农民进行普及教育和培训，提高其科技文化素质，培养其信息化意识，引导其对信息的需求和消费。

（五）大力发展农业产业化经营

农业产业化是农业信息化的基础，两者是相互依赖的。农业的产业化意味着生产规模的扩大，农业生产以市场为导向，必然产生对信息的大量需求及提高效率的强烈愿望，而目前我国大部分乡村农业主导产品不突出，农民个体生产经营规模小，对信息的需求五花八门，小、散、乱、杂，使得信息服务陷入低层次、穷于应付的被动局面，结果就是，政府部门对农业信息服务的投入不少，而信息应用的效益却不高。实践证明，在农业产业化程度较高，龙头企业、种养加大户以及专业协会带动作用明显的地区，农民普遍感觉得到信息相对容易，信息服务工作人员提供的信息取得的效益也比较明显。因此要组织信息服务的对象，大力发展农业产业化经营，现阶段可以把信息服务的对象重点放在农业龙头企业、农民专业协会等各种中介组织以及种养加销大户上，通过他们把市场信息、技术信息和政策法规等信息传递给农民，解决农业信息服务“最后一公里”问题。

• 思考题 •

1. 简述农业推广信息的概念及其特点。
2. 农业推广信息的种类和作用?
3. 简述农业推广信息系统的概念?
4. 目前常用的农业推广信息系统包括哪些?

5. 简述农业推广信息服务的含义和作用。
6. 农业推广信息服务的要素和方式有哪些？
7. 我国典型农业推广信息服务模式有哪些？
8. 试述如何搞好农业推广信息服务？

·参考文献·

[1] 高启杰．农业推广学 [M]．北京：中国农业大学出版社，2003
[2] 王慧军．农业推广学 [M]．北京：中国农业出版社，2002
[3] 任晋阳．农业推广学 [M]．北京：中国农业大学出版社，2002
[4] 张维庆．新世纪我国农业信息服务系统的构建 [J]．农业图书情报学刊．2001 (4)
[5] 尹峰．智能化农业信息系统的设计与应用 [J]．情报学报．2001，20 (3)
[6] 廖桂平，肖芬．智能化农业信息系统与农业推广 [J]．湖南农业大学学报．2000，1 (4)
[7] 张文龙，周静，戴保威．农业专家系统研究进展 [J]．种子．2004 (10)
[8] 郑火国，胡海燕．论农业信息服务的模式及其在“三农”中的作用 [J]．农业图书情报学刊．2005，17 (2)
[9] 中华人民共和国农业部信息中心．联合国粮食及农业组织亚太区域办事处 [M]．中国农村信息服务案例研究．北京：2004
[10] 张博，李思经．浅谈新农村建设中农业信息服务模式的创新．中国农学通报．2007，23 (4)
[11] 郑广翠，王鲁燕，李道亮．关于我国基层农业信息服务模式的几点思考．农业图书情报学刊．2005，17 (12)
[12] 卓文飞．我国微观农业信息服务创新模式研究．河南农业科学．2007 (3)

第八章　农村人力资源开发与农民培训

【本章学习要点】本章重点是掌握我国农村人力资源开发的相关理论；熟悉我国农村人力资源开发的主要途径；了解国外培训农民的主要方法。难点是掌握我国农村人力资源开发的相关理论，如何理解新农村建设中我国农民科学素质应具备的科学意识、科学能力和科学知识。

农民教育在我国2000年前各种文献中提法比较多，把对农民教育的认识提高到农村人力资源开发的高度和广度是在2000年以后。农民教育本身这种称谓就带有某种歧视，认为农民属于那种比较落后、素质比较低的阶层，实际上在新中国成立后的将近60年中，农民中有相当一部分实际上已分化成中国社会的各个阶层。农民教育实际上已变成对农村所有各阶层人的智力开发，用农村人力资源开发这个概念较为合适。

第一节　农村人力资源开发的概念及相关理论

一、农村人力资源开发的概念

农村人力资源开发是指充分、科学、合理地发挥农村人力资源对社会经济发展的积极作用而进行的数量控制、素质提高、资源配置等一系列活动相结合的有机整体（金兆怀，2000）。对这一定义可以作如下的理解：①数量控制是指对农村人力资源赖以产生的农村人口规模进行适当的控制。国内外经验表明，一个庞大的农村人口总体往往由于将过多的财力、物力用于其生存资料上，而使得其发展资料特别是农村人力资源开发费用严重不足。很显然，有效地控制农村人口总规模是扩大农村人力资源占农村总人口比重的一个重要手段。②素质提高指的是通过教育和培训等手段，全面提高农村人力资源各方面的素质，包括科学文化知识、农村劳动技能、农村职业道德及身体素质等。③资源配置是指把农村人力资源配置到合适的岗位上，使能者在其位，贤者在其职，不称职者下岗。

二、人力资源开发相关理论

人力资源开发理论是在古典经济学和马克思主义经济学关于生产力、人力资本的理论以及以舒尔茨为代表的现代人力资本理论的基础上，于20世纪50年代后产生和发展起来的。随着西方人力资源管理思想的出现，行为反映论、认识决定论、人文理论、参与式培训理论等行为科学研究的不断深入，创新扩散原理和信息系统原理的产生，以及人力资本理论和人力资源学说的形成，人力资源开发这一概念逐渐为人们所接受。20世纪80年代中期，人力资源开发理论传入我国后，有关它的研究活动迅速得到了各方面的重视和较快的发展，特别在企业人力资源开发方面，书籍较多（Walker，吴雯芳译，2001）。进入21世纪后，由对农民的技术教育为主开始转向农村的人力资源的整体开发，农村人力资源开发越来越被人们提到，但从理论上系统阐明农村人力资源开发的研究成果寥寥无几，绝大多数限于农民培训和农业推广。这里将生产力理论、系统论、行为理论、认识论、人力资本理论相结合，归纳出农村人力资源开发的相关理论。

（一）生产力理论

生产关系必须适合生产力发展的性质和状况。这是贯穿于整个人类社会的一条最普遍的规律。生产力是人类征服自然、改造自然获得物质资料的能力，劳动者、劳动资料和劳动对象是构成生产力的要素。生产力中也包括科学，随着生产和科学的发展，越来越显示出科学的重要性，甚至使之成为第一生产力。生产关系是人们在物质资料生产过程中结成的不以人的意志为转移的社会关系。只有生产关系适合生产力的状况，生产力才能发展，社会才能进步。将生产力理论应用于农村发展，形成农村人力资源开发的核心理论——农村生产力发展理论。

1. *农村生产力系统的构成和功能*。农村生产力同社会生产力一样是一个庞大复杂的系统，它是社会生产力系统中的子系统，农村生产力系统可以从图8-1中看出。

复杂的农村生产力系统，是农村生产中的劳动者与自然界的统一体，这一统一体构成了如下两大功能：

渗透性功能：由农村科技、农村教育、知识与信息组成的生产力，它决定了农村人力资源开发的源动力。

实体性功能：由农村人力资源主体——从事各业农民与农村生产资料组合而成。

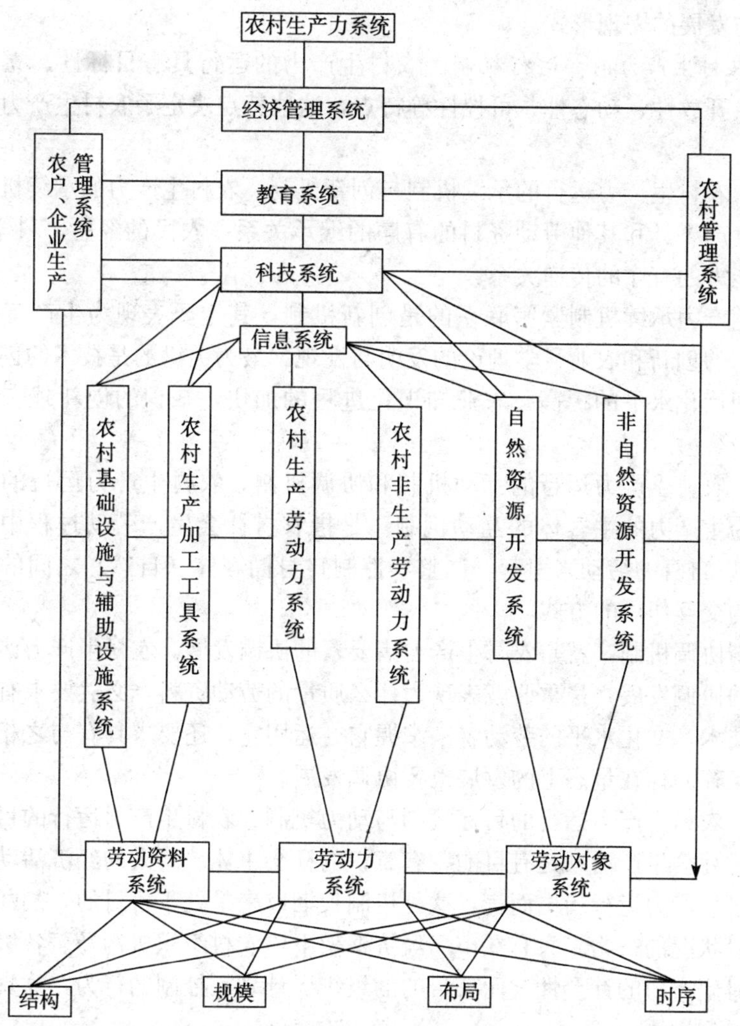

图 8-1　农村生产力与人力资源开发系统

在这两大功能发挥作用的过程中，渗透性功能越来越显得重要，而这一生产力部分恰恰是农村乃至整个农村生产力发展的最薄弱的部分。因此，要使农村生产力发展就必须下大力量着手解决渗透性功能的发挥问题。

农村生产力系统必须有相应的存在形式，这些存在形式在数量上结合，表现为农村生产力各个因素、各种功能的聚集程度的规模状况；在比例上结合，表现为各因素所起作用大小的结构状况；在空间上结合，表现为各个因素、各种功能的农村分布状况；在时间上结合，表现为各因素、各功能的序列衔接的时序状况，因此，规模、结构、时序、布局即为农村生产力与人力资源开发系统存在与发展的表现形式。

2. 农村生产力内部运行机制。农村生产力的运行具有目标性、立体层次性、多极开放性、动态性、可控性等特点，这些特点决定了农村生产力的运行机制。

（1）农村生产力运行的承续机制与创新机制。农村生产力的承续机制表现为农村生产工具和其他劳动资料的有序的继承关系，农民的经验、科学知识、技术和能力的有序的传递关系。

与生产力承续机制紧密联系的是创新机制，其主要表现为生产工具的变革、技术的创新和农业科学理论的发明与发现。最为关键的是技术的创新，随着农村现代化水平的提高，农业知识化进程的加快，知识的创新越来越显得重要。

（2）农村生产力运行的互动机制和协调机制。农村生产力运行的互动机制，即为生产力的主客体的互动机制，是指农村社会生产劳动过程中，主体（农民）以自身的活动来引起、调整、控制自身同客体（自然）之间的物质变换过程的交互作用的方式。

所谓协调机制，就是农村生产力诸要素的协调发展。农村生产力诸要素在质态上的协调发展，最重要就表现为什么质量的劳动资料，必然要求有与之相适应的技术、文化水平的劳动者来掌握它、运用它，还要求具有与之相适应的劳动对象；同样在量态上的发展也要协调发展。

（3）农村生产力运行的目标机制与动力机制。农村生产力运行的目标机制源于农村社会生产活动是有目的、有意识的社会主体——人的经济活动。但就我国农村生产力运行历史而言，这种机制长期以来是处于盲目的，割断生产力发展现时状况的行为。只有在市场经济框架下，农村组织机构乃至各级政府预见到农村生产力的社会性，而有目的的组织、计划、控制的行为，才真正使这一机制得到发挥。

构成农村生产力运行的动力并非单一的，它包括多方面的动力的相互联结、相互制约、相互作用，从而形成逐级推进的强大推动力。首先是最为直接的或初始动力是农村生产力的主体要素——农民的物质生活和物质生产的需要；其次是农民和农村企业对利润的追求；再次是科学技术，这是对利润追求的衍生物；第四动力是精神动力。这四种动力共同作用推动了农村生产力的运行。当然在农村生产力发展的不同阶段，各种动力的作用是不同的。

（二）系统工程理论和生态理论

实施农村人力资源开发是一项复杂的系统工程，系统论、生态理论、信息论、控制论、协同论等现代新学科为农村人力资源开发提供了越来越多的理论方法，这些新的理论方法在推动农村人力资源开发运转中起到了重要的指导作用。

1. 基层农村内部。基层农村按照社会系统可分为农户、村干部、学校、村办企业等，它们与自然资源结合，构成农村经济发展的各个组成部分。

2. 农村外部系统。农村外部系统按照社会、生态、经济可分为生态环境、社会经济环境和信息经济环境三大部分，按照农村人力资源开发外部支持系统又可分为政府、教育、科技、新闻媒体、企业及其他社会力量，是农村人力资源开发外部力量；按照行政管理纵向可以分为国家、省、地（市）、县、乡、村六个农村人力资源开发的支持层次。

3. “六流合一”使农村人力开发系统的内、外部各个组成部分形成一个系统整体，构成农村人力资源开发的运转机制。

根据系统工程和生态工程理论，在农村人力资源开发系统中，各个组成部分之间联系载体主要表现为多种“流”的形式，其中有物质流、能量流、人力流、信息流（智力流）、政府流（权力流）、价值流。而各个组成部分相当于农村人力资源开发的“库”、“源”，而每个“库”、“源”又有许多组成部分分成许多“小库”、“小源”，各种“小库”、“小源”间也通过“流”相互流动，“库”与“源”之间可相互转化。“库”与“源”之间各种流运转快慢主要取决于两者的陡度差。如科教人员（“源”）在市场经济条件下，通过有偿服务，所在试点村（库）将物质和资金奖给科技人员，那么其又可变成动力“源”，进一步调动科教人员的积极性，加速农村人力资源开发的发展，使农村人力资源开发可持续发展。而“库”中在现阶段要抓好村干部带头人的培养，带动“大源”、“大库”的滚动发展，增加农村人力资源开发的活力，在“源”中要注意发挥各级政府的农科教统筹作用，各级科教兴农人员（和单位）要注意不断增强自身兴农的动力和实力，加大农村人力资源开发的陡度差；同时，兴农受益人员也要注意通过政策、资金、物质来调动兴村人员的积极性，加大反哺力度，使农村人力资源开发的流动加大、加快，形成一个良性循环运转机制。

（三）协同效应理论

协同是研究远离平衡的开放系统，在保证系统不断得到投入的条件下，系统能够自发地产生一定的有序结构或功能行为的一种理论。这里所谓协同是指一种合作现象，也是指一个开放系统内各构成因素之间协调作用的一种特性。人类社会如果没有协同，人类就不能生存，生产就不能发展，社会就不会进步。

农村人力资源开发是一个由多个子系统组成的开放系统，其中子系统与子系统之间、子系统与整体之间、整体与环境之间存在着协调作用。例如，系统结构与功能的协调力；发展目标与实施过程的协调力；内部运行与外界环境的协调力；生产关系与生产力的协调力；经济、科技与教育的协调力；资源保护与开发利用的协调力；资金积累与消费的协调力；经济效益、生态效益、社会效益之间的协调力等。协调作用力可为正、负或零。如果作用力为正时，可以促进各因素间的协同作用，使系统趋向于有序结构；如果作用力为负时，表明系统内的因素之间产生较大内耗，会阻碍或破坏因素间的协同作用，使系统趋于无序和混乱。

我们在实施农村人力资源开发时，要充分发挥由大农业、大科技、大教育所构成的系统的协同效应，从而增大系统的整体功能。但是系统产生的协同效应是正还是负，关键取决于结合体经过总体协调后，新系统的结构是否合理。结构合理，优化的结构就能产生 1＋1＋1＞3 的正协同效应；结构不合理，协调关系不好，就会出现 1＋1＋1＜3 的协同效应，严重的还会出现负协同效应。

（四）自组织理论

如何把原来分散的、相对独立的事物形成一个具有整体结构和功能的新系统，这是系统理论要研究的另一重要问题。研究这一问题的理论称为系统自组织理论。

我国实施农村人力资源开发只有短短的几年历史。我们对这一结合系统的结构，以及农村人力资源开发演变内在规律都缺少研究和了解。利用自组织理论和耗散结构理论来指导农村人力资源开发的理论研究与实践，可以为研究农村人力资源开发的规律演变及预期发展提供一定的理论基础，可以为深入了解农村人力资源开发系统的结构，为促进系统的自组织机制与耗散结构的形成创造条件，也可以为促进农村人力资源开发的协调发展而科学地制定有关政策和建立服务保障体系提供有益的帮助。

农村人力资源开发是一个开放系统，必须不断地从环境中获得负熵流才能发展壮大，形成耗散结构。例如，根据实施科教兴农与农业可持续发展战略，以及发展市场经济的需要，深化不同层次范围内农业、科技、教育体制改革，就会使原来适应计划经济的管理体制与运行机制产生不稳定性。随后系统再依靠不断引进科技成果、引进人才、提高劳动者素质、加大资金投入、制定有关政策等，来增强农村人力资源开发内部与外部各个组成因素之间的总体协调关系，优化系统结构，逐渐淡化系统构成因素之间的边界，避免形成孤立的子系统，真正做到行政、科技、教育、物资等部门互相配合，技术、人才、资金、物资配套使用，使系统产生农村人力资源开发的内部驱动力，改变过去构成因素单一式的运行格局，充分发挥系统的协同效应，使系统逐步由较低级的有序结构，发展成为较高级的有序结构。

（五）创新理论

创新这一概念是著名美籍奥地利经济学家熊彼特于 1912 年在其名作《经济发展理论》中首次提出来的。按照熊彼特的观点，创新就是生产函数或供应函数的变化，或者说是把生产要素和生产条件的“新组合”引入生产体系。按照这个论述，创新包括技术创新（产品创新与工艺创新）与组织管理上的创新，因为两者均可导致生产函数或供应函数的变化。新的生产组织与管理方式的确立，也称为组织创新，这种创新涉及社会生产的组织方式和相应的生产关系变动，从而形成新的产业组织形式，如集团公司的组建和股份制公司等等。

组织创新的过程涉及到农村人力资源开发的诸多方面，新的科学技术和文化知识的引进，必然会带来生产组织方式和生产关系方面的变革。组织创新理论在农村人力资源开发的实践中应用最为突出的一个方面就是农业产业化。所谓农业产业化就是以国内外市场为导向，以资源开发为基础，以提高农村经济效益为中心，对农业和农村经济的主导产业和产品，以产供销、种养加、贸工农、经科教一体化的原则，实行多层次、多方位、多形式和多元化的优化组合，形成具有一定特色产业化实体，以达到生产专业化、经营规模化，管理规范化、服务社会化、布局区域化、农民组织化，使农业和农村经济逐步走上自我发展、自我积累、自我约束、自我调节的城乡优势互补，产业相互关联、互相促进、协调发展的轨道，推动农业现代化、城乡一体化过程，提高农民的收入，改善农村人与人、人与物之间的关系。显见，农业产业化是一种组织创新形式。

第二节　我国农村人力资源开发主要特点

一、我国农村人力资源的特点

1. *农村劳动力资源丰富*。我国农村人口占全国总人口的比例虽呈逐年下降的趋势，但下降幅度不大，15 年间仅下降 5.8%。但总量增长 5 318 万人，每年平均增加 355 万人；农村劳动人口增长迅速，15 年共增加 8 377 万人，每年平均增长 558 万人，远远超过了社会生产发展的需要，剩余劳动力规模庞大（见表 8 - 1）。

表 8 - 1　1990—2005 年农村人口、劳动力变化情况

单位：万人

年份	农村总人口	占全国比例	乡村劳动力	劳动力净增
1990	89 590	78.4	42 010	—
1995	91 675	75.7	45 042	3 032
2000	92 820	73.3	47 962	1 066
2003	93 751	72.5	48 971	1 099
2005	94 908	72.6	50 387	1 416

资料来源：2007 年《中国农业统计资料》、2007 年《中国统计年鉴》。

2. 农村劳动力的绝大多数仍集中于第一产业。从1990—2003年农村劳动力各行业分布的情况看，分布在第一产业的农村劳动力由1990年占农村总劳动力的79.4%下降到2003年的63.8%，下降了15.6%。分布在第一产业的农村劳动力不断在减少，分布在第二、第三产业的劳动力增长较快，第二产业为10.1%、第三产业为26.1%。但滞留在第一产业中的农村劳动力人口仍超过需求（见表8-2）。

表8-2　农村人力各行业分布情况

单位：万人

年份	农林牧渔	工业	建筑业	交通运输、仓储电信	批零餐饮	其他非农
1990	33 336	3 229	1 523	635	693	2 593
1995	32 335	3 971	2 204	983	1 170	4 380
2000	32 798	4 109	2 692	1 171	1 752	5 442
2003	31 260	4 397	3 201	1 328	2 059	6 186
2005	29 976	6 012	3 653	1 567	2 938	6 242
2005年较1990年变化率	−10%	86.2%	138.5%	247%	324%	140.2%

资料来源：2007年《中国统计年鉴》、2007年《中国农业统计资料》。

3. 农村劳动力受教育程度普遍偏低。从1990—2006年农村劳动力文化状况的统计数字看，农村劳动力受教育的程度不断提高，其中2006年比1990年文盲或半文盲人数占劳动力人口的比例下降幅度很大，绝对值达14.03个百分点；小学程度绝对值降低了12.44个百分点；初中程度2006年比1990年绝对值提高了20个百分点，高中、中专、大专文化程度所占比例有明显增加，绝对值分别增加了3.54%、1.89%、1.2%。

表8-3　农村劳动力受教育情况

单位：人/百个劳力

程度＼年份	1990	1998	2000	2003	2006
文盲、半文盲人数	20.73	9.56	8.1	7.4	6.7
小学程度人数	38.86	34.49	32.2	29.9	26.4
初中程度人数	32.84	44.99	48.1	50.2	52.8
高中程度人数	6.96	9.15	9.3	9.7	10.5
中专程度人数	0.51	1.46	1.8	2.1	2.4
大专程度人数	0.10	0.37	0.5	0.6	1.3

资料来源：国家统计局．中国人口统计年鉴．中国统计出版社，2001—2007

另据2004年《中国农业统计报告》中抽样调查结果：平均每个农村家庭劳动力中，文盲、半文盲数为0.3；小学程度人数为0.9；初中程度人数为1.1；高中程度人数为0.2。

4. 我国城乡之间劳动力受教育水平层次结构存在明显差距。据2003年3月5日《中国信息报》报道，《我国教育与人力资源问题报告》显示：我国城乡之间劳动力受教育水平层次结构存在明显差距。2000年我国农村劳动人口人均受教育年限为7.33年，而城市是10.20年。城市、县镇和农村之间劳动力人口受教育水平的比重情况为：具有大专及以上受教育水平的人口比例是20∶9∶1；受高中教育的人口比为4∶3∶1；受初中教育的人口比为0.91∶1.01∶1；受小学教育的人口比为0.37∶0.55∶1。

5. 我国农村从业人员受教育程度与发达国家相比存在较大差距。发达国家农民一般受教育年限在12年以上，平均在14～16年（面向21世纪农科教结合与实践理论课题组，2000；孙翔，1997）。我国要想实现农业农村现代化，首先要实现农民的知识化，提高农村劳动力的文化程度。

二、农村人力资源的转移特点

（一）农村劳动力转移呈稳定增长态势

据农业部农村经济研究中心调查，2006年年末，农村转移劳动力达11 891万人，预计今后几年，每年劳动力转移新增人数将维持在500万～700万左右，呈稳定增长态势，增长速度在5%～6%。

（二）改革开放以来，我国农村劳动力转移经历了三个高潮期

一是1984—1988年，转移农村劳动力的数量平均每年达到1 100万人，年均增长23%；二是1992—1996年，平均每年转移农村劳动力超过800万人，年均增长8%。三是1997年以来农村转移劳动力年均增长4%，农村转移劳动力数量的增长速度呈逐年下降趋势。据全国农村固定观察点系统的调查推算，从1995年到2006年，全国农村劳动力外出就业数量由5 066万人增加到了11 891万人，其中，2001—2004年，农村劳动力年平均迁移为412万人，2004年，农村劳动力迁移数量首先超过1亿人，占农村劳动力总量的20.6%，2006年上升到1.32亿人。

（三）县域经济是吸纳农村转移劳动力的主体

(1) 县域经济吸纳了11 050万人，占65%。其中，县级市吸纳的劳动力1 370万人，占12.4%；建制镇吸纳730万人，占6.6%；乡镇地域内非农企业吸纳8 950万人，占91%。

(2) 地级以上大中城市吸纳了5 900万人，占35%。其中，转移到直辖市的劳动力约1 000万人，占17%；转移到省会城市的劳动力约2 000万人，占34%；转移到地市级城市的劳动力约2 900万人，占49%。

（四）跨省流动数量稳定，省内流动比例上升

调查显示，2006年外出就业劳动力中，在乡外县内就业的占21.19%，县外省内就业的占35.13%，跨省流动的占41.16%，境外就业的占1.12%。县外省内就业的比重比2005年上升了2.10个百分点，跨省流动的比例下降了0.13个百分点。农村劳动力跨省流动的去向仍以广东、浙江、上海、北京为主要目的地。

（五）区域间农村劳动力转移的不平衡

劳动力的需求和供给主要集中在东部地区，东部地区用人需求人数和求职人数分别占59.2%和57.5%，其中81%的用人需求和求职人数集中在长江三角洲和环渤海地区；从供求对比看，东部地区的劳动力需求大于供给，而中、西部地区劳动力供大于求，东、中、西部的求人倍率分别1.01、0.96、0.91，在东部地区，珠江三角洲和环渤海地区的求人倍率分别为1.89和1.09，其他地区的求人倍率均小于1，依次为闽东南地区为0.99，长江三角洲地区为0.96，其他地区为0.63。

三、我国未来开发农村人力资源的总体思路和途径

（一）总体思路

加快开发我国农村人力资源，要突破过去就教育抓教育的传统思路，要把农村人力资源开发放在整个农村经济与社会发展的总体目标中去研究，在此基础上要确定两个方面的目标：一是要在增加农村教育投入、改善农村教师待遇的基础上，抓好农村普及九年制义务教育；二是要深化农村教育改革，以多种形式、多种途径、多种机制积极发展农村职业技术教育，使教育产业在农村有新的发展和突破，为开发农村人力资源做出更大的贡献。

（二）途径

围绕这两个方面的目标，未来要在以下几个途径上做好工作（金兆怀，2000）：

1. 加强农村基础教育的办学条件，提高办学质量。基础教育是提高未来农村劳动力素质的主要渠道。改革开放以来，我国农村基础教育有了很大的发展，但是当前农村基础教育仍然还很薄弱，在相当一些地区的农村里九年制义务教育还没有普及，青壮年文盲仍然存在，青少年失学现象仍很严重，这种情况与提高我国农村劳动力素质和加快农村人力资源开发的要求相差甚远。因此，必须继续加强农村基础教育、建立健全多元化的基础教育办学模式，多渠道筹集教育基金，不断改善基础教育的办学条件和提高农村教师待遇，更新教

育思想，转变教育观念，加快应试教育向素质教育的转变，促进农村劳动力素质的提高。

2. 多种形式、多种途径、多种机制发展农村职业技术教育。按照“面向农村、面向农民、面向农业”的方针办好农村职业教育，是有效地开发农村人力资源的重要举措。长期以来，农村的基础教育为高等院校提供了相当数量的优秀生源，但是来自农村的大学毕业生回农村工作的却为数极少；同时大量没有考上高等院校的农村青年却没有机会受到专业技术和技能的培训。因此，在抓好农村基础教育的同时，适当适时分流，多种形式、多种途径、多种机制积极发展农村职业技术教育，是提高农村人口整体素质、满足农村经济进一步发展需要的有效途径。农村职业技术教育要有超前意识，根据我国农村经济新世纪发展的需要，结合本地特点和实际情况，设置专业和课程，确定具体办学模式和途径，使农村职业技术教育成为深受农村及受教育者本人欢迎的教育模式，为农村经济的进一步发展培养出大批留得住、用得上的实用型人才。

3. 发展完善农村成人教育体系。长期以来，我国农村的基础教育实际成了向非农行业输送人才的基地，绝大多数农村学生学习的目的就是走出农村，因此，只有构建农村的成人教育体系才能培养出农村经济发展用得着、留得住的专门人才，才能加快农村人力资源的开发和农村劳动力素质的全面提高。农村的成人教育应该有较多的层次：①普及型。内容包括一些文化知识、农业技术、专业技术和实用的经济知识与法律知识。②提高型。主要是对农村优秀中青年进行较为系统的农业现代化所需知识和技能的培训和教育，以培养适应农业现代化发展需要的较高水平的专门人才。③学历型。主要是通过农村自学考试、电大、函授教育的发展，提高农村各类专门人才的学历水平和实际能力。④扫盲型。针对目前我国农村出现了新的文盲和半文盲群体，举办各种类型的扫盲训练班，辅之以各种专门技术、技能的培训，以提高农村劳动力的整体素质。农村成人教育的办学模式可以多种多样，时间可长可短，内容可简可繁，以多种形式来适应农村人力资源开发和农村经济发展的需要。

4. 各级政府要提高对新世纪农村人力资源开发的认识，采取得力措施，多方筹措资金，增加对农村教育的投入，制定切实可行的制度、政策和法规，使农村人力资源开发得到强有力的政策和行政支持，使此项具有极为重要战略意义的事业在新世纪里不断得到发展和完善。

5. 加强农业高等、中等普通教育衔接和农村普教与成职教的连通，实现一体化；扩大学校在专业设置及招生的自主权，打破现有的农业高等教育与农民成、职教的明确界限，在招生上，吸取国外的先进经验，将技能考试列入总分成绩，争取在招收农民上有所突破，特别是在农业高等职业教育上。

6. 要将农民素质提高与土地流转机制结合起来。将经营权、使用权与承包权分开，通过政策杠杆，允许和鼓励文化程度高的农民经营更大面积的土地，培养高素质的农民大户。

重点抓好农民和村干部的科技和文化素质，特别要抓好山区。要以普及绿色证书为重点，将现有绿证分为三级（高、中、低），高级与现有普教中心大专层次接轨；中等与中专毕业生接轨；初等与现有绿色证书接轨，使之上档次（面向21世纪农科教结合与实践理论课题组，2000；孙翔，1997）。

第三节　农民科学素质与农村人力资源开发

党的十六大提出全面建设小康社会，其重点在农村，难点在农民，关键在于提高农民素质。当前，我国农业和农村经济正处在关键的发展阶段，农业产业化经营的扩大，农村富余劳动力转移，农产品竞争力增强，农村信息化的发展，都迫切需要提高农民素质。农村人力资源开发的重点，就是要全面提高农民科学素质。

一、农民科学素质行动

（一）开展的背景

2006年3月20日，国务院颁发了《全民科学素质行动计划纲要》（以下简称《纲要》）。《纲要》把提高农民科学素质列为公民科学素质建设的重点和难点，将农民科学素质行动列为“十一五”期间公民科学素质建设四大主要行动之一，确定了面向农民宣传科学发展观，重点开展保护生态环境、节约水资源、保护耕地、防灾减灾，倡导健康卫生、移风易俗和反对愚昧迷信、陈规陋习等内容的宣传教育，促进在广大农村形成讲科学、爱科学、学科学、用科学的良好风尚，着力培养有文化、懂技术、会经营的新型农民，促进社会主义新农村建设的目标任务，将提高农民科学素质与建设社会主义新农村的伟大战略任务紧密结合起来，充分体现了《纲要》的时代特征，对加速建设社会主义新农村，具有重要的现实意义和长远的历史意义。2006年，由农业部和中国科协牵头，联合其他18个部委，共同启动了农民科学素质行动。

（二）制定《农民科学素质教育大纲》

2007年10月，为贯彻落实《全民科学素质行动计划纲要》，推进农民科学素质行动实施，切实加强农民教育培训和科学普及工作，农业部和中国科学技术协会牵头、其他18个农民科学素质行动协调小组成员单位共同参加，组织编写了《农民科学素质教育大纲》（以下简称《大纲》）。《大纲》从我国“三农”实际出发，明确了农民科学素质教育的主要内容，对增强农民科学意识，提高农民科学生产、科学经营、科学生活能力具有重要的指导作用。

1. 提高农民科学素质的目标任务。通过教育培训和科学普及，使广大农民的科学素质明显提高，在广大农村形成崇尚科学、移风易俗、学法守法、勤劳致富的新风尚；着力提高农民掌握和运用先进实用技术发展生产、增收致富的能力，提高农民节约资源、保护环境、建设生态家园的能力，提高农村富余劳动力向农村二、三产业和城镇转移就业的能力，提高农民经营管理和创业发展的能力，提高农民学习科学知识、适应现代文明、改善生活质量的能力。力争到2020年，全国95％以上的农村劳动力能够接受科学素质教育培训，95％以上的乡村能够开展群众性、社会性、经常性的科学普及活动，农民科学素质能够基本适应全面建设小康社会的要求。

2. 农民科学素质教育的主要内容。2006年至2020年，农民科学素质教育的主要内容是：

（1）学习邓小平理论和“三个代表”重要思想，深入贯彻落实科学发展观，树立正确的人生观和价值观。

（2）了解公民的基本权利和义务，学法知法守法，树立主人翁意识，积极参与民主选举和农村社区事务。

（3）树立科学文明的新观念，积极参与健康文明的文化娱乐活动，反对封建迷信，不信邪教，远离“黄赌毒”。

（4）树立自强、自立意识，提高自我教育、自我发展的积极性和主动性，增强依靠科技增收致富的信心和能力。

（5）树立环境保护意识，崇尚生态文明，治理农村脏乱差，改善居住条件，建设生态家园。

（6）了解党的“三农”政策，运用惠农政策加快家庭经济发展和乡村建设。

（7）学习科学种养技术，提高务农技能，积极应用新品种、新技术、新设备。

（8）了解农产品安全生产知识，不使用国家明令禁止的农药、兽药等投入品，掌握动植物重大疫病和常见病虫害的基本防治技术。

（9）树立节约资源意识，掌握节地、节水、节种、节肥、节药、节电等技术，综合利用农业废弃物。

（10）了解农业的多种功能知识，延长农业产业链条，合理利用当地资源条件，发展旅游、观光、休闲等农业新产业，提高农业综合效益。

(11) 了解农村生产生活安全常识，掌握农机操作技术，科学使用农药，安全应用家用电器，遵守交通法规。

(12) 学习外出务工职业技能、掌握城市生活常识和安全生产知识，维护自身合法权益，预防职业病和传染病。

(13) 学习应用广播、电视、报刊、电话、互联网等现代工具，获取有效生产生活知识和信息。

(14) 掌握经营管理基本知识，科学配置家庭土地、人力、资金等农业生产资源，增强自主创业能力。

(15) 了解农村金融和财税基本政策，合法运用农村信贷发展生产，反对高利贷，抵制乱收费、乱集资、乱摊派等非法行为。

(16) 了解农村合作经济组织法律法规知识，树立互助合作意识，积极参加农民专业合作社，提高进入市场的组织化程度。

(17) 了解农村社会保障基本知识，积极参加新型合作医疗、农村养老等社会保险，掌握灾害防范基本常识，增强自我保护和救助能力。

(18) 掌握生活卫生和健康知识，预防生理和心理疾病，提倡合理膳食，坚持锻炼身体，有病及时就医。

(19) 掌握文明礼仪基本常识，诚信待人，处理好家庭和邻里关系，建设和谐农村。

(20) 树立不断学习、不断进取的好习惯，积极适应新形势和新情况的变化，不断提高自身素质，努力增强适应科技进步和经济社会发展的能力。①

二、适应新农村建设发展需要，农民应具备的基本科学素养

（一）要树立正确的、科学的发展观，树立十种科学意识

1. 要树立自立、自强、自尊新农村建设的主体参与意识。任何一个农村建设发展良好的典型，不主要是依靠政府的扶持，而是充分发扬自力更生的精神，依靠全体村民的齐心协力，把自己的家乡建设好。如江苏省华西村、黑龙江省的兴十四村、北京市的韩村河村等。

2. 树立循环经济发展，建立节约型、学习型、创新型社会的循环意识。我国是人均资源非常贫乏的国家，人均农业资源量很低，土地、水资源紧缺，必须要注意节约土地、水分，防止农业面源污染和浪费。

3. 即要抓物质文明，也要抓生态文明、精神文明、政治文明的多元文明

① 农业部．农民科学素质教育大纲（2007）

（诚信、宗教）意识。防止片面追求物质文明，忽视其他文明，造成社会不稳定。

4. 既要考虑近期，也要考虑中期、远期发展的时间发展意识：要防止急功近利的思想，不能牺牲子孙后代的利益，换得暂时的繁荣。

5. 即要考虑本户、本村发展，也要照顾周边农户和地区的空间发展意识：在流域和空气的上游地区的农村，要考虑下游村庄和农户的利益。

6. 既要考虑富裕农户的利益，也要兼顾贫困户的和谐均衡发展意识：防止过于贫富过度两极分化，造成农村社会不稳定。

7. 一产与二产、三产相互延伸结（融）合的链条意识：通过大力发展观光农业、旅游农业、加工农业，大力延长产业链，增加农产品的附加值。

8. 既要继承传统产（农）业的优点，又要用高新技术改造传统产（农）业的嫁接意识（借智、人、财、物）：要能够学会借用外部力量和资源，发展自己。

9. 既要树立在发展生产的同时，也要考虑生活、生态、生命的四生意识：大力树立农产品质量安全的良好意识，大力发展绿色农产品和有机农产品。

10. 做到“你无我有，你有我优，你优我精，你精我变”的特色意识。

（二）农民需提高的十种科学能力

1. 正确规划家乡和家庭，不断改善自身生活环境质量的生存能力。

2. 不断获取和更新各类知识的学习能力。

3. 正确依靠科技知识脱贫致富、发展生产的技术能力。

4. 提高运用现代高新技术（如生物技术、信息技术）提高产品质量，改造传统产业的创新能力。

5. 不断提高农民产业组织、提高产业规模、延长产业链、增加产品的附加值，正确进行市场预测和营销（诚信）的市场竞争能力。

6. 提高农民向非农产业、城镇就业、城市生存的转移能力。

7. 不断提高物质和社会资源使用效率的节约能力。

8. 不断提高农民自身组织化程度，自觉进行民主管理的政治能力。

9. 努力提高农民争取项目、撰写项目、正确进行资金使用的理财能力。

10. 能够将上述单项能力加以整合提升，具有共同发展、可持续发展的综合能力。

（三）应具备的六大类科学知识

1. 基本知识（文化、法律、世界观）。包括数、理、化、语文、宇宙起源、地理、法律等在内的基本知识，应达到初中以上文化程度（9～12年），其中东部发达地区45岁以下的农民应在12年以上。

2. 专业基础知识。环境类、生物类、计划生育类等知识。

3. 用于就业谋生的专业知识。如一、二、三产业的专业知识。如农业技术、工业技术、旅游接待、家庭经营等。

4. 自我组织发展的管理、法律知识。如农民合作组织建设、农村常用的法律法规（土地、房产、婚姻、遗产等）、农村公共管理常识、村庄规划建设、企业管理等。

5. 参与市场、与人交往的沟通知识。如市场营销、计算机网络、公共关系、英语常识、策划学常识等。

6. 用于做大项目、产业的理财融资的知识。如项目申报、技术转移与研发、企业投融资、企业上市、股票交易等。

第四节　国内外的农民培训

一、国外农民技术培训现状

许多发达国家已把农民职业培训作为一项国策，规定为义务教育。农场主看得很清楚，要发展生产提高劳动生产率，就要进行职业培训的智力投资，纳税人愿意付出这种代价。许多发达国家规定，要从事农业生产，必须经过一定的农业职业培训，没有受过农业专业教育，不许经营农业，不能给予物质支助。

（一）农民培训的类型

1. 基础农业培训。在发达国家，一般实施 10 年左右的义务教育后接受职业培训，基础农业培训是对准备从事农业生产的青年农民，进行农业普及教育；或对无业者进行就业前的职业教育。这类培训在欧洲国家属义务教育，作为谋生手段必须具备的基础教育，学制一般 2 年左右，半脱产学习。

2. 成年农民继续教育。对已有一定农业生产经验，或受过普通农业教育或农业专业教育的农民。由于生产的发展或科学技术的进步，需要重新进行学习，以掌握经营农业的新知识、新技术。

3. 专业农民培训。从事专业化，商品化生产的农民，需要学习专门知识，或根据农业市场信息要改变经营方向的农民，需要有新的专业知识，也要进行重新培训。

4. 晋升技术职称培训。发达国家对农民规定各种技术职称，农民为晋升技术职称而参加有关培训，如“技工”、“能力”培训，“领班”、“师傅”培训等。

（二）农民培训的管理体制

1. 政府组织的培训。农民教育一般没有专门机构进行管理和领导，在中央有的由教育部领导，如西班牙的教育部设职业培训局，具体培训工作由地方教育局执行；有的是农业部管，如英国是农渔食品部的农业培训局负责；美国由农业部农业合作推广局负责，具体培训工作由州立农学院推广处管；印度是农业部配合农业并发制订培训计划，由农学院和地方农业开发部门负责；联邦德国由联邦政府和地方教育局负责农民培训；日本由农林水产省资助县农业普及所和营农学校、农民研修所负责农民培训（杨士谋，1987）。

2. 民办官助的培训。许多国家由民间团体组织农民培训，荷兰由农民协会组织农民和农业徒工培训；法国是由各种农业专门协会组织农民培训，他们从参加专业协会的农民出售农产品中提出一定的基金，对参加专门协会的农民进行有关技术培训；丹麦是由农协和小农场主联合会创办农民培训学校，这种学校有权决定办学原则，选择什么样的教师和课程，教学计划由教师和农场主共同商定，政府设有教育督导员对教育计划起咨询作用；日本的农业民间组织名目繁多，有各种农协和财团法人的农民教育协会，全国青少年教育振兴会等许多组织，配合开展农民教育；美国的“四健会”和“美国未来农民”协会是全国性的青年农民业余教育机构，由联邦农业部和州政府拨款资助，私人对“四健会”的资助占三分之二，这些钱主要用在颁发智力竞赛奖金，组织旅行野营和其他专门奖励，培训机构志愿指导员的服务货币价值，约等于政府资助的四倍。

3. 私人企业组织的培训。一些资本主义国家的私人企业或财团，也办农民培训机构，联邦德国有些先进农户经政府批准可接受青年到他的企业培训称“农业培训企业”，全国有 2 万多个。在挪威，私人和宗教慈善机构也办农民培训班，瑞士由农场主自办农业学徒培训，由雇主本人进行指导和培训。

（三）农民培训的机构

1. 农民培训中心（或称“教育中心”、“科学中心”）。是固定地点的集中培训，根据不同课程组织短期专题培训。英国有 200 多个培训中心，遍布全国各地，每县至少有 1 个，大的县有几个。丹麦有 50 多种不同学科的农民业余培训中心，法国有 164 个青年农民职业培训中心，387 个成年培训中心；西班牙有 189 个农民培训中心。印度在农业发达地区设 150 个农业培训中心，还根据不同培训内容设渔业培训中心，土壤保持培训中心，乡镇农业管理培训中心，农村妇女家政培训中心等。

2. 农民培训学校。培训的时间较长，从初级农业教育到大专程度都有，如日本有中央农林省农业者大学校一所，县营农学校 19 所，道府县农民研修所59所，民间团体办的“绿色学园”3所。培训对象是高中毕业生、农业高中生、农业学院的大专毕业生，根据不同学历要求，授予新的科学知识。

3. 培训农场（日本称“传习农场”）。主要是对农民进行实践培训，学习实践技能。在欧洲国家的培训农场要经过政府批准，农场主需经师傅考试合格发给证书和授予称号；前联邦德国政府规定农民子女不能在自己农场当学徒，要到别的农场学习，并对培训农场农场主规定技术资格，通过培训工种的师傅考试及格；在培训工种的技术领域受过德国高等学校或专业技术学校考试及格，并有实际工作经验；在荷兰，全国统一设有6所实践培训学校，从农民到农业大学生都到那里实习，实践培训学校设有很好的农场和牧场。

4. 农民培训队。西班牙全国分为12个地区，每个地区又分为几个州，每个州有一个农民培训队，负责对农民和农工进行培训。培训队长由农业工程师或农业师担任，还有几名专职教员，培训队根据当地的生产特点结合家庭农场的生产管理，进行有关专业培训。印度每个县都有一个由农业局官员和农学院教师组成的培训队，在农事季节开始前，组织对农民进行有关种子技术、土壤测试、肥料利用、植物保护等专题培训，时间一周到20天不等。北欧国家还有一种教学旅行车，深入边远山区的零星农家进行技术培训，车内设有教学设备和实验室。

5. 农业函授学校。前苏联设立全苏农业函授学校，是全国农业函授教育的中心，函授教育网为集体农庄庄员和国营农场工人提供专业教育。各州农业学校也设函授部，把教学计划、教材和作业交给学生，由函授部和咨询处派教师到集体农庄进行巡回指导。

6. 农业广播学校。日本在一些县设农业广播学校，对中学毕业未满18岁从事农业生产的青少年，进行职业技术教育，学习现代农业生产经营的必要知识，广泛开展农村自学运动。

7. 农村青年俱乐部。全世界有80多个国家建立全国性的青年农民俱乐部，如美国的“四健会”、“美国未来农民”协会，英国的“农村青年协会”，德国的“德国农业青年协会”，印度的“农村农民青年中心”、“尼赫鲁青年中心”，前苏联东欧国家的“青年农民之家”，日本的“农村青少年教育振兴会”等，其任务是对农村青年进行业余教育，培训内容有农业资源开发利用和保护，农业生产技术和经营管理，改善农村生活环境，提高农村工作能力，农业政策研究，农村社会问题，道德修养（做一个好农民、好公民，公益服务，合作共事，勤俭节约等思想教育）。还根据农村青年的特点，进行有益于青年智力发展和身心健康的各种生动活泼的演讲会、智力竞赛、技能表演和文体活动。

各国还有农业管理中心、农业技术中心、农业试验站、咨询机构等，利用视听教学手段，发行书刊和农业新闻公报等多种形式，对农民进行培训。

（四）农民培训的方式方法

1. 长短期结合，脱产半脱产结合。根据农民是生产者和农业生产季节性的特点，以及农民的文化程度不同，培训的学制是多种多样。农忙季节以短期为主，不脱产或半脱产方式进行。欧洲国家的农业学徒一般是每周一天到农业学校学习。学制长的培训期达3～4年，每年冬季农闲集中2～3个月进行脱产学习。

丹麦的农民培训期为4年，第1年用3个月的时间进行基础课教学，最后1年还要在学校学9个月，其他3年到两个以上的农场进行培训。奥地利的农民培训一种是半工半读3年制，每年2个月脱产学习；另一种是头1年半工半读，后两年进行教学，每年有5个月在农场学习。

2. 根据农民的不同要求组织培训。印度的农民培训是根据不同对象采用不同培训方式，印度的“农业科学中心”是以无文化的农民为培训对象，不要求有读写能力，在做中学，以直观教学和经验交流为主要培训方法。西班牙的农民培训是在完成7年的义务教育之后，讲授内容基本同农业中学差不多，参加培训的人根据个人的兴趣和地区的主要农业，选择专业培训的课程，对农场主或农业经营者则要进行管理培训，学习农场管理，物资财务计划，生产效率计算及市场信息等。对乡镇委员会委员或秘书等职务的农民也要进行专门的培训。

3. 培训方式多种多样。针对农民重实际和文化不多的特点，除对农民开办讲座、培训班，报告会外，还组织农民现场诊断（如作物诊断，土壤诊断，病虫诊断），进行现场讨论。各国青年农民组织还广泛开展国际交流活动，组织青年农民到国外旅行，住在农民家里，实地体验异国农民的生活和学习经营农场的经验。日本每年要组织几百农民到欧美各国参观访问；欧洲国家每年都组织农村青年互访，旅费由官方和民间团体资助，也有自费的。

（五）农民培训的资格考试

1. “绿色证书”。欧洲各国普遍实行农民资格考试，政府规定必须完成一定的农业职业教育，一般是两年以上，考试合格发给“绿色证书”，才有资格当农民。根据政府的规定，取得“绿色证书”后有以下权利：

（1）可以有权购买土地，申请建立自己的农业企业和经营农场。

（2）可以得到政府的低息贷款，利息只有商业贷款的1/3左右。

（3）创办农场第一年，可以得到政府的资助和补贴，头6年可以减免税收。

(4) 为使农场现代化，可向共同市场理事会贷款。

(5) 国家派农业顾问进行指导，提供技术援助。

(6) 子女继承经营农场，受过农业教育的有优先权。

2. 徒工培训证书。当农业工人也必须经过徒工培训才能当农工，英国农业徒工培训需经国家统一标准的考试，考试委员会由农场主、教师，农工代表组成，及格发给“技工”证书，证明有从事农业工作的能力，技术的熟练程度合格。

除了当农民和农工的资格考试外，还有“能力”考试、“领班”和“师傅”证书考试。瑞士政府规定，完成徒工考试后，并有1年农场的实践经验，再到农业技术学校学习，考试及格发给联邦“能力”证书，有了这种证书工资待遇就不同；师傅考试是技工理论和实践的最高考试，由联邦政府任命考试机构进行，参加考试的条件是：至少25岁，取得联邦能力证书，按考试委员会规定要有一段实际工作经验，提出一篇农场经济的学术论文。考试合格发给联邦“师傅”证书，有了这种证书就有资格带徒工和当兼职农业顾问。

3. 法国农民培训的几种证书。

(1) 农业职业教育证书。有3～5年农业实践经验，要经营农场但没有得到农业职业证书，需要进行至少200小时的农业职业培训，取得证书才能得到国家的补助。

(2) 农业专业证书。对某一专业经过680～920小时的培训，可授予农业专业证书，政府确认他具有某种专业能力。

(3) 农业技术员证书。成年农民为了提高自己的资历，经过两年的培训，可取得农业技术员证书。

(4) 高级技术员证书。技术员再经过2～3年的培训，达到农业专科水平，授予高级技术员证书。

还有一些两星期左右的短期培训班，学习某项专门技术，培训时间120小时以下。法国每年有10万农民参加各种证书培训，以青年农民为主。参加培训的农民中，农场主占25%，家庭农场管理人员占36%，农业工人占7%，准备改换职业的占5%，其他占27%。

4. 日本的农民培训证书。日本在1976年开始实行“农业士”制度，未满35岁有一定经营农场经验的农民，进农民研修所完成一定的专业教育，由县知事授予“青年农业士”称号。年满35岁，农业技术和经营管理能力较强，在当地经营农场很有成绩，并有能力培养农村青年，具备上述条件经县知事确认，发给“指导农业士”证书，即可接受青年农民到他的家庭农场研修。

（六）国外农民培训的特点

把农业职业教育列为义务教育，也称强迫教育，只要你经营农业就必须接受职业培训。联邦德国、英、法和一些北欧国家要求很严，法国政府对农民培训的拨款相当于对高等农业教育的拨款数，主要用于补贴农工参加培训期间的工资。英国对参加培训的农民，每周发给25英镑的补贴。

职业培训有严格的考试制度，必须达到基本的要求，有些国家还规定统一的考试大纲，及格才发给证书。不是所有参加培训的人都能发给证书，英国农民培训约有20%不及格的还要继续培训，以保证培训的质量，有了证书政府给予许多优惠条件。

有一系列的培训机构来完成培训任务，不是只由国家包下来，而是鼓励多种渠道、多种形式的培训，民间团体和私人办学在农民培训中起很大作用，法国的私立农校约占一半。

二、我国农民培训的组织

按照我国现有农民培训的组织单位划分，可分为政府部门与非政府部门两大类。

（一）政府部门组织的培训

政府主要有以下计划涉及农民培训：

1. 以农业部门为主，科委、科协、教委、财政、团委、妇联等部门帮助实施的“绿色证书”工程、“跨世纪青年农民科技培训”工程、“电波入户”工程、农科教结合、丰收计划、科教兴村试点计划。

（1）绿色证书培训制度。借鉴国外经验，农业部从1990年进行绿色证书制度试点。在此基础上，经国务院批准，从1994年开始在全国全面实施“绿色证书工程”，目前全国已有1994个县开展了此项工作，覆盖率达到70%，培训农民1 300万名，有600多万人获得绿色证书。2001年，经国务院批准，农业部同教育部联合发文在农村初中开展绿色证书教育试点工作，并与总政治部、总后勤部联合发文，在军队后勤系统开展“绿色证书”培训工作。农业部在2003—2010年将继续加强绿色证书培训工作，将绿色证书制度作为农民科技教育培训的根本制度，不断加以完善。

（2）跨世纪青年农民科技培训工程和新型农民培训工程。由农业部和财政部、共青团中央三部委共同组织实施的“跨世纪青年农民科技培训工程”，自1999年7月启动试点以来，经过近几年的试点工作，进展顺利。到2001年底，已在全国31个省市区有494个县（市）开展了培训工作，累计开办培训教学班19 162个，培训青年农民105万人。2006年开始，跨世纪青年农民科技培训工程改为由农业部、财政部投入1亿元开始实施，2006年在全国28个省市、300个县1万个村开始培训，每村培训40名懂技术、会经营、善管理的新型农民。

（3）农业科技电波入户计划。20多年来，各级农业广播电视学校开展远距离教育取得了可喜的成就，通过电视、广播等为广大农民播放教学节目达14 700小时，累计培养中专生和中专后教育166万人，开展实用技术培训近亿人次，每周通过电视台和广播电台播送40个小时的教学节目，在全国建设农民科教音像库100多个，免费向农民赠送农业科技光盘25万多张。从2000年开始农业部还组织实施了“农业科技电波入户计划”，通过电视等媒介指导农业生产、推广农业科学技术、提供市场信息、传播致富经验、宣传政策法规、开展科技培训，使农业科技成果迅速走进千家万户，受到农民的普遍欢迎（中华人民共和国农业部《2003—2010年新型农民培训规划》，2003）。

（4）丰收计划。丰收计划是国家为提高农村生产力水平而采取的一项重大措施，旨在通过政府推广系统将先进适用的农业科学技术组装配套，在全国大范围、大面积推广应用，促进农牧渔业全面增产增收。1986年由农业部、财政部共同组织实施的这一计划，范围涉及全国30个省、直辖市、自治区。国家还专门成立了全国农牧渔业丰收计划指导小组，有专项资金保障。这一计划包括种植业、畜牧业、渔业等各个方面。为培养农民实用技术人才发挥了重要的作用。

（5）农科教结合示范区。1992年由农业部牵头，联合其他10个部委，组成全国农科教结合领导小组，在全国安徽、山西、山东、河北、四川、湖南等12个地（市）建立国家级农科教结合示范区，统筹规划项目、人员、财力、物力，推进科教兴农工作，取得了显著的社会效益和经济效益。

（6）科教兴村计划试点工程。科教兴村计划试点工程是由农业部中国农学会于1995年发起，主要号召大专院校和科研单位科技人员进村入户建设两个文明，实现小康。计划于1996年开始试点，到现在，已在河北、山西、安徽、河南、北京、广东、内蒙等20余个省推广，全国和省级试点村达到3 000多个，已取得明显经济效益和社会效益。

（7）阳光工程。阳光工程是2004年由国家农业部、财政部、劳动和社会保障部、教育部、科技部和建设部共同启动实施的，由财政支持的农村劳动力转移培训项目。其具体内容是对有转移到二三产业和城镇就业意愿的农民，由政府财政补贴，在输出地开展转移就业前的职业技能短期培训。“阳光工程”从2004年启动实施以来，进展顺利，成效明显。2004—2006年，“阳光工程”

共培训农村劳动力 880 万人，转移就业 760 万人，转移就业率达到 85%以上。参加培训的农民人均补助标准逐年提高，2004 年人均补助标准为 100 元，2006 年已达到 173 元。

2. 科技部门负责实施的“星火计划”。1985 年 5 月，国家科委向国务院提出了“关于抓一批短、平、快科技项目促进地方经济振兴”的请示，引用了中国的一句谚语“星星之火，可以燎原”誉名为“星火计划”。寓意为科技的星星之火，必将燃遍中国的农村大地。1986 年初中国政府批准实施这项计划。

支持一大批利用农村资源、投资少、见效快、先进适用的技术项目，建立一批科技先导型示范企业，引导乡镇企业健康发展，为农村产业和产品结构的调整做出示范；开发一批适用于农村、适用于乡镇企业的成套设备并组织批量生产；培养一批农村技术、管理人才和农民企业家；发展高产、优质、高效农业，推动农村社会化服务体系的建设和农村规模经济发展。

依靠科技促进了农村经济的发展。截至 1995 年底，全国共组织实施星火计划项目 66 736 项，覆盖了全国 85%以上的县；已经完成的星火项目为 35 254项，占立项总数的 52.9%；星火计划总投入为 937.6 亿元。1995 年全国星火计划实现产值2 682.7亿元，实现利税 473.9 亿元，创汇 88.9 亿美元。

截止 1996 年，在全国共建立了 127 个国家级星火技术密集区和 217 个星火区域性支柱产业。坚持“实际、实用、实效”的原则，因地制宜，采取多层次、多形式开展星火培训工作。到 1995 年末，全国建立了 40 个国家级星火培训基地，累计培训农村技术、管理人才 3 680 万人次。

3. 教育部门实施的“燎原计划”。“燎原计划”是教育部（原国家教委）在 1988 年 9 月为了深入进行农村教育改革实验，推动农村教育为当地农业生产和农村经济发展服务，配合“星火计划”和“丰收计划”而组织实施的。主要立足于提高农村劳动者素质，增强农村基层运用科学技术的能力。目前，在全国2 500多个县建起了“燎原学校”，培养了上千万的农民技术人才。

4. 党团组织的如科协系统“金桥计划”。每年全国、省级项目近万个，创直接经济数百亿元。

此外，近年来，各级政府部门实施的“安全食品”、“绿色食品”，标准化基地建设、产业化、科教兴农示范县等工作，都对农民培训提高有着巨大的推动作用。

（二）非政府部门组织的培训

培训单位包括学校、科研单位、企业、农民合作组织、国内外的基金组织等。以各类农业专业合作组织农协等办的农业技术培训讲座，目前还较少，但呈递增趋势。以企业为龙头所搞的技术培训和推广，随着农业产业化的发展，以企业为龙头，采取“公司＋基地＋农户”的方式，实行产、供、销的一条龙服务，相应的农村实用技术培训越来越多，如大北农集团，2007年开始每年进行农民培训达上万场，100万人次。

经过几十年的建设和发展，我国农民职业技术教育从实用技术培训、绿色证书培训、青年农民科技培训、乡村干部培训到高、中等农业职业教育都得到了长足的发展，初步形成了以农业教育、科研、推广等部门为骨干，多部门相互配合，上下贯通、左右衔接的农民科技教育培训体系。目前，全国有独立建制的高等农业职业技术学院和农业中专学校293所、地级以上的农业科研院所1 138个、县级以上农业广播电视学校2 877所、县级农机校2 127所、县级以上农业技术推广机构2.24万个、乡级农业技术推广站16.7万个，有农业科技、教育、推广人员200多万人。这些教育、科研和推广机构通过不同的形式，积极参与农民科技教育培训工作，他们已成为开展农民科技培训和推广科学技术的重要载体，为我国农业和农村经济发展做出了巨大贡献，也积累了丰富的经验。

三、农民培训的原理与方法

（一）农民培训的原则

（1）与当地进行沟通。开展农民培训要得到地方有关方面的支持，特别是基层（乡村干部）支持，创造一些最基本的条件，农民培训的目的、要求，计划实施都要同地方商量。

（2）对农民培训的一些基本情况进行调查。如培训农民的文化程度，经济生活状况，社会对农民培训的态度，地方的风俗习惯等。分析积极因素和消极因素，以便从实际出发制定农民培训计划。

（3）农民培训的内容应从农民需要出发，而不是从推广人员的愿望出发。农民的要求、兴趣是多方面的，而且是实际有用的。

（4）农民培训要采取参与式方式。让农民采取讨论的方式，互相交换意见，教师和农民要能够互动，进行沟通。

（5）农民培训要根据地方的条件采用多种形式。如夜校、广播讲座、学习班、讨论会、观摩等。

（6）农民培训要争取地方推广人员的协作和帮助。他们了解农民的实际，传授实用的知识，有农民的共同语言。

（7）农民培训的对象应包括农户全家。农户是农业生产经营的独立单位，需要全家的共同协调配合。

(8) 农民培训应面向全体农民。而不是部分农民，更不是个别农民，贫困农民更需要指导。

(9) 农民培训的最终目标是启发农民会学习思考。引导农民去思考问题，发现问题和自我解决问题。

(10) 农民培训的效果要进行检查评价。不能搞形式主义，只统计办多少班多少人参加培训，而是要求改变农民的行为。

(11) 培训要求直观。这样教学才生动、农民易学、易懂，有说服力。

(二) 农民培训的目的要求

我国正处于由劳动密集型的集约农业，向知识技术密集型的现代农业转化，发展农业生产主要是靠科学技术。在发达国家要成为一个成功的农民，他必须是经营农业的专家，并有管理的才干，不但要掌握专业知识和技能，还要善于管理，因而需要经过严格和正规的培训。

农民培训要求达到以下目的：

(1) 帮助农民了解农业的重要性。农业为国家提供食品、工业原料和创汇产品，发展农业对国民经济和人民生活具有重要意义，树立农业劳动的光荣感、自豪感和责任心。

(2) 农民学习科学文化对实现现代化的重要意义。农民掌握科学技术对发展农村经济、改变农村环境影响，广大农村经济文化水平的提高，是实现全民族的振兴和四个现代化的基础。

(3) 激发农民，树立信心。帮助农民了解学习农业科学技术，对发展生产增加个人收入，改善家庭生活的影响，激发农民学习的动力，用成功的实例鼓励农民学习的信心。

(4) 农民培训是开发农村智力资源。培养农村青年成为具有现代科学知识和创造能力的新一代农民，鼓励农民学习先进的科学技术和熟练掌握生产技能。

(5) 让农民认识保护环境的重要性。农民培训对合理开发和利用资源，保护生态环境，提高农业效率有重要意义。

(6) 培养农民合作共事的精神，为公共事业服务。

(7) 农民培训要培养农民的多种能力。主要包括：农业生产与经营的能力；市场营销的能力；经济效益分析的能力；进行农场建设的能力；改善环境条件的能力；组织领导能力。

(三) 农民培训计划的制定原则和教学法

1. 制定培训计划的原则。

(1) 了解参加培训农民的文化教育水平，从他们的文化基础出发。

(2) 了解当地农业生产情况，当地农业生产存在的主要问题。

(3) 了解农民的技术水平，劳动生产率，以便有针对性地改进技术提高效率。

(4) 教学内容要以当地农民的实际需要出发，教学计划安排要考虑季节性。

(5) 考虑培训的投入条件，教学经费的来源，教师的基本工作条件。

(6) 考虑风俗习惯、宗教、传统对培训对象的影响。

2. 农民培训主要教学内容。

(1) 农业实用技术。这是目前农村教育和农民教育培训的主要内容，也是最受农民欢迎的一种方式，也是绿证培训的主要内容。主要涉及农业即第一产业的实用技术，如种植业涉及的大田作物、经济作物、牧草和草坪作物、园艺作物（果树、蔬菜、花卉）及动物和家畜饲养的高产、优质、抗逆、低耗、绿色（无公害）栽培技术和良种良法的配套技术，农业高效种植、养殖模式的培训。

(2) 工业及建筑业实用技术。主要是村乡办企业的管理及生产技术，主要根据市劳动局要求的岗位培训和各种等级证书培训进行，如车工、钳工；建筑行业的瓦工、木工、搅拌工人；汽车修理、汽车驾驶；炼钢、炼铁中的炉前工；煤炭行业的采掘工、洗煤工；食品加工技术和工艺等。

(3) 旅游、外贸、市场营销等与第三产业有关的技术培训。帮助农民走向市场，近年有逐步上升的趋势。培训内容主要有市场营销、企业策划、家政服务、对外贸易、外贸英语、（农）产品管理等销售、产品定价、国际商务、电子商务及网上交易、秘书管理、中小企业管理、农业技术经济、农业经济等课程。

(4) 农村法律。结合普法宣传和法律专业村开展，如刑法、继承法、企业法、金融法、合同法、土地法等内容的培训。

(5) 精神文明和城市化建设。结合科教兴村、文明村环境建设，开展各类卫生健康、生态建设、家政培训等。培训内容涉及村民自治法和村级民主选举、婚姻法、环境与水资源保护、防治传染病的流行的社会公共卫生的宣传，尊老爱幼良好的社会风尚的提倡，优生优育的妇幼保健常识相关培训，绿化美化家庭的插花艺术、庭院绿化美化的园林设计、村镇规划、小城镇的建设和发展、农村社区管理和建设等。

(6) 农业高新技术。结合高效农业园和现代农业园区建设，用现代生物技术、计算机技术、现代设施技术和装备来改造传统农业，如植物组织快速繁殖技术（组织培养、染色体育种、基因工程等）、动物胚胎移植技术，精准农业中采用的“3S”技术、农业计算机专家系统，现代农业节水技术（喷灌、滴灌、微喷）等高新农业技术，现代农业园区和高效农业园区的规划和建设等。

（7）农业产业化和农民组织化的建设。如国内外农民合作组织的建设与发展、农业产业化的理论和实践、农民经纪人的组织和培养、农村小康建设、农村人力资源开发、农民培训、性别与发展、参与式发展理论等。

（8）加入世界贸易组织与提高农产品竞争力的培训。如入世后农业标准化的建设，如何与国际接轨，涉及各类农产品（安全无公害、绿色食品、有机食品）的标准化生产、包装、运输、宣传、投入等；也涉及到农民自身利益在与国际交往中如何保护自己等。

3. 农民培训的教学技巧。

（1）讲课内容要根据农民的需要和心理特点，不宜强调讲课的系统性和完整性，农民认为重要的，对他有用的才学习。

（2）要考虑农民的年龄，有些内容对成年农民很重要，但青年农民并不感兴趣，如青年农民想学知识，技能，成年农民更关心的是农场经营、产品销售问题。

（3）与学校教育不同，学校教育一般重视知识的积累，要求对理论有系统的了解，而农民培训则着重实际应用。

（4）激发农民的学习兴趣，启发和鼓励他们进行争论，不是给他们现成的结论和答案，而是先经他们自已的思考再给答案。如饲料配方，是教给现成答案，还是提出一些基本道理让农民讨论，自己去设想答案，然后教师再作说明。

（5）讲课内容要新颖，提供农民感兴趣的新信息，新思想，新技术，在对农民提问时尽量不提是与否的问题，而是要问怎么做，开发他们理解问题的能力。

（6）注意讲课的效果，每次培训要教什么，做什样，记住什么，都要有明确的目的。最后要归纳总结，向农民交代清楚，使他们能够记住，知道回去如何做。

（7）讲课要注意条件说明，在什么具体情况下如何去实践，不同条件用不同处理方法，使农民学会根据不同情况灵活应用所学的知识。

（8）提出教学标准的要求，每次教学要求达到什么标准，掌握技术人数占百分比。教师示范后，要求参加培训的每人要嫁接多少植株，成活率多少，植株生长的情况。要求参加学习的人写书面说明，他的做法成败的原因，或出一些计算题计算。

（9）教师要善于对不同教学内容采用不同教学方法，利用各种视听教学手段提高教学效果。

(10) 课前要做好各种准备，教材准备，教具和示范工具的准备，各种材料、标本、挂图的准备。有时可把讲课内容先录音。自己听听讲得怎样，如何提高教学效果。

(11) 课堂教学要同感性认识或实践相结合，讲课前先组织参观，或讲课后组织参观，进行实践训练，以巩固教学效果。

(四) 主要培训方式

1. 课堂教学。这是目前农民培训的主要形式。随着社会经济的发展，课堂教学手段也有明显的提高。很多发达地区为改善农民课堂教育的教学手段都建立了多媒体教室，为未来实现大规模的农民远程教育培训、大规模上网交易打下了良好的基础。

2. 田间咨询、现场指导、下乡科技赶集等。也是目前较常见的形式，如从2002年开始的围绕全国科技周的各项科技下乡活动。

3. 函授教育。如中国农民大学及各类农函大、大专院校、成教部门、高自考开办的学历教育。

4. 远程教育和网上交流。各级广播电视中专、农广校、电大、电视栏目开设的各类讲座和课程，如中央一台的“田野”、中央二台的“金土地”、中央七台、农业广播学校等各种与农业有关的栏目，此种形式将成为未来农民教育发展的主流，所接受的信息将越来越大。

5. 报纸、杂志、专业书籍等各种相关媒体。如农民日报等报纸已成为全国农民获得信息较重要的来源。

6. 农业园区、试验田、农户之间的观摩考察交流。此种形式最有说服力。

7. 外出劳务输出。如近年我国一些农民到日本、美国、欧洲等发达国家的一些私人农场干活，进行劳务输出，长期培训。

8. 农民各类专业职称考试培训。每年有数十万人参加各种专业职称考试和培训。

9. 各类就业资格（准入）考试。例如，由农业部门组织的绿证培训以及由劳动部门组织的各类就业资格考试等。

四、农业培训教师应具备的能力

(一) 同各有关方面合作共事的能力

(1) 同培训机构和主管领导部门的合作共事；

(2) 同培训学校教师和行政管理人员合作共事；

（3）积极参加培训机构的社会工作，参加社会公益服务；

（4）善于同当地文教、科研、行政、推广机构协作；

（5）积极参加有关专业学会组织的活动，以获得最新科技信息，同各种专业学会建立经常性的联系；

（6）同当地农民合作组织、企业及国外慈善团体沟通能力。

（二）对农村社会进行调查研究的能力

（1）掌握当地农村社会的基本资料，各类规划、计划，气象资料、土地资料、农业人口、农业劳力、耕作制度、各业经营比重、农民收入、农村生活、农民文化水平，技术水平、社会风俗、社会团体；

（2）了解当地培训的现状，地方和农民对农业培训的需求、要求学习什么知识和技能；

（3）分析当前农业及当地产业开发的主要问题，未来发展的趋势。

（三）提出改进当地农业教育项目的能力

（1）提出农民培训的主要目标，各类农民和各业培训的设想；

（2）制订年度和长期培训项目；

（3）同地方农业领导部门，教学、科研、推广机构商讨培养计划；

（4）对培训计划进行评价。

（四）计划和保护教学设备的能力

（1）安排培训场所和实验示范场地；

（2）计划和保护直观教学设备；

（3）保存各种图书和参考资料；

（4）对教学设备的登记和使用管理；

（5）订购和学会使用新的教学设备；

（6）建立设备正常使用的规章制度；

（7）自己制备有关教材、标本、图表、模型和教具。

（五）安排和组织好教学的能力

（1）制定培训项目的教学大纲；

（2）制定培训计划进度表；

（3）提出必要的教学条件，创造性地利用教学条件；

（4）计划和组织现场示范和参观；

（5）组织现场示范实践教学，并进行示范表演；

（6）利用和选择实习条件；

（7）组织进行经营管理调查；

（8）评价教学效果。

（六）保存记录和写报告的能力

（1）写现场示范教学小结报告；

（2）写培训班的项目总结报告；

（3）填写需要的参考书和有关资料的报告；

（4）制定青年农民和成年农民培训项目可行性报告和项目申请书；

（5）制定现场参观，示范教学以及其他教学活动的预算报告及其经费来源。

（七）作为农民教育工作者和专业人员应具有的行为准则

（1）要有从事农民教育的责任和教好课程的信心，忠于自己的职责；

（2）教师首先要热爱农业，用献身农业的精神感染学生；

（3）搞好同农民的关系，同农民建立友谊；

（4）有高尚的师德，为人师表；

（5）热爱学习，善于学习，对各种知识有广泛的兴趣；

（6）尊重别人的劳动、意见和兴趣，尊重其他教师的知识。

• 思考题 •

1. 农村人力资源开发的相关理论主要有哪些？
2. 简述农村人力资源开发的生产力理论。
3. 农民科学素质大纲的主要内容。
4. 新农村建设农民科学素质的基本科学素质。
5. 论述我国今后开发农村人力资源的总体思路和途径。

• 参考文献 •

[1] 李华．中国农村人力资源开发理论与实践［M］．北京：中国农业出版社，2005

[2] 中华人民共和国农业部．2007 年中国农业统计资料［M］．北京：中国农业出版社，2008

[3] 金兆怀．农村人力资源开发是我国农村改革深化和农村经济进一步发展的重要战略措施［J］．教育研究动态．2000（3）

[4] James．W．walker，吴雯芳译．人力资源战略［M］．北京：中国人民大学出版社，2001

[5] 刘颖，陈春燕．论加大农村劳动力转移的力度难关．中国农业信息网．2003－01－10

[6] 钟蓝．城乡对比：全面小康重在助农提速——数字解析中国农村小康建设［J］．中国信息报．2003－03－05

[7] 面向 21 世纪农科教结合与实践理论课题组．中国农科教结合与实践理论［M］．北京：华文出版社，2000

[8] 孙翔．中国科教兴村导论［M］．北京：中国农业出版社，1997
[9] 李华．入世后农民教育的途径及对策研究［J］．职业与教育．2003（2）
[10] 李华．入世后农民教育的新举措［J］．北京农业职业学院学报．2003（1）
[11] 杨士谋．农业推广教育概论［M］．北京：北京农业大学出版社，1987
[12] 中华人民共和国农业部．2003—2010年新型农民培训规划［M］．2003
[13] 段应碧．统筹城乡经济社会发展研究布局．北京：中国农业出版社，2005
[14] 宋洪远．中国农村改革三十年．北京：中国农业出版社，2008
[15] 李华，陈跃雪．农业经济与农村发展——社会主义新农村建设系列文集．北京：中国农业科学技术出版社，2006
[16] 中国国家统计局．中国人口统计年鉴．北京：中国统计出版社，2001—2007
[17] 张宝文．中国农民教育发展战略．北京：中国农业出版社，2005
[18] 中国农业年鉴编辑委员会．中国农业年鉴（2007）．北京：中国农业出版社，2008

第九章　农业推广组织及管理

【本章学习要点】掌握农业推广组织的基本概念，了解国内外政府和非政府农业推广组织的发展，和我国非政府农业推广组织——农村专业技术协会发展的情况。重点是掌握我国农业推广组织的发展与管理的内容，难点在于如何借鉴国外的成功经验，并结合我国国情发展，更好发挥农业推广对我国新时期农业和农村发展的巨大潜力。

建立与现代农业发展相适应的农业推广机构，是提高农民素质、开发农民智力、挖掘农业生产潜力的有效途径。因此，世界各国都非常重视农业推广组织的建设，充分发挥农业推广组织对促进农业和农村发展的作用。在我国，政府农业推广组织随着农业科学技术的进步和农业生产的发展而不断发展，政府农业推广组织陆续建立，并日渐完善，形成具有我国特色的农业推广体系。到20世纪90年代，尤其是我国确立了市场经济体制之后，农业推广组织的发展呈现出多元化的趋势。国家、省、地区、县、乡的农业推广组织继续起着主导作用，同时农业科学研究机构、高等农业院校和农业生产资料生产厂家也都建立起了农业推广组织和队伍，加之农村的合作经济组织、个体组织等参与了农业推广活动，从而使得我国农业推广组织形成了由一元化向多元化的发展。

第一节　农业推广组织的基本概念

一、农业推广组织的概念

农业推广组织（Agricultural Extension Organization）是推广体系的一种职能机构，从不同方面来讲，其概念不同。从功能上讲，是作为信息沟通渠道和推广目标决策与工作实施的系统。从形式上讲，是一种服务机构，但实质上是农业推广活动从初级向高级发展的过程中必然形成的载体，起着支承与连接的作用，将信息进行双向的传递。因此，农业推广组织被称为是农业推广活动开展的有机载体。

在我国，农业推广组织通常是农业部或农业局的一部分，同时它也是推广体系构成中的重要组成单元。农业推广机构是一种十分重要的组织。健全的农业推广机构是科技成果顺利进入生产领域，并转化为现实生产力的通道。当今世界各国都很重视农业推广组织的研究及建设。在组织建设上又尤其注重组织结构建设。组织结构是否合理，直接影响推广工作的效果。只有有效的组织结构，才能提高工作效率。

现代农业推广组织，不是一成不变的，无论从时间上还是空间上，都表现为一种不断变化着的动态平衡。因此，农业推广组织在结构与职能上形成了互相配合、对立又统一的关系。

二、农业推广组织的职能

农业推广组织是构成推广体系的一种职能机构。它具有以下职能：

1. 确定推广工作的目标。为各级推广人员和推广对象确定推广工作的目标，这是农业推广组织的一个重要职能。

2. 利于信息交换。发展推广组织的横向与纵向联系，是推广组织的又一重要职能。农业推广工作面临的环境既有外部的，又有内部的，同时既包括植物、动物领域的问题，又包括生产、经济领域的问题。一个领域出现的问题，与多个方面都相关，本系统解决不了的问题，其他领域也许很容易解决。因此，建立信息交换的系统是推广组织极为重要的职能。

3. 保持推广工作的连续性。推广工作具有长期性的特点，在安排推广任务时，在使用推广方法、推广人员、推广设备和推广经费时，要突出保证推广工作在组织上的连续性。

4. 保持推广工作的权变性。推广工作所面临的环境复杂多变，为适应各种复杂问题的挑战，推广组织形式及组织成员必须经常保持高度的主动性，发现并利用机会灵活地处理各种复杂局面的出现，建立、培养和发展同各界的联系，以利于发挥推广组织所特有的权变性。

5. 具有配合、协作职能。在农业推广中，由于推广人员和推广对象的水平差异大，只有配合和协作才能获得综合效益。农业推广组织的职能就是要保证在农业推广工作中各种技人都达到配合和协作。

6. 具有控制的职能。农业推广组织一定要建立在有效控制的基础上，才能正常开展农业推广工作。

7. 对组织成员、工作条件和工作内容具有调控能力。在选择组织成员时，应以权变理论为基础，根据组织对成员、工作条件和内容的要求，确定组织的推广人员应具备的条件。

8. 形成组织的促动因素。推广组织必须具备促进组织内部成员积极工作的动力。推广组织的责任就是创造一种能够激发工作人员主动工作的环境，如：确信的推广目标，工作的公开评估，提供个人提升、晋级及培训等机会，这些环境都可能促使推广组织的特殊职能——促动因素的形成。

9. 具有评估职能。推广组织对推广机构的组成、成员工作成绩的大小、推广措施的实施、计划制定和完成程序等都要进行考核即评估。

第二节　国外政府农业推广组织的管理体制

农业发展的实践证明，科技进步对人类的任何贡献都是通过推广实现的。现代农业需要农业科学技术，而农业科学技术需要农业推广才能将农业领域的新知识、新技术、新信息、新技能应用于农业生产，使之转化为现实生产力。世界各国在发展农业的过程中，都非常重视农业推广对实现农业现代化的作用。但由于各国国情不同，农业推广组织体制也不尽相同。

1988 年 11 月至 1989 年 12 月，联合国粮农组织对世界各国的国家级推广机构及农业推广工作情况进行了一次调查。结果表明了这些推广机构的隶属关系，其中以隶属政府农业部的占 81%，其余依次是民办、私人、商业生产部门、其他类型及大学的推广机构。同时，世界各国的农业推广工作均是由多部门、多组织参与的，所以很难对它们进行较严格的分类。这里为了叙述方便，大致分为以下三大类。

一、政府领导的农业推广组织体制

（一）政府和农学院的合作推广制

在政府领导下，以州立大学农学院为主体，实行教学、科研、推广三结合，统一由农学院领导，是美国创建的一种农业推广体系。

美国农业部下设联邦推广局，主要负责管理和领导农业推广工作，州农业推广中心属州立大学农学院领导。州立大学农学院都建有农业试验站和推广中心，并在县或地区设推广站。在这种推广体系中，由农学院派教师担任州、地区和县推广中心的工作。这些教师要向农学院和系负责，执行农学院或系制定的本地区的推广计划，同时负责向所在地系主任报告工作，然后逐级汇报。

州农业推广中心的任务是制定和执行州的推广计划，推广新的科研成果，还负责对全州推广人员的管理和培训，拨款资助地、县推广中心工作。另外，同农业试验站和各地、县农业推广中心保持联系。

县推广站或推广办公室是农业推广工作的基层，是联邦农业推广局和州农业推广中心在地方的代理机构。其主要任务是根据推广计划结合本县的实际情况，制定本县长期或短期的推广工作计划，负责在全县落实执行，并通过各种传播手段，帮助农民改进生产技术和经营管理。

实行政府和农学院合作推广制的还有接受美国援助和世界银行贷款的一些国家，如印度、菲律宾等。

（二）政府领导，科研、教育单位参与推广的推广体制

墨西哥的推广体系实行在政府领导下，科研、教育单位参加，由四个系统组成：①农业水利资源部系统，统管全国的农业科研、教育和推广，下设全国农牧林业科学规划委员会以及一些行政管理机构；②墨西哥全国农牧林业研究所，由研究所总部、州农业研究中心和试验场三级机构构成，以应用研究为主；③农业教育系统，全国共有4所中等农业技术学校，它们以教学为主，同时也从事各学科的研究和研究成果的推广；④农业银行系统，其下属农业信贷公司是全国专项和综合农业推广的一个重要机构，设有农村管理处、农业专项和综合技术培训处、农业技术演示中心及农民培训中心等。

二、政府和地方（或农民）合办（或协作）的农业推广组织体制

（一）政府和农协双轨推广制

日本的农业推广组织体制属于这种形式。这种农业推广体系有两个系统：

1. *政府农业推广体系*。日本政府所属的推广体系分为四级，即农林水产省农蚕园艺局普及部和地方农政局、都道府县农业改良主务课及农业改良普及所。农林水产省的推广工作，由农蚕园艺局下属机构推广部具体负责。推广部下设两个课：推广教育课和生活改善课，主要负责推广方面的项目确定、组织完善、活动指导、人员培训、资格考试、项目调查、资料收集和农村青少年教育等。各地方农业行政部门设有生产分配部、推广办公室等。各县农业行政机构下设农业改良推广课，推广课通常设有农业改良室、生活改善室和农村青年之家。各地区设有农业改良普及所，是最基层的推广组织。其推广活动主要包括农业改良、生活改善和农业后备人才的培养三个方面。推广时既有个别指导，也有集体指导，同时还利用大众传媒来进行推广活动。

2. *农业协同组合（简称农协）系统*。它与政府推广体系相并行，是农民自己的组织，由国家级全国农协联合会、县级农协联合会、自治体制的农业协同组合三级构成。农协有自己的推广人员，他（她）们为农协成员，不属于国

家职工，只负责本农协成员的指导工作。其推广活动包括农业技术的推广指导（营农指导）和农家生活指导（生活指导）两个方面。

（二）国家和地方协作的农业推广体制

英国实行国家和地方协作的农业推广管理体制，农渔食品部下设的农业发展咨询局为国家级农业推广机构。地方咨询推广机构按区域划分：①英格兰和威尔士地区：建立了从中央到农户的信息联络网，每个地区有推广开发组，组长为全国推广委员会的成员。县级设农业顾问小组，由农业、经济、管理等方面的专家组成。乡镇级设农业顾问，他（她）们是第一线的咨询人员，直接了解、解决农户的技术问题。②苏格兰地区：农业推广工作和组织实施分别由三所农学院承担，并派有专门负责咨询推广工作的高级官员，还配备各专业的兼职咨询推广专家和教授。③北爱尔兰地区：由农业部的农业执行官领导，在各郡和乡镇设立咨询推广中心或站。以上各级推广组织在工作内容和职能上各有侧重，又相互合作。此外，该地区的农学院、科学试验中心、民间企业和公司、部属研究机构都参与农业技术咨询推广工作。

（三）政府、农会、私人咨询机构并存的农业推广体制

联邦德国称农业推广为农业推广咨询（Extension Advisory），它的农业推广组织有政府的农业咨询机构、农场主协会的咨询机构、农业合作团体的咨询机构和私人咨询机构。

农业行政领导机构分四级对农业推广咨询进行领导和管理：①联邦政府的农业营养部；②州政府的农业营养部；③地区农业局以及与之平行的农村发展研究所、畜牧教学科研试验站；④县农业局。各个层次的任务大体相同，主要是农业行政管理、成人训练、职业教育和农业推广咨询。

同时，德国的农业经营者都有自己的专业团体，如农民协会、兼业农民协会、园艺主协会、合作社协会和农民互助协会等。这些协会在各地都设有分会，雇用农业顾问，其任务是为会员提供信息和技术服务。除上述咨询机构或团体外，还有育种协会、实业公司、银行、移民团体、科研机构、劳动局和教会组织也开展有针对性的咨询活动。

三、民间领导的农业推广组织体制

（一）由农民协会（Farmer Association）领导的农业推广组织体制

在北欧一些国家实行由农会负责的农业推广制。丹麦就是一个由农民协会负责农业咨询和信息服务的国家。农民协会包括农场主协会和小农户联合会，这两个协会的分级组织遍及全国各地，他（她）们自己组织农业推广工作。在

中央设丹麦农业咨询中心，咨询人员都是高级专家。地方协会具体组织咨询工作和开展咨询服务。地方协会规模较小，由农场主协会和小农户协会联合制定咨询计划。农村雇用的咨询人员和助手在资历上有严格的要求。同时，丹麦十分重视提高咨询人员的业务水平，对农业顾问组织在职培训。

推广人员咨询服务的主要内容是：向农场主和小农户提供有关生产方法和经营管理方面的技术知识。

（二）以民办为主的农业推广体制

法国的农业推广工作统一叫作农业发展工作。主要的全国性机构有：全国农业发展协会、法国农会常设理事会、法国农业技术协调协会、法国农业经济管理中心协会、全国农业研究发展组合联合会、全国种子苗木业联合会和法国农业合作社总联合会。这些组织大多是农户自愿组织起来的，他（她）们雇用各种技术人员为自己的会员服务，帮助他（她）们解决在农业生产中遇到的各种问题。

除了上述几种农技推广组织体制类型外，还有南斯拉夫联邦共和国实行自治管理的农业推广、教育与科研相结合的推广体制，前苏联政府领导实行的农业宣传制等。

纵观以上多种不同的农业推广组织体制，政府领导的农业推广组织其推广咨询服务队伍较稳定，活动费用有保障，有固定的试验场地和设备，推广教学条件好，对农户提供的咨询服务是免费的，能较好地执行国家农业总体发展规划。但推广人员的工作只是向上级负责，不能很好地根据农民的实际需要提供咨询服务，同时由于受政府行政事务的干扰，他（她）们的时间和精力不能专一和集中。

农民协会和农业合作咨询组织，他（她）们的推广工作是为农民服务的。其咨询人员的工作只向农协负责，不很关心政府的任务，推广内容和项目由农会决定，是农民感兴趣并且对农民直接有用的技术和信息。但与政府推广相比，农协推广面窄。

政府和农协联合或并存的推广组织体制，以发挥各自的优势，起到互补的作用。而私人咨询机构一般服务态度好，内容针对性强，多数是经营管理问题，但费用较高。

第三节　我国政府农业推广组织体制

一、我国推广组织体系

在我国，随着农村经济体制和农业政策的变化，农业推广的组织形式和管理体制也发生了相应变化。深入了解和掌握农业推广组织的设置、发展等概况，能更有效地推动农业科技进步，促进农业的发展。

（一）推广组织的建设和发展

新中国成立以来，我国农业推广组织的发展经历了一个曲折的过程，到目前为止，大致可以分为以下4个阶段。

1. 建立阶段（1949—1957）。建国初期党中央十分重视农业生产恢复问题，其中：首要问题是解决农民的温饱问题。逐步建立起了农业发展领导和推广机构。在20世纪50年代初期，农业部连续制定了《农业技术推广方案》和《农业技术推广站工作条例》（草案），要求各级政府设专业机构和配备干部负责农业技术推广工作，建立以农场为中心，互助组为基础，劳模、技术员为骨干的技术推广网。

根据这一精神，各地纷纷建立省、地区、县农业技术指导站。省的专业技术指导站属农林厅领导，下设粮食作物技术指导站、病虫害防治站、家畜保育站、经济作物技术指导站、茶叶技术指导站、水产指导站等。地区级技术指导站属专署领导，业务上接受省农林厅指导，按业务性质分工。县级技术指导站，受县人民政府领导，接受农林厅和专级技术指导站的业务指导，并按业务性质，结合当地具体情况分组办事。

2. 发展阶段（1958—1965）。1956年，党中央向全国人民发出了“向科学进军”的口号，这个时期，国家已培养出了成批的农业科研、推广人才，而且大都分配到农业生产第一线，深入农村，结合办夜校、社员扫盲，推广步犁、双铧和水车等新型农具，为提高劳动生产率起到了极大的推动作用。农业推广组织已初具规模。有的区、乡也建立了相应的农、林、牧技术推广站。

县农科所

水稻组　旱作组　植保组　土肥组　畜牧组　茶果组

公社农科站

种子组　植保组　栽培组　经作组　土肥组

大队农科队

种子员　植保员　栽培员　土肥员　防疫员

生产队农科组

栽培员　植保员　种子员　防疫员　土肥员

图9-1　湖南省华容县四级农科网

3. 曲折阶段（1966—1976）。“文化大革命”使农业推广工作受到了严重的干扰，使广大农业推广人员未能充分发挥应有的作用。但是，在全国建立了县、社、村、队“四级农科网”，总的农业推广的指导思想还是以粮为纲，农业推广形式、内容单一化，加之组织管理上的“大锅饭”，农业推广工作处在传统的、行政命令式的状态下。

在全国各级党政领导的重视和广大农民的迫切要求下，四级农业科学实验组织迅速发展壮大。到1975年，全国有1 140个县建立了农科所，2.6万个公社建立了农科站，33.2万个大队建立了农科队，224万个生产队建立了农科组。

4. 全面发展阶段（20世纪80年代后）。“文化大革命”结束以后，党中央、国务院做出了“经济建设必须依靠科学技术，科学技术工作必须面向经济建设”的决定。在这一正确战略思想指引下，包括农业推广工作在内的科技工作得到了极大地推动和发展。20世纪80年代以来，尤其是我国确立了市场经济体制之后，农业推广组织的发展与建设呈现出多元化的趋势，国家、省、地、县、乡的农业推广组织继续起着主导作用，同时农业科学研究机构、高等农业院校和涉农企业也都建立起了农业推广组织和队伍，多元化的农业推广服务更加适应市场经济条件下农民的需要，从而更好地促进农村经济的全面发展和农民精神文明的建设。

（二）我国推广组织体系概况

中国的推广组织体系主要由政府管理。因此，按现行政府的层次建立了不同层次的农业推广组织。以种植业为例，在农业部下设综合性的农业技术推广机构——全国农业技术推广总站；还有专业性农业技术推广机构——全国植物保护总站、全国土肥总站、全国种子总站，它们分别负责各专业技术项目的推广与管理。重大农业技术推广项目的组织协调和管理由农业部科教司科技推广处负责。省、市、县级推广机构隶属于同级农业厅（局），业务上受上级农业技术推广机构的指导，负责各专业技术项目的推广与管理。乡（镇）级农业技术推广机构，它是以技术推广、技术服务为主的基层技术推广组织，大多采用多种专业结合，开展技术推广、技术指导、培训和经营服务一体化的综合技术服务，是农村社会化服务体系中重要的组成部分。

畜牧业农业推广体系也是发展较快和比较健全的体系。中央级在农业部设有全国畜牧兽医总站，在省、地、县、乡四级各专业相近的畜牧兽医站等。近年来由于畜牧业发展较快，多元化的畜牧业农业推广体系已经形成庞大的技术推广体系。此外，还有水产业推广体系、农机业推广体系、农垦系统推广体系等。

（三）我国推广组织层次与职能

新中国成立后，我国政府农业推广组织随着农业科学技术的进步和农业生产的发展而不断发展，政府制定了一系列农业技术推广的指导方针和组织体系建设的政策法规，推动了农业推广组织的发展，中央、省、地、县、乡、村农业推广组织陆续建立，并日渐完善，形成具有我国特色的农业推广体系。

1. 中央级。农业部是全国农业推广组织的最高管理机构，负责全国性的农业推广工作。全国农业推广委员会的任务是负责农业推广项目的审定、组织协调、成果评定、奖励评审、荣誉称号授予、推广人员资格审定。委员会由农业行政、推广、科研、教育和有关部门组成，由农业行政部门主持，办法由农业部拟订。中央级农业推广组织的任务大致可归纳为以下几个方面：①执行中央的农业发展方针和政策；参与制定国家农业生产发展和农村开发计划、规划、审定、评议、发布和拨款资助及全国农业推广项目；②制定农业推广的规章制度；协助地方建立健全农业推广体系；③收集和评价国内外农业科技成果及有关推广的外事项目管理；④每年必须保证一定时间到下属单位监督检查地方推广工作的执行情况，总结、发现、研究和协助地方解决农业推广工作中的问题；⑤与负责支农任务的中央各部委、高等农业院校和科研机构保持密切联系，协同推广工作开展，搞好信息反馈，以使更好地为农业开发服务；⑥组织农业推广领导干部和技术专家的培训，提供全国性的推广和技术培训教材；⑦发行指导性的推广刊物，发布推广信息和评论；组织经验交流，评选及奖励。

2. 市级。省、市级农业局均设有农业推广组织，如省农技推广站、种子公司、植保站、土肥站等。虽然层次有别，但其任务大体相同，均负责农业推广管理和指导工作，属同级农业行政部门和推广部门领导，主要任务是：①协助同级政府执行中央的农业发展方针、政策；②参与制定本省、本地区的农业生产发展和农村开发计划；负责制定推广工作计划、规划，并且组织实施；③根据上级部门制定的农业推广规章制度，结合本省、本地区实际情况，征求有关人士及团体意见，制定农业推广工作规章制度，协助当地主管部门解决推广工作中存在的问题；④设计、建立、调整本省、本地区的农业推广组织机构，使之形成一个有效的农业推广网络；⑤收集、整理、传播技术情报，搞好宣传工作；⑥制定农业推广人员培训、进修和参观计划，并组织实施；⑦参加科技成果鉴定，负责组织重大科技成果和先进技术和示范推广，督促、指导、总结本辖区的技术推广工作，搞好推广工作的评比和奖励，交流推广经验等。

3. 县级。县农业推广中心是综合性的技术指导管理和服务机构。属于县农业局和上级推广部门领导，县级农业推广中心是农业推广的一个重要层次。其职能是：①参与制定本县农业生产发展和农村开发计划；②制定全县农技推广计划，解决掌握农业技术推广情况，做好技术情报工作和开展科技信息的咨询服务；③制定为开发本县优势的农业科学试验、示范计划，并组织安排实施和推广；④有一定时间深入田间访问和调查了解，总结推广先进技术和经验；⑤参加有关农业新科技成果引进的评议工作和全县的农业技术决策。制定引进技术成果的试验、示范方案。选择不同类型地区建立示范点，运用综合栽培技术，树立高产、优质、高效的样板，搞好培训基地，建立健全服务机构，逐步配备办公室、实验室、标本室、陈列室、技术档案室、培训教室、学员住宿、交通设施以及开展试验、教学、宣传等工作所需要的仪器设备和场地；⑥帮助乡镇建立技术服务组织，进行技术指导，开展多种形式的技术服务和技术承包，开拓技术市场；鼓励、督促、协助乡级推广人员工作，为他们争取精神上、物质上的支持和保障，为他们排忧解难；开展农业推广教育，培训农村基层干部、农民技术员和科学示范户，宣传普及农业科学知识，提高农民科学种田水平；对各项推广工作和推广人员组织检查考核，评审表彰。

4. 乡级。乡（镇）级农技推广站（或乡农技服务公司）其推广人员主要由国家职工和聘任部分农民技术员所组成。本层次的人员是最基层的专职农业推广人员，其主要职能是：

①制定本乡的农业推广计划，注意把中央、省、地，特别是县在本乡的推广计划合为一套计划。对重点推广项目要搞好实施方案、安排试验、示范地点，并观察试验结果；②与村级农民技术员和示范户共同商定并落实推广项目，组织、安排检查、督促、协助村农民技术员或示范户工作，并为他们提供技术指导，随时注意村级人员传授给农民的新技术成果的质量和效果，对他们遇到的技术问题不能帮助解决时，应及时向有关部门反馈；③与教育、科研、行政、出版、信贷、供销等单位以及农业技术专家、其他有关专家保持联系，在工作需要时可及时获得他们的支持和帮助。与上级推广中心保持联系，使工作不致脱节。经常向当地领导汇报工作，争取他们对推广工作的兴趣和支持；④总结当地农民经验，把适用的技术改革立即推广。引进良种和栽培管理、病虫防治、环境保护、合理施肥等新技术，并进行试验，种好示范田，树立样板，通过会议、现场参观等多种形式进行宣传，运用个别教学法或小组接触法启发农民，并诱导其采用，随时进行技术指导，组织经验交流，教育并协助农民按政策对农产品做最合理、最有利的运销和处理等。

二、我国现行的政府农业推广组织体系

我国现行的政府农业推广组织体系主要指专业性农业技术推广体系，包括种植业、畜牧业、农机和农垦等方面的技术推广体系或技术推广机构。

1. 种植业农业技术推广体系。

(1) 中央级农业技术推广机构。农业部下设综合性的农业技术推广机构——全国农业技术推广服务中心，负责全国性技术项目的推广与管理。重大农业技术推广项目的组织协调和管理由农业部科技司推广处负责。

(2) 省（区、直辖市）级农业技术推广机构。省级推广机构受省政府领导，多隶属于农业厅，业务上受中央级农业技术推广机构的指导，面向全省，直接指导地（市、盟、州）级推广机构的工作。目前，各省级农业技术推广机构的组织规模各异，业务范围宽窄不同，可分为三种类型，即综合型、分散型和协调型。其中以既负责全省推广项目计划、培训和经营服务，又负责基础设施建设和体系队伍管理的综合型推广为省级推广机构发展的方向和主体类型。有些省培训和体系建设由省农业厅科教处主管。

(3) 地（市、盟、州）级农业技术推广机构。它上承省级机构，下管县级机构，在组织机构的设置上与省级类似，相当于省级推广机构的派出单位。因此，在职能和任务上也与省级推广机构相近。目前有相当一部分地（市）合并各专业技术推广机构，形成地（市）级的农业技术推广中心或技术推广综合服务站。

(4) 县级农业技术推广机构。在近年农业技术推广体制改革中，农业行政部门大力倡导和支持成立县农业技术推广中心，把栽培、植保、土肥等专业推广机构有机地结合起来，发挥推广部门的整体优势。

(5) 乡（镇）级农业技术推广机构。它是以技术推广、技术服务为主的基层技术推广组织，大多采用多种专业结合，开展技术推广、技术指导、培训和经营服务一体化的综合技术服务，是农村社会化服务体系中重要的组成部分。

(6) 村级农业技术服务组织。它是农业技术推广体系中最基层的组织，是支撑整个体系的强大基础。它上受乡（镇）农技推广站的技术指导，下联系着广大农民，宣传科技知识，落实技术措施。村级组织的主要成员是不脱产的农民技术员，他（她）们不但带头采用新技术，还向农民传授技艺，做好技术服务工作。

2. 畜牧业技术推广体系。中央级在农业部畜牧司设有全国畜牧兽医技术推广总站，畜牧总站设有推广处。在省、地、县三级设有畜牧“三站”，即畜牧兽医站、品种改良站（牧区）、草原工作站（牧区），三站经营管理处主抓推广工作。乡级设有各专业相近的畜牧兽医站，目前全国共有各种畜牧“三站”6.8万多个，有40多万名职工。此外，村级还有近50万名村级畜牧站技术推广员，广大农村还有数以百万计的养殖专业户、科技示范户，形成庞大的技术推广体系。

3. 农机技术推广机构。我国农机化事业的特点是科研与推广工作密不可分，许多基层农机研究所也司技术推广之职。中央级有农业机械化技术推广总站，农业部农机化司科技处协调科研推广工作。目前已在许多省（自治区）、地区（市）和县级建立了农机化技术推广站。乡（镇）级有农机管理服务站，不少服务站设有农机技术推广岗，有些村设有农机技术推广员。从全国来看农机化技术推广体系发展不平衡，基层组织不健全。

4. 农垦系统技术推广机构。农垦系统在中央级由农业部农垦司科技处分管技术推广工作，长期以来，在国营农场系统形成较完整的技术推广体系。一般大型国营农场都设有农业技术推广站。

第四节　非政府农业推广组织的发展

在政府农业推广组织促进各国农业和农村发展的过程中，非政府组织（No - Government Organization，NGO）也发挥了其应有的作用。在推广活动中，非政府组织将推广对象（农民）放在核心位置，因而更了解农民的需要；工作人员有着明确的工作目标和高度的工作热情；其推广方法和运行机制显示出高度的灵活性，因此工作更准确、有效，信息反馈更及时，易于引导推广对象参与各项计划活动，学会自我管理和自我决策。这些优势是政府组织所不具有的。所以，目前世界各国都比较重视非政府组织的建立和完善，这也将是我国农业推广今后的一个发展方向。在非政府农业推广组织的发展过程中，以国内、外的农业合作组织的影响较大，在促进农业和农村发展中发挥了巨大作用。

一百多年前，欧美等国相继大量出现各种农民自己组织起来的农业合作组织，如供销合作社、信贷合作社和各种产业加工服务的合作社等。这些主要围绕经济活动开展服务的合作社大量涌现，是资本主义国家农村经济发展的客观需要，适合了当时欧美的国情：一方面，现代化的大生产逐步走向专业化和集约化，个体家庭农场的生产经营需要与地区性规模经济的发展相适应；另一方面，农民需要加强自身的经济地位，对抗垄断资本的控制，抵制中间商的盘剥，保护自己的利益。所以，他（她）们必须建立自我服务的经济合作组织，目前，这些组织已发展成为多功能的技术经济合作组织。

与一百多年欧美等国不同，我国从20世纪80年代以来由农民组织起来的大量农业专业合作组织，是在农村经济体制改革两个突破——突破旧的集体经济体制，实行以户为主经营的联产承包责任制；突破“以粮为纲”的单一经营格局，实行多种经营，这种模式在我国广大农村应运而生，也适合了我国的国情。

一、国外非政府农业推广组织的发展

(一) 国外非政府农业推广组织的发展概况

据有关文献资料记载，早在中世纪，农民和手工业者就把自己美好未来的愿望同人类社会的理想组织联系起来，他（她）们所希望的理想组织是一种平等、公正、协作、互相帮助的组织。世界上第一个现代合作社是1844年产生于英国的罗奇代尔公平先锋社。在合作运动史上公平先锋社的成立具有划时代的意义。从此合作运动以消费合作社为主流，以罗奇代尔原则（即不以盈利为目的，采取一人一票的民主管理制，自愿参与和退出，分红制，旨在帮助农民解决生产、生活中的困难等原则）为指导，很快扩展到西欧和北美各国，走上了大力发展的轨道。19世纪50至60年代，在意大利、奥地利、匈牙利、比利时和俄国都成立了信用合作社；19世纪80年代在法国，19世纪90年代在美国、加拿大、南斯拉夫、保加利亚、罗马尼亚等也成立了信用合作社；20世纪初在印度、缅甸、西班牙和日本也相继成立了信用合作社；到20世纪30年代初，德国已建立信用合作社2万多个，法国有0.6万个，日本有1.2万个。

下面具体介绍几个农村合作组织的发展情况。

1. 美国的农村合作组织。农村合作组织在美国也称为农场主合作社。美国最早的农业合作组织，是1810年由康涅狄格州的奶牛农场主组建起来的奶牛协会。其目的就是为了进一步搞好牛奶的加工和扩大销售奶油。尽管当时这个奶牛协会办得并不出色，但它开创了美国农业合作组织的先河。之后，各种合作社纷纷在美国各地和农业领域的各行业出现。19世纪60年代，美国农业进入了相当高的商业化时代，农业危机开始出现。1867年，美国爆发了第一次农业危机，有些农场主为了保护其利益不受损害，在华盛顿特区成立了一个叫“格兰其”的农场主合作社，有几个州的农场主参加，主要从事销售、储运和加工方面的合作，当时参与“格兰其”合作社的农场主的经济效益明显比不参与的农场主高出很多，于是全国各地的若干农场主纷纷效仿，成立了众多的“格兰其”合作组织。1890年美国国会通过了《谢尔曼反托拉斯法》，农场主合作社被看作是“限制贸易的联合”，属禁止之列。但实践证明，合作组织对农民有利，对合作社的限制是错误的。1922年，国会通过了《卡帕—沃尔斯坦德法》，把合作社从《谢尔曼反托拉斯法》的限制中豁免出来，确立了合作社的合法地位，这对美国农业合作事业具有划时代的意义。随后，是美国农场主合作社发展的全盛时期，合作社的数量急剧增加，到1931年，农场主合作社的数量迅速增加到22 950个。1931年以后，农场主合作社的发展进入一个漫长的不断调整和完善的时期，数量减少，规模扩大，管理水平提高。1996年，全美国有3 884个农场主合作社，平均每个合作社有1 030名社员；年营业额约为2 500万美元。目前，美国每6个农场主就有5个参加了各种形式的合作社，有的农场主甚至同时参加几个合作社。合作社在内部分工中，经理、专业人员属雇佣关系，每个合作社平均有38个专职管理人员，政府的支持表现为立法和资金支持，主要是信贷，向政府贷款，同时也向银行贷款。合作社也交税，但计税基数很小，一般是先分配后再计税。

2. 日本农业协同组合。日本的农业合作是比较发达的，早在19世纪末就存在，战后又得到进一步的发展。日本的农业合作分为流通领域的合作和农业生产合作两大类。在日本，流通领域的合作以“农业协同组合”为主，简称为“农协”。农协的产生可追溯到明治维新以后，当时一些经营生丝、茶叶、蚕种等商品生产的农民，自发地组织起“同业组合”从事商品的共同销售。在日本出现的生丝合作社、茶叶销售合作社以及共同购买生产资料合作社，都是流通领域中出现最早的合作社。19世纪80年代，西欧合作社的理论和实践经验在日本广泛传播，明治政府为了巩固小农制度，于1899年制定了“农会法”，1900年又制定了“产业组合法”，从上到下形成了全国性的组织系统。在第二次世界大战期间，所有的农户基本上都参加了这个组织。在20世纪40年代，日本发动太平洋战争前后，这两个农民组织都变成了政府的御用机构，1943年颁布了“农业团体法”，将两个组织合并为“农业会”。“农业会”可以说是“农协”的前身。二次大战以后对“农业会”进行了改组，恢复了合作组织的民主原则。日本政府于1947年通过了“农业协同组合法”，这便成为农业合作社的基本法律。此后，在全国普遍建立了“农业协同组合”，简称“农协”。“农协”便成为日本流通领域合作社的主要形式。目前，日本的农协是一个拥有强大经济力量和遍及全国的农民经济组织团体，从中央到地方农协有一套完整的组织系统机构。其分三级，即全国农协、地方农协和基层农协。除了流通领域合作社外，战后日本农业生产合作社也有了明显的发展。主要有四种形式：共同利用各种机器和技术设备的合作组织、集体栽培组织、畜牧业生产合作组织、协作合作经营组织。它的业务包括对农业技术和农业经营的指导，生产资料、生活资料的购置，农产品的加工储存和销售，直至储蓄、信贷、保险、医疗、旅游、观光、文化娱乐等，几乎涉及农民从生产到生活的一切方面。

3. 印度的农业合作组织。印度合作社联合会，前身是1929年由著名合作社领导人拉莱布罕·沙迈达发起创立的“全印合作社组织协会”。1951年改为

“印度全国合作社联合会”。其种类有：①农业信用合作社。分两种，一种是只为社员提供中短期贷款服务的，叫信用合作社；另一种是为社员专门提供长期贷款服务的，叫土地开发合作银行。主要业务是为社员提供兴修水利、改良土壤、购买大中型农机具贷款。②农业销售合作社。主要业务一是供应农民所需要的化肥、种子、农药、农具等生产资料；二是帮助农民推销农副产品，开展农产品加工业务。③加工和仓储合作社。承担农产品加工业务，主要是合作制糖研制、合作碾米厂、棉花加工厂、合作纺纱厂以及水果、蔬菜加工厂。④耕种合作社。形式有两种，一种是土地作为农民个人所有，只实行统一耕作，称为“联合耕种合作社”；二是土地改为合作社所有，社员在土地上集体耕作，称为“集体耕种合作社”。⑤牛奶合作社。⑥渔业合作社。

4. 国际合作组织的发展。国际合作组织最早出现在19世纪末期。几乎所有的国际合作组织都把向发展中国家提供有关发展合作方面的知识、技术及资金等援助作为它们的首要任务。在世界上有许多国际合作组织。国际合作联盟于1895年在合作社运动最发达的英国成立，它是世界上最早的国际合作组织之一。1982年11月它的总部迁至瑞士的日内瓦。国际合作联盟是一个非官方的国际组织，凡是遵循罗奇代尔所确定的、被国际合作联盟修订的合作社原则上所有合作组织都可以申请加入。1985年2月，我国中华全国合作供销总社正式参加了该组织。其他重要国际合作组织包括：①国际农业生产者联盟。最早是在1946年5月英国农场主组织召开的一次会议上提出来的。1947年在荷兰召开了第一次代表大会，并在美国和法国登记注册。②信用联盟。是世界上一种极为普通的信用合作组织。在1921年建立的美国信用联盟的基础上成立了美国信用联盟全国协会，1958年正式成为一个世界性组织，1971年初改用现名。截止1986年，它已拥有75个国家约4万个信用联盟组织。③欧洲消费者合作联盟。是在欧洲经济共同体的基础上于1957年6月11日成立的，这个组织的成员包括欧洲9国的消费者合作组织全国联盟。

（二）国外农业合作组织的类型

国外农业合作组织是指农业互相合作运动中由农民组织起来的各种形式的合作社、组合或联盟。有的国家叫农场主合作社，有的叫农业生产者合作社，有的叫农业合作公司，它们统称为农业合作经济组织。农业合作经济组织是市场商品经济发展的产物。19世纪中叶，随着资本主义的发展，产生生产过剩危机，于是各种互助合作组织就出现了。这些合作组织大体上有以下一些类型：

1. 科技服务合作社。包括许多专业技术合作社和农村科研合作组织，它在农村的科技普及和推广中起着很大的作用。如法国的农业科研服务合作社，美国的农村建筑，农村电力合作社等。

2. 农业流通领域合作社。其活动就是以流通领域为主，同时大量地涉及农产品加工领域，这是西方国家主要的合作组织类型，几乎所有的商品型农场都参加了这类合作社。

3. 农业互助保险与信贷合作社。农业互助保险合作社是由成员按时缴纳一定的基金或会费，分别集中到农业保险银行或互助银行内，以便使农民成员享受同其他行业同样的福利待遇。农业信贷合作社主要职能是为农场主提供长期、中期和短期低利率贷款。

4. 农业生产者合作社。这类合作社在西方的合作经济中不发达，是在政府的鼓励下于20世纪60年代中期出现的，一般是成员以土地入股分红，并按月挣工资。

5. 各类服务性的合作社。主要是为提高农村的经营管理水平和农民生活而进行现代化服务的。如农村建筑、审计、法律咨询、卫生保健、文化娱乐、消费等方面的合作社。

以上五种类型只是国外农业合作经济组织的大致分类。事实上，随着农业生产的社会化和农村商品的发展，以及农民对现代化生产和生活的追求，各种类型的合作社都不可能绝对地限制在单一的经营领域内活动，而是出现了许多跨经营领域、跨行业、跨地域、跨层次的合作组织。在二次世界大战前，除原苏联之外，全世界约有36.6万个合作社，拥有4 500万个成员，其中50%是信贷合作社，20%是专业生产者的供销合作社，20%是社会各业混合的购销合作社，10%是生产性合作社。二次世界大战后一直到现在，它不仅更加发达，而且类型丰富，多姿多彩。作用也很大，例如：各类金融合作社通过汇集农村闲散资金和向农村发放低利率贷款，直接推动了农业和农村现代化的进程；流通领域合作社对推动乡镇建设、加速产品流通、避免中间商剥削，打破垄断和提高竞争水平、增加收入，提高农业水平和技术推广普及、建立一体化农业、连接城乡渠道等，都发挥了巨大作用；各类服务合作社遍布农村角落，形成了为农业现代化服务的网点；各类合作组织中雇佣的经济技术人员，对保证成员农场的赢利和技术推广发挥了较好的作用。目前，世界农村合作经济以市场型占主导地位，美、日、法、德等发达国家和多数发展中国家都属于这种类型。市场合作经济目前在各国经济中已发展成为一种不可忽视的社会经济力量，并在国际上享有一定的地位，具有一定的影响。

（三）国外农业合作组织发展的新特征

各国合作组织在发展过程中，除一直坚持罗奇代尔原则外，还呈现以下一些新特征：

1. 政府支持。各国政府对农民合作组织，都从财政、税收、信贷、政策等诸多方面进行支持和鼓励。这种支持一方面是为了给农民以帮助，另一方面也是政府要通过合作组织贯彻政府的政策和发展规划，并促进农业发展。因此，许多合作组织成为半官半民，已不是单纯的农民合作组织。但合作组织仍然在经济上、政治上是独立的，政府并不以行政方式进行干预，更不从经济上对合作社进行控制和干预。同时，农民合作组织不仅是在经济领域中发展，而且还涉及社会、政治、文化等方面，充分发挥着作用。农民合作组织更是成为代表农民利益与政府进行对话的桥梁，甚至担负着与国外厂商进行谈判的重任。

2. 在合作形式上向多种类型的方面发展。农民合作组织已不仅仅是活跃在农业生产中，还延伸到消费、住宅、信用等众多领域，即使是经济领域也不仅仅是帮助买卖生产资料和农产品，而且在信用、提供管理和技术咨询、农村教育等方面合作社发展得尤其迅速。因此，一个农民参加几个合作社，可以接受多个合作社提供的服务。

3. 在职能上的多样化。在一些地方农业合作社实际上承担着农村社会、行政组织职能，农业合作社在农村教育、文化体育活动等方面也起到重要作用。

4. 在组织上形成全国多层次的合作社系统。各国都有全国性的专业或综合的农民合作组织，并形成上下的层次性。但各层次间在经济上是相互独立的，虽然上级有对下级行使指导和管理的职能，下级也要对上级承担某些义务，但相互间不存在行政指挥关系和隶属关系。

(四) 国外农业合作组织发展的成功经验

从以上一些农业合作组织发展的情况来看，有以下成功的经验：

(1) 都是民主办会，自我管理；

(2) 通过股份合作制，增强了社员的参与意识，共提风险，共享利益；

(3) 政府重视与支持（包括资金、政策和立法）；

(4) 管理机制合理，权责利分明；

(5) 专业化规模经营与综合经营并举，合作组织抗市场风险能力强，实现产供销一条龙，贸工农一体化；

(6) 采用先进技术，提高了劳动生产率，从而增强了市场竞争力；

(7) 注重培训与教育，加强各类人才的培养。

(五) 国外农业合作组织发展中存在的问题

国外农业合作组织发展中既有成功的经验，但也存在着一些问题。问题表现在：①发达国家农业劳动力流失严重，影响了农业合作组织的发展后劲；②

发展中国家的农业合作组织太小，力量薄弱；③农业合作组织所属的企业与私营企业、工业企业相比，利润低、竞争力不强；④一些发展中国家对农业合作组织的支持还没有落到实处，重视程度不够；⑤农业合作组织发展的步伐受资金、人才的限制。

二、我国非政府农业推广组织的发展

（一）我国非政府农业推广组织的发展概况

早在我国“五四”运动时期，平民教育思想流行一时，许多知识分子为改造我国的教育，以推行平民教育和职业教育为宗旨，纷纷结成民间教育社团。20世纪30年代前后，一部分社团开始面向农村，掀起民间性的乡村建设实验运动。其中，产生影响较大、成绩较为突出的有：以黄炎培为首的中华职业教育社在江苏昆山实验区的推广活动，以晏阳初为首的中华平民教育促进会在河北定县、重庆璧山县开展的推广活动，由梁漱溟创立的山东乡村建设研究院在山东省开展的推广活动。这些推广活动对指导当地农业生产、促进乡村社区发展做出了积极贡献。

在我国解放初期也有一些诸如粮食、蔗糖、棉花、蔬菜等专业合作组织，但在高度集权的计划经济体制下，专业合作组织失去了实际存在的价值。

20世纪80年代初在农村专业户、重点户的基础上产生了适应市场经济要求的专业合作组织，但大多数组织松散，运行不规范，相继自生自灭。

相对成熟的专业合作组织于90年代中期以后出现。在农业发展新阶段，市场经济将成为经济社会的主体。如何使占我国人口大多数的个体农民与大市场有效的衔接起来，已成为农村经营体制改革的重中之重。将从事分散经营的农民按专业生产内容组织起来，实行产业化规模经营，应该说是一种正确的选择。当今农村中的农村合作组织（主要包括农村专业技术协会、农业专业合作组织、农业经济合作组织等形式），就是在这样的大背景下应运而生的。

农村合作组织的发展为农业推广提供了多样化的组织形式，同时一些商业企业组织和个体组织近年来也参与了农业推广活动，这使得我国农业推广组织实现了由一元化向多元化的过渡。非政府组织的参与给我国农业推广工作带来了许多生机，同时在各地形成了多样化的农业推广组织模式。农村合作组织中农民参与农业推广活动最多、影响最大，且最具规模的是农村专业技术协会（以下简称“农技协”）。下面主要以农技协为例，介绍我国农村合作组织的发展概况。

(二) 我国农技协的发展概况

1. 发展背景。党的十一届三中全会以来，在邓小平同志建设有中国特色社会主义理论和党的农村经济政策指引下，随着农业联产承包责任制在广大农村的普遍实行，农民获得了生产经营自主权，依靠科技发展生产、增加商品经济的积极性空前高涨。为适应农村经济商品化、市场化和产业化发展的需要，解决一家一户办不了、办不好的问题，自1980年后开始，农民群众首先是从迫切得到生产中的技术为主，逐步聚集到依靠科技率先致富的“科技示范户”和“技术能手”周围，自发地组织起来，成立了以农民技术能人为核心，以科技人员和科技示范户、专业户为骨干，发展专业生产的农技协。这些协会从技术服务入手，逐步向产前、产后服务延伸，成为科技流向千家万户和各个生产环节的重要渠道，加速了农村生产商品化、专业化、市场化、现代化的进程。同时，也培育了一大批学科学、用科学，适应市场经济发展的新型农民，对推动农村经济的发展和变革起到了“催化剂”的作用。

2. 基本概念。农技协是以农民为主体，按照自愿、自主、互利原则形成的，由从事同类生产经营的农户自愿组织起来的，以增加农民成员收入为目的，在技术、资金、信息、购销、加工、储运等环节实行自我管理、自我服务、自我发展的群众性的合作经济组织。农技协是在农村经济体制改革中兴起的，是继家庭联产承包责任制后的又一重大制度创新。农技协以其独特的组织形式、灵活的机制，广泛的适应性，在普及科技知识、推广科技成果、提高农民科技文化素质，促进农业产业结构调整和农民致富奔小康等方面发挥了巨大作用，为农村改革和经济发展注入了新的活力，赢得了广大农民的认同和欢迎。

如江苏省苏州市农技协组织已逐渐成为组织农民进入市场、推进农村小康社会建设的一支生力军。兰州市永登县农技协为永登县的产业结构调整与无公害果菜生产技术的普及推广和应用撑起了一片天地，极大地推动了永登县农村和农业的产业结构调整等等。

3. 农技协的类型及特点。农技协的出现与发展壮大，是现代农村组织发展的一个趋势和标志，也是广大农民应对经济全球化、竞争国际化和我国加入WTO后面临的形势任务与挑战，不断提高农民素质，实现农业增效、农民增收，促进经济社会发展和科技进步的正确选择。在各级政府的重视和领导下，经科技、农牧等部门的积极组织发动与大力支持帮助，目前，各地农技协的发展犹如雨后春笋，并已呈方兴未艾之势，按其特点大体可以分为以下三种类型：

(1) 技术交流型。这是农技协的初级形式，一般规模都比较小，多数在自然村一级，主要通过会员之间切磋技艺，交流经验，进行观摩，解决生产过程中的技术问题。如山东省章丘市绣惠镇闫家村仔猪协会成立于2002年，有会员50名，固定资产60万元，有5个养殖小区，年产销仔猪15万头，会员年收入都在4万元以上，形成了当地的新产业。

（2）技术服务型。这一类型在组织上比较松散，协会主要通过新品种引进、实用技术培训、信息交流、指导操作等促进科技成果转化和农业新技术、新品种引进示范与推广应用，加速农业和农村的科技进步。换句话说就是协会一般不负责产后产品的销售服务，只负责产前和产中的技术培训与统一技术规范。如兰州市永登县葡萄产业技术协会与县农广校合作，引进开发市场前景看好的红提葡萄新品种，进行试验种植，同时开展早结丰产技术攻关，先后承租清水乡红砂川村荒山坡地200亩，建成日光温室113个，建设苗圃基地120亩，引进优质种苗10万株，为当地农民供应苗木，并邀请甘肃农业大学、省农科院专家开展技术培训100多人次，还定期播放光盘、直观地进行培训，现场解决农户在经营管理中遇到的各种问题。协会仅今年种苗和果品收入达300万元，对促进会员新产业的技术开发与品种结构调整，培育新的支柱产业和新的经济增长点发挥了很好的助推作用。

（3）技术经济实体型。也称公司带动型、“公司＋协会＋农户”社会化服务体系模式。这是农技协的高级形式，即协会通过与各方面的技术资金联合，兴办经济实体，为会员和农户提供产前、产中、产后一条龙服务，把服务内容贯穿在整个生产经营过程中，形成一定的规模效益，有的还实行了股份合作制的管理，成为一种新型的技术经济合作组织。这种类型组织较为严密，其显著特点是，协会以公司或经济实体为后盾，可以针对某一品种，某一技术难点，发挥协会的人、财、物优势，通过引进优良品种，成熟配套技术，先进管理经验和资本积累等，简化生产环节和销售环节，降低生产成本，化减市场风险和自然风险；另外，协会具有一定的经济和技术实力以及抗御市场风险与自然灾害能力，会员可以享受协会利润的二次分配，与协会的结合更加紧密，可以形成风险共担，利益共享的群体。这种类型虽然不多，但它是今后协会发展的典型。如兰州市永登县连城食用菌协会是以浙陇红中食品有限公司为龙头，实施“龙头企业＋协会＋农户”的营销模式，通过搞好产前、产中、产后各项环节的服务，发展连城镇及周边河桥、通远等乡镇食用菌栽培专业户200多户，菇农人均纯收入2 600多元，比其他普通户高出11%左右，户均增长1万多元。协会以最低保护价向会员提供优良菌种，积极组织菇农开展技术培训，仅2004年集体办班二期，培训167人，签订保护价收购合同107份。

4. 农技协的主要组织形式。从组织形式来看，农技协有“民办”、“官办”

和“官民合办”三种形式并存，民办公助的形式将占主导地位。

(1)“官办”类型的农技协。即直接由党和政府出面组织的专业合作组织，是政府以行政手段，同农民自我组织的开展商品生产的协会或合作社，组合成实际上是列入政府序列的官方组织，但是又能真正有效地为农民服务和迅速筹建资金，调整设备，很快投入运行的农技协。比如不少农技协还是由基层政府的领导担任会长，大多数是名誉性的。这种情况大约占到农技协总数的一半左右。其优点是：建立之初，能够暂时解决农民自身的人力、物力资源不足问题。缺点是：随着协会的壮大，政府往往把协会看成是自己的实体，产权严重不清，管理机制退化。再有一些农技协的领导人不是会员选的，而是政府指定的。由此造成一些农技协官办化，唯政府意志；有的沦为某个部门的附庸，成为追逐部门利益的工具，严重打击了农民的积极性，久而久之，协会的生命力就会逐渐减退。

(2)“民办”类型的农技协。农技协多数是农民自己兴办的民间组织，坚持“民办、民管、民受益”的原则，开始重视“民有”资产的所有权归属会员(或社员)，逐步明确需要建立规范化的股份合作制保证会员的经济利益。这种由农民自发组织的协会出现了前所未有的活力。优点是：避免了单纯“官办”光靠行政命令，没有利益驱动的形式上的服务。另外，农技协是以自愿为基础，以效益为目的，有效地把一批农民吸引到协会组织中，提高了组织化程度，提高了农民进入市场参与竞争的能力。协会还利用自身优势，组织和指导农户以规模化迅速生产适销对路的农产品，不断形成地方优势和区域特色，提高农业经济效益，使农民收入得到增加。缺点是：资金不足，人员素质较低，信息不畅，影响协会持续发展。

(3)“民办官助”类型的农技协。在中国改革的现阶段，计划经济旧体制向市场经济新体制过渡，在这期间，实际上是双轨制的过渡，纯粹的“民办”或“官办”型都难以发展，因此绝大多数的农技协采取了多种形式的“民办官助”途径，包括民办合作组织的登记注册需要挂靠官办的单位，社团登记时要有批准单位、业务主管单位和归口单位，开展业务活动需要得到有关业务行政部门、单位的领导批准与支持等。

我国农技协经过20多年的发展历程，数量上不断增加，水平和质量上也有所提高。现阶段根据我国的国情，从长远发展看，农技协理想的发展前景，是官办与私人企业家兴办的各种协会，逐步按照合作社的原则，进行改造，逐步减少官办色彩，走上真正是农民自己组织的道路，民建民有民管民受益。但是，在相当长时期内，中国的农技协将是农民合作兴办、官办、官民合办与私人企业兴办等形式并存，引导方向是规范化的股份合作制的合作社。

5. 农技协的作用。农民根据自主的生产、生活需要和致富理念选择是否参加组建农技协。协会以能人当家，以服务为宗旨，能帮助农民一家一户做不好、做不了的事情，协会以专业化、规模化生产为基础，能够为农民引进新品种、新技术，开展技术培训，产品销售不发愁，协会实行自主经营，民主决策，利益分配形式多样，能给农民带来实惠，与农民风险共担，利益共享，互利互惠，因此，农村专业协会受到了广大农民的欢迎与认同。

(1) 促进了农业新技术、新品种的普及推广，提高了农民科学文化素质，加速了科技成果向现实生产力的转化。农技协一般都是以引进良种，推广先进实用技术为纽带把农民组织起来，广泛利用农技协这个载体，结合农村和农业生产实际，通过举办各种实用技术培训班、现场会、组织外出考察学习、自编辅导材料和聘请专家学者举办科技科普讲座等形式，定期、不定期地开展技术交流活动，不断提高会员的科学文化素质和学科学、用科学的实际能力，不断提高农产品的科技含量，促进科技成果向现实生产力转化。同时，协会还可以通过会员的示范作用，架起通向千家万户的桥梁，有效地解决农村科普工作“断线脱档”的问题，弥补政府机关科技推广力量的不足。如苏州市吴江八都特种水产技术协会，几年来相继引进推广新品种近 30 个，普及推广新技术 20 多项，与水产科研部门和院校合作，进行新品种对比试验 10 多项，选择优良品种进行推广，取得良好成效。

(2) 加速科技成果转化，促进产业结构调整和优化。农技协都是在有一技之长的重点户、专业户的基础上，以能人为骨干发展起来的，其生产都是按照市场前景好、适销对路的原则，以一个协会，一种作物，一个品种，一方市场为主来开发生产的，在农技协的推动下，各地农业产业结构调整和支柱产业培植取得了较好的成效。如常熟市徐市镇蔬菜技术研究会依托赵家桥农副产品交易市场，积极引导广大会员和农户发展蔬菜生产，研究会会员从最初的 37 名发展到现在的 180 多名，还联系了上百户农户，使全镇的大棚蔬菜种植面积达到三千多亩，全镇蔬菜面积达 2.5 万亩，2003 年全镇蔬菜收入 9 000 万元，2004 年突破 1 个亿，并涌现了一批大棚蔬菜专业组，由此改变了全镇的产业结构，推动了农村产业化发展。

(3) 有效增加农民收入，实现共同富裕。信息不灵、不准、不实和缺乏资金、技术的问题，是影响农业增效，农民增收，制约农民共同富裕的重要因素。农技协能够利用各种渠道，通过各种关系及时有效地为会员和农户提供优良种苗，赊销所需化肥、农药、提供技术、信息服务、购销会员和农户的产品，使致富无门路、无资金、无技术的农民从协会中得到扶持与帮助，从而实现共同富裕。另外，协会都是按一定的规模来组织生产的，可以有效地提高生产的集约化程度，降低生产费用和生产抉择中的盲目性，从而增加农民的经济收入。如兰州市永登县中川飞龙种猪养殖协会成立后，聘请科技人员开展技术培训 300 多人次和动物检疫、防疫知识培训、售后服务，使协会会员已发展到 130 多户，带动全镇养猪户 680 多户，其中猪存栏数在 200 头以上的 4 户，100 头以上的 18 户，50 头以上的 48 户，10 头以上的 115 户，5 头以上的 300 多户。协会每年为会员提供 1 000 头仔猪，户均增收 800 元以上，为非会员户提供 2 000 头仔猪，会员户每头仔猪比非会员户低 40 元，仅 2004 年每头猪净收入 300 元以上，全镇解决闲散劳动力 800 多人，养猪收入达千万元以上。

(4) 有利于密切党群关系，改善干群关系。农技协作为农民自愿结合的生产单位群体，实行的是“民建、民管、民受益”的组织发展原则，是农民发展商品生产，参与市场竞争，实现增收致富的依托和靠山，对会员和农民都有很强的凝聚力和号召力。在与政府的交往中，一方面是协会可以通过为会员牵线搭桥，反映会员的呼声、意见和要求，为党委政府体察社情、了解民意提供帮助；另一方面是协会可以通过自身的活动，把党和政府的有关方针政策和法律法规贯彻到会员和农户中去，正确引导农民依法参政议政，促进政府职能和领导方式、工作方法以及作风的根本转变，使政府由行政直接组织指挥生产变为为生产提供指导和服务，从根本上改善党群干群关系，密切党委政府同群众的血肉联系。

6. *我国农技协存在的问题*。目前，多数协会同农户在产前、产中、产后等环节建立了联系，也有少数组织和成员之间发展了经济利益一体化的关系，为广大农技协的会员带来了实惠，但同时，也存在一些问题：

(1) 我国缺少有关农村合作组织方面完备的法律、章程。对于不同的协会，从技术交流型、技术经济服务型到经济实体型，如何制订既有共同原则，适应不同水平的各类协会章程，是一个难题。需要收集、学习、研究西方农业合作社与协会的章程及有关法规，分析、总结中国自己的成功经验与失败教训，制订相应的法律、章程。

(2) 对农技协的认识还不足，支持农技协发展的氛围还没有形成。首先，对农民专业合作经济组织的重要性认识不足，对农民自发组建的专业合作经济组织过问不多，甚至任其自生自灭；政府或部门自己牵头举办的，也只求形式，不求效果，或只管建立，不管发展和发挥作用，做表面文章。其次，对农民专业合作经济组织的性质认识不足。没有正确把握专业合作经济组织“民办、民管、民受益”的基本原则，造成有的地方在引导、发展专业合作经济组织时，包办过多，管了不该管的事，特别依托政府或部门兴办的大部分专业合作组织，基本上由政府或部门的领导担任社长或会长，以致介入过深，行政干预色彩过浓；而政府该管的诸如引导、规范管理、加强扶持等则管得较少，农民真正得到的实惠也不多。第三，支持农技协发展的氛围还没有形成。一是登记手续繁、创办难；二是资金扶持少；三是税收难优惠；四是运销成本高。特别是往外运销鲜活农产品时，过路、过桥费很多，专业合作组织负担加重；五是多头管理。

（3）普遍存在规模不大、发展速度不快、管理制度不健全、改组、解体过于频繁、稳定性较差等问题。目前各地区各种类型的农村专业协会普遍组建较晚，发展较慢，规模较小，实力薄弱，多数只是提供技术服务，只有少数提供产销服务。而且农技协多数的营销只限在本地区，很少向全国或国际拓宽市场，而且多数农技协缺乏创新的思想和跑市场的闯劲。在我国加入 WTO 的大好形式下，如何利用全球经济一体化的机遇，发展本地区经济，是农技协发展的新课题。如一些农技协，在成立后，只能靠自己的会员交纳会费维护生存，对会员多是无偿提供新技术服务，不直接为社员销售产品，没有销售收入。这些协会覆盖面小，管理制度不健全和稳定性较差，因此发展速度也较缓慢。

之所以出现这种情况，原因是多方面的。最主要的原因有两个，一是宏观政策环境存在着许多严重阻碍合作经济发展的因素。目前，农民专业合作经济组织在工商登记中尚未取得单独的法人地位，大多数农民专业合作经济组织在没有法律保护的环境下运作。粮、棉等大宗农产品长期保留着相当程度的部门垄断，这就排除了农民合作经济组织合法涉足这些产品购销的可能。二是农民专业合作经济组织内部治理结构残缺不全，缺乏有效的制度约束。突出表现在以下三个方面：一是没有建立起社员所有的产权制度，存在产权不清的问题；二是没有形成社员控制的决策机制和利益分配机制，内部人控制合作社运作，普通社员的参与度低。三是政府干预较多，许多合作社经营对政府的依赖性过强。

（4）发展不平衡。从各地情况来看，越是经济发展快的乡镇，农村专业协会组织发展也越快，经济相对落后的地方，发展相对缓慢一些，有些乡镇至今还是空白。

（5）组织形式落后，阻碍农技协发展。如在一些农技协中，大部分是由政府部门或公办民助的形式组成的，只有一些农技协是由农民自发组建的，形式上的不同决定了农技协发展速度。官办农技协多是产权不清，管理机制退化；政府干预较多，其行政依附、职能模糊、管理体制不完善、布局不合理、法制不完备、缺乏独立性，大部分协会挂了牌子而无活动，组织机构形同虚设。尤其是行政权力通过行业协会对市场权力的渗透、压制、捆缚已成为民营经济进一步搞活放开的瓶颈。因此，应该大力发展更多的民办协会，政府应该从协会中退出来。

(6) 农技协人员的素质普遍较差，生产的产品档次低，实体发展慢。由于农民整体科技素质较低，农村专业协会向高层次、多功能方向发展还很不够，大部分仍处于技术交流、松散服务的低水平上；在产销农产品上，还停留在生产的初级阶段，产品产量高，质量差，档次低，缺乏竞争力，经济效益低，形不成科技服务经济实体，普遍活力不足，缺乏发展后劲。

7. 我国农技协发展的对策。发展和规范农技协，对于提高农民的组织化程度、推进农业产业化的进程、提升农业整体素质和综合效益、繁荣农村经济、增加农民收入等都具有十分重要的作用和意义。针对我国农技协存在的问题，要提升我国农业合作经济组织的建设水平，应该从以下几方面着手：

(1) 正确认识专业协会的性质、地位和作用。农技协既是农村科技推广网络，又是农村服务体系的组成部分，还是科技与经济结合的一种好形式，应该得到全社会的公认和保护，要大力宣传先进经验。

(2) 争取政府支持，部门配合。从技术、资金、人员、税费等方面扶持协会的发展，要保护其合法权益，要针对协会非盈利性的特点，制定相关的优惠政策；财政部门要制定相应的财政援助政策；金融部门要制定低息，贴息贷款政策。其次是要求上级有关部门要以法律或条例的形式明确专业合作经济组织的法律地位，要制定《农村经济合作组织法》或《条例》，依法保障其合法权益不受侵害，促进其发展。

(3) 各专业协会要具有一定的档次和规模。今后凡新组建的各专业协会要尽可能的组建涵盖该产业的专业协会，要组建跨区域的经济合作组织，对过去组织的小规模农村专业协会要逐步清理合并，扩大完善。

(4) 要以产业组建能开展产前、产中、产后系列化全程服务的“实体型”专业技术协会。要根据协会《章程》的要求，设置好服务机构，制订好制度，在条件具备时逐步发展成为“协会＋服务实体＋农户”、“协会＋企业＋农户”、“协会＋基地＋农户”的产业发展模式，真正成为发展优势产业的龙头组织。

(5) 要加强农技协的交流和合作。农技协必须走开放式的办会道路，要与区域性、全国性、行业性的协会建立广泛的联系，也应加强与国外协会建立联系，加强合作与交流。更好地服务“三农”，为农业和农村经济发展发挥更大的作用。

(6) 建立强有力的农技协促进保障体系。培植农业龙型企业需要一个过程，农技协只是刚刚起步，最终形成公司＋农户＋协会即农业产业化需要各方面的努力。首先要建立农技协发展基金，对于刚成立的协会，镇政府要安排一定的经费。对于发展前景广阔，辐射力强，带动面大的农技协，市政府要给予扶持。其次是要建立激励机制，按照协会发展的各个阶段，给予不同程度的奖励。

农技协是农民在社会实践中创造出的新生事物，是社会主义市场经济浪潮中诞生的新航船，是WTO激烈的漩涡中造就的新支点，明确其地位，发挥其作用，扶持其成长，培植其壮大，是实施科教兴农战略，努力发展农村经济、致富广大人民群众的重要举措。我们深信，在党和政府的正确领导下，在社会各界的大力支持下，在各农技协和会员的共同努力下，我国农村经济一定能够取得更大的成效。

第五节 新时期加强我国农业推广体系建设

一、新时期我国农业推广体系的不足

农业推广体系作为农业社会化服务体系的主体和国家对农业支持保护体系的重要组成部分，对促进我国农业和农村发展以及农民收入的增加都起到了极大的促进作用，但还存在一些不足，尤其我国加入WTO后，一方面，入世给农业推广体系带来了发展机遇，另一方面，也面临着严峻的挑战。致使我国农技推广体系要与国际市场接轨还存在着一些方面的不适应，因此入世对我国农技推广体系发展产生了直接或间接影响。在新时期，我国农业推广体系的不足体现在以下几个方面：

1. 推广理念落后。我国的农技推广是以普及技术为核心，通过试验、示范、培训、指导及咨询等，帮助农民解决生产中的问题，故长期称为农业技术推广。而国外以提高农民素质为核心，通过教育、培训、示范等方式，帮助农民解决生产、生活中的问题，促进农村经济、社会全面进步。

2. 职能定位不清。我国农技推广体系的职能除承担技术推广外（且局限于产中技术指导），还有执法与技术质量监测、经营服务等职能，普遍实行有偿与无偿服务相结合，农技推广的公益性职能和经营性服务难以明晰。国外的农业推广体系主要承担公益性职能，一般不从事有偿服务。

3. 管理体制不顺。我国农技推广体系是依附各级行政设置的非垂直管理，上下级之间也只是业务指导关系；推广工作强调对上级负责较多，内部管理方面尚未形成科学严格的管理规范。国外政府的推广体系普遍实行垂直管理，即自上而下组织推广工作；上级机构对下级机构实行严格的工作计划管理；基层推广人员一般实行按人包户服务，实行月度工作汇报制度；推广人员工作的成绩主要由农民评价，农民的意见对推广人员考核、奖惩乃至聘用与否起决定性作用。

4. 推广方法落后。我国农技推广是以推广技术为重点，目标是提高农业的产量，其推广方法是“技术示范＋行政干预”，开展一些培训，但也很不规范。国外的农业推广以农民为对象，通过提高农民的综合素质来促进农业创新成果的应用和农村的发展，普遍采用的方法是参与式推广方法，通过示范、培训、交流、研讨，从社会学、心理学、技术科学等方面引导和帮助农民，推广人员的基本职能是走访和培训农民。

5. 保障措施不利。我国的推广经费由各级政府共同负担，农民也负担一部分（通过有偿服务体现）。据统计，1979—1995年，我国财政对农技推广的投入占农业总产值的平均比例为0.26%，远低于FAO统计的发展中国家的平均值0.5%，而且地区间差别较大。国外很多国家都从政策法律上对公益性农业推广体系的职责、编制、经费和工作条件等做出了明确的规定，并列入每年的政府财政预算。

6. 法律法规不健全。我国1993年虽然颁布了《中华人民共和国农业技术推广法》，但因在计划经济和短缺经济的历史时期出台，因此在许多方面有严重的局限，如在推广工作的宗旨、概念、职能、体制、经费、推广人员、管理机制、工作方法、违法处罚等方面。国外许多国家对农业推广事业有明确的法律规定。如日本的《农业改良助长法》，不仅对推广人员的配备与录用、设施建设、运行方针及制度等有明确、详细的规定，从而保障推广事业的健康、稳定发展，而且还规定对完成任务的推广工作者发放津贴（专门技术员为月工资的8%，改良普及员为月工资的12%），对全年考核合格者，发给相当于5个月工资的奖金。

7. 推广人员素质低。目前，乡镇级推广服务机构，普遍存在科技人员年龄老化，专业结构、年龄结构不合理，新知识、新技术贮备不多，素质降低，青黄不接，不能流动的问题。大多数科技人员由于是在计划经济时代毕业分配的，所学专业多为农学、植保和土肥专业，园艺、特产等专业的科技人员很少。加之，经费短缺和财政切块管理以及管理体制的限制，致使多年来，很少有大中专毕业生到推广部门来工作，在职科技人员很少进修深造，接受继续教育，很少有科技人员的调动。与当前农业和农村经济发展的新形势极不适应。

二、加快我国农业推广体系的改革，建立多元化的新型农业推广体系

农业技术推广体系的建设必须与社会主义市场经济体制相适应，与WTO

的规则相适应，与科技进步的要求和新的农业技术革命的形势相适应。因此，对农业技术推广体系的建设必须进行全面的改革和战略性的调整，尽快建成区别于原有模式的新型的农业推广体系。

1. 农技推广体制的创新。按照中共中央确定的改革方向和目标，本着“稳住公益性，放活经营性”的思想，对我国农技推广机构，特别是县乡两级政府的农业技术推广机构进行改革。将原基层（县、乡）农技推广机构中的公益性职能与经营性服务分开，国家推广机构主要承担公益性职能，进行定员、定编，确保经费，事业单位性质，而承担经营性服务的，要参与市场竞争，与市场接轨。同时，政府组织社会各方面的力量包括更多的企业和市场中介组织参与推广，面向市场，直接为农民服务。

通过对基层农业技术推广机构的改革，逐步形成由国家兴办与国家扶持相结合，无偿服务与有偿服务相结合，建立以国家推广机构为主导、社会各方面力量积极参与的多元化的新型农业技术推广体系。这个新型农业技术推广体系从组成上看，包括三方面：①公益性职能的国家农业技术推广体系；②社会的、经营性的服务体系，包括个人的、私营的、企业的以及中介组织；③农民合作经济组织自身的服务系统。在这三类服务组织中以国家的、公益性组织为主导。

为了适应农业区域的特点，统筹规划，组建乡镇的区域中心站或专业站，作为县级农技推广机构的派出单位，承担农技推广公益性职能，不再从事经营服务工作。区域站人员由当地乡镇农技人员中经考试、考核择优聘用人员和县级农技推广机构下派部分农技人员组成。

建立区域站有利于：原基层推广机构实行两支队伍（公益性职能和经营性服务）的分离，稳定一支承担公益性职能的精干队伍；集中技术骨干，搞好农技推广工作；财政的集中投入；基层农技推广队伍的管理；增强一线的技术力量，因为县级推广机构可以下派部分农技人员充实区域站，达到增强区域站一线技术人员的力量，从而促进公益性职能工作的开展。

2. 农技推广机制的创新。由于基层农技推广体制的创新，推动了推广机构运行机制的创新，其表现有以下几方面：

（1）内部管理制度的创新。实行执业资格准入和全员聘用制度。具体是对从事农技推广服务（包括公益性职能和经营性服务）人员全面实行执业资格准入；对乡镇公益性职能的农技推广服务人员，按照事业单位推行全员聘用制，实行公开招考、竞争上岗和全员聘用。

（2）推广方式、方法的创新。建立农业科技示范场，开通“农技推广110”服务以及连锁经营服务等各种形式，为农民提供及时有效的服务。

农业科技示范场，这是新形势下农技推广机制的重大创新。它是以基层农技推广机构为依托，以一定规模和相对稳定的土地为场所，以科技示范为核心，建在乡村，面向农民，采取企业化管理，自主经营、自负盈亏的新型农业科技服务实体。投资主体多元化，采取承包制、股份制和股份合作制等形式。农业科技示范场是农业新技术试验展示基地、优良种苗繁育基地、实用技术培训基地、结构调整的示范基地和中介服务产业化基地。

"农技推广 110"服务，是以方便、快捷的电话咨询为切入点，组织专家即时解答问题或做到随叫随到指导服务的形式。

连锁经营服务。又称特许加盟连锁，是指总部将自己所拥有的商标（包括服务商标）、商号、产品、专利和专有技术、经营模式等以特许经营合同的形式授予特许者使用，被特许者按照合同规定的统一的业务模式从事经营活动，并支付相应的费用。连锁经营在组织管理、市场定位、服务方面均具有巨大的优势。为主动迎接加入 WTO 后对农技推广系统技物结合服务带来的挑战，寻求农技推广到位率的新途径，全国各地已纷纷探索了连锁经营服务方式，并已初见成效。

【案例】北京市怀柔区农村专业技术协会发展的情况介绍

一、北京市怀柔区农技协组织的现状

（一）农技协的基本情况

怀柔区农技协组织起步于 1987 年（宝山镇养鸡协会），经过近 17 年的发展，目前全区有各级各类农技协组织 50 个，会员 36 041 户，其中区级农技协 14 个，会员 23 562 户；乡镇级农技协 36 个，会员 12 479 户，农技协会员年平均收入约 2 万元，最高达 11 万元。农技协已逐渐成为组织农民进入市场、推进农村小康社会建设的一支生力军。

（二）农技协的主要功能

1. 技术交流。最初由一个或几个专业生产某项农产品的专业大户（或科技示范户）发起，联合若干个专业户组成的专业技术协会。主要是开展技术培训，进行试验、示范、交流信息等。通过协会的辐射和示范作用，带动本村、本乡的农户。

2. 技术服务。根据生产过程和会员利益的需要，向会员提供产前、产中、产后服务，这类农技协具有经济实力和技术力量，以它为依托，吸引农民参加，组成的专业协会，容易很快启动和进入市场，并能共同分担市场风险。如宝山镇养鸡协会，成立于 1987 年，主要从建鸡舍、送鸡雏、技术、防疫到成鸡的销售。

3. 技术经济实体。主要是为会员在产品销售、加工等方面提供系列化服务。群众称这种形式叫“公司十协会十农户”社会化服务体系模式。比如：怀柔区虹鳟鱼协会，是由养殖大户发起，农民自愿参加的协会组织，依托北京顺通虹鳟鱼养殖中心，为养殖户提供鱼苗、养殖技术、加工、销售等服务，并创出了“正虹”牌虹鳟鱼食品远销到全国各地，年获得总社会效益2亿元。

（三）农技协的主要组织形式

1. 官办。在怀柔区的50个农技协中，不少农技协还是由基层政府的领导担任会长，大多数是名誉性的。据调查，这种情况占到全区农技协总数的54%。如：汤河口镇西洋参协会、庙城镇种植业协会等。这类协会的优点是：建立之初，能够暂时解决农民自身的人力、物力资本不足问题。缺点是：随着协会的壮大，政府往往把协会看成是自己的实体，产权严重不清，管理机制退化。再有一些农技协的领导人不是会员选的，而是政府指定的。由此造成一些农技协官办化，唯政府意志；有的沦为某个部门的附庸，成为追逐部门利益的工具，严重打击了农民的积极性，久而久之，协会的生命力就会逐渐减退。

2. 民办。这种由农民自发组织的协会出现了前所未有的活力。如：怀柔区虹鳟鱼协会、怀柔区北房镇葡萄协会等。优点是：避免了单纯“官办”光靠行政命令，没有利益驱动“大呼隆”式服务。另外，农技协是以自愿为基础，以效益为目的，有效地把一批农民吸引到协会组织中，提高了组织化程度，改变了单打独斗现象，提高了农民进入市场参与竞争的能力，协会还利用自身优势，组织和指导农户以规模化迅速生产适销对路的农产品，不断形成地方优势和区域特色，提高农业经济效益，使农民收入得到增加。缺点是：资金不足，人员素质较低，信息不畅，影响协会持续发展。

（四）怀柔区农技协发挥的主要作用

1. 促进了农村社会化服务体系的完善，推动了农村经济体制改革的深入。农技协的建立，使从事个体生产的农户实现了技术和经济上的合作，解决了分散农户自己难以解决的技术和经济等方面问题。随着生产的发展，农技协的活动逐步由单纯技术活动延伸到产、供、销各个环节，对会员和农户提供产前、产中、产后系列服务。目前怀柔区能够提供综合服务的农技协23个，已逐步成为完善怀柔区农村社会化服务体系一支重要社会力量。如北房镇花生产业协会，近年来，统一购买花生新品种10万千克，组织技术培训30次，有力地促进了当地农业生产发展。

2. 促进了农业新技术、新品种的普及推广，加速了科技成果向现实生产力的转化。农技协以专业技术为纽带与大专院校、科研院所、农技推广部门建立广泛联系与合作。为了共同的利益，农技协试验、示范所需的新技术、新品种，在会员和农户中普及推广，加速了农业科技成果在广大农村的转化，改变了过去科技成果“热在城里，冷在乡里，停在村里，到不了农民手里”的状况。如琉璃庙镇燕岭枣业协会，虽今年刚成立，与北京农科院和河北农业大学合作，进行新品种试验，已相继引进推广新品种近20个。

3. 促进了农村产业结构的调整和优化，推动了农业产业化发展。农技协将分散的农户组织起来，以市场为导向，努力发展规模经营，提高效益，增强市场竞争力。为了满足市场对产品批量需求，农技协将自己成功的技术和经验，通过会员不断辐射到周围的群众中去，很快形成了“一户带十户，十户带一村，一村带一业”和“发展一个协会，带出一群能人，创办一个实体，服务一方农民”的局面，推动了优势产业的发展，为农村经济注入了新的活力。如汤河口镇西洋参协会，积极引导广大会员和农户发展西洋参种植，协会会员从最初的200户发展到现在的500户，会员年增加收入1万元，推动了全镇产业结构的发展，使全镇的西洋参种植面积达到5 000多亩。

4. 架起了农户通向社会化大市场的桥梁。农户进入市场的过程中，往往遇到信息不灵，难以应付多变的市场，往往显得势单力薄，缺乏市场竞争力。农技协正是适应农民的需要，以服务为手段，帮助农户走向市场。通过代购代销，联营联销等多种服务形式，解决了一家一户办不了，办不好的问题，形成了产供销一条龙的生产服务体系，使农技协成为农户通向市场的载体。如北房镇葡萄协会，种植户通过协会将葡萄销往各大超市，今年上半年为广大农户、会员推销葡萄4 000多千克，净增农民收入3.2万元，使会员种植葡萄保持畅销无积压的好势头。

5. 促进了广大农民科技素质的提高。农技协非常注重会员科技素质的提高。通过组织技术交流，外出学习、实用技术培训等，提高了广大农民群众科技文化素质，为农村培养了一批专业技术人才。据统计，全区农技协每年组织各类实用技术培训317期，培训农民达3万多人次，获得“绿色证书”的会员达2 000人次。

二、存在的主要问题

从调查的结果看，当前，怀柔区农技协大多数组建时间不长，还处在初始发展阶段，存在不少亟待解决的问题。

1. 规模小，缺乏龙头带动作用。目前怀柔区各种类型的农村专业协会普遍组建较晚，发展较慢，规模较小，实力薄弱，多数只是提供技术服务，只有少数提高产销服务。如北京京郊枣业协会，成立一年多来，只能靠53户会员交纳会费维护生存，对会员多是无偿提供枣类新品种的技术服务，不直接为社员销售产品，没有销售收入。该协会覆盖面小，管理制度不健全和稳定性较差，因此发展速度也较缓慢。

2. 市场信息不畅，营销理念落后。怀柔区的农技协多数的营销只在本区，很少向全国或国际拓宽市场，而且多数农技协缺乏创新的思想和跑市场的闯劲。在我国加入WTO的大好形式下，如何利用全球经济一体化的机遇，发展怀柔区经济，是农技协发展的新课题。

3. 缺少名牌，产品档次低。怀柔区的农技协在产销农产品上，还停留在生产的初级阶段，产品产量高，质量差，档次低，缺乏竞争力，经济效益低。在产品营销上，缺乏本地名牌，注册商标的农产品只有11个，没有形成名牌效应。

4. 组织形式落后，阻碍农技协发展。怀柔区的农技协中，54%是由政府部门或公办民助的形式组成的，只有46%的农技协是由农民自发组建的，形式上的不同决定了农技协发展速度。官办农技协多是产权不清，管理机制退化；政府干预较多，其行政依附、职能模糊、管理体制不完善、布局不合理、法制不完备、缺乏独立性，大部分协会挂了牌子而无活动，组织机构形同虚设。尤其是行政权力通过行业协会对市场权力的渗透、压制、捆缚已成为民营经济进一步搞活放开的瓶颈。因此，应该大力发展更多的民办协会，政府应该从协会中退出来。

5. 农技协人员的素质普遍较差。据调查，怀柔区农技协的人员中，大学18人，大专61人，高中或中专107人，高中以下78人。文化程度较低，具有农村经纪人资格的根本没有。在农技协人员中，存在着人员素质落后，综合素质和实际技能较差的状况。特别是在市场经济条件下，市场营销知识的缺乏，严重阻碍了怀柔区农技协的发展。

目前，怀柔区农技协的发展还处于“初级阶段”，农技协的发展壮大离不开政府各部门的支持和帮助。因此，我们相信，在区委、区政府的正确领导下，在政府各部门的大力支持下，在农技协全体成员的共同努力下，怀柔区的农技协组织一定会进入一个快速发展的阶段，真正成为支持怀柔区农业经济发展的生力军。

· 思考题 ·

1. 简述农业推广组织的功能。
2. 简述国外非政府推广组织的发展概况。
3. 试述国外政府农业推广组织体制存在的主要形式。
4. 简述我国各级政府农业推广组织的主要任务。
5. 我国农村专业技术协会有哪些类型？并略述其作用和功能。

6. 试述进一步发展我国农村专业技术协会的对策。

7. 试述如何加强我国农业推广体系建设?

·参考文献·

[1] 汤锦如．农业推广学［M］．北京：中国农业出版社，2001

[2] 谢建华．建设有中国特色的农技推广事业［M］．北京：中国农业出版社，1995

[3] 汤锦如．论我国建立社会主义市场经济过程中农业推广的新特点［J］．香港现代教学论坛杂志，1999

[4] A. W. 范登班，H. S. 霍金斯著．农业推广学（张宏爱译）［M］．北京：北京农业大学出版社，1990

[5] 夏敬源．加入 WTO 对我国农业技术推广体系的影响与对策［J］．中国农技推广，2002 (3)

[6] 张国忠，徐伟．提升农村专业技术协会社会地位和作用．金坛科普网，2004 (6)

[7] 孙常军，索丽萍．永登县农村专业技术协会存在的问题及对策建议．兰州市民政局网，2005 (3)

[8] 朱世明，胡艳春．怀柔区农村专业技术协会发展现状与对策．首都科技网，2005 (2)

[9] 苏州市科学技术协会调研处，关于苏州市农村专业技术协会发展情况的调查报告。www. farmers. net. cn/hdxwl/120. htm

[10] 山东省章丘市绣惠镇农村专业技术协会．sdjn. net. cn/njx _ zq _ xh/index. jsp

第十章　农业推广经营服务

【本章学习要点】主要学习农业推广经营服务的基本概念、思想、原则，掌握农业推广经营服务的策略和技巧，并能够运用于实际工作。

进入21世纪后，我国的经济体制在由计划经济向社会主义市场经济全面转轨，与之相应的农业推广工作也在由单纯的政府行政导向型向农民需求和市场需求导向型转变。农业推广服务也在由单纯产中技术指导向产前、产中、产后全程系列化服务延伸，农业推广的有偿经营服务与无偿的公益性服务具有同等重要的地位。因此，经营和营销技能成为农业推广人员的基本技能之一。

第一节　农业推广经营服务概述

一、农业推广经营服务的内涵及其发展历程

（一）农业推广经营服务的内涵及意义

由传统农业向现代农业过渡时期，影响农业生产的因素很多，农民的需要也与日俱增，单纯的技术上的问题已不能满足农民的需求。市场、价格、信贷、运销以及与生活有关的科技知识等已逐步成为农民的迫切需求，农业发展的制约因素逐步向人的因素以及市场、经营、运销等方面转移。顺应农业生产发展形势的要求，农业推广工作不再是单纯的产中技术指导，要在“稳定公益性，放活经营性”原则的指导下，为农民提供信息、技术和服务。而农业推广经营是推广机构（推广组织或个人）从农用物资生产部门或生产农产品的农民手中选购资源，把它们转变为有用的产品，然后在另一组市场上出售的活动，是指导生产和流通以及联结生产、流通和消费的一系列经营活动。

农业推广经营服务的主要目的就是通过农业推广机构全程系列化服务，解决农民生产和生活中的各种实际问题，以保证农业生产各个环节的正常运转，实现各生产要素的优化组合，获得最佳效益。同时，通过开展经营服务，增强

推广机构的实力与活力，提高推广人员的工作和生活待遇，稳定和发展推广队伍，促进农业推广事业的发展。其意义主要体现在以下几个方面：

首先，它促进了农用物资流通体制和农业生产资料经营方式的转变，促进社会化服务体系的完善和发展。

第二，开创了农业推广的新的方式与方法——技物结合方式。技术推广与农用物资的结合，增强了推广机构自我积累、自我发展的能力，也使一大批新技术、新物资能及时应用与生产。

第三，有利于农民实行专业化生产和经营，也为农民的生产和生活提供了便利的服务。

第四，为进一步实现公益性推广机构和经营性推广机构的分社和合理运营奠定基础。

（二）农业推广经营服务的发展历程

实行农技推广有偿服务，是社会主义市场经济发展的必然要求。20 世纪 80 年代一些地方农业技术推广组织“断奶”、“断粮”以来，我国的农业技术推广组织受到了极大的冲击，农业推广有偿服务的呼声越来越高。1982 年，我国农牧渔业部在《全国农业科学试验、推广、培训中心试点县经验交流会议纪要》中就明确提出：“今后农业技术推广主要采用经济手段”，1984 年农牧渔业部颁发的《农业技术承包责任制试行条例》，鼓励农业机构或农业推广人员采用多种形式对农业生产项目进行技术承包，使农业推广的服务形式呈现多元化发展；1985 年《中共中央关于科技体制改革的决定》又指出：“农业推广机构和研究机构可以兴办企业型的经营实体”，从政策上把农业推广机构由原来的单纯技术推广型转变为技术、信息和配套物资相结合的技物复合型，使推广经营服务得到了国家政策的支持。

1991 年国务院《关于农业社会化服务体系的通知》和 1993 年的《中华人民共和国农业技术推广法》也明确规定了农技推广机构可以开展技物结合、技术承包等有偿服务。进一步完善了农业推广经营服务的形式。中共中央国务院《关于做好 2002 年农业和农村工作的意见》（见中发［2002］2 号）中提出，“继续推进农业科技推广体制改革，逐步建立起分别承担经营性服务和公益性职能的农业技术推广体系，一般性推广工作，要依托现有乡镇科技推广机构，在国家扶持下逐步改制为技术推广、生产经营相结合的实体”。由此，农业部又提出了基层农技推广体系改革要稳定公益性，放活经营性的原则。

总结中国农业推广经营服务 20 多年的经验，农业部门开展技物结合的有偿技术咨询服务，是推广农业新技术的一条重要途径。通过开放卖药，直接为农民排忧解难，是一种好的服务方式。但是，作为推广机构搞经营，必须坚持先试验、示范，再推广、推销的科学程序，将推广和服务紧密结合起来；同时要重视技术创新，提高科技含量，实行用户第一的灵活经营方式，开展系列化服务。

二、农业推广经营服务的内容

目前我国农业步入新的阶段，农业科技推广要围绕新阶段我国农业生产和农村经济发展的技术需求特点，以及提高农产品在国际、国内大市场的竞争力的技术需求，加大农业推广和产业化过程，有效地服务于农业结构调整和农业增长方式的转变。解决在产量与品质，增产与增收矛盾中的技术服务问题，保障国民经济和农业生产持续、稳定、健康发展。在推广方式上，从单纯技术服务与行政手段推广逐步向技术服务与农村教育结合的方式过渡，并且从产中服务为主逐步向产前和产后领域延伸。

（一）产前提供信息和物资服务

产前是农民安排生产计划，为生产做准备的阶段。这时，农民需要了解有关农业政策、农产品市场预测（价格变化、贮运加工、购销量等）、生产资料供应等方面的信息，使生产计划与市场需要相适应。同时，农民需要有关部门组织提供种子、化肥、农药、薄膜、农机具、饲料等生产资料，以赢得生产的主动权。推广部门应根据农民的需要，广泛收集、加工、整理有关信息，并及时通过各种方式传递给农民。同时，积极组织货源，“既开方，又卖药”，向农民供应有关生产资料，并介绍使用方法。

（二）产中提供技术服务

产中技术服务就是根据农民生产经营的实际需要及时向农民提供创新成果和实用技术。服务的方式包括规模不等的技术培训、现场指导、个别访问，印发技术资料、声像宣传，制定技术方案、技术咨询以及技术承包等。

（三）产后提供贮运、加工和销售服务

我国农村商品经济的发展尚处于初级阶段，产后服务这一环节还有待加强。推广部门组织产后服务主要采取以下方式：一是采用牵线搭桥的办法，帮助农民打通农产品的内外贸易销路。二是发展农副产品加工业，帮助农民建立龙头企业，延长农业的产业链。不仅可以实现产品的增值，同时还是安排农村和城镇剩余劳动力的重要途径。三是采取贮藏保鲜的方式，延长产品的供应期，以调剂余缺，增加收入。产后服务的潜力很大，农业商品经济越发达，对产后服务的要求就越高。

三、农业推广经营服务的发展趋势

1. 在市场经济条件下，农民是农业经营的主体，更是农业技术应用的主体。基层农技推广体系要遵循市场经济规律，树立“以人为本”、“自下而上”、“参与式”的农业推广新理念，逐步完善有偿服务与无偿服务相结合的机制。

2. 农业产业化经营是市场经济条件下农业和农村经济发展的必然选择，农业产业化经营，必然要求服务社会化。通过一体化组织或各种中介组织，利用有关科技机构，对共同体内各个组成部分提供产前、产中、产后的信息、技术、经营、管理等全面的服务，促进各种生产要素直接、紧密、有效地结合。通过全方位社会化服务，使整个农业生产水平大大提高，经营风险大大降低。

3. 逐步完善责权利相结合的科学经营管理机制，逐步建立、完善承包经营责任制，建立新型的产权关系，实行股份合作制、中外合资、拍卖转制等措施，并进一步完善激励机制。

第二节　农业推广经营服务的策略和技巧

一、农业推广经营服务的指导思想和基本原则

（一）指导思想

农业推广经营服务的主要目的是通过农业推广机构全程系列化服务，解决农民生产和生活中的各种实际问题，以保证农业生产各个环节的正常运转，实现各生产要素的优化组合，获得最佳效益。同时，通过开展经营服务，增强推广机构的实力与活力，提高推广人员的工作和生活待遇，稳定和发展推广队伍，促进农业推广事业的发展。从这一目的出发，农业推广经营服务的指导思想，应是以服务农民为宗旨，是以实现推广机构或人员与农民利益整合为纽带，依靠一种新的机制推动农业生产和农村经济的发展。

（二）基本原则

1. 坚持以市场为导向。市场经济条件下，农民行为改变的动力主要来自于农民的需要和市场的需求，因此，农业推广工作也应该由政府导向型向农民需求和市场需求导向型转变，推广经营服务要以市场为导向，才能够满足农民的需求，才能够获得赢利。

2. 坚持微利经营，充分考虑农民的支付能力和经济效益。当前农产品价

格偏低，尤其是入世后农产品面临的价格竞争更加激烈，农产品生产收益本来微薄，作为推广部门应该考虑农民的购买力和经济效益，经营利润不能超过国家规定的范围，并适当让利于民。

3. 坚持技物结合原则。每一项推广工作和配套技术都离不开生产资料的配套服务，这些物化的新技术农民乐意接受，也有利于农民模仿和学习新技术，效果明显，否则技术难于落到实处。推广机构应充分利用自身优势，通过技术的物化和技术与物资的配套，实现技术经营中的效益。

4. 坚持农民自愿性原则。推广项目的产出效果在很大程度上取决于实施过程中使用者的能动性，自愿才能自觉，才能按规程操作，达到应有的产出效率。所以，技术的经营服务应该尊重农民的意愿，不能实行强迫命令。

5. 坚持因地制宜的原则。推广经营服务，要立足本地资源优势，与地区经济发展紧密结合，与地区产业发展政策协调一致。

6. 适应农民需求层次原则。推广项目要因人而异，要充分考虑农民素质、经济条件和承受能力，力求简单易行，经济实惠。

二、农业推广经营服务中的营销观念

（一）用户导向观念

现代市场观念的核心，就是要树立牢固的以用户为中心的观念，其座右铭是“用户需要什么，我们就生产什么”或“用户至上”。农业推广机构必须以农民的需要为出发点，改变过去那种只对上级负责，不对农民负责，不对市场负责的做法，把立足点转移到为农民服务，对农民负责方面来，时刻想着农民的需要，按市场导向、农民的需要安排自己的经营，并对农民提供各种完善的服务，这样的经营服务才会具有生命力。

（二）质量观念

美国质量管理协会认为，质量是一个产品或服务的特色和品质的总和，这些品质特色将影响产品满足所显明的或所隐含的各种需要的能力。这是一个顾客导向的质量定义。用户有一系列的需要、要求和期望，当所售的产品和服务符合或超越了用户的期望时，销售人员就提供了质量。质量是经营持续的第一需要，农民要求农业推广机构所提供的项目、技术、商品物美价廉、货真价实。农业推广经营必须靠质量求生存，以质量求发展。

（三）效益观念

农业推广经营服务的基本点应该是社会“所需”，这样农业推广机构的“所费”才是有效劳动，否则，作为经营者是无效益可言的。效益观念要求农业推广经营服务要体现价值和使用价值的统一，生产和流通的统一，增产和节约的统一，实现了投入与产出的最大化，才算真正体现了效益。

（四）服务观念

服务既是推广机构向农民履行保证的一种手段，又是生产功能的延长。通过优质的服务，增强客户的忠诚度，拓宽销售渠道，是推销产品的一种行之有效的方法。哈佛大学研究表明："再次光临的农民比初次登门的农民，可为公司带来25％～85％的利润，而吸引他们再来的因素中，首先是服务质量，其次是产品本身，最后才是价格"。

（五）竞争观念

在市场经济的条件下，任何经营服务都承受着激烈的外部竞争压力，同时也存在着参与竞争的广阔领域和阵地。农业推广机构必须牢固树立竞争观念，不断提高自己的竞争能力。只有积极参与竞争，才会争得市场的一席之地。要敢于竞争，善于竞争，主动适应瞬息万变的市场，最终争得更多的用户，以保证经济效益的不断提高。

农业推广机构为了求生存、求发展，必须开动脑筋，多创新意，独辟蹊径。不断地对新的科研成果和技术，进行适应性改造，制定出完善的推广配套措施，并通过媒介宣传激发农民兴趣，争取用户，影响市场，开拓市场，创造市场，从而使自己在同行业竞争中处于领先地位。

（六）创新观念

农业推广机构为了求生存、谋发展，必须具有创新性。不断地对新的科研成果，进行适应性改造，制定出完善的推广配套措施，并通过媒介宣传激发目标农民兴趣，争取用户，影响市场，开拓市场，创造市场，从而使自己在同行业竞争中处于领先地位。

（七）信息观念

市场经济就是知识和信息经济，很难想像，一个不懂信息的人能在竞争激烈的市场中站稳脚跟。特别是农业推广工作，由于其要承受自然和经济双重风险，把握信息就显得更加重要。

（八）时效观念

首先是对市场的变化反应要灵敏，并能够做到决策要快，新产品的开发要快，老产品的更新要快，产品销售也要快。快了就主动，快了就能抓住战机，否则，一步跟不上，步步跟不上，永远处于被动地位。其次，要求经营服务计划严密，各要素、各部门、各环节都要按经营计划有序地进行，以便生产出高质量的产品，充分满足社会的需要，提高工作效率。按照农业推广创新的时效性原则，农业推广经营服务应该具有时效观念。

（九）战略观念

市场营销战略是指协调企业、经营组织内部环境，使之与变化着的市场环境相适应。市场环境是不可控因素，经营组织只能预测其变化，而不能对其进行管理，内部环境是经营组织自身可以控制、管理的因素。战略规划是企业面对激烈变化、严峻挑战的环境、市场，为长期生存和发展而进行的谋划和思考，是事关经营单位的科学规划，是市场营销管理的指导方针。在战略和战术问题上，超前的战略显得更为重要。

在动态的环境中生存或发展，农业推广不但要善于开拓市场，培养固定用户群并满足其欲望，还必须积极、主动地适应不断变化的市场。每一个农业推广机构都应构建独特的战略观念，形成完整而统一的经营思想，这是搞好农业推广经营服务的前提。

三、农业推广经营服务程序与营销策略

（一）了解相关法律、法规和政策

法律、法规和政策是政府进行宏观调控的重要手段，是影响和指导经济活动并付诸实施的准则。农业推广经营服务中需要重点了解的法律、法规和政策有：

1. 关于农业和农村经济发展的一切法律、法规，做到依法经营。

2. 关于农资供应与服务方面的政策。如关于农药、兽药、化肥、种子、农膜、农机等农业生产资料的各种条例、规定等。经营服务者要及时了解并依此指导安排生产和销售，确保消费者的权益和正常的经营服务。

3. 关于农村信贷、税收方面的政策。政府是按照扶持农业生产，增加农业投入和减轻农民负担的原则制定农村信贷、税收政策的，经营服务部门可以充分利用政策提供的优惠条件，发展那些得到资金扶持和税收减免的推广项目，以取得长期的经济收益。如：关于农村信贷资金投向政策、关于农业税征收及减免政策、关于农林特产税的政策等。

（二）分析市场环境

市场环境是指影响农业推广经营服务的一系列外部因素，它与市场营销活动密切相关。农业推广经营服务部门根据这些因素来分析市场需求，组织各种适销对路的农业推广项目满足农民需求，并从市场环境中获取各种物化产品，组成各种推广配套措施，再通过外部各种渠道，送到农民手中。因此，对市场环境进行分析，就是对构成市场环境的各种因素进行调整和预测，明确其现状和发展变化趋势，最后得出结论，确定市场机会。市场环境因素很多，这里只

讨论以下七种市场环境因素：

1. 人口因素。人是构成市场的首要因素，哪里有人，哪里就产生消费需求，哪里就会形成市场。人口因素涉及人口总量、地理分布、年龄结构、性别构成、人口素质等诸多方面，处于不同年龄段的人、处于不同地区的人消费就不同。农业推广机构一定要考虑这些差异，按照需求来安排经营服务。

2. 经济因素。在市场经济条件下，产品交换是以货币为媒介的，因此购买力的大小直接影响到人们对产品的需求。在分析经济因素时，应注意多方面考虑各阶层收入的差异性，其消费结构和消费动机。此外，从整个国家看，整体经济形势对市场的影响也很大。经济增长时期，市场会扩大；相反，经济停滞时，市场会萎缩。

3. 自然环境。主要指营销者所需要或受营销活动所影响的自然资源。营销活动要受自然环境的影响，也对自然环境的变化负有责任。营销管理者当前应注意自然环境面临的难题和趋势，如资源短缺、环境污染严重、能源成本上升等。因此，从长期的观点看，自然环境应包括资源状况、生态环境和环境保护等方面，许多国家政府对自然资源的管理也日益加强。

4. 竞争因素。竞争是市场经济的基本规律，竞争可以使推广经营服务不断改进、提高质量、降低成本，在市场上处于有利地位。竞争是一种外在压力，竞争涉及竞争者的数量、服务质量、价格、销售渠道及方式、售后服务等诸多方面。在经营中，应将竞争对手排队分类，找出影响自己的主要对手，并针锋相对地选取对策来对付竞争者，力争在竞争中获胜。从长远看，要不断调整竞争战略，做到人无我有，人有我优，人优我廉，人廉我转，人转我创。

5. 科技因素。科学技术是第一生产力，农业的发展很大程度依赖于技术进步。如：地膜覆盖技术与温室大棚的推广应用使得一年四季都能生产蔬菜，解决了蔬菜常年均衡供应的问题，使淡季不淡。因此，在科学技术飞速发展的时代，谁在技术上取得了领先优势，谁就更好地占领了市场。

6. 政治因素。指国家、政府和社会团体通过计划手段、行政手段、法律手段和舆论手段来管理和影响经济。其主要目的有三：①保护竞争，防止不公平竞争；②保护消费者的权益，避免上当受骗；③保护社会利益。农业推广机构必须遵纪守法，合法经营，以求长远发展。

7. 文化因素。不同文化环境，不同文化水平的阶层有不同的需求，文化环境涉及风俗习惯、社会风尚、宗教信仰、文化教育、价值观等。

（三）确定目标市场

购买者是一个庞大而复杂的整体，由于消费心理、购买习惯、收入水平、资源条件和地理位置等等差别，不同消费者对同类产品的消费需求和消费行为具有很大的差异性。对于某一农业推广经营单位来说，没有能力也没有必要全部予以满足，只能通过市场调研，将购买者细分为需求不同的若干群体，结合特定的市场营销环境和自身资源条件选择某些群体作为目标市场，并制定周密的市场营销战略满足目标市场的需求。因此，掌握市场细分的方法，选择目标市场，制定市场定位战略是正确制定市场营销战略的前提和基础。确定目标市场一般分三个步骤：

1. 预测目标市场的需求量。既要预测现实的购买数量，也要对潜在增长的购买数量进行预测，进而测算出最大市场需求量。其大小取决于购买者——农民对某种推广项目及配套措施的喜好程度、购买能力和经营服务者的营销努力程度。经营服务者根据所掌握的最大市场需求量，决定是否选择这个市场作为目标市场。例如：某种苗公司在市场细分基础上，依据农户种植状况将某村农户分为：葡萄种植户、养鸡户、种粮户三类，分别对这三类农户群进行调查，最后选择需求量较大的葡萄种植户作为目标市场，并以葡萄苗为主销目标，按照市场需求组合推广配套措施，取得了较好的收益。

2. 分析自己的竞争优势。市场竞争可能有多种情况，如品牌、质量、价格、服务方式、人际关系等诸多方面的竞争。但最终决定市场竞争力无外乎两种基本类型：一是在同样条件下比竞争者定价低；二是提供更加周到的服务，从而抵消价格高的不利影响。农业推广经营服务者在与市场同类竞争者的比较中，应该善于分析自己的优势与劣势，尽量扬长避短，或以长补短，从而战胜竞争对手并占领目标市场。

3. 选择市场定位战略。经营服务者要根据各目标市场的情况，结合自身条件确定竞争原则。第一种是“针锋相对式”的定位。即把经营产品定在与竞争者相似位置上，同竞争者争夺同一细分市场，你经营什么，我也经营什么，这种定位战略要求经营服务者必须具备资源、成本、质量等方面的优势，否则在竞争上可能失败。但不少经营者认为这种定位能够产生激励，一旦成功就会取得巨大的市场优势；第二种是“填空补缺式”的定位，即经营服务者不去模仿别人，而是寻找新的、尚未被别人占领，但又为购买者所重视的项目，采取填补市场空位的战略。其优点是能够迅速在市场上站稳脚跟，便能在消费者或用户心中迅速树立起一种形象。由于这种定位方式市场风险较少，成功率较高，常常被大多数的经营服务者所采用；第三种是“另辟蹊径式”的定位，即经营服务者在意识到自己无力与有实力的同行竞争者抗衡时，可依据自身的条件选择相对优势来竞争。

（四）运用农业推广营销组合，以整体战略参与市场竞争

美国市场营销学者 E. J. A 麦卡锡提出产品（Product）、价格（Price）、地

点（Place）和促销（Promotion）在市场营销中是可控因素，也称为营销组合的四要素（4P），即“营销4P”。经营组织可以对4个“P”进行适当的组合和搭配，即根据市场的需求决定自己的产品结构，确定价格，选择销售渠道和促销方法。

农业推广的营销组合，即农业推广市场营销的战略与战术的有机组合，它是市场营销理论体系中一个很重要的概念。推广机构把选定的目标市场视为一个系统，同时也把自己的各种营销策略分解归类，组成一个与之相对应的系统。在这一系统中，各种营销策略均可看作是一个可调整的变量。概括出四大基本变量——产品、地点、促销和价格，这就是著名的“营销4P”，市场营销组合就是“4P”的各个变量的组合。经营服务者的营销优势在很大程度上取决于营销策略组合的优势，而不是单个策略的优劣。经营服务者在目标市场上的竞争地位和特色则是通过营销组合的特点充分体现出来的。

图10-1着重说明了四个变量的相互关系，我们在讨论这4个P时，可以有不同的顺序，这里的排列顺序反映出这样一种思维逻辑：首先开发出一种能满足目标市场需求的项目，随后寻找合适的项目执行地点，接着运用各种手段唤起农民注意，激发兴趣，消除疑虑，促进购买，最后，根据农民的预期反应和执行结果来确定费用补偿型或正常赢利型“价格”。特别指出所有的策略调整和搭配，都是以目标市场的农民需求C为中心的。

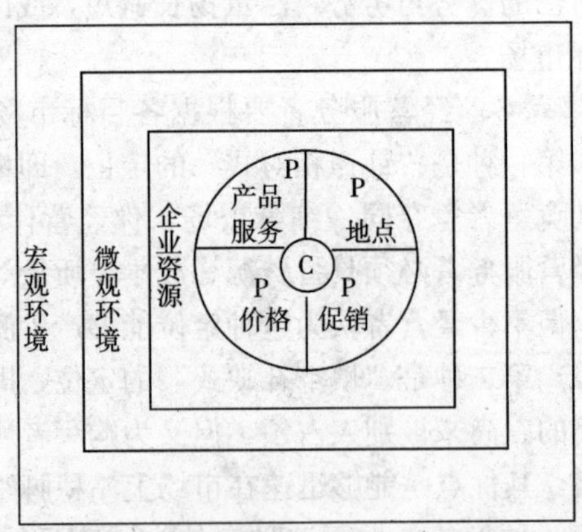

图10-1　市场营销组合及四个变量与内外环境的关系

1. 产品（Product）策略。产品是市场营销组合中最重要的因素。这里产品的概念不单指具体的、有形的劳动产物，而是一个多层次内容的整体概念。包括有形的与无形的、物质的与非物质的、核心的与附加的等多方面内容。就消费者来说需求也是多方面的，不但有无形的技术、工艺、方法的需求，还有有形的物资和产品需求。有形产品是满足顾客需要的具体形式，但无形产品也是不可轻视的，因为再好的产品，如果服务体系没有建立起来，也是难以畅销的。产品品质、产品组合、品牌策略以及新产品开发、产品生命周期分析等是产品策略的内容，产品深加工、分等级、包装等对提高产品的质量，增加产值具有重要意义。经营服务者在制定营销组合时，首先要回答的问题是发展什么样的产品来满足目标市场的需求。营销组合中其他三个因素，也必须以产品为基础进行决策，产品策略是整个营销组合中的基石。因此，农业推广经营必须选择适销对路的产品，技术物化为产品，用产品去创造市场、引导市场、占领市场。

2. 地点（Place）策略。在现代市场经济条件下，生产者与消费者之间在时间、地点、数量、品种、信息、产品估价和所有权等多方面存在差异和矛盾。企业生产出来的产品，只有通过一定的市场营销渠道，才能在适当的时间、地点，以适当的价格供给广大消费者或用户，从而克服生产者与消费者之间的差异和矛盾，满足市场需求，实现企业的市场营销目标。在农业推广的营销中，生产、消费、销售在时空上是相互交错在一起的，尽管推广机构的总部可以放在城市的大学或研究院里，但其工作场所应放在农村经济发展的第一线。

3. 促销（Promotion）策略。成功的市场营销活动，不仅需要制定适当的价格、选择适合的分销渠道向市场提供令消费者满意的产品，而且需要采取适当的方式进行促销。促销策略是四大营销策略之一。正确制定并合理运用促销策略是企业在市场竞争中取得有利的产销条件、获取较大经济效益的必要保证。农业推广经营促销就是推广机构运用各种传播信息的媒体，将自己所能提供的服务传送到目标市场，并引起农民的兴趣，激发农民的动机，满足农民的需要，达到服务的目的。

4. 价格（Price）策略。在农业推广的营销组合中，价格是最难处理的一个问题，农业生产本身效益低，而长期的计划经济，农业推广多是无偿服务，造成了推广机构没有成本观念，农民无偿采用，也没有购买观念。引入市场营销价格策略后，尽管我国知识产品、信息服务、智能服务的价格构成还不规范，但有偿的本身就具有一定的意义。这样，不但推广机构会提高工作效率，充实内容，选择适合农民需要的项目，而且对于参与的农民也是一种促进。但是，这一策略必须考虑目标市场上的竞争性质、法律政策限制、购买者对价格的可能反应，同时也要考虑折扣、折让、支付期限、信用条件等相关问题。定价是具有重要意义的决策，需要审慎认真。

以上四项策略都是市场营销组合的四个可变因子，在动态的推广环境中，它们相互依存，相互促进，处于不同地位。虽然它们单独说来都是重要的，但真正重要的在于它们的组合，在于它们组合起来所形成的独特方式。经营服务者的营销优势在很大程度上取决于营销策略组合的优势，而不是单个策略的优势。

（五）拟订经营决策的程序，实施决策方案

决策是为了达到发展目标而从多种可供选择的方案中，选定一种比较满意方案的行为（或过程）。经营决策是指对农业推广机构所从事的生产经营活动最终要达到的奋斗目标，以及为实现这一目标而做出的最佳选择和决定。要搞好经营决策，必须清楚应该做哪些工作，先做什么工作，后做什么工作，这就是决策的一般程序，它可以分为四个基本步骤：

1. *发现问题，确定决策目标*。农业推广机构所从事的生产经营活动，经常会遇到各种各样的问题需要解决，如某项生产计划没有完成，产品质量不符合要求，经济合同不能按期履行等。这就需要服务者通过调查研究，发现问题，找出差距，并查明问题存在的真实原因，收集和掌握大量的信息资料，作为决策的依据。通过分析研究，找出问题的症结所在及其产生的原因，并提出解决问题的目标，即确定决策目标。决策目标必须是众多问题中影响最大、迫切要求解决的问题，而且决策目标必须具体明确，不能模棱两可，必须有个衡量目标达到什么程度的具体标准，以便知道目标是否达到和实现的程度。

由于决策目标体现了行动方案的预期结果，故决策目标是否合理，直接影响到经营目标的实现。目标错了，决策就会失误，而目标不清楚或者没有目标，则无从决策。因此，确定明确的决策目标是决策过程中的关键问题。

2. *拟定备选方案*。决策目标明确以后，就要根据目标和所掌握的各种信息，提出各种可供选择的可行性方案，简称备选方案。备选方案越多，越详尽，从中选出比较满意方案的把握程度就越大。备选方案的拟定，首先要从不同角度和途径进行设想，为决策提供广泛的选择余地。在这个基础上，再对已拟定的方案进行精心论证，确定各个环节的资源用量，估算实施效果，作为以后评价方案优劣的依据。由此可知，决策方案产生的过程，就是一个设想、分析、淘汰的过程。它取决于决策人员、参谋人员的知识能力以及对信息资料把握了解的程度。而任何一个决策人员所拥有的知识、信息总是有限的，这就有必要充分征求多方面的意见，调动大家的积极性和创造性，集思广益，大胆创新，集中正确的意见，精心设计出多种可供选择的备选方案。

3. *优选方案*。各种备选方案拟定以后，要通过分析、比较、评价，最终选择出一个符合决策目标要求的比较满意的方案作为决策方案。评价决策方案的方法主要是根据决策者的经验和分析判断能力，同时还要借助于一些数学方法，即将定性分析方法和定量分析方法结合起来。优势、劣势、机遇和风险评价是方案优选的较好的方法。选择方案的标准可以从技术、经济、社会三个方面去考察，尽量地使所选择的方案，技术上先进，经济上合理，生产上可行，符合党和国家的方针政策要求，有利于保护生态环境，同时又适应农民现有的经济条件、文化水平和技术水平的现状，并确保有足够的资金来实施这一方案。

4. 实施方案。方案一经确定，就要付诸实施。为使决策方案落实，就要拟定具体的实施计划，明确由谁执行，执行者的权利和责任，并加强检查，以便进行控制。在执行过程中出现了新问题要及时采取措施加以解决；如果原决策失误，或实际情况发生了很大的变化，影响到决策目标的实现，就需要对决策目标和决策方案进行适当的修正，这一过程称之为反馈。以上所谈的四个步骤并非一定是机械地按从头到尾顺序进行，有可能根据研究问题的需要，作适当调整，科学决策是一个不断反复的动态过程，可用图 10－2 表示。

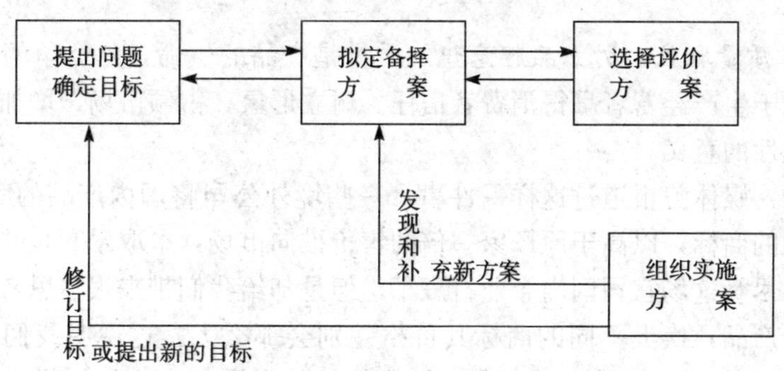

图 10－2　决策的动态过程

四、农业推广营销技巧

（一）用优质的产品占领市场，吸引众多消费者

从市场营销的角度观察，优质产品包含丰富的内容。一般有五层含义：一是产品的核心层，即消费者所需要的产品功能。二是产品的有形层，即产品的包装、色彩、商标、款式等；三是产品的期望层，是指购买者在购买该产品时期望得到的与产品密切相关的一整套属性和条件。四是产品的延伸层，即在产品实体以外给用户的附加利益，如服务。所以，产品是一个整体概念，是一种多因素的组合体，主要包括产品的使用性能、寿命、颜色、包装、商标、技术服务等多方面内容的一个整体。五是产品的潜在层，是指现有产品包括所有附

加产品在内的，可能发展为未来最终产品的潜在状态的产品。潜在产品指出了现有产品的演变趋势和前景。

1. *以市场需求为出发点，提供适销对路的产品组合*。根据目标市场需求确定产品，经营者必须把市场需求作为出发点，而不能从产品出发，应当树立“市场需要什么产品就生产提供什么产品”的观念，而不是“有什么产品卖什么产品”。根据每个经营者选择的目标市场需求，把产品的各方内容组合起来，构成一种适应消费者需求的产品组合。

2007 年春节前在各大超市出现的“半成品菜”，可以说就是根据市场需求设计的一个产品，经营者根据春节期间到饭店就餐需要提前预订，临时来人订餐紧张以及家有老人不方便的现状，将多个品种的新鲜蔬菜，经过精心挑选、清洗、配料做成半成品菜销售，这样既能满足不同层次消费者的需求，也可为希望在家团聚的市民提供方便，很受市民的欢迎。从这一事例中可以看出，经营者必须更新观念，认真地观察体验消费者的需求，确定用什么产品来满足目标市场。

2. *靠质量取胜，树立品牌意识*。质量是产品的生命，是竞争的源泉，质量优良对于生产经营者赢得消费者信任、树立形象、占领市场、增加收益，都具有决定性的意义。

例如：媒体曾报道过这样一件事，一些境外公司将国内产品的商标撕下，换上他们的商标，以高于原厂家一倍的售价推向市场，牟取暴利，并引发了一场官司。尽管这场官司国内企业打赢了，但是却给我们带来很多思考，为什么同样一个产品，换上不同的商标其价格差别会那么大。这说明我们已经在做工、工艺、质量上达到国际水平，但我们的牌子没打出去！同样，农产品也好，农用生产资料也好，也要树立品牌意识，随着农民文化素质的提高，农民的质量意识、品牌意识也在加强，这就要求推广机构在提供经营服务的同时要注意树立自己的品牌，树立自己的服务形象，赢得农民的信赖，提高经营效益。

产品质量标准是由政府技术监督部门制定的必须达到的产品质量水平。质量标准要根据不同产品的特点规定一些主要的质量指标。生产经营者要注意从以下四方面收集质量方面的信息，了解产品质量动态。

（1）及时搜集了解国家有关产品质量的法规信息。使自己向市场提供的产品符合质量法规的要求。

（2）了解其他生产者的质量状况。质量也是一种竞争手段，优质优价是市场规律。

（3）及时了解科研部门推出的新品种、新技术，从中掌握产品质量的变动信息，以确定自己的产品质量标准。

(4) 经常调查、研究消费者（目标市场）对产品质量的要求。这种要求经常发生变化，成为生产经营者确定产品质量的重要“坐标”。

此外，在确定产品质量标准时，还应积极开发引进颇受消费者欢迎的名优土特稀产品，这种特色也是一种质量标准。

3. 精心设计产品包装，树立品牌形象。

(1) 精心设计产品的包装。“人要衣装，佛要金装”，产品要包装。包装是产品的外在形象，一个好产品如果没有与之匹配的包装，就好像缺少合适的服装，难以引起消费者的注意。包装形成产品的外观，对产品外观的总要求是适用、方便、美观。随着消费者生活方式和购买习惯的改变，不仅加工产品要讲究包装，农副产品也要讲究包装。大宗批发农副产品的包装侧重于对产品的保护、注重坚固耐用成本低，而零售商品的包装则不仅要起到保护商品的作用，还要装潢美化商品，起到激发消费的作用，如小包装包衣种子等，过去那种散装零售的方式，逐渐让位于小型精美包装的销售方式。

(2) 树立商品品牌形象。品牌是用以识别某个销售者或某群销售者的产品或服务，并使之与竞争对手的产品或服务区别开来的商业名称及其标志，通常有文字、标记、符号、图案和颜色等要素或这些要素的组合构成。品牌是一个集合概念，它包含品牌名称、品牌标志、商标等概念在内。经营者建立自己的商品品牌主要出于以下目的：①便于卖者进行经营管理，如在做广告宣传和签订买卖合同时，可简化手续。②注册商标受法律保护，具有排他性。可保护企业间公平竞争，保护产品特色，防止他人假冒，发现冒牌商品可依法追究索赔。③有利于建立稳定的顾客群。某种品牌在消费者心目中形成良好印象后，可形成持久而稳定的购买。④有助于市场细分和定位。经营者按不同的需求建立不同的品牌，以不同的品牌分别投入不同的细分市场，可提高市场占有率。⑤有助于利用名牌强化产品形象，增加竞争能力，促进销售，增加利润。

(3) 设计商标应注意的问题。不少生产经营者喜欢用直接表示商品质量、主要原料、功能、用途、重量、数量及其他特点的名称和图形，或本商品的通用名称、图形做商标，如“叶面宝”牌、“喷施宝”牌叶面肥等。但应特别注意，避免与其他厂家在同类商品上注册相同或相似的商标名称和图形。此外，除外贸需要外，内销商品一般不宜使用外文商标。按《中华人民共和国商标法》规定，商标设计中应注意不得使用与我国国旗、国徽、国际组织、红新月、红十字旗帜徽记相同或近似的名称和图形；不得使用带民族歧视的、欺骗性、夸大宣传的和有伤风化的名称和图形。注册商标必须使用正式公布的简化汉字，汉语拼音应拼写正确。

（4）搞好产品售后服务，提高推广经营部门的知名度。经营者要扩大自己的影响，必须搞好产品售后服务工作，并对下列问题做到心中有数：①明确服务的目标，是盈利，是保本，还是为了竞争宁肯赔钱。②能提供哪些服务项目，如协助办理订购、教给用户使用、安装修理等。③同竞争对手相比，服务质量哪些较好，哪些较差，能否进行改进。④用户需要哪些服务，哪些服务是用户迫切需要解决的。⑤用户对服务水平、性质和时间有什么要求，有无变化规律。⑥用户对所提供的服务项目，愿意支付什么代价。

经营者为了有效地开展产品售后服务，还应注意下列问题：①做好准备，以便及时、准确地处理好各种询问和意见。②必须有实效地解决用户所提出来的实际问题，这比笑脸相迎更为重要。③提供给用户多种可供选择的服务价格和服务合同。④在保证服务质量的前提下，可把某些服务项目转包给有关服务部门。⑤不能怕用户提意见，应把此看成搞好生产经营的重要信息来源。

（二）灵活利用价格竞争，提高经营效益

价格竞争仍是市场竞争的主要手段，特别是对于生产型消费者，由于其购买数量大，很小的价格变动都会引起其成本较大的波动。因此，更要学会运用价格竞争，提高经济效益。价格竞争的主要策略有：

1. 折扣定价。指为了刺激消费者大量购买，可以对商品的基本价格作一定幅度的调整，给予购买者价格上的好处。如：现金折扣和数量折扣，以便促进销售。现金折扣是指当大宗购买者赊购时，可以给在一定付款时间内的价格折扣。某些鲜活产品上市时间短，不耐储存，需要消费者以最短的时间将产品购走，经营者在确认对方有还款能力时，可以采取赊销和价格折扣的方法。数量折扣是当购买者购买数量较大时，适当降低价格，这种折扣随购买量而定，往往购买量愈大，折扣率愈大。

2. 地区定价。经营者根据购买者的地区分布和交货条件来定价。如果采取产地验货由经营者运输的方式，则要加收运费和包装、检验等有关费用，使经营者避免损失。如果购买者采取现金交易和自理运输的方式，则可将价格适当调低以使购买者感到有利可图。

3. 差别定价。根据不同目标市场，不同产品形式，不同销售时间实行有差别的价格，从而满足不同的需求，扩大销售，增加收益。经营者在为自己的产品定价时，要密切注意市场价格的变动，以及消费者对价格变动的反应。

按不同的目标市场定价是指把消费者分成不同的层次，如针对中间商的定价可采用数量折扣方式，针对加工企业可采取现金折扣方式。按不同产品形式定价是依产品的加工程度定价，一般来说经过分等分级的产品则按等级定价，而不分等级的产品则采取低于平均价的定价。按不同销售时间定价是指对于产品生产淡季则定以较高价格，生产旺季则定以较低价格。在零售市场上早市价格与晚市价格也略有不同。当价格有上涨趋势时，可适时推迟上市时间，以获得涨价的好处，当预计价格下跌时，则要尽早出售自己的产品，以免遭受价格下跌的损失。在与中间商打交道时，要准确掌握市场价格信息，防止中间商压低收购，促成以合理价格成交。

（三）加大广告宣传力度，积极开拓销售市场

商品广告集经济、技术、科学、艺术、文化于一身，是传播信息的工具、推进生产的手段、扩大流通的媒体、引导消费的指南、开拓市场的先锋、提高效益的钥匙。随着农村商品经济的发展，各种类型的生产经营实体生产什么，经营什么，采用什么技术设备，城乡消费者都需要通过商品广告了解信息。能否产生新异刺激是广告吸引受众无意注意的一个很重要因素。

为了使大家对广告的宣传效果产生直观认识，这里以两个广告效果研究结果来进行说明。

1. 两个内容相同的灯箱电视广告，一个是静态的灯箱广告，另一个是动态的闪烁的霓虹灯广告。测验结果，静态的灯箱广告的注目率是13.2%，而动态的霓虹灯广告的注目率却达64.5%。

2. 两幅内容相同的电视广告都处于动态，一幅广告中的汽车按常规由远而近或由近而远作匀速运行，而另一幅则由远急驰而来，戛然而止。测验结果，实验对象对前者的注意率是5.3%，对后者的注意率则是14.6%。

运用广告来传递商品信息时，应该选择最容易引起受众注意的广告创意。如选择消费者最易接受的形式、接触最广泛的媒体、采用最感兴趣的图文做广告，以便达到广而告之的目的。

在广告制作过程应该注意以下几个方面：

1. 制订正确的广告计划和选择恰当的广告策略：要明确做广告的目的，是以推销产品为主，还是宣传产品为主；选择广告媒体和传播地区；确定广告内容；选好广告打入市场的机会和方法等。

2. 进行广告设计，编写好产品说明书。

3. 选好广告媒体。广告媒体要选用最能诱导人们注意的物体。具体要求如下：①新奇。②大型。广告被人注意程度与广告面积成正比。③反复。同一广告经常登载在不同媒体上备受注意。④动态。动态的广告媒体比静止的广告媒体更引人注意。⑤兴趣。广告中物象、文句、音乐能给人带来美的享受。

（四）运用现代促销技巧，搞好产品促销

1. 促销原则、方式和方法。

（1）促销原则。生产经营者在运用相应的手段进行促销时，要遵循以下原则：①实事求是，杜绝虚假的、欺骗性的广告或其他促销活动。②一切从用户出发，努力为用户服务。③在促销活动中要选择好促销手段和方式，提高促销的效果。

（2）促销方式。①推进式促销。这是指市场促销主体之间从生产企业开始向批发商、零售商、用户逐步推销的一种活动。这种促销方式主要用于：a. 资金稀缺、规模较小、商标知名度较低的产品；b. 产品销售市场较为集中，或产品处于成熟阶段的企业；c. 生产购买频率较低，使用技术较复杂产品等。②反向吸引式促销。这是指企业通过广告等形式直接向消费者传递商品信息，消费者了解后向零售商询问，零售商再向批发商询问，批发商再向生产企业购买的一种推销方式。

（3）促销方法。主要有人员推销和非人员推销两种，后者又包括广告、营业推广、公共关系和特种推广等。①人员推销。这种方法较为灵活，可根据顾客需要作详细深入的介绍以激发消费者的购买欲望，同时便于收集意见，加速信息反馈。缺点在于费用大、优秀推销员难找等。②广告。这是一种宣传面广、容易引起消费者注意的一种方法。其缺点在于宣传无针对性、不能及时成交、费用较高。③营业推广。营业推广又称销售促进，它是指企业运用各种短期诱因鼓励消费者和中间商购买、经销或代理企业产品或服务的促销活动。这种方式吸引力大，能改变消费者的习惯，见效也较快。缺点在于有时会降低产品身价，减少消费者对产品的信任。④公共关系。这有利于搞好企业与外界的关系，在公众中树立良好的企业形象，从而取得消费者的信任。缺点在于促销的效果难以把握，企业缺乏宣传推广的主动性。⑤特种推销。运用各种推销术，有利于激发消费者的购买兴趣。但由于各种主客观原因的限制不易普遍使用。

2. 促销技巧。

（1）异议处理的技巧。与物质产品的营销一样，在推广营销过程中，不可避免地也会出现农民对推广内容的质疑，甚至对推广人员主张的推广项目持反对意见。在促销过程中，如果农民提出了推广人员始料不及的问题，此时推广人员不要紧张，更不要上火，要耐心地听，系统地分析，弄清提出异议的真正动机。从营销心理角度讲，挑剔的人，可能是购买者，如果不能当时解决异议，一定要礼貌地记下农民的姓名、地址，留下自己的联系方式，在较短的时间内予以回复。

（2）劝说与建议的技巧。在多数场合，农业推广人员都在试图通过劝说和建议影响农民购买行为。农民改变行为的关键因素：首先是项目的质量——满足农民需要的质量。一个推广项目要想被农民接受，必须将农民的理性和非理性统一起来。既符合农民的理性要求，又符合非理性的即时变化。这就要求推广机构在确定项目时，一定要注意该项目的内在实用价值，同时又便于做农民的心理工作，符合农民的情感和心理；其次，要把握住说服和建议的时机，在农民对项目有了一定的了解，尚处在犹豫时是劝说的最佳时机。

(3) 重复度和时间安排技巧。在很多情况下，农民的决策不是在一次交流中形成的，而是一个评价、反馈、加强评价、决策的过程。对某一推广项目多次的耳濡目染，会加速其决策过程，但这一频率也不可太高，要给农民一个消化过程，免得使农民产生一种被迫的感觉，产生逆反心理，所以要根据项目特点、地区特点、农民素质水平，设计好访谈、传媒、新闻等方式的配合及时间频率，以加速农民的态度和行为改变。

(4) 谈判的技巧。谈判是人们为了满足需要，为了改变相互关系而交换观点和利益。为了取得一致而进行的磋商协议。谈判是一种特殊的传播活动，是寻求解决分歧和冲突的途径，是各方争取达到互惠互利而寻找最佳利益均衡点的过程。任何谈判都是互惠的，但都不可能达到利益均等的结果，因为谈判各方的实力和技巧不同，各自所争取到的利益大小也不等。

谈判一般有以下几个阶段：①导入，介绍认识；②概说，介绍谈判的基本思想、意图和目的；③明示，亮明各自的态度和观点；④交锋，为满足自身利益而努力；⑤妥协，互相作适度让步；⑥协议，拍板签字。

在推广谈判过程中要注意运用各种技巧和战术：①知己知彼，应详尽地了解自己和对方的优劣势、意图和需求以及可能做出多大的让步等；②设法选择对自己有利的时间；③选择有利于自己的地点；④制定谈判纲领，包括对各种可能情况的预测、假设和模拟对策，谈判期限、内容、临界点等；⑤攻心为上，以事实推理和情感为推进方式；⑥学会察言观色，判断对方的心态，用特殊的体态来表明自己的态度；⑦听与说，要立即进入角色，集中精力倾听陈述，领会意图，做到人到耳到、眼到、心到、脑到，在“听懂”的基础上，巧妙地发问；⑧要善于引诱，防止陷阱。

在农业推广机构与农民的直接交往中，谈判的成分是比较少的，但在推广中介、推广企业、开发公司、科研单位与农民代表之间，谈判是经常的。运用好谈判艺术，既可以保证自己的利益，又能够将某一项目快速有效地推销出去，以实现科研成果的转化。

(5) 自我评估技巧。在进行促销过程，要善于对自己的工作进行总结，因此需要不断对以下问题进行回答，即你控制了全过程吗？目的是否明确？访谈气氛好吗？访谈风格合适吗？时间分配合理吗？听者注意力集中吗？开场和结束适当吗？武断吗？有没有异常事件？有没有非讨论主题的争执？问话灵活吗？并不断反思结果进行促销策略调整。

（五）积极开展农资连锁经营

1. 连锁经营的内涵及意义。连锁经营是通过对若干零售企业实行集中采购、分散销售、规范化经营，从而实现规模经济效益的一种现代商品流通方式。实行统一采购、统一配送、统一标识、统一经营方针、统一服务规范和统一销售价格等是连锁经营的基本规范和内在要求。发展连锁经营不仅是流通业的变革，而且对我国农产品和农资生产逐步走向规范化、现代化也具有积极的影响。连锁经营作为当今世界商品流通和服务业中最具活力的经营方式，目前在我国已经得到积极推广，并显示出巨大的发展潜力。

当前，我国农产品和农资流通面临着新的形势：一是农业发展进入新阶段，农产品买方市场形成，竞争加剧；二是人民生活步入小康，农产品消费从数量型向质量型转变；三是农资零售网点以个体经营为主，数量众多，不利于控制农资进销渠道，质量难以保证；四是农资市场主体规模小、经营分散，相互缺乏合作与联合，市场竞争力弱；五是加入 WTO 后进一步扩大开放，农产品和农资面临国际市场的冲击等。这些都对农产品和农资流通提出了新的要求。从实践看，发展农产品和农资连锁经营，有利于实现生产与市场的有效对接，减少流通环节，提高流通效率；有利于促进规模经营，壮大市场主体，提高竞争力；有利于规范流通秩序，保证农产品和农资的质量。各地农业部门要充分认识发展农产品和农资连锁经营的重要意义，把引导、扶持农产品和农资连锁经营发展作为一项重要工作，列入议事日程，抓紧抓好。

商务部副部长张志刚在“全国农资连锁经营战略发展研讨会”表示，根据中国加入 WTO 的承诺，包括化肥在内的农资市场将逐步放开，农资市场的竞争将更加激烈，必须采取切实可行的措施，加快农资流通体制的改革与创新，全面提高农资流通企业的竞争能力，更好地为“三农”服务。他强调，“发展农资连锁经营是现实与可行的选择”。

2. 从实际出发，积极引导和推动农产品和农资连锁经营。农产品实行连锁经营需要有一定的经济基础和客观条件。随着全国人均国民生产总值的不断增长，尤其是大中城市和东部经济较发达地区的经济快速增长。这些地区的居民生活水平较高，工作和生活节奏快，对方便、快捷的超市食品需求不断扩大，客观上具备了实行农产品较大规模连锁经营的条件，应该大力发展。其他地区可以有选择地进行连锁经营的试点，以积累经验，培养人才，逐步推进。

各类农业生产资料，每年、每个生产季节都有大量而且相对稳定的需求，实行连锁经营一般不受地域和经济发展水平的限制，可以大力发展。

发展连锁经营是企业为提高市场竞争力和盈利能力而选择的一种营销组织

形式，必须尊重客观经济规律，坚持以市场为取向，由企业自主决策和运作。在推进企业发展连锁经营中，要注意把握好几个条件：一是企业要有相当的经济实力。连锁经营依靠规模效益盈利，没有大量的资金投入，开设的连锁门店数量达不到一定规模，经营总额和效益很难上去。二是要有先进的管理模式、管理手段和过硬的管理队伍。连锁经营实行集中配送、分散销售，在人、财、物、信息管理等方面对企业都提出了很高的要求，必须要有全新的管理模式和现代化的管理手段，特别是要有一支懂经营、会管理的中高级管理人才队伍。三是要有一定知名度、信誉度的企业品牌。连锁经营在相当程度上是品牌经营，既靠品牌吸引消费者，打开市场，也靠品牌吸引供货商提供质优、价廉的商品，没有品牌，难以做大做强连锁经营。四是每一个连锁店的开设，在方位、地址的选择，目标市场和消费者群体的锁定方面，要慎重决策，充分考虑到原有商业网点布局及其经营特点、消费水平和购买习惯等因素，权衡利弊，充分论证，避免盲目投资。

农产品连锁经营要根据各种农产品生产与消费的特点，循序渐进，逐步扩大经营范围。一般说，经过工业加工的农产品最适宜连锁经营，如各种蔬果饮料、罐头食品、腌制食品、粮食制品、糖果制品等；经过分级、包装、保鲜处理的生鲜农产品，如水果、冷冻鱼肉、茄果类和根茎类蔬菜等也比较适宜连锁经营；叶菜、活家禽、活鱼等产品搞连锁经营的难度相对大一些，必须结合实际，合理规划和布局。

农资连锁经营要将农资销售与农业技术推广服务紧密地结合起来，通过有效的技术服务带动农资销售。农资连锁店经营人员应具备一定的农业技术知识，具有指导农户正确使用农资并传播先进适用技术的能力。在经营品种上要突出科技含量较高的名、特、优、新农资产品。

3. *分类指导，促进农产品和农资连锁经营健康发展。*农产品和农资连锁经营在我国还处于起步阶段，各地农业部门要会同有关部门，争取为发展农产品和农资连锁经营营造良好的政策氛围。在实际工作中，要注意引导和推动以下各类企业发展农产品和农资连锁经营。

农业技术服务部门所办企业。多年来，从上到下农业技术服务部门建设了一批从事农产品和农业生产资料商贸活动的企业，设立了不少经营网点。各地农业部门要引导和鼓励这些企业积极创新，转变营销方式，本着先易后难、从小到大、逐步推进的原则，积极探索和发展连锁经营。尤其是为广大农民服务的种子、农机具、农药、农膜、化肥、饲料等农资供应销售，要依靠基层农业技术服务体系，积极发展连锁经营，改变目前单店经营为主、商品质量无保障、售后服务不规范、市场开拓能力不强的状况，逐步建立起现代化的营销模式。

农业产业化龙头企业。产业化龙头企业一般经营规模较大，有一定经济实力，并且与生产基地和农民联系紧密，市场开拓能力强。实践证明，产业化龙头企业发展连锁经营具备较好的条件。要鼓励各类龙头企业发挥自身优势推行连锁经营。支持流通型龙头企业直接领办连锁超市或连锁商店，支持加工型企业配合连锁经营，搞好农产品和农资的集中配送。

乡镇企业。与农产品和农资流通、加工有关的乡镇企业要通过多种形式的合作与联合，积极参与农产品和农资连锁经营，既可以成为加盟店，也可以成为供货商或配送中心，条件好的企业还可以领办连锁企业。

农民专业合作组织。在当前农业结构调整过程中，各级农业部门要引导农民积极发展各种专业合作组织，使生产同类产品的农民组织起来，按照连锁经营的需要，发展规模化、专业化、标准化生产，提高产品质量，形成批量，统一向连锁经营企业直供直销农产品。

农产品批发市场。批发市场货源集中，品种齐全，具有持续供货能力，集中采购的成本低，发展连锁经营有优势。要积极引导各地的农业部定点批发市场拓展业务范围，参与农产品连锁经营。近期可大力发展农产品配送中心，为其他连锁经营企业搞好配送服务，或依托批发市场引进配送企业，培育农产品配送产业；有条件的批发市场可以直接投资建立连锁经营企业，依托批发市场从事农产品连锁经营。

各地农业部门还可以通过组织举办一些农产品产销洽谈活动，邀请连锁经营企业、配送中心和农产品生产基地的专业合作组织参加，协助他们加强业务沟通，密切产销联系，为农产品连锁经营的发展提供服务。

农产品和农资连锁经营在我国是一件新生事物。各地农业部门要注意调查研究，发现和总结典型经验，加强指导。

五、培养技能过硬的推销人员

农业推广工作是行政式、服务式和企业经营式的结合，且企业经营式将越来越显示其优势。农业推广的市场营销做得有效，能使农业科技单位、农业生产单位和农业推广的中介企业获得良好的经济效益和社会效益。推销人员素质的高低直接关系到农业推广营销活动的成功与失败，所以培养技能过硬的推销员十分重要。

促销技巧虽然有本能、个性特点等先天因素的影响，但更大程度上是可以学到的，通过理论知识的学习，模拟训练和实践，是可以提高促销技巧的，促销的技能主要应从公关技能和专业技能加以训练。

1. 公关技能的培养训练。包括：①强烈的公关意识，时刻不忘树立单位和个人的形象，同农民进行经常的沟通和传播，不失时机，发掘一切可能机会，最大限度地宣传推广组织和项目；②高度的法律意识，知法、守法、护法；③较强的组织管理能力，善于自如地组织各种公关活动，如庆典会、新闻发布会、座谈会、展览会、宴会等，并设计会场、会议程序和主持会议。能恰当地运用各种组织手段，如集权、分权、授权、赏与罚、激励等；④较强的社交能力，有效地协调疏通各种社会关系，创造良好的人际关系环境，广结善缘，搞好四方关系，争取农民理解。社交能力是各种能力和技巧的综合表现，是人的性格、学识、口才、阅历、经验各种因素的融合；⑤心理分析技巧，自信豁达的风度，开朗和善的性格，广泛的兴趣爱好，并且能察言观色，根据不同的消费者的性格特征，快速了解农民的心理需求；⑥表达能力和技巧，做到信息丰富，言能达意，富有幽默，反应灵敏；⑦创新应变能力，要解放思想，打破框框，想他人不敢想，做他人没有做的事，要有超前预测和临场应变能力，能临阵不惊，保持理智。

2. 专业技能的训练。包括：①农业基础知识；②农产品及农产品加工、生产资料市场信息及行情；③国家农业政策及产业导向；④农业推广中的新闻传播、广告设计、摄影技巧等。

训练的方法主要分为课堂及书本学习和实践经验积累。课堂及书本学习可采用讲授、角色扮演、录像观摩、纠正偏差等模式。教材可涉及农村政策法规、伦理学、公关理论、公关语言、公关心理学、传播学、新闻学、广告学、谈判学、管理学、社会学、市场学、民俗学、美学、农学等课程，经验的积累来自实践和悟性。

市场促销技巧是实践性很强的艺术，因此必须在实践中去形成自己的风格。

第三节　农业推广经营实体的运作与管理

农业科技成果推广工作为我国农业发展做出了重要贡献，取得了巨大成绩，但目前面临的问题很多，集中表现在推广体系不健全，体制没理顺，农民缺少消化技术的能力，推广物资不配套等，其中最突出的问题是推广经费不足。过去各级政府对农业科技成果投入相对较多，现在实行市场经济，国家不可能对农业推广大幅度增加拨款，因此，实行有偿服务，建立自我发展机制是农业科技推广摆脱困境的主要出路。

一、农业推广经营实体的兴办

（一）兴办经营实体的目的和意义

实行技物结合，兴办经营实体是实现综合配套服务的有效途径。十几年的实践证明是一项成功的改革，已经被农业推广法予以肯定。经营实体的成立，为广大技术人员推广农业新技术提供了窗口和阵地，对于促进推广事业的发展和农业科技成果的转化具有重大意义。

首先，通过兴办经营实体搞经营，弥补了推广机构的经费不足，提高了科技人员的福利待遇，稳定了推广队伍，调动了科技人员全心全意搞好推广工作的积极性。

其次，可以使推广人员以经营实体为依托，在经营农用生产资料的同时，传播新知识、新产品、新技术和新信息，更好的承担起农业产业化的“龙头企业”的重要角色，同合作组织和农民一起构建起新型的产业化组织体系，最终促进农业产业化经营。

第三，可以分流推广人员，优化队伍结构，实现推广的高效化，并逐步建立起现代推广部门制度。

（二）兴办经营实体应该注意的问题

1. *要树立市场观念*。从过去政府包揽的计划体制中摆脱出来，充分利用社会主义市场经济体制带来的机遇，以市场为导向，以农民需求为出发点，选择适销对路的项目。推广机构兴办经营实体，要注意选择具有科技示范作用的高科技项目。

2. *立足服务，发挥优势*。推广机构兴办经营实体要立足于服务，通过服务促进科技进步，通过服务推动规模经营，提高经济效益。随着经济的日益发展，人们越来越感到科技进步和提高劳动者素质的重要，对科学技术的要求也越来越迫切，通过实体进行科技服务，就能帮助企业和广大农民提高科技水平，帮助他们掌握先进的实用技术。

3. *依托技术优势，实施推广服务产业化*。推广机构兴办经营实体，其优势是显而易见的。因此，要依托自身的优势，开展有偿服务。首先要让农民了解自己，其主要渠道是通过农业报刊和专业展览等与农民建立联系，让农民知道推广组织可以向他们提供什么样的服务，他们能从推广中得到什么好处，分类介绍服务内容。

4. *拓宽经营渠道，实施多样化经营*。一是成立种子、农资配送中心，不但可以促进种子、农资的销售，还可以方便农民。二是建立育、繁基地。三是搞好农副产品的营销，利用信息网络优势为农民搞好产后服务。

5. 着眼发展，强化管理。首先要选好经营实体的负责人。经营实体办得好不好，关键在领导。要注意选择上懂中央政策，下知实情善经营的同志担任厂长经理。其次，要完善经营机制，建立健全各种规章制度。不少科技部门办经营实体，由于资金不足，经验有限，担心经营不善，往往容易出现包揽过多现象，束缚企业的手脚，影响经营的发展。因此，推广机构兴办经营实体，要按《企业法》办事，给实体以自我发展和自我完善的经营机制。

二、农业经营实体的运作模式

随着农技推广服务职能由单纯的技术推广向与技物配套服务并举的转变，推广机构兴办的物化科技成果配套服务经营实体得以迅猛发展，经营盈利为弥补事业经费、改善工作环境、落实推广人员待遇提供了有力的辅助保障，减轻了财政压力。而近年来，农技站技物配套的经营规模逐渐萎缩，服务额减少，效益出现负增长。面临市场多元化的挑战。随着电信、交通的迅猛发展，市场流通打破传统的“生产商→一级批发商→……→零售商→用户”的单一模式，农资生产经营更是随着农村经济体制的改革和宏观政策的调控出现多元化。以肥料为例，长阳化肥厂 1995 年在各乡镇设立直销点，宜化集团 1996 年推出“一个电话 24 小时送货到田头”的营销模式，1997 年底，榔坪形成肥料经营一条街。农药、种子也同样因国家宏观政策和农村经济体制的改革逐渐形成开放的、充满竞争的多元化大市场，打破了多年来的垄断经营格局。

适应新形势的要求推广机构的经营实体要充分发挥优势，积极探索自我发展、自我完善的企业发展之路，在现有实体的基础上，广泛招商引资，建设开发服务型、经营型和生产型的积极实体。具体模式如下：

1. 技物结合型。根据农业生产技术的需要，经营相应的物资，既解决了技术推广与物资推介的弊病，又为加速推广，提高经济效益提供了物质保障。如“庄稼医院”、“测土配肥供应公司”等就是此种类型。

2. 技术承包型。农业技术承包型经济实体是以经济合同的形式明确推广工作中农民和推广人员的责、权、利关系，通过包劳务、包技术等服务方式实现经济实体的运作。例如“植保公司”同农户签订合同，承包植物病虫害的防治技术。

3. 产、供、销结合型。即从事农用物资或农产品的生产，也进行农用物资的经营。如建立农药生产、化肥生产、种子种苗生产基地。

4. 龙头企业＋基地农产＋推广部门型经济实体。农民带资、带土地、带财产，农业推广部门进行技术、人才或资金入股企业，形成龙头企业+基地农户+推广部门形成的股份制集团，是推广部门劳动者资金和劳动者合作相结合的所有制形式。

三、加强经营实体的管理，发展农业产业化经营

我国农业和农村经济已经进入一个新阶段，小农经营与社会化大市场如何衔接的深层次问题已经开始表现出来，并成为制约农村经济发展的主要因素。农业产业化经营把一家一户的分散经营组织起来，确立主导产业，在一定的区域内，依靠龙头企业带动，发展规模化经营，并使生产、流通与市场紧密地连接在一起，这是农业生产适应市场经济发展的必由之路。农业产业化发展对农技推广工作提出了更高的要求，要求农技推广部门按照产前、产中、产后相结合，技术引进、开发和推广相结合，把技物结合提升为农业推广产业化经营服务。即与农业产业化相结合，创建多种经营的联合体，实现农业推广的社会化服务。

1. 培育主导产业，创新服务领域。农业推广部门以技术为依托，体系为支撑，紧密围绕农业产业化开展技术承包和技术开发，创建高新农业科技示范园区，以“农技站+公司+农户”、“农技站+农户”等多种形式办产、销一体化服务实体，大力发展市场网络，扩大自己的生存领域和市场空间，完成试验、示范、推广任务。

2. 建立健全服务体系，创新服务手段。推广机构一方面要利用农业技术推广服务网络，实现各级服务机构之间以及服务机构与行为主体之间的信息交流，同时还要运用互联网等先进信息手段加强与科研单位、大专院校和市场之间的联系。依托网络技术为农民提供产前信息指导，产中技术服务，产后销售、加工指导，参与全程服务。依靠现代文化开发网络农业、订单农业。

3. 创新管理，构建产业化经营引导机制。在产业化实施过程中，应该根据市场主体“自主经营、自愿合约，利益联动、风险共担、共同发展”的取向，从利益分配机制和运转约束机制两方面对市场主体的行为加以指导，要进一步完善产业化利益调节机制，探索在龙头企业、基地和农户之间利益共沾、风险共担的利益共同体机制。

4. 完善服务，实现持续发展。①要明确服务宗旨。始终把“面向农业，服务生产，推广科技，增加效益”作为服务宗旨，以为农民提供技术、信息为核心，不盲目追求利益最大化，以推广拉动服务，以服务带动推广。②要改善服务设施。配置门市服务必要的柜台、办公桌椅等办公设备，添置电话、电脑

等信息交流设施，订阅较为系统、新颖的技术参考资料。以快捷、圆满的服务赢得顾客。③改进服务态度。加强对员工全心全意为人民服务的宗旨教育、职业技能和职业道德的培训、教育，以忠诚的服务态度赢得市场。

5. 建立合作保险为主的农业保障体系。

【教学案例 1】

本案例是根据王高林等《连锁经营在农业推广服务中的探讨》改写的。该案例介绍临安市农技中心是如何开展连锁经营服务的。

随着农业产业化进程的不断发展和完善，农业生产过程中对农资商品的技术含量要求越来越高，对农资商品的品种要求日趋区域化、专用化、优质化，市场竞争激烈，随之而来的问题也日益凸现，技术不对口，技术缺位，品种结构不合理，品种质量参差不齐，特别是近年来部分供销系统进行了改制，乡村推广体系的老化，农资市场迫切需要重新形成一个组织规范的服务网络以确保市场稳定，供需平衡，促进新药肥和新技术推广和应用。

在这种背景下，临安市农技中心 1998 年从三个乡镇起步，采用外联厂家、内建网点、横向连合科研技术单位实行统一采购、统一送货、统一品牌、统一销售价格、统一服务规范的方式，设置一站二室三部 143 个连锁经营点，即植保土肥站、调运室、财务室、三部为化肥部、农药部、农具部的植保土肥站综合服务部。从起步到整个网络建成，历时 3 年时间。

自 2001 年起对临安全市 143 个网点进行分片吸纳整合，形成以茶、果、竹、菜、桑、山核桃六产业及乡镇农科站、生资部为主体，以技术为先导，以物资为载体，以连锁服务为手段筹建农资连锁经营组织，通过组织为广大农民构架桥梁，共享技术、信息物资、资金等资源，积极发挥中介作用，推动技术进步，发挥着重要辐射、带动和示范作用，走出一条贸工农一体的技术推广的新路子。

该综合服务部，目前自备送货车 3 辆，交通车一辆，现代通讯设施齐备，技术力量雄厚聘有高级农艺师 3 人，农艺师 17 人，农科员 23 人，持证上岗人员 155 人。具备仓储能力 6 000 吨。拥有科研协作单位 3 家，大型协作集团 12 家，农业产业协会 6 家，协作配送能力 350 吨/日。通过连锁经营：

(1) 充分提供社会化服务连锁经营合作网成员，现在每乡镇均有 2 家以上成员单位，覆盖率百分之百，既为农业生产服务也为农业产业化发展服务，产生了广泛的社会效益。主导了临安农资市场，服务遍及临安全部 26 个乡镇，同时吸引了邻近乡镇农科站和经营单位的加盟。

(2) 充分提供了规范服务，临安农资市场多年来个体批发争抢市场、无序竞争，没有合理的区域化品种，群众购肥盲目跟众，没有与农业生产发展的趋势和速度相适应的流通体制，自农资连锁经营网建立以来联合相关的科研院所和大专院校开发完成区域化适宜化肥品种5个系列，农药新品8个品种，销售覆盖率达全市70%以上，通过高技术含量产品引导了市场消费，帮助农民科学用肥，经济用药，实现增产增收。

（3）采用连锁配送方式，压缩经营环节，降低运行成本，实行规范价格机制，充分发挥调节市场作用，减轻农民负担，通过连锁配送强化了市场合理竞争，杜绝了不规范商业行为，强化了自身监管，提高了管理水平。

（4）充分提供了科技服务，连锁经营合作网为农资、农情信息充分全面交流提供了良好平台，病虫气候土肥等专业情报，预报、动态发布到全部网点，并在农技110信息网上同步发布。农资合作网为先进技术的引进和物化创造了便利条件，协作单位资金实力强，集团企业多，具备研发能力，又具备生产能力，使得网络技术服务得到保障，各行情导向正确，技术的物化，物资流通切实可行，打通了科学技术推向千家万户和各个生产环节的渠道，提高了技术到位率。

【案例思考】

1. 临安市农技中心的成功经验给你什么启示？

2. 临安市农技中心所属的植保土肥站综合服务部的连锁经营服务中还存在哪些问题，今后应该如何改进？

【教学案例2】

本案例是根据《销售与市场》2005年第5期，李敬民撰写的“偷天换日，富农化肥智取农村市场”改写。该案例介绍大城公司是如何将富农复合肥料打入市场及其经营策略。

一、行业透视

农资行业在中国是一个比较特殊的市场。地域差异性和农户的分散性导致经营实体——厂家较高的终端运行成本和低效率运行状态。报纸杂志等传播媒介虽然在大中城市普及率较高，但对广大的农村，特别是边远的农村，其作用很有限。另外，由于农民文化水平较低，抗风险能力差，接受新事物速度慢，使得农资新产品的市场推广速度相对较慢，这点似乎成了“行业惯例”。

二、公司简介

大城公司（化名）被行业内知名上市公司收购后新增了富农复合肥料产品线，当年公司化肥总销量为35万吨，其中富农复合肥料销量为1万吨。大城公司计划将富农复合肥料作为公司的主打产品，5 年内产销量达到 80 万吨作为上市母公司重要的一个利润增长点，该企业面临着快速增长和盈利的巨大压力。

三、产品策略

富农复合肥料是借鉴国外复混肥发展经验研制开发而成的。它的特点是：根据不同地区土壤特点、农作物种类来确定氮、磷、钾营养元素，以及作物必需的微量元素及增效剂的数量和比例，形成不同区域、不同农作物专用肥料，达到养料配比的最佳效果；采用缓释技术，使肥料供给更均匀，作用时间延长，减少施肥次数。

从多点实地生产对比试验结果来看，富农复合肥料能适合不同的土壤、不同作物施肥的需要，并能促进作物不同生长发育期对营养元素的平衡吸收和健壮生长，并能够防治作物缺素症，达到作物高产优质之目的。与对照肥料相比，具有明显的产量优势和经济优势。

四、市场调研与分析

通富农复合肥料与竞争对手的同类产品相比，其具有一定的竞争优势，快速拓展市场份额的关键在于广泛和有效的宣传。为此，企业对消费者——农户进行了农资产品采购方面的专项调查，结果如下：

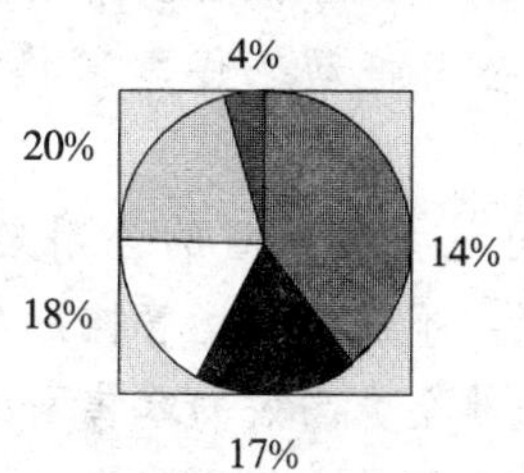

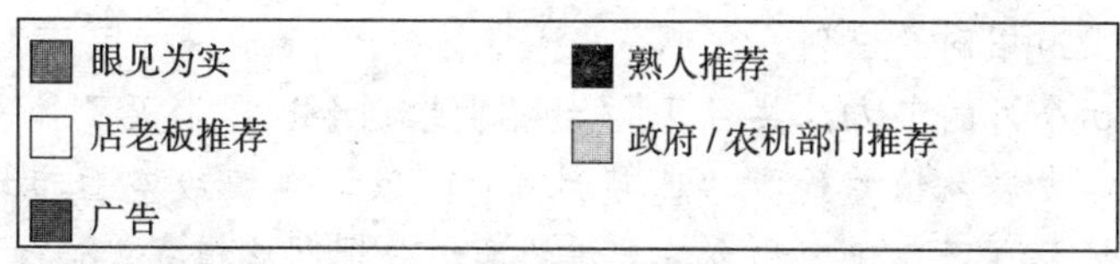

图 10 - 3　农户对不同信息渠道的宣传认可程度调查结果

从调查结果来看，农户最相信眼见为实，而广告的效率最差，尤其是报纸广告，在农村所产生的信息传播效果微乎其微。当前复合肥料的主要竞争对手的宣传手段主要集中在广告上。生产试验只是辅助手段，主要是研究性试验和参与政府的推广工程，没有真正重视到将试验结果直接面对真正的消费者——农户。既然竞争对手把精力都放在广告宣传上，而生产试验鲜有投入，那么企业的管理者就另辟蹊径，从推广示范入手，然而问题随之而来。

问题是公司希望销量提升的速度超过每年的翻一番，而富农复合肥料是一个新产品，消费者认知度较低，公司原有的分销渠道也比较薄弱。面对这样一个矛盾，如何来找突破口呢？企业的管理者没有简单地下结论，而是召集相关人员就产品销售中涉及的每个细节展开头脑风暴会。3 天激烈的碰撞过后，企业管理层达成了以下分销、促销方案。

五、分销策略

1. 变公司推动为渠道推动。S省负责销售的员工只有 20 多人，如果只是靠企业的员工来推行示范工作，可能是 20 人来落实 20 万亩示范田。1 对 1 万是无论如何也不可能完成的。村组示范是个浩大的工程，只能采用人海战术。企业的分销渠道是企业合作伙伴中最大的人力资源库，如果每个乡镇都有一个零售商来参与，实际落实示范田变得容易多了。

零售商会愿意来参与吗？实际零售商最关心的主要是两个方面的问题，即收益和风险。为了调动零售商参与的积极性，企业制定了几个有针对性的政策：采用高价格高返利的定价策略（农户对农资产品的价格敏感程度低），返利高于主要竞争对手，零售商可以明确地预测示范推广后自己的收益。与零售商签订乡镇市场专营的长期经销合同，制定并颁布周密的零售价格市场管控细则，让零售商的返利落到实处。调动了零售商的积极性后，落实示范田的难度从 1 对 1 万变成 1 对 50，由公司推动变成渠道推动，真正成为切实可行的方案。

2. 零售网络的拓展。公司过去在 S 省的分销渠道建设相对薄弱，主要依靠的是传统的简单贸易式分销，不注重市场管控，乡镇空白市场较多。要想完成上述的传播方案，没有一个健全、高效的零售网络体系支撑，就只能是纸上谈兵。为此，落实方案的第一步就是进行零售网络的拓展和质量的提升，进行全省范围的渠道招商及培训。

通过近两个月的努力，共召开 47 场招商培训会议，消灭了 S 省的县（区）级空白市场，发展乡镇签约零售商超过 4 000 家。乡镇级空白市场低于 3%，基本上形成了县（区）代理和乡镇零售的两级分销网络模式。通过培训，渠道成员对公司的背景、实力、产品的认识更加清晰，高度认可公司的经营理念。渠道的拓展和提升为村组的示范传播奠定了良好的基础。

3. 示范效果落实。示范田的落实采用层层推进的方式，采用分步走的策略。第一步：由公司在每个县设立集中的示范点，由公司补贴给县级代理商一定的费用，树立示范田的样板，为乡镇零售商提供效仿的榜样。

第二步：公司制定示范田落实操作手册，讲解如何选择田块，包括选择田块土质、交通条件、劳动力状况、田块位置，如何进行示范田的布点，如何与农户进行沟通，如何为农户提供技术服务等。

第三步：由公司的业务员协同县级代理商进行终端乡镇的市场寻访，协助零售商解决示范田落实中的实际困难。业务员采用面对面的深入沟通方式，一方面解决问题，另一方面对实际落实情况进行抽样检查，及时纠偏。

六、促销策略

1. 变农户“要我示范为我要示范”。要农户来做示范田，还要让农户购买示范用的肥料，能做到吗？虽然从理论上来说我们是做商业推广，不是搞科研，农户能理解吗？为此，营销人员除了对产品进行常规的卖点提炼和传播外，还增加了3个方面的工作：

(1) 买产品送服务。当时在农资市场上真正提供售后服务的企业几乎没有，而农户对售后服务不是没有需求，而是这一需求没有被唤醒。为此，营销人员制定了买富农复合肥料，送农技服务到户的措施。凡是参与公司示范活动的农户都会享受到公司的农技服务。服务包括：免费的农技服务快讯（由乡镇零售商负责分发），免费的农技咨询服务热线电话，农技专家登门服务等。

(2) 与畅销的农作物品种捆绑销售。由于富农复合肥料是新产品，在农户中的认知度还较低，零售商在推介时阻力较大。为此，企业采取借力的办法，即与当地知名的某种业公司合作，与其正在推广的新品种进行捆绑销售，借此提高了富农复合肥料的身价，受到农户的欢迎。

(3) 缺口供货。为了使富农复合肥料在市场上显得比较紧俏，公司采用缺口供货的办法，适当控制产品的铺货和销售进度，使农户觉得质优、价高的富农复合肥料不容易买到，激发其购买和参与示范活动的欲望。

2. 示范效果宣传。示范效果的宣传采用灵活多样的方式，即有日常宣传，也有集中宣传。日常宣传主要是在示范田效果显现出来后，在田间插标志牌进行宣传，依靠农户路过田边时自发的驻足观看和口头传播来达到宣传目的。集中宣传是通过一定的方式组织所在乡镇的领导、农技干部、村主任书记、种田能手等来参加现场会，通过现场观摩和讲解达到宣传目的。为了提高现场会的宣传效果，公司制定了示范现场会的组织指导手册，教会乡镇零售商如何来筹备、组织会议，讲解哪些内容等。

艰苦努力换来的是丰收的喜悦。公司一个业务员的话很有代表意义：“一开始我怎么想这（乡镇示范传播）都是不可能完成的工作，没想到实际一步一步做下来，竟然做到了，完成了。这种工作其实连政府都很难完成啊!”示范项目完成后销售量达到41万吨，是上年销售量的41倍，年销售80万吨的目标即将提前实现。而公司在富农复合肥料乡镇示范传播方面的投入不过170多万元。

【案例思考】

1. 大成公司的成功经验给你什么启示?
2. 大成公司今后还应采取哪些更有效的策略以取得竞争胜利?

·思考题·

1. 农业推广经营服务的基本原则是什么?
2. 农业推广人员在经营服务中应树立哪些观念?
3. 在农业推广经营服务中如何运用推广营销组合?
4. 连锁经营的目的意义是什么?
5. 推广机构兴办经营实体应注意哪些问题?
6. 试述农业推广工作如何在农业产业化经营中搞好服务?

·参考文献·

[1] 王慧军．农业推广学［M］．北京：中国农业出版社，2002
[2] 高启杰．农业推广学［M］．北京：中国农业大学出版社，2003
[3] 孙国辉等．市场营销学［M］．北京：经济科学出版社，1995
[4] 吴健安．市场营销学［M］．北京：高等教育出版社，2001
[5] 高增朗．农产品营销［M］．北京：中国农业出版社，2000
[6] 韩庆祥．市场营销学［M］．北京：高等教育出版社，2001
[7] 唐兴信．探索农业技术推广实行有偿服务的新机制［J］．科技成果纵横．1994（4）：3～5
[8] 安玉发，张娣杰．市场营销学理论在我国农业经营中的应用［J］．中国农业大学学报（社会科学版）．2000（1）：13～18
[9] 胡凤飞，蒋敏敏．关于农业产业化经营的理论思考［J］．安徽师范学院学报．2005，17（2）：43～45
[10] 史月兰．中国农业经营模式选择［J］．湖南行政学院学报．2004（5）：44～45
[11] 中华人民共和国农业部．农业部关于发展农产品和农资连锁经营的意见．农市发［2003］3号．2003.3.14
[12] 李敬民．偷天换日，富农化肥智取农村市场［J］．销售与市场．2005（5）
[13] 王高林，阮弋飞．连锁经营在农业推广服务中的探讨．杭州科技．2005（3）：52

第十一章　农业推广项目及其管理

【本章学习要点】要求掌握我国农业推广主要项目的主要来源，申报和立项程序，项目书的撰写和项目实施、验收的程序和方法。

第一节　农业推广项目的类型、选择与申报

一、农业推广项目的类型

（一）农业推广项目的概念及意义

农业推广项目是指国家、各级政府、部门或有关团体、组织机构、科技人员，为使农业科技成果、先进的实用技术和科学的生活方式尽快应用于农业生产、农村生活，保障农业的发展和农民生活质量提高，实现农业和农村现代化，确保其有较高的经济效益、社会效益和生态效益进而组织的某一项具体活动。例如，推广良种、推广作物高效栽培技术、改良土壤、防治病虫害、节水技术等。

实施农业推广项目具有重大的意义，一是可以成为科技成果转化为现实生产力的有效途径；二是可以实现资源的合理配置；三是可以提高农业生产的投资效益；四是可以提高推广工作的效率；五是能有效提高推广人员和劳动生产者的素质；六是能提高农村居民生活质量和农民收入；七是有利于得到社会各界的支持，进一步促进农业和农村发展。

（二）农业推广项目的类型

中国农业推广项目的类型可分为两个层次：一是推广或科技计划；二是推广项目。前者主要为国家、省、地、县各层次实施的在某个方面展开，是由许多的推广项目组成。推广项目类型根据不同的方法可分为不同的类型：

1. 按管理属性分类。作为国家级应分为包括国家级科技成果推广计划、种子工程、丰收计划、沃土工程、跨越计划、农业科技入户、测土施肥行动等重大推广项目。

（1）丰收计划。丰收计划的全称是“全国农牧渔业丰收计划”，是1987年由农业部和财政部共同实施的国家综合性农业科技推广计划。它是我国农业科

技推广计划的龙头，是以核心技术为主体的综合配套技术体系的推广，起辐射和带动作用。

自1999年开始设立“后备技术”项目计划，此类项目计划是指利用技术持有单位最新研究取得的，对农业发展具有重大影响和广阔应用前景，已获准进入生产性试验阶段但尚未在生产上大面积推广应用非物化的先进农业技术，通过示范推广、完善配套技术体系和技术操作规程，明确适宜推广地区，为丰收计划大面积、大范围、连片推广提供技术储备，满足农业生产对技术的不断需求的一项推广项目计划。与一般丰收计划的管理存在着差异，体现在：一是第一承担单位必须是技术产权单位或技术持有单位；二是只安排符合条件的非物化技术，按丰收计划的要求组织实施；三是后备技术项目受农业部科技发展中心管理；四是项目规模可以适度减小。其具有以下特点：

①完整性和成熟性。后备技术必须是针对农业生产某一领域或某一环节的技术问题，由技术产权单位或技术持有单位通过最新科学研究或引进、消化、吸收、取得知识产权清晰，具有完整技术体系的单项技术，能够在生产上独立推广应用。已通过法定科技主管部门鉴定（认定），或通过法定资格质检机构检测，或获得专利权，证明技术本身是成熟的，可以进入生产性试验阶段，进行示范推广。

②适用性和高效性。后备技术必须是能够解决农业发展重大问题，具有广阔应用前景和良好经济、社会、生态效益的先进的和适用的技术，不仅可以在项目实施地区推广应用，而且还可以在多个生态区域或全国范围内普遍应用。能够推动和带动农业生产力的提高，改变传统农业生产方式，达到节本增效、提高效能和资源高效利用的目的。

③公益性和导向性。后备技术必须是国民经济和农业生产发展所必需的、影响面大、涉及范围广，通过推广应用可以实现巨大的效益，但推广者或持有者难以获得直接的经济效益的非物化技术。此类技术属于社会公益性事业，一般社会团体、各类企业和个人不愿意做或想做而又做不了，只能由国家来组织实施。通过项目的实施，以展示和宣传技术应用效果，探索技术推广的有效途径和方法，为进一步的组织推广提供经验，加速和引导技术的快速应用。

④示范性和可能性。后备技术必须是尚未大面积推广应用的技术，技术本身已成熟，并获准进入生产性试验阶段，可以进行示范推广，或已在一定区域的小范围内推广应用，但技术环节和配套技术体系还不完善，距离大面积推广应用仍有一定的距离。通过项目的示范推广和完善研究，技术环节和技术体系可以熟化，能够提出大面积、大范围、连片推广的技术操作规范，明确适宜推

广地区和应用范围，为丰收计划进一步安排和实施提供技术储备。

（2）星火计划。国家级星火计划项目是由科技部组织实施的，以农民增收及转移农村富余劳动力为重点，加强小城镇建设和农村信息服务体系建设，进一步推进星火西进和星火国际化，扶持龙头企业，提高星火龙头企业特别是农产品加工企业的自主创新能力，促进农业生产的标准化、规范化，增强企业的国际竞争力的一项科技推广计划。根据科技部总体工作部署及国家级星火计划项目优先支持以下领域的技术示范和产业化开发：

①为农村住宅产业发展服务的新型建材及相应设备开发的技术、产品与产业；

②为城乡安全健康消费服务的农产品清洁生产加工技术、产品与产业；

③为设施农业发展服务的设施、设备生产技术及配套产品的开发；

④为促进农村商品流通服务的保鲜、储运、配送营销的标准化、专业化技术及相应配套产品的开发；

⑤为环保产业的发展服务的农村资源与农业废弃物综合利用技术及产品开发；

⑥为促进地方经济发展的优势资源特色产业。

（3）农业科技成果转化资金项目计划。农业科技成果转化资金项目计划是经国务院批准的科技推广项目计划。转化资金的来源为中央财政拨款，由科技部、财政部共同管理，农业部、水利部和国家林业局等部门为成员单位。转化资金是一种政府引导性资金，通过吸引地方、企业、科技开发机构和金融机构等渠道的资金投入，支持农业科技成果进入生产的前期性开发，支持有望达到批量生产和应用前的农业新品种、新技术和新产品的区域试验与示范、中间试验或生产性试验，为农业、生产大面积应用和工业化生产提供成熟配套的技术。转化资金的支持重点包括动植物新品种（或品系）及良种选育、繁育技术成果转化；农副产品储藏加工及增值技术成果转化；集约化、规模化种养殖技术成果转化；农业环境保护、防沙治沙、水土保持技术成果转化；农业资源高效利用技术成果转化以及现代农业装备与技术成果转化等。要逐步建立起适应社会主义市场经济，符合农业科技发展规律，有效支撑农业科技成果向现实生产力转化的新型农业科技投入保障体系。转化资金不支持已经成熟配套并大面积推广应用的科技成果转化项目，不支持有知识产权纠纷的项目，不支持低水平重复项目。转化资金支持的对象主要为农业科技型企业。

2. 按行业不同分类。按行业不同可以分为种植业、养殖业等。包括农业、林业、牧业和渔业等行业的推广项目计划。

3. 按专业不同分类。按专业不同可分为种子工程、植保工程、土壤肥料工程、农作物综合技术、饲养技术、优质农产品生产等推广项目计划。

4. 按科学性质分类。按科学性质不同可以分为试验、示范、推广、科技开发、体系建设等项目计划。

（三）农业推广项目的来源

1. 科研成果。通过国家和省科委、农业主管部门及有关部门审定公布的农业科研成果。这些成果一般都是来自科研、教学单位的应用技术科研成果，具有区域、国内或国际先进水平。

2. 农民群众的先进经验。农民群众在长期生产实践中的创造，有着坚实的实践基础，适应性强，容易推广。

3. 技术改进成果。科研、农业推广单位在原有技术的基础上进行某方面的提高和技术改进，或由推广单位对多方面、多来源、多专业的成果或技术综合组装的成型技术或常规技术的组装配套。

4. 引进技术。通过技术贸易从国内外引进的先进成果和技术、发挥后发性优势。

（四）农业推广项目应具有的基本特征

1. 项目产品的需求性。农业推广项目是为发展农业生产、增加农民收入而进行的推广活动。无论是新技术的推广应用还是新品种的推广应用，均是利用土壤或某种设施进行产品生产。通过项目实施的产品无论是初级产品还是加工产品，必须满足农民的需要、市场的需要或国家发展的需要。否则，项目实施则不会持久，也没有必要实施。

2. 实施区域的相似性。在实施某一项农业推广项目之前，项目所涉及的技术或成果本身的生产有效性已经被生产实践所证明，并被权威机关所认可。因此，可以在相似生态区直接推广应用。通过项目的实施，可以达到规模化、产业化、高效化，从而推动农业生产发展的目的。农业推广项目实施的前提是该项目的成果在当地具有可靠性，风险小。因此，无论何种成果，均需要当地或相似生态区的第一手数据。不仅如此，项目还应该是成熟配套的，其主体技术和配套技术均不会因为环境的变化而发生严重的不稳定性。否则，再好的项目也不能盲目实施。

3. 推广项目的先进性。农业推广项目与一般的技术推广工作有所不同，对当地农业上已经大面积推广应用的成果一般不再立项。如果某一项成果还未大面积推广应用，但是具有创新性，通过项目实施，可以达到改造传统产业或调整产业结构或能使产业升级的目的，则可在当地实施。否则，则没有必要实施该项目。

4. 学科上的综合性。农业生产是一个复杂的系统工程，推广项目优良的主体技术必须与良好的配套技术相结合，实际上是利用多学科技术成果，单一技术往往难以发挥效益。因此，在开展农业推广项目过程中尽可能将各个单项技术组装配套，形成技术规范后再加以实施。

5. 农业推广项目的周期性。表现在两个方面：一方面，某一推广项目在某地实施，一般要经历试验示范期、发展期、成熟期和衰退期。基础在试验示范期，速度在发展期，效益在成熟期。这就要求在实施项目时，要加大宣传力度和试验示范力度，促进该项目的效益尽早、尽快、最大限度地发挥。另一方面是由于科技创新成果的不断涌现，新成果的推广更具潜力，开展新的推广项目成为必然，就如同创新扩散的S形曲线变化一样，由此，不断促进农业生产向高水平发展。

二、我国农业推广项目计划实施现状

（一）我国农业推广项目计划运行状况

中国农业技术推广事业自新中国成立尤其是改革开放以来，有了长足的发展。农业科技成果的推广应用及各种推广项目的实施，促进了农业生产的巨大发展，相继实施了科技入户工程、种子工程，植物保护工程，测土施肥行动、丰收计划，沃土工程，温饱工程，统防统治控制棉花病虫害，科技兴农计划，优势农产品重大技术示范推广等重大推广项目计划，并加强国际合作与交流，开展了一系列推广项目合作，如与FAO合作开展的《国家间水稻IPM》，《中国水灾评估》、《稻飞虱检测项目》，与联合国开发计划署（UNDP）合作开展的《中国油菜改良》、《国际平衡施肥项目》，与日本合作开展的“加强中国农业技术推广体系建设项目”，与德国合作开展的“中德财政合作林业项目”等。现将部分项目计划的运行状况作一简要介绍。

1. 种子工程项目。据统计，“九五”期间种子工程项目的实施取得了巨大的成绩。一是建设了一批重要基础设施，如建设国家农作物改良中心10个，国家级原种场27个，薯类脱毒快繁中心11个，果茶良种苗木繁殖场15个等。二是推广了一批优良品种和先进技术，如推广优良品种1 200多个，良种覆盖率达到95.96%。此项目还将继续实施。2006年，农业部从全国征集的506个品种中推介发布了50个主导品种，其中，水稻11个、玉米9个、小麦8个、大豆8个、油菜3个、棉花4个；畜牧4个，水产3个。

2. 植保工程项目。本项目自1998年开始实施。项目建设内容为“重大病虫监测预警体系、危害病虫检疫防疫体系、重大病虫控制体系和农药检测体系”4个方面的内容。近年来建立了一批病虫监测站、区域性的重点植物检疫实验室、国家蝗虫应急防治指挥中心、生物农药中试基地等。

3. 沃土工程。本项目自 1998 年开始试点，项目规划期为 2001—2005 年。主要建设内容为国家农化服务网络和综合示范基地建设、农化检测和信息管理体系、新品种肥料和土肥新技术开发试验体系及“沃土工程”综合示范基地建设。该项目的实施促进了经济、社会和生态效益的平衡发展。

4. 丰收计划。为加速农业科技成果尽快转化为生产力，提高科技对农业的贡献率，推进农业科技重大成果在全国大面积、大范围推广应用，从 1987 年起，农业部和财政部共同组织实施了全国农牧渔业丰收计划。项目实施 10 多年来，取得了巨大的经济、社会和生态效益。如 1999—2002 年丰收计划项目的运行状况为（表 14 - 1）：1999 年，丰收计划项目 107 项，33 个省、直辖市、自治区、计划单列市及农业部直属单位的 306 个承担单位，经费 1.0 亿元（1998 年为 0.65 亿元）。行业上以种植业为主，突出粮、棉、油，区域布局上适当向洪涝灾害的省份倾斜；另开始设立后备技术储备项目 13 项。项目实施的重点已经由产量目标调整为“优质农产品生产和农业可持续发展”两大类技术的推广应用上。

根据农业部科教司在 2001 年组织有关专家进行的一项名为“全国农牧渔业丰收计划综合绩效评价（1987—2000）”的研究成果表明，丰收计划为实现我国阶段性农业发展目标做出了重要贡献。

（1）显著的增产增收效果。丰收计划项目实施从 1987—2000 年，中央投资总计 6.7 亿元，平均每年不到 5 000 万元。据吉林、河南、江苏、甘肃 4 省的实际数据推算，全国丰收计划新增产值为 1 636.58 亿元，中央投资增收率 45.47%，投资促进农民增产增收的经济效益十分显著。

（2）显著的技术推广示范效应。到 1999 年止，丰收计划推广各种农业先进实用新技术 1 000 项次以上，据吉林、河南、江苏、甘肃 4 省统计，参加技术培训的农民达到 9 000 余万人次，广泛地提高了农民的技术水平，加速了农业科技成果转化为生产力的步伐，使得农业先进实用新技术成为当地农民增产增收的主体技术。

（3）显著的资金投入带动效应。丰收计划使少量的中央投资带动了地方配套及农户自筹资金对农业生产的投入，据统计，期间丰收计划中央投资总量占财政支农支出的比重为 0.08%，却调动了几十倍的地方配套及农户资金投入。

（4）显著加强和稳定了推广队伍。丰收计划的实施，促进了推广队伍的壮大和稳定，使这支队伍的文化技术水平、知识结构和技术职称结构都有很大的改善和提高，显著改变了项目区（特别是基层）的农业技术推广单位由于缺乏资金而造成的“有钱养兵，无钱作战”的状况。

（二）我国农业推广项目计划运行调整

我国各种农业推广项目计划自实施以来，为适应社会发展的需要，均进行了不同程度的调整。尤其以丰收计划项目实施调整最为典型。自1997起，丰收计划将最初丰收计划的定位是推广大面积、大范围增产增收的一般农业综合配套技术转向重大技术为主组装配套转移，突出主体、单一技术或核心技术。在21世纪初期，丰收计划继续贯彻“科教兴农”和“可持续发展”两大战略思想，以提高我国农产品的国际竞争力为目标，以市场为导向，以促进农业增长方式转变为重点，以优化农业产业结构调整为己任，着重解决农业和农村经济发展中的热点和难点问题，加快先进实用技术的推广应用。着重解决优质农产品生产技术问题，突出对主体技术的推广，增加显示度，带动综合配套技术的推广。2001—2002年丰收计划指南中的指导原则是：①突出主体技术推广；②贯彻可持续发展战略；③产量质量并重；④引导产业结构优化；⑤向西部地区适当倾斜；⑥培育后备技术。其基本框架与1999—2000年项目指南一样，分“优质农产品生产技术”、“农业可持续发展技术”和“农业推广后备技术”。其中农业优良品种186个，推广主体技术82项，与可持续发展有关的主体技术13项。2003年农业部对丰收计划项目管理和实施又作了如下调整：一是《丰收计划立项指南》由两年改为一年制定一次，解决项目实施与农业生产中心工作结合不紧密的问题。二是进一步突出重点，解决长期存在的项目安排分散问题。每个行业根据自身特点，每年选择2～3个重点。三是缩小项目实施规模，解决投资强度偏小的问题。原则上每个项目的实施规模控制在3个县以上，每个县的实施规模控制在一定范围内。四是加强计划内部整合，体现综合示范作用。各行业实施的丰收计划项目，要尽量在实施上整合。五是加强与其他科技计划间的衔接与配合。

自2002年开始，农业部增设了“科技增收计划”，该计划以推广增收技术成果为主，并有机地把相配套的技术进行组装、集成，形成完整的技术体系，促进相应产业的发展，推动我国优质、高效农业发展和农民收入提高。拟自2003年开始又增设“新型农民科技培训计划”，该计划拟用5～10年的时间，在我国建立起一个结构比较合理、功能较为齐备、设施比较完备，多层次、多渠道、多形式的农民科技教育培训体系，逐步形成“政府统筹、农业牵头、部门合作、社会参与、法制健全”的新型农民科技教育培训运行机制，建立起具有中国特色的新型农民科技教育培训制度。

根据2003—2010年农业科技推广计划框架，2003年农业部依据“优势农产品竞争力提升科技行动”计划，实施“优势农产品重大技术示范推广项目”，农业部在经费上将集中组织实施的“丰收计划”、“跨越计划”、“948计划”、

“结构调整专项”、“原种扩繁基地建设”、“种子工程建设”等现有项目资金，重点投向专用小麦、高油大豆、专用玉米、棉花、双低油菜、甘蔗、柑橘、苹果、牛奶、牛、羊肉和水产品等11项优势农产品和35个优势区域。通过项目实施，使主要农产品产量提高10%左右，农产品品质提高一个档次，提高15%～20%，并辐射带动周边地区农业的持续稳定发展。项目采取分步实施的办法，2003—2005年安排高油大豆、专用小麦、专用玉米、棉花和牛奶5个农产品，有针对性地引进品种和相关技术46项，示范推广25项技术，培训省、县、乡、村农业技术员和农民65万人次。2005—2007年安排双低油菜、甘蔗、柑橘、苹果、牛羊肉和水产品6个农产品，引进品种和相关技术94项，示范推广25项技术，培训省、县、乡、村农业技术员和农民65万人次。当前我国农业科技推广工作的中心任务包括两大方面：一是以大宗农作物生产技术提供支撑为目标，以小麦、水稻、玉米、大豆、棉花、油菜6大优势农产品集中产区产业建设为重点；二是以农民增收为目标，以经济作物、养殖业及农产品生产为重点，筛选市场前景广，附加值高，有一定规模，能带动农民增收的农畜水产品进行技术推广。前者按照“重点产品、重点区域、重点技术”三位一体的推广原则，选择一批优质高效大宗农作物新品种与新技术，依托国家科技推广计划实施。

第二节 农业推广项目实施与管理

一、项目选择

不同的推广计划其立项有不同的要求和原则，主要因为其立项的基本目标不一样。如“优势农产品重大技术示范推广项目”的筛选原则是：贯彻优化结构，提高质量，增加效益的方针，紧紧围绕优势农产品区域布局规划，选择一批优势农产品、技术推广实力雄厚的项目单位在优势区域内组织跨省、区的大规模区域技术示范推广，实现农业增收、农民增收和农业可持续发展。考虑市场前景好并能带动农民增收和实现农业产业化经营的“订单农业”项目。但其基本选项原则还是一致的。

（一）推广项目的选项原则

1. 技术先进成熟，适用性强，在一定范围内推广应用，证明经济、社会、生态效益显著。

2. 技术符合国家产业政策和技术政策，对行业技术进步有促进作用，对国民经济和社会协调发展具有重要意义。

3. 覆盖面广，辐射力强，能跨行业、跨地区应用。

4. 有利于成果推广、环境建设。

5. 凡在成果的权属、技术水平、技术原理和成熟性方面有异议或争议的项目，违反国家法律、法规规定，对社会公共利益、环境、资源造成危害的项目，不得列入国家级“推广计划”。

6. 国家级“推广计划”项目中优先选用国家各类科研计划的科技成果，获发明奖和国家级科技进步奖的科技成果，消化吸收引进技术取得的科技成果。

7. 国家级“推广计划”中农业（包括林、牧、渔、水利业）项目重点围绕提高土地、水面、滩涂利用率和劳动生产率；提高粮、棉、油、糖、菜、畜禽、水产等产量及品质；提高农业生产资料质量和应用效果，促进优质高效农业、农业产业化的发展和有利于农村产业结构调整及资源优化配置的科技成果。

（二）推广项目的选择方法

1. 调查分析法。通过各种渠道，摸清推广项目中的各个环节的现实情况和历史情况，分析推广项目实施的有利条件和不利应诉，对项目执行及效果进行预测。

2. 专家论证法。邀请各方面专家和技术人员对拟申请的农业推广项目进行评议，就技术上的先进性、设计方案的可行性、经济上的合理性进行评议。

3. 优势决策法。在充分调研和专家评议的基础上，确定农业推广项目的设计方案、实施步骤。要做到决策来自于缜密的数据分析，对项目的实施有确定的把握。

二、农业推广项目计划的编制

（一）项目计划的编制原则

1. 因地制宜的原则。农业推广项目计划的实施必然有其实施的区域，大到跨省实施，中到跨县市实施，小到一个乡镇、村、社实施。无论怎样，在拟订项目计划时一定要首先结合技术本身的生物学特性，充分考虑农业生态可支配或获得的资源、农民特征（如性别、年龄、文化水平）等方面，达到产品能生产、能消费、能发展的要求。因此，要根据不同的技术和不同的区域开展不同的项目。

2. 综合效益的原则。无论编制何种农业推广项目计划，其首先要考虑的是项目实施的效益问题，包括经济效益、生态效益、社会效益和技术效益 4 个方面，其中又以经济效益最为重要。拟订的项目计划要既能增产、增收，又能充分发挥技术本身的产量潜力，还能有助于改善生态环境，维护生态平衡和提高农业生产能力。如实施绿色农产品生产基地建设和优质农产品产业化生产等这类项目的实施，就能达到“四效”统一的目的。

3. 合作广泛性的原则。在组织和编制农业推广项目计划时，为了有效地将政府的目标、推广组织的目标与农民的目标和利益充分结合起来，在考虑项目计划的编制人员时，不能只由推广部门来拟订计划报告，还应该吸收相关政府管理官员、相关领域的专家以及部分农民参加，实行“干部、专家、农民”相结合的拟订方式。达到吸收各方面意见，使项目计划更具操作性和可行性。目前这种项目计划的拟订方式在欧美等发达国家普遍采用，取得了良好的效果。

4. 可操作性原则。在拟订农业推广项目计划时，要充分考察项目的难易度，农民的接受程度，支农服务的可能性和推广机构自身的行动能力4个方面，使项目能够有条件实施，推广机构有相应的技术人才和组织保障，农民有能力并能自愿实施行为，方可保证项目计划变为可以操作并顺利实施。

5. 有利于提高农民素质的原则。农业推广的性质就是教育性，要使农民从各种推广活动中长见识，达到提高自我决策能力的目的。在拟订农业推广项目计划时，要有相关人员的培训计划，缩小农民知识水平与项目之间的差距；要有让农民参与项目计划实施的具体方法，使项目本身成为一个“参与式项目计划”。保证让农民认识项目本身的意义、目的和技术要点，达到提高农民素质的目的。

6. 灵活性原则。在拟订农业推广项目计划时，一方面要目标明确，措施得力；另一方面要充分将行政、经济和技术等方面结合起来，规定一定幅度和范围的指标。既要为将来项目的实施奠定一个规范性的蓝本，也要根据实际情况调整项目实施的技术路线和方法，达到项目实施的科学性和高效性。这就要求项目计划具有一定的灵活性和可调性。

（二）项目计划的编制和立项程序

不同推广计划的项目申报和立项，在其项目的内容和要求上有所不同，但其申报或立项程序和报告编写格式则基本一致，其立项的基本程序如图11-1。

1. 建立项目计划委员会。在制定农业推广项目计划前，要先确定项目计划的编制人员和相应的组织机构，最好由相关领域的干部、专家和农民代表组成，建立项目计划委员会，负责组织项目调研、项目初期论证和编制项目计划报告。确保计划有人做，有人管，做得好。

2. 调查研究，确定项目初选。在项目计划委员会建立之后，就要对农业发展、农业推广、农村、产业、资源、市场、政策、农民行为特点等现状和问题做出恰当的估计，确定推广目标区域和目标群体，提高计划与项目的有效性。同时写出项目可行性论证报告，进行项目初选和可行性论证。

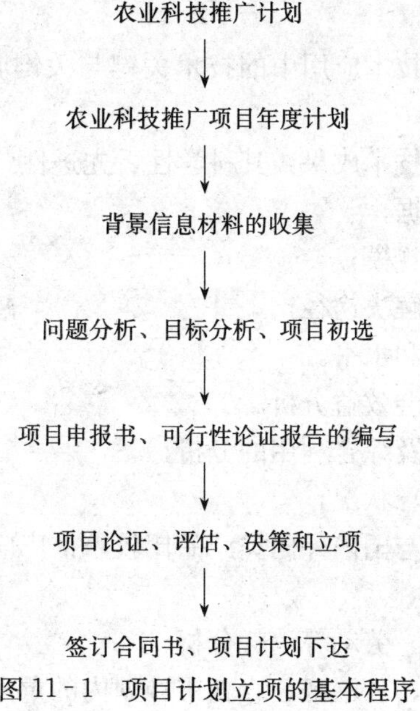

图11-1　项目计划立项的基本程序

三、农业推广项目可行性研究

（一）农业推广项目可研报告概况

项目可行性论证报告编制的内容包括成果完成单位基本情况、技术介绍、适用范围与推广应用前景、效益分析、项目推广实施的能力与方案、推荐配套设备定点生产厂家、其他需要说明的情况。

（二）农业推广项目可研报告具体内容

国家级农业推广项目计划可行性研究报告编写大纲的内容如下：

（1）封面。

①项目名称；

②项目承担单位、参加单位、项目负责人；

③项目起止时间；

④项目和课题名称；

⑤提供报告时间。

（2）项目内容、技术分析及论证。

①国内外水平及发展趋势；

②项目的内容、用途、意义，主要指标与国内外水平的比较；

③总体及分课题的实施技术方案、试验示范方案、试验示范方法与国内外水平、特点的比较；

④成果转化与先进技术应用中的技术关键与关键问题的分析及解决途径，实现的可能性；

⑤推广项目的依托技术成果，其科学性、先进性，特别是适应性与适用性的评价，重点核查其依据；

⑥推广项目实施的规模；

⑦项目有无公害及解决途径；

⑧立项的科学依据和水平。

(3) 经济效益与社会效益分析。

①项目区资源情况及综合利用的分析；

②国内外市场的需求状况；

③投入成本、售价与国内外同类产品比较，推广应用后每年为国家创收利税的估算；

④能源、生产资料、劳动等消耗分析；

⑤是否是国家或省、自治区、直辖市计划内的重点农业推广项目，在申请区内推广实施应用可能性分析；

⑥引进技术成果的必要性和实施可能性的分析；

⑦推广项目在提高人民的科学文化水平、健康水平以及环境保护方面的社会效益分析。

(4) 推广项目的总体方案目标、阶段目标及预计完成时间。

(5) 承担单位的基本情况和能力。

①经济和物质实力（固定资产、经费来源、经济实体等）；

②现有条件；

③管理部门和主管部门的支持力度；

④工作基础；

⑤参加人员及技术力量的素质、水平、能力与搭配情况；

⑥参加本项目实施的人员姓名、性别、年龄、专业、技术职称及项目主持人情况；

⑦技术负责单位、试验示范基地，承担单位及协作单位的分工。

(6) 项目的考核指标。包括技术指标、主要经济指标及其他应考核的指标。

(7) 经费概算和物资设备。

①承担单位可提供的条件（规格、型号等）；

②需要支持的条件（规格、型号等）；

③经费投资总额及分年度投资；

④经费来源及落实情况；

⑤有偿部分的还款渠道及期限。

四、项目计划申请报告的编制

(一) 项目计划报告的基本内容

申报书编写大纲内容包括：项目名称，项目的目的、意义、国内外发展水平和现状，推广的主要技术来源及获奖状况，该项目技术在拟推广地区的应用现状及前景，项目主要内容及主要技术经济指标，项目实施地点、规模及分年度计划进展，采用的技术推广方法、措施及技术依托单位，预期达到的目标，经费预算，承担单位和主要参加单位，专家评审意见等。

(二) 项目计划报告的基本格式

现将优势农产品重大技术示范推广计划项目申报书格式列举如下：

1. 封面。分行排列项目名称，第一承担单位、通讯地址、邮政编码、联系人、联系电话、申报日期。

2. 正文。分项填写如下内容。

①立项理由；

②推广的主要技术内容及计划指标；

③配套的技术措施与组织措施；

④项目实施点、规模及分年度计划进展；

⑤预期达到的效果；

⑥经费概算：申请经费（万元），经费用途；

⑦承担单位、任务分工及经费分配方案；

⑧省（自治区、直辖市）农业厅（委、局）科技管理部门意见（盖章）；

⑨省（自治区、直辖市）农业厅（委、局）意见（盖章）。

五、项目计划申报的其他要求

1. 项目计划申报单位的条件。项目计划申报单位必须具备相关条件。如申报实施《国家推广计划》、《年度计划》的单位应具备的条件是：

①必须是经工商行政管理机关（或主管机关）核准登记的企、事业法人；

②实行独立经济核算，有健全的财务制度、账目和报表；

③具有较强的技术力量和较高的管理水平，吸收新技术积极性高；

④具有所需的生产基础设施，能源及原材料有保证；

⑤具有相应的自筹资金，资信好，有还款能力；

⑥在所申请科技贷款的银行开设账户；

⑦用于项目的自有资金一般不低于项目总投资额的30%；

⑧必须具有符合规定条件的贷款保证人、贷款抵押物或质物。

2. 项目申报的材料准备。项目申报时必须具备相关的材料，且技术资料和有关文件的内容必须真实可靠，引用文献资料等必须说明来源，材料、文件必须打印，装订整齐，符合档案部门的要求。具体要求如下：

①按统一格式尽可能详细地填写《项目申报书》；

②申报项目的《科技成果鉴定证书》，或其他相应的评价材料（如评估报告、专利证书、法定的专门机构出具的审查报告或证明、测试分析报告等）；

③已实施单位出具的应用情况报告；

④可行性研究报告；

⑤其他文件，如各类许可证及有关必须取得的证书等。凡列入“推广计划”指南项目的成果持有单位为该项技术的技术依托单位。

如申报实施《国家推广计划》、《年度计划》的单位同时准备如下申报材料：《科技开发贷款项目申请表》（统一格式）；按“科技开发贷款项目可行性研究报告提纲”的要求，编写可行性研究报告；盖有申请单位财务公章的近期资产负债表和损益表；涉及行业管理规定的项目，应有行业主管部门的意见或证明（如药品生产许可证等有关材料的复印件）。

3. 项目分析、预测、评议和优选。无论何种项目计划，在立项前均需进行项目分析、预测、评议和优选。各级项目组织单位在收到申报项目后，要对实施单位及其申报的材料组织认真的评审。所谓项目评审，是指科技部各专项科技计划主管部门组织或者委托有关单位组织科技、经济、管理等方面的专家，按照规定的程序、办法和标准，对项目进行的咨询和评判活动。各级项目组织单位，要依据指南项目的立项原则与评审标准，对申报的技术项目分专业进行评审。评审的主要内容如下：

（1）技术资料是否齐全、完整。

（2）技术的先进性、成熟程度及推广技术路线是否合理。

（3）技术的适用范围和可能形成的推广覆盖面。

（4）推广应用的必要性及难易程度。

(5) 技术推广应用后的社会、经济、生态效益等。

4. 项目验证与立项通过专家评审委员会评审的技术项目，项目下达单位根据行业技术发展政策、发展重点、资金规模及上一年度《年度计划》的落实情况，对上报的实施项目进行综合评议，审批后公布并编制《年度计划》，下达建议项目。申请实施国家级"推广计划"指南项目，并需要申请国家科技开发贷款的单位，必须根据《技术合同法》的有关规定，与"推广计划"指定的技术依托单位签订有关协议，签订项目合同，并按照国家科技部《科技开发贷款项目管理暂行规定》执行。

第三节　农业推广项目的实施与管理

一、项目计划实施的政策措施与支撑条件

1. 充分发挥各级政府和行业主管部门的宏观调控作用，将计划推动与高层机制有机地结合，发挥计划对市场的导向作用，采用多种形式，加速技术的传播。

2. 加强与有关部门和行业的协同，将已经成熟的科技成果纳入规范、规程标准中，运用经济、法律、行政手段，淘汰和限制落后技术的使用和落后产品的生产，促进技术和产品的更新换代。

3. 实施单位与技术依托单位必须按照《技术合同法》，签署技术转让与服务合同，坚持技术有偿转让与服务。

4. 实施"推广计划"指南项目的经费由国家、地方（部门）、项目实施单位三方共同筹集。经费来源包括财政拨款、贷款、自筹资金及吸收外资等。根据行业技术发展政策和发展重点，项目下达单位可对部分重点领域的重点项目给予一定资金支持。对"推广计划"项目的经费投入必须专款专用，不得挪为他用。

5. 充分利用现有的优惠政策，在人力、物力、财力等支撑条件方面，努力开辟渠道。

6. 实施"推广计划"指南项目的单位应具备下列条件：具有较高的吸收新技术的积极性、管理水平和较强的技术力量；具有消化、吸收技术的生产基础设施，能源及原材料有保证；具有相应的自筹资金，资信好，能按期还本付息。

7. 对引进、消化、吸收的国外先进技术，在国内适时组织大面积推广应用，积极开拓技术出口市场，大力促进推广项目向国外的转移，进入国际市场。

二、项目计划实施的程序

（一）实施推广项目的准备工作

建立项目实施机构推广项目计划是要大规模应用某一项主体技术，为保证项目的顺利实施要做好以下几方面的工作。一是要建立科技成果推广示范基地或企业和技术研究推广中心。科技成果推广示范基地或企业和技术研究推广中心是科技成果推广工作的重要组成部分，其目的是通过将科技成果重点推广计划项目集中、配套推广实施，以及将某项先进技术跨地区、跨行业推广应用，探索和培育科技成果推广的新机制。引导和推动区域经济发展，促进行业技术进步和科技体制改革，形成规模效益，充分发挥两者在科技成果推广应用中的示范作用。二是要成立项目实施技术小组，确定相关技术人员。尽管在申报项目时已经列出相关实施人员，但立项后的实施还要进一步明确。确定项目负责人和项目主研人员，并明确相关人员的职责和义务，合理分工，确保项目技术的落实。三是要成立项目行政领导小组。项目行政领导小组主要负责项目实施的监督和组织保障，以期实现“政、技、物”的有效结合和农民与技术人员和项目的有机结合，使项目顺利开展。如果项目是跨地区实施，还要建立项目协作小组，保证各地均按项目计划完成相应的合同任务，最终实现项目计划的总体目标。

（二）制定实施方案

项目下达后，项目实施机构要根据合同任务目标，对项目的内容、组织保障等方面进一步细化，编制项目总体实施方案和分年度实施方案。总体实施方案要将项目合同实施期限内需要完成的任务进行分解。

1. 写作内容。

（1）总目标和年度目标。

（2）总体技术方案。含实施的区域、规模、农户、主要技术措施、试验研究方案等。

（3）总体组织和保障措施，以政府或项目小组文件的形式落实。

（4）技术人员和实施区域的分工以及经费的预算和分配方案等。

2. 制定项目实施方案的方法。

（1）关键日期法。在实施方案设定进度计划表，列出一些关键活动的控制点和进行的日期。

（2）甘特图（线条图和横道图法）。用横线来表示每项活动的起止时间。

（3）关键路线法。用网络图来表示项目各项活动的进度和他们之间的相互关系，并在此基础上进行网络分析，计算网络中各项时间参数，确定关键活动和关键路线，利用时差不断调整与优化网络，以求得最佳周期。还可将成本与资源问题考虑进去，以求得综合优化的项目计划方案。

3. 项目计划实施方案的基本特点。

（1）弹性。即制定的方案应是指导性的，其配套技术方法和保障措施等可以根据实际情况加以调整，提供修正计划的多种可操作性方案，但均要保证总体目标的实现。

（2）创造性。充分发挥想象力和抽象思维能力，形成统筹网络，满足项目发展的需要。

（3）分析性。要探索研究项目中内部和外部的各种因素，确定各种不确定因素和分析不确定的原因。

（4）通俗性。制订方案要通俗易懂，便于让推广对象接受和去做。

实施方案一旦确定，要严格按照实施方案执行项目计划，一般不宜轻易更改。年度实施方案是在总体方案的基础上，分年度制定各生产阶段的技术和组织保障方案，此方案在年度间可以有所不同，要保证当年工作的重点和总目标的完成。总之，制定的实施方案要能使技术人员、管理干部看得懂，能操作，最好能达到“傻瓜化”，即能“照单子抓药”。

（三）指导与服务

在项目的实施过程中，各级技术管理人员和行政管理人员，要分级管理、监督检察、服务配套。一是指导。要深入宣传和培训农民、技术人员，使他们对项目的目的意义进一步明确，对各项技术措施充分掌握，使各项技术措施落实到位；二是服务。要保证各种农用物资、资金的供给以及相关农产品的产后销售等问题，开展社会化系列服务。

（四）检查督促项目实施过程中要加强管理和监督

实行项目主持人负责制，充分发挥主持人的主观能动性，项目计划下达单位和项目领导小组要定期对项目进展情况、经费使用情况等方面进行检查和监督，及时发现和解决项目实施中存在的问题，保证完成各项目标任务，提高执行质量。一般实行年度和中期评估制度，对项目完成情况差或根本未完成计划任务的单位和个人，要通过整改、项目停止或绳之以法等形式进行处理，保证项目资金应用的合法化和项目的顺利完成。

（五）总结与评价

任何项目计划完成后，均要开展总结与评价工作。要写出年度和结题工作总结报告和技术总结报告以及某些单项技术实施总结报告。写总结报告的目的一是对项目完成情况做全面总结，向项目下达单位作一个交代；二是为今后类似项目实施提供可以借鉴的经验和教训。不同项目的总结报告内容有所不同，但写作的基本要求是一致的。对于工作总结报告，一是要写清楚项目的来源和依据；二是要列出项目计划的合同任务目标（计划经济指标）；三是要写出项目计划所采取的主要技术措施以及重大技术改进或突破；四是要详细写出项目计划完成情况、成绩和效益（经济、社会和生态效益）；五是要写出项目完成所取得的主要经验和教训；最后是意见和建议。

以北京市农业推广项目技术总结为例，体例及文本内容如下：

(1) 项目立项背景。简要说明项目背景及实施必要性。

(2) 国内外相关技术水平现状。简要综述当前国内外相关领域研究现状。

(3) 项目目标。简要列举项目合同中制定的相关技术、经济、社会、生态等考核指标。

(4) 项目实施内容、实施方法及主要技术路线。详细说明项目实施过程中具体包含哪几方面内容、在具体各项目内容实施过程中所采取的工作方法和实施措施、项目总体实施过程中所采取的技术路线等。

(5) 项目各项考核指标完成情况。简要说明项目合同中技术、社会、经济、生态等考核指标的实际完成情况。

(6) 项目实施形成的主要成果。详细总结试验示范及推广的设计方案、材料与方法、具体数据统计分析过程、数据统计分析结果与讨论、试验示范及推广的结论和效果。

(7) 效益及应用前景分析。详细总结试验、示范、推广点规模及对比效益分析、带动农户和园区等应用情况分析、农户培训及观摩活动开展情况、产业发展状况和项目成果应用前景展望等内容。

(8) 主要技术创新点。简要说明本项目与同类试验研究、示范推广等相比所存在的主要创新点。

(9) 项目存在的主要问题及改进措施。简要说明项目实施过程中所遇到的主要问题及所采取的主要改进措施，并提出相关建议。

三、推广项目的管理执行

农业推广项目管理的方法很多，下面列举了常见的5种管理方法，有些项目以1、2种管理方法为主，但很多项目全面结合了5种管理方法。在实践中要灵活利用这些方法，确保项目高质量地完成。

1. 分级管理按不同管理权属进行管理。如国家科技成果重点“推广计划”实行国家级、省（自治区、直辖市）、国务院有关行业部门两级管理和组织实施，形成不同层次的推广计划，并各有侧重。

（1）国家科技部。归口管理全国的科技成果推广工作，指导和协调“推广计划”的实施。

①负责国家级“推广计划”指南项目的征集、评审、发布和重大项目的实施与管理；

②制定“年度国家级科技成果重点推广计划”；

③确定投资方向，推荐科技开发贷款项目，安排中央银行贷款指标；

④研究、制定有利于“推广计划”实施与发展的政策、规章；

⑤围绕“推广计划”的实施，开展科技成果推广示范基地、示范县、示范企业和技术研究推广中心等推广示范工程的组织与实施工作；

⑥培育和建立适应社会主义市场经济体制下的科技成果推广体系和运行机制；

⑦监督和检查“推广计划”的执行情况；

⑧组织项目的验收、表彰、奖励和国际合作等。

国家科技部不直接受理地（市）以下科委（含地、市）或企事业单位申报指南或贷款项目。

（2）国务院有关部门。国务院有关行业部门科技司（局）归口管理、指导和协调本部门和“省部级推广计划”科技成果推广工作。

①配合国家科技部，负责向国家科技部推荐国家级“推广计划”指南项目，组织实施国家级“推广计划”，加强对重点项目的行业指导和管理；

②负责制定和组织实施本行业部门的推广计划，组织行业性重要推广活动；

③协助国家科技部对推荐的指南项目进行评审和本行业技术依托单位的管理；

④配合地方科委组织实施“年度计划”项目；

⑤探索和培育符合行业发展特点的科技成果推广运行机制。

（3）省、自治区、直辖市科委。省、自治区、直辖市科委负责“省级推广计划”，配合国务院有关部门在本地区开展各项推广工作，归口管理、指导和协调本地区科技成果推广工作。

①组织实施本地区推广计划；

②负责向科技部推荐指南项目；

③结合地方国民经济和社会发展总体规划，会同地方行业（局）组织实施指南项目；

④对执行情况进行监督、检查和验收；

⑤探索和培育符合本地区经济发展特点的科技成果推广运行机制。

2. 分类管理按照农业推广项目的不同种类、不同专业、不同特点和不同内容进行分类管理。如农牧渔业部则要管理农业、牧业和渔业推广项目，林业局管理林业推广项目。如按专业不同则要相应管理种子工程、植保工程、土壤肥料工程、农作物综合技术推广、饲养工程等项目计划。

3. 封闭管理农业推广项目的管理是一个全过程的管理，包括目标的制定、项目申报、项目认定和部署、项目计划执行、项目修订完善直至项目完成和目标的实现状况均要进行管理，形成一个完整封闭的管理回路。由此避免了由于管理上的疏漏，造成项目不能顺利完成。

4. 合同管理农业推广项目计划实施前，项目承担单位均要与项目下达单位和项目主持人签订项目执行合同，在此合同的基础上，项目主持单位和主持人还要进一步与项目协作单位和承担的主研人签订二三级合同，在各级合同中就明确了各自的职责、任务目标及违约责任等，项目实施则完全依赖于本合同进行管理。

5. 综合管理依据不同推广项目的特点、管理权属、区域特点及我国现行行政管理和科技管理体制的特点，农业推广项目管理采取参与式管理的模式，集行政、技术、物质管理于一体，集多种管理方法相结合，集干部、专家和农民相结合，由此实现了管理的综合化和高效化。

第四节　农业推广项目的验收与报奖

一、农业推广项目的验收、鉴定

（一）项目验收与鉴定的含义

项目完成过程中或完成后，项目计划下达单位聘请同行专家，按照规定的形式和程序，对项目计划合同任务的完成情况进行审查并做出相应结论的过程，称之为验收。验收分阶段性验收和项目完成验收，阶段性验收是对项目中较为明确和独立的实施内容或阶段性计划工作完成情况进行评估，并做出结论的工作，作为项目完成验收的依据；而项目完成验收是指对项目计划（或合同）总体任务目标完成情况做出结论的评估工作。验收的主要内容包括：是否达到预定的推广应用的目标和技术合同要求的各项技术、经济指标；技术资料是否齐全，并符合规定；资金使用情况；经济、社会效益分析以及存在的问题及改进意见。

而项目完成后，有关科技行政管理机关聘请同行专家，按照规定的形式和程序，对项目完成的质量和水平进行审查、评价并做出相应结论的事中和事后评价过程，称之为鉴定。鉴定是对成果的科学性、先进性、实用性进行全面的评价，具有正规性、严肃性和法定性的特征。鉴定的主要内容包括：是否完成合同或计划任务书要求的指标；技术资料是否齐全完整，并符合规定；应用技术成果的创造性、先进性和成熟程度；应用技术成果的应用价值及推广的条件和前景以及存在的问题及改进意见。

验收不能代替鉴定，但“丰收计划”推广项目的验收和鉴定可一次完成。

（二）项目验收与鉴定的条件

（1）已实施完成项目，并达到了《项目合同书》中的最终目标和主要研究内容及技术指标。

（2）推广应用的效果显著，达到了与各项目实施单位签订的技术合同中规定的各项技术经济指标；年度计划已达到可行性研究报告及技术合同中规定的各项技术、经济指标。

（3）验收和鉴定资料齐备。主要包括：

①《项目合同书》；

②与各项目实施单位签订的技术合同；

③总体实施方案和年度实施方案；

④项目工作和技术总结报告；

⑤应用证明；

⑥效益分析报告；

⑦行业主管部门要求具备的其他技术文件。年度计划项目验收时交申报时的可行性报告、技术合同、实施总结报告、有关技术检测报告、经费决算报告、用户意见等。并按期偿还贷款本息。

（4）申请验收和鉴定的项目单位根据任务来源或隶属关系，向其主管机关提出验收和鉴定申请，并填写《推广计划项目验收申请表》。申请鉴定的项目单位向省（直辖市、自治区）以上部门提出鉴定申请，并填写《推广计划项目鉴定申请表》。

（三）项目验收的组织与形式

得到国家、地方或部门专项资金支持的推广项目，国家科技部、地方科委或国务院有关行业部门的科技司（局）负责对项目的实施情况组织验收。必要时可委托有关单位主持验收。对意义重大的项目，可经地方科委或有关部门科技司（局）报国家科技部组织验收。

验收由组织验收单位或主持验收单位聘请有关同行专家、银行、计划管理部门和技术依托单位或项目实施单位的代表等成立项目验收委员会。验收委员会委员在验收工作中应当对被验收的项目进行全面认真地综合评价，并对所提出的验收评价意见负责。验收结论必须经验收委员会委员2/3以上多数通过。个别重大项目可视具体情况，由地方科委确定专项验收办法，报国家科技部同意后执行。通过验收的，由组织验收单位颁发《推广计划项目验收证书》。根据项目的性质和实施的内容不同，其验收方式可以是现场验收、会议验收或检测、审定验收，也可能是3种方式的结合，根据实际情况而定。

对于应用性较强的推广项目，其项目的实施涉及技术的大面积、大规模应用的实际效果问题。此种项目的验收可以采取现场验收的方式，主要是通过专家组考查项目实施现场，对产量、数量、规模、基地建设技术参数等指标进行实地测定，从而达到客观、准确、公正评定项目实施的效果和项目完成状况的目的。现场验收是阶段性验收常用的方式。

1. 会议验收。会议验收是项目完成验收常用的方式。指专家组通过会议的方式，在认真听取项目组代表对项目实施情况所做汇报的基础上，通过查看与项目相关的文件、图片、工作和技术总结报告、论文等资料，进一步通过质疑与答辩程序，最后在专家组充分酝酿的基础上形成验收意见。

2. 检查、审定验收。有些推广项目涉及相关指标的符合度问题，仅凭现场（田间观测）验收和会议验收根本不能准确判断其完成项目与否，还必须委托某些法定的检测机构和人员进行仪器测定相关指标，得出准确的结论，并对相关指标进行审定（审查）后，方可对项目进行验收。如绿色蔬菜生产项目就必须按照相关绿色农产品的标准进行检测，脱毒马铃薯种薯生产项目就必须按不同种薯级别检测其病毒含量指标，某些新农药、新化肥的试验示范推广项目就必须检测其相关元素的差异以及有无公害问题等。

（四）项目鉴定的组织与形式

国家科技部和各省级科委是科技成果鉴定的具体组织单位。组织鉴定单位同意组织鉴定后，可以直接主持该科技成果的鉴定，也可以根据科技成果的具体情况和工作的需要，委托有关单位对该项成果主持鉴定。受委托主持鉴定的单位称为主持鉴定单位，具体主持该项成果的鉴定，其单位必须是地区级以上的单位。组织鉴定单位或主持鉴定单位聘请有关同行专家成立项目鉴定委员会。科技成果完成者在申请鉴定过程中，应当据实提供必要的技术资料，包括真实的实验记录、国内外技术发展的背景材料，以及引用他人成果或者结论的参考文献等。鉴定委员会委员在鉴定工作中应当对被鉴定的项目进行全面认真地综合评价，并对所提出的鉴定结论负责。鉴定结论必须经鉴定委员会委员2/3以上多数通过。通过鉴定的，由组织鉴定单位颁发《科学技术成果鉴定证书》。农业推广项目的成果鉴定可采取以下2种方式：

1. 检测鉴定。指由专业技术检测机构通过检验、测试性能指标等方式，对科技成果进行评价。采用检测鉴定时，由组织鉴定单位或者主持鉴定单位指定经过省、自治区、直辖市或国务院有关部门认定的专业技术检测机构进行检验、测试。专业技术检测机构出具的检测报告是检测鉴定的主要依据。必要时，组织鉴定单位或者主持鉴定单位可以会同检测机构聘请3～5名同行专家，成立检测鉴定专家小组，提出综合评价意见。

2. 会议鉴定。指由同行专家采用会议形式对科技成果做出评价。需要进行现场考察、测试，并经过讨论答辩才能做出评价的科技成果，可以采用会议鉴定形式。由组织鉴定单位或者主持鉴定单位聘请同行专家7～15人组成鉴定委员会。鉴定委员会到会专家不得少于应聘专家的4/5，鉴定结论必须经鉴定委员会专家2/3以上多数或者到会专家的3/4以上多数通过。

二、农业推广项目成果登记与报奖

（一）成果登记

成果登记经鉴定通过的科技成果，由组织鉴定单位颁发《科学技术成果鉴定证书》。科技成果鉴定的文件、材料，分别由组织鉴定单位和申请鉴定单位按照科技档案管理部门的规定归档。进行成果登记需要以下条件：

1. 验收和成果鉴定程序合法，并通过成果鉴定。其鉴定意见和结论得到组织鉴定（验收）单位和主持单位的同意并通过专家组人员的签字认可。

2. 成果鉴定结论至少是达到国内领先水平，并具有重大应用前景和带来巨大的经济效益。

3. 成果的技术资料齐全。包括研究工作总结报告、技术总结报告、查新报告、主要完成单位及人员、内容简介、效益证明、成果鉴定证书等。

（二）成果报奖

1. 申报奖项内容。国家有关部门对推广项目实施过程中做出突出贡献的单位和个人给予表彰，国家将科技成果推广作为科技进步奖的一个重要内容给予重视。目前我国农业推广成果主要是申报各级（国家级、省级和地市级）科学技术进步奖，承担全国农牧渔业丰收计划项目的可申报全国农牧渔业丰收奖，此奖为农业部科技成果奖，面向全国农业系统，奖励在农业技术推广、成果转化和产业化工作中做出突出成绩的单位和个人。丰收奖设一、二、三等奖，每年奖励不超过200项，其中一等奖约占10%，二等奖约占40%，三等奖约占50%。不同奖励层次其所要求的条件有所不同。

2. 申报应具备的材料。申报相应奖项均应同时具备下列材料，且真实可靠：

(1) 申报书；

(2) 主要完成人情况表；

(3) 项目工作总结，技术总结；

(4) 成果鉴定证书；

(5) 县级以上农业或统计部门成果应用证明；

(6) 经济效益报告（含计算过程）；

(7) 项目合同书或计划任务书；

(8) 其他。

• 思考题 •

1. 简述实施农业推广项目的意义。
2. 简述农业推广项目应具有的基本特征。
3. 简述农业推广项目的选择依据和选择原则。
4. 简述农业推广项目计划的编制原则。
5. 简述农业推广项目立项的基本程序。
6. 简述农业推广项目计划的执行程序。
7. 试述农业推广项目管理的内容和管理方法。
8. 如何开展农业推广项目的验收与鉴定工作？

• 参考文献 •

[1] 高启杰．农业推广学 [M]．北京：中国农业大学出版社，2003

[2] 汪荣康．农业推广项目管理与评价 [M]．北京：经济科学出版社，1998

[3] 宋贵文，寇建平，刘信等．浅谈丰收计划后备技术项目的实施与管理 [J]．中国农技推广．2001 (5)

[4] 科技部，财政部．农业科技成果转化奖金项目管理暂行办法 [M]

第十二章　农业推广工作的评价及方法

【本章学习要点】本章需要掌握农业推广工作评价的概念、内容、方法和程序。特别是对参与式监测评价及绩效管理概念与方法要认真领会。能够比较分析不同评价方法的优点和不足。明确过程评价与管理对提高农业推广绩效的贡献。

农业推广工作评价是衡量农业推广项目绩效的重要手段，它是应用科学方法，对推广工作进展和成效进行评价，即依据推广工作目标、产出和活动及其衡量标准，对推广工作的各个环节进行核查和考核，以便了解和掌握推广工作是否达到了预定的目标或标准，进而确定推广工作的成效，并及时总结经验和发现问题，以期不断改进和提高推广工作的水平。因此，农业推广工作评价是推广工作的重要组成部分，也是进行项目管理的重要手段。

第一节　农业推广工作评价的概述

一、农业推广工作评价的基本内涵

从现代发展学视角来看，农业推广工作评价包括监测与评价两个方面的内容，即过程评价和结果评价。监测（Monitoring）是指在项目计划的基础上，系统观察项目的实施、作用或影响、整体工作框架运行和外部条件状况，并记载有关的资料和数据；评价（Evaluation）是对照项目的准则和目标，对监测所得到的数据、资料进行项目评价。它包括：对项目的预期和实际状况进行系统比较，对目标的拟合和偏离情况进行评价，从而为项目调控和措施的改进提供决策的依据。

监测和评价过程包括两个循环，其一是指通过对活动过程连续性监测和对活动效果的评价，将得到的信息反馈到项目计划阶段，用于指导下一周期活动计划的过程。其二是参与的角色群体通过对项目活动过程和结果的评价，将评价的结果信息通过信息反馈体系反馈到问题确认阶段，以检验确认问题的正确性及其后系列过程的合理性，为行动计划的制定提供信息和依据。

综合各个机构对监测评价的定义以及近年来对监测评价认识的发展趋势，可以将监测评价的性质概括为：①监测是一种微观管理手段，它具有两个明显的特征，一是检查项目等的投入、产出、进度、效益等短期目标是否与规划或预期的目标一致，二是监测本身的执行过程又是一个评价的过程，通过不断及时地总结前进过程中的经验教训，提出改进意见和办法。②评价是一种宏观管理工具，通过分析监测到的数据和信息，并结合其他信息定期地评测项目、计划或政策等产出的相关性、表现和影响等，以便改进宏观管理，优化资源配置。

二、农业推广工作监测与评价的区别与联系

虽然监测与评价都是项目管理的重要手段，但二者之间具有重要的区别与联系。其主要区别表现在：①工作目标的区别。农业推广项目监测着重于为实现目标的检查，监督。项目评价着重于判断目标是否实现。监测是项目执行的耳目，是对项目执行实行全面的监督检查，以便发现问题，及时研究解决。监测的目标是确定项目是否按照计划的程序在进行，确定受益者的初步反应是否与原来设想一样。评价的目标在于判断项目等的效果和影响是否达到了或正在达到预定的目标，同时为总结、修正和完善新的项目等提供借鉴。②工作内容的区别。评价是对项目等执行效果和影响的评议。一般来说，项目等的监测工作着重于其执行过程中的完成情况及存在的问题，而评价着重于其执行后所产生的效果。也可以说，监测是保证项目取得预期效果和发生预期影响的重要手段。评价则是以监测提供的数据为依据，结合实地调查及其他来源的有关执行区的社会经济发展和统计资料来识别和解释项目等执行所产生的效果和影响。

其联系表现在：①二者均是重要的项目管理手段和管理信息系统的重要组成部分。②二者均需要收集项目等执行过程中的投入、产出、进度、效果、影响等方面的信息，并与目标比较，评定其利弊得失。二者在确定收集指标、分析方法和信息传递及反馈信息方面非常类似。③二者的目的均在于发现问题并总结经验教训，改进项目等执行和决策方式、方法，优化资源配置，提高效益。④执行监测和评价的组织形式相似，尤其在基层基础上是由同一个机构在执行。

因此，项目监测和评价都是项目管理必不可少的重要工具。监测更着重于过程，是一种微观管理手段；而评价则更着重于结果，重点在于为宏观决策服务。

三、农业推广参与式评价的要素及其关系

从国际发展研究项目看，参与式评价的基本要素为：①为什么开展评价？②谁来开展？③为谁开展？④什么时候开展？⑤在哪里开展？⑥怎样开展？由图 12-1 可以看出，为什么开展项目评价处于车轮的轴心位置，应该是 6 要素中的核心要素，其他 5 个要素是均匀分布在车轮上的 5 个点，地位作用平等。

国际发展项目强调 6 要素的整体效用，但由于项目来源不同，对以上 6 个要素有不同的要求，如有些国家计划项目比较关注怎样开展和什么时候开展，而对为谁开展不是很明确。但无论什么项目，在进行项目管理和期望提高项目管理绩效时，都需要对这 6 个要素进行全面分析与考察，以找到影响工作绩效的真正原因。这一点对农业推广工作和推广项目管理同样有效。

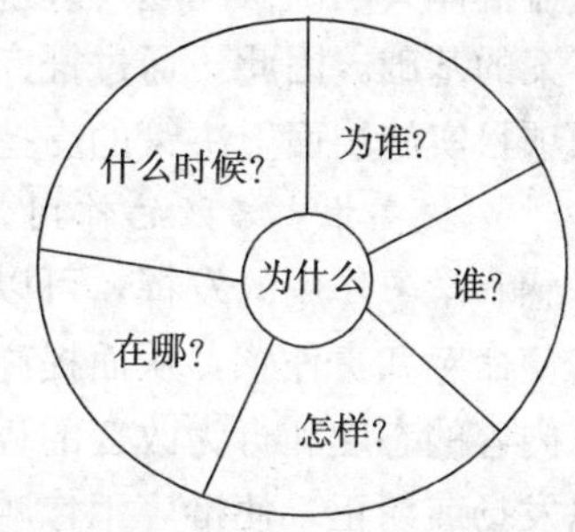

图 12-1　农业推广工作评价的要素及其关系

第二节　农业推广工作评价的原则和基本步骤

一、农业推广工作评价的作用

正如前面介绍的，评价是对照项目的准则和目标，对监测所得到的数据、资料进行项目评价。它包括对项目的预期和实际状况进行系统比较，对目标的拟合和偏离情况进行评价，从而为项目调控和措施的改进提供决策的依据。以便总结过去，肯定成绩，找出差距，调整方略。具体来讲，农业推广工作评价的作用体现在以下几个方面：

1. 认可作用。评价可以评定农业推广工作完成的状况，通过专家或政府认可的方式对项目预期总目标、阶段目标、组织功能、推广方式（方法）、效益（经济、社会、生态）和工作成绩等方面的成果给予认定。

2. 学习的作用。通过对推广工作的评价，透视整个推广工作中的问题和成绩，可以从中汲取经验和教训，实现知识的融合，并为将来项目的实施与管理奠定理论和实践基础。因此，推广工作的评价实现了从实践—反思—理论（Practice - Reflection - Theory）的学习过程。也即实现了发展学中提出的新的

学习进程（New Learning Process）。

3. 强化责任的作用。评价工作可以明确项目相关利益群体的责、权、利，明确哪一级任务应该由谁负责，推广工作满足了哪些目标群体的利益，工作方式是否使受益人的利益得到持续保障。同时，可以剖析推广工作中教训和经验的成因，帮助推广人员端正服务态度，提高工作能力和改进工作作风。

4. 决策的作用。评价所掌握的资料可作为农业推广项目管理及项目相关利益群体共同确认问题，改进措施，修订计划，调整决策，重新拟定资源分配方案的基础。因此，通过推广工作的评价，可以形成政策层面、项目管理层面和项目实施层面上决策的支持依据，从而提高决策的合理性和科学性。

5. 提高推广绩效的作用。农业推广工作评价通过改进决策方式、增强责任感和学习作用的发挥，可以实现不同层面利益相关者能力建设过程，并增加其使命感和责任感，从而提高农业推广工作的绩效。如评价可窥视到农民对推广内容的态度和行为改变的程度，便于发现处于萌芽状态的好与坏的苗头，加以发扬或纠正，使推广工作顺利开展。可以检查推广计划的合理性和可行性，为未来的推广项目计划和技术更新提供依据，并确定正在进行的项目是否继续进行。

二、农业推广工作评价的原则

农业推广工作是一项综合性的社会工作，随着时间的推进，农业推广工作涉及的领域也不断地增加。以农业推广项目为龙头的农业推广工作必然会对区域经济、社会发展起到促进作用，所以农业推广工作评价需要遵守一定的原则，具体包括以下几个方面：

1. 全面分析原则。要以国家农村经济与农村社会发展战略目标为依据，以近期目标为重点，从不同视角（经济、社会、生态），不同层面（农户、社区、乡、县等）对推广项目和推广工作进行分析评价。考虑项目实施给当地自然环境、社会环境和经济环境带来的变化及影响，尤其是社会效益、经济效益和生态效益能否统一，整体效果如何。

2. 以人为本原则。需要强调的是，从社会学视角需要关注推广项目和推广工作对不同人群产生哪些影响和不同人群对推广项目和推广工作的评价，其对社会公平、组织发展、治理的有效性、缓解贫困、增加就业、改善生计等方面的影响。如农民、地方政府、研究工作者、推广工作者和项目管理者对推广工作的评价和项目对其产生的直接和间接影响。

3. 实事求是原则。在推广工作评价的整个过程中，参与评价人员必须认真了解评价对象的各个方面，对所获第一手材料进行实事求是的分析、鉴别、比较。要客观地、实事求是地评价推广项目和推广工作的成绩，不能主观地加以夸大或缩小，更不能弄虚作假。对试验、示范的数据要认真核实，评价的指标体系要力求合理，评价结果公正、公平、科学、合理。

4. 可比性原则。有比较才能有判断。对农业推广工作的评价，只有通过一定的比较才能做出结论。但互相比较的两个或多个事物，必须有可比性，这样的评价结果才有说服力。如在进行新技术推广效益评价时，常以新技术与对照技术（当地原有技术或当前大面积推广技术）进行效益比较。在进行两者的比较时，资料的来源、统计口径、和比较的年限应一致等。同时，所比较的事物应该是同类技术。例如就玉米产量目标而言，不同品种间可以比，不同的施肥水平间可以比，但要求除了比较要素外，其他要素具有系统的一致性。

5. 统筹兼顾原则。农业推广工作的评价，要兼顾宏观评价与微观评价，宏观评价反应推广工作的一般性，微观评价反应推广工作的特殊性。同时，要将定性指标与定量指标相结合。从感性和理性两个方面进行评价，如果可能，尽量用定量的指标说明问题。

三、农业推广工作评价的步骤

农业推广工作评价的步骤是依据具体工作的性质而制定的，主要包括以下几个方面：确定评价对象；选择评价的指标；确定评价的标准；实施评价和编制评价报告。

（一）确定评价对象

根据农业推广项目设计的主要活动、产出、影响和项目目标，由评价人员对项目实施所引发的系列影响因素进行分析评价，确定项目设计与项目实施过程发生的变化，及其可能波及的范围，以及时间、空间距离。评价对象一般包括：项目活动内容、项目组织与管理、项目影响、推广方式（方法）和资源利用等方面。

（二）选择评价的指标

对于不同的评价领域与内容，则要选择不同指标和标准。要尽可能地列出所涉及的指标，并对指标进行量化和标准化处理，达到能正确准确地评价项目的目的。指标是用来衡量项目活动或项目产出（由一项活动导致）变化的工具，它具有可测量性（Measurable）、可操作性（Operational）、相关性（Relational）和及时性（Timely）的特点。评价指标体系应该包括各个层面关于效果（Effect）与影响（Impact）方面的定量指标和定性指标，以全面衡量推广项目的成果。但因为不同利益相关者（Stakeholders）都有自己的评价标准，所以选择谁的指标进行评价，即评价指标体系的确定对推广工作评价的结果会产生很大的影响。如对贵州某山区的荒山改造项目评价，如果以项目管理人员的指标进行评价，认为项目实施过程完全按照项目执行标准进行的，达到AAA级水平；但从生态学家视角来看，荒山改造工程严重破坏了植被，导致水土流失加重；农民认为，此项目影响了他（她）们的生计，荒山改造后他们很难从自然林中获取山茶油，增加了生活支出（购买其他食用油）。

对于大多数农业技术推广项目，常用以下标准：项目合同完成情况、经费使用情况、创新的推广及其在目标群体中的分布，目标群体收入的增加及生活标准的改善及其分布状况，推广人员与目标群体之间的联系状况，目标对象对推广项目的反应评价，项目实施的经济、社会和生态效益等。对评价同一个领域，必须达到指标与标准的统一。

（三）确定评价的标准

在评价对象和指标确定后，需要进一步确定评价的标准。对于存在客观评价标准的评价指标，要力求按照已经建立的“国家参数”和“国家标准”进行分析评价。在其他情况下，要进行横向和纵向的基线调查，并将基线调查获取的信息进行分析整理，在此分析基础上才可以以其作为评价的标准。

（四）制订评价计划方案

评价人员根据评价领域和内容，在开展评价工作前，一定要拟定评价计划。在此计划中，要将评价的目的、内容、时间、地点、由谁来评价、资料收集方法、组织方法、评价方法及经费预算等方面详细列出，写成书面材料，形成文件。

（五）实施评价

农业推广项目和农业推广工作的评价一般是由相对独立的评价机构组织专家对项目进行评价，评价多采用专家论证会、现场调研、现场答疑和审阅材料等方式进行，由专家组对参与评审的项目进行审核。实施评价具体过程包括：

1. 成立评价组。评价人员数量和构成应根据评价的内容而定，而且需要有一定的代表性和鲜明的层次性。评价人员数量一般以5～15人较为适宜。对大型的推广项目或者时间跨度较大的项目，可由专家分子项目进行单独审议，然后意见汇总。评价组可由推广专家、专业技术人员及项目实施机构等构成。

2. 收集整理评价资料。这是实施农业推广工作评价的基础，包括资料收集和资料整理两个方面的内容。资料收集是实施农业推广项目评价的基础性工作，也是为实现评价目标而收集评价证据的过程。要严格按照资料收集的调查设计方案，有目的、有方向、有重点地收集资料，保证资料收集的合理、全面和便于分析。资料收集可以通过典型调查法、重点调查法、抽样调查法、访问法、直接观察法、问卷调查法等方法收集资料，下面仅就采用访（座）谈法、直接观察法、问卷调查法进行介绍：

（1）访谈法。调查者直接到现场面对面征求与推广项目相关的利益相关者的意见，以关键人物访谈或开座谈会的形式进行。在访谈过程常以半结构提纲作为信息获取的手段，并需做好信息记录。访问的对象可以是地方政府官员、村有关领导、推广人员本身、农民或专家学者等，这是一种双向沟通和信息反馈的好方法。

（2）直接观察法。这是评价的专家组成员亲临现场，对推广工作的现状、进展、成效和影响进行直观参与性观察，以获取第一手资料。如对农作物的长势，增产潜力，农民的生活水平和社会稳定发展状况等方面的观察。使用这种方法应切忌主观因素。

（3）问卷调查法。根据评价的目标与内容，按照一定的逻辑设计相应的问题和与之对应的标准，制成表格标明各要素的等级差别和对应的分值。然后采用随机抽样或典型调查的方式对相关人群进行调查。问卷调查法可以采用邮寄的方式，发给有关人员征求意见，与调查对象不直接见面。也可以将其与访谈法结合，从目标群体中获取需要的信息，并进行统计分析。

在进行全面收集项目工作评价有关的硬件和软件资料之后，需要对收集的资料进行认真细致地审核、分组和汇总，这是为推广工作进行系统、科学审核做基础，这个过程叫资料的整理。资料整理的好坏直接关系到评价分析的质量和整个评价研究的结果。

资料整理的基本步骤：①设计评价整理纲要，明确规定各种统计分组和各项汇总指标；②对原始调查资料进行审核和订正；③按整理表格的要求进行分组、汇总和计算；④对整理好的资料进行再审核和订正；⑤编制评价图表或评价资料汇编。

资料整理后要对汇总资料按评价指标和标准分类填写预先设计的评价图表，并根据预先设计的评价方法，开展评价工作，形成评价结论。其评价方法很多，可以采取定性评价法、比较分析法、关键指标法、综合评分法、加权平均指数法以及函数分析法等。具体采用什么方法要根据评价的目的而定，一般采用较多的是关键指标综合评分法。

（六）撰写评价报告

这是评价工作的最后一步，由专人以一种客观、民主、科学的态度，用文字的形式撰写评价报告，并反馈给被评价者，从而更好地发挥评价工作对推广工作的指导作用及促进信息反馈的作用。将项目的评价结果编制成评价报告，报送项目主管部门和各级地方行政部门和领导，不仅对项目的实施结果进行验收、鉴定做准备，而且能发挥评价工作对推广实践的指导作用，也作为各级管理者提出增加、修订、维持或者停止项目实施的依据。目前世界很多发达国家都实行了推广评价报告制度，取得了良好的项目运作效果。例如，美国农业推广工作中对项目进行反应评价，编制汇报报告，以作为各级管理者提出增加、维持或者停止资助推广项目意见的根据。

第三节　农业推广工作评价的内容和方法

一、农业推广工作评价的内容

农业推广工作评价的内容是多方面的，但主要是对农业推广项目绩效和工作过程的评价。农业推广项目工作绩效包括：经济效益、社会效益和生态效益评价。农业推广目标评价包括：对不同目标层次和对推广项目实施结果的评价。农业推广工作过程评价包括：农业推广支持服务系统运行状况及人力、财力、技术投入状况和农民知识、技能等方面评价。

（一）对农业推广工作绩效的评价

1. 经济效益的评价。经济效益是指生产投入、劳动投入与新技术推广产值的比较。如某项新技术成果的应用导致作物单位面积产量、劳动生产率和经济收益的变化。在对推广项目进行经济效益评价时首先要注意投入产出比变化，单位面积经济收益的变化，农民比较收益状况；其次是关注推广规模和推广周期长短等因素，因为这与单位时间创造的经济效益关系密切。

2. 社会效益的评价。社会效益是指农业推广项目应用后对公益事业发展、农村生活条件改善、社会公平、组织发展、治理的有效性、增加就业、改善生计等方面的影响。考察其在满足人们的物质和精神生活需要，促进社会安定，提高农民素质，促进农村两个文明建设和社会发展的效果。其评价内容具体包括：①农民对推广项目的态度和认识程度；②操作技能提高程度；③就业率变化；④弱势群体地位和参与度；⑤劳动力负担变化；⑥农民生计结构和生计状况；⑦教育功能发挥程度；⑧农村生活条件改善等方面。

3. 生态环境效益的评价。生态环境效益，是指项目推广应对生物生长发育环境和人类生存环境的影响效果。对推广项目实施中所带来的生态影响评价内容包括：①自然资源（土地、水、森林、草业、生物多样性等）保护和利用状况。如因项目的实施，土壤再生产能力发生的变化；是否破坏了自然景观；是否造成水土流失；农业用水和饮用水的水源是否遭到污染等。②对环境质量的影响。如因项目的实施对项目区土壤环境，水体、空气净化的贡献，三废处理是否妥当，是否对当地的农业生态环境造成威胁和污染等等。③资源开发利用的合理性。项目是否实现了循环经济新理念和实现的程度，是否实现了农（作物）副产物的合理开发和循环利用，节水、节能效果，有效利用当地的温、光、水和耕地资源情况等。

（二）对农业推广目标的评价

农业推广目标是实现农业发展所要达到的标准。对目标的评价，更多的是在取得实施结果后进行，以期为新的目标决策奠定基础，但也不排除有些目标评价是在计划或合同执行过程中进行的。如在支撑条件发生变化时，可以组织专家、推广人员、农民代表、实事求是地对推广目标进行评价，在必要时可对原目标进行修正。目标的发展变动性决定，在某一发展时期内对目标进行调整和重新予以评价很有必要，以促进新的更高一级目标的确立。

（三）对农业推广工作过程的评价

农业推广工作过程是一个推广工作组织、农民参与的过程，及社会各机构、各力量沟通协商和利益整合的过程。涉及技术项目的试验、示范；推广方式方法的创新；农村人力资本建设；综合服务的配套等方面。

1. *推广项目内容评价*。推广项目内容评价主要从技术的先进性、经济的合理性、生产的可行性、区域的适应性等方面权衡项目是否能达到预期的推广规模；并从农民需要程度、外部环境（政策、资金）支持、市场前景和推广机制等方面判断推广项目是否可以达到预期的结果。

2. *推广方式方法评价*。推广方式方法是否恰当是影响推广度和推广率的重要因素。推广方式方法评价主要考虑的内容包括农业推广程序是否灵活；推广方式是否做到因地制宜、因人而异；推广项目发展阶段与沟通媒介选择是否适宜；不同推广方法之间是否具有互补性；大众传播的频度；参与推广活动的人数等方面。

3. *农民知识、态度和行为评价*。这是现代农业推广学研究的重要内容，即评价推广项目对推广对象农民在知识层面、态度层面和行为层面产生的影响，及分析产生积极或消极影响的原因。如评价农民在推广项目执行前后态度、行为的变化，参与项目活动的积极性等方面，并将这种变化与推广方式方法和推广内容建立联系，为农业推广项目管理提供理论支持。

4. *农业推广支持服务系统评价*。农业推广支持服务系统指推广人员、农业信息、信息传递的方式、组织结构、信息服务效果、农资供应、技术服务和产品销售等方面。评价农业推广项目工作运行过程支持服务系统能否及时有效满足推广工作的需要，并在必要的情况下进行及时有效调整，资源调配，组织协调，以满足项目运行的需要。

（四）对推广项目实施结果的评价

推广项目实施结果的评价又称事后评价，一般在项目结束时对推广工作的各方面进行评价。当然，根据推广工作的需要和发展趋势，评价内容应有所侧重。在项目结束时，对管理工作进行评价也是十分必要的。

1. 推广资金管理评价。包括资金的筹措是否及时到位，资金的有偿使用、无偿划拨、滚动使用、资金回收、财务制度是否健全和资金管理是否公开透明等。

2. 推广物资管理评价。包括农用物资品种是否齐全，数量是否充足，价格是否合理，到位是否及时，采用什么方式送到农民手中，是否出现伪劣产品，使用效果如何，农用物资是否有积压，使用、保管制度是否安全等。

3. 推广机构及人员能力评价。包括对管理人员的组织协调作用，对该地区科技潜能（含科技人员数量、素质，科技推广经费、技术装备、外引经协等）的利用率，对参与推广工作的推广机构、推广人员的积极性、业务素质、能力素质和思想素质、团队协作精神等。同时要重视推广机构、科技人员参与科技承包活动的评价。

4. 农业推广档案管理和农业信息服务评价。主要内容包括：存档是否及时、准确，资料是否齐全，格式是否标准，是否有专职管理人员保管，使用制度是否健全。信息管理人员是否经常性地进行信息加工和整理等方面。

5. 对农民行为改变的评价。农业推广的目的是通过一定的沟通和干预实现农民自愿行为的改变，因此有必要评价某项农业推广工作对农民个体或群体行为产生的影响。在推广评价中要关注不同类型农民行为变化规律、行为发生的动因和诱发行为发生的外在条件，从而判断推广方式方法的正确性，考核推广教育的近期效果和长远效果。行为改变的评价着重知识的改变、态度的改变和技能的改变。

二、农业推广项目工作评价的指标体系

由于农业推广项目或农业推广工作涉及的利益相关者比较多。除此之外，自然因素、社会因素、项目资金、项目周期、项目效益的外显性等方面都会对项目评价产生影响，所以推广项目工作评价指标体系的确定相对比较困难。因此，需要建立多视角、多层次的综合指标体系，以确保评价的科学性、准确性和公平性。从目前农业推广项目工作评价来看比较关注项目效益指标、项目影响指标、项目可持续性指标和相关性指标等。

（一）项目效益指标

项目效益指标重点为经济效益，也包括社会效益和生态环境效益等方面，其中经济效益指标一般是通过评价项目经费、项目周期、单位面积追加成本和效益、单位面积经济回报率、项目规模之间的关系来衡量是否实现了资源优化配置和新增经济收益状况。一般情况下以经济分析指标来表示，如推广项目单位面积增产率、单位面积增加经济效益、产投比、项目总经济效益、推广年经济效益、农民收益率、项目总产值、单位面积增产值等。同时，也包括新项目推广规模起始点、经济临界值及土地生产率提高率和单位面积增产值等方面指标体系。这里仅就推广项目的产投比、新项目推广规模起始点、新项目推广的经济临界限、单位面积增加的经济效益、土地生产率、提高率等几种经济效益指标进行详细阐述。

1. 推广项目的产投比。推广项目的产投比是指实施某一农业推广项目的总产出的产值与总投入费用之间的比例，它是评价项目实施实绩的一个重要方面。

如某项目实施的总产出为 3 000 万元，总投入为 100 万元，则产出：投入为 3 000：100＝30：1。其中，产出包括主副产品及其他收入。投入，包括资金、物资和人工的投入。这里需要强调的是，为了提高可比性，在计算时应该将所有各项换算成价值（不变价）进行比较，以提高其可比性。

2. 新项目推广规模起始点。新项目推广规模起始点是指项目推广总费用/〔（项目单位面积的新增产值－项目单位面积的新增费用）×项目实施年限〕。从经济学角度分析，要求新项目实际推广规模一定要大于或等于推广规模的起始点才会具有一定的经济效益。

例 1：在东北某区推广玉米模式化栽培新技术，推广总费用为 10 万元，预测实施 2 年，因新技术使用每公顷要增加 500 元成本，新增收入 2 500 元，则该项目最低起始点的推广面积是多少公顷?

$$该项目最低起始点的推广面积=\frac{100\ 000}{(2\ 500-500)\times 2}=25\ 公顷$$

因此，只有在项目实施规模大于 25 公顷，才会产生经济效益，而且面积越大效益愈大。若项目规模低于 25 公顷说明失败。

3. 新项目推广的经济临界限。新项目推广的经济临界限又称经济临界点，是指采用新项目的经济效益与对照的经济效益之间的比较，如果二者之比大于 1 或两者之差大于零，说明项目达到了经济临界点。在若干新项目都高于经济临界点的情况下，具有最大经济效益的新项目为最佳项目。

4. 单位面积增加的经济效益。单位面积增加的经济效益是指采用新技术后年总收入与总支出之差减去采用新技术之前年总收入与总支出之差与总生产面积之比。其结果说明采用某项新技术单位面积获得的新增加的经济效益。

例 2：某地有 1 000 公顷水稻，采用新技术前年总收入为 540 万元，总支出为 270 万元，而采用新技术后年总收入为 900 万元，总支出为 450 万元，则每公顷水稻每年推广新技术的经济效益。

$$\text{单位面积增加的经济效益}=\frac{(9\ 000\ 000-45\ 000\ 000)-(5\ 400\ 000-2\ 700\ 000)}{1\ 000}=1\ 800\text{元/公顷}$$

5. 土地生产率提高率。土地生产率提高率指新技术推广后的土地生产率与对照土地生产率增加的百分比。与前面提到的推广某项新技术或新成果导致单位面积增加的经济效益不同，土地生产率提高率是考察因新技术或新成果的引入导致的土地生产能力变化的指标。

例 3：某地农村推广玉米新品种，采用新品种每公顷产量为 6 750 千克，对照每公顷产量为 4 500 千克，求土地生产率提高率。

$$\text{土地生产率提高率}=\left[\frac{6\ 750}{4\ 500}-1\right]\times 100\%=(1.5-1)\times 100\%=50\%$$

可见，以上玉米新品种的推广，使当地土地生产率提高 50%。另外需要明确的是，劳动生产率提高率是考察因新技术或新成果的引入导致的劳动生产力能力变化的指标。

6. 新技术单位面积所增产值（量）。推广新技术单位面积所增产值（量）也叫新增单产值（量）。在推广实践中发现，小面积试验条件与大面积推广条件存在一定的差异，多点小区试验单位面积增产值往往高于大面积推广平均单位面积增产值。这样，在对试验数据进行分析评价时，会导致新技术大面积推广的效果比实际效果偏高。为了纠正这一偏差，引入缩值系数来解决以上问题。

缩值系数应用要点是，以多点控制试验的数据为基础，以大面积多点调查数据为比较，以单因子增产量之和不超过总的实际增产量为前提，以地、县为单位取正常年景值或 3 年平均值，将综合分析与单项考察相结合，提出了以下两种情况下的缩值系数的计算方法。

第一种情况。当地大面积增产的主导因子是所推广的成果时（其他因子为非主导因子）首先要取得在多点控制试验条件下（简称“控试”），本成果比对照（当地原有的同类型技术）所增产的数据，然后再取得大面积采用该成果多点调查的增产数据，并且在符合①控试每公顷增产量＞多点调查每公顷增产量；②多点调查每公顷增产量>大面积应用该成果的每公顷增产量两个条件时，可用下式来计划缩值系数：

缩值系数=大面积多点调查每公顷增产量/控试条件下每公顷增产量

单位面积增产量=控试每公顷增产量×缩值系数

上式中缩值系数<1，即大面积多点调查每公顷增产量（值）只能小于不能大于控试条件下每公顷的增产量（值）。从四川省农科院调查80项成果的计算结果来看，缩值系数取值范围在0.4～0.9之间，平均范围约为0.6～0.7。

例4：吉林省东部山区推广玉米地膜覆盖栽培技术，在小面积多点控制试验下，平均每公顷增产玉米2 250千克，而大面积多点调查平均每公顷增产玉米1 800千克，求该地区推广地膜覆盖玉米技术新技术的缩值系数?

缩值系数=大面积多点调查每公顷增产量/控试条件每公顷增产量=1 800/2 250=0.8

第二种情况。当某地区大面积增产的主导因子不只是一个，而是两个或两个以上时，就不能使用第一种情况下的方法，而应采取“矫正系数”的方法：

矫正系数=大面积多点调查综合应用各单因子每公顷增产量/各单因子控试每公顷增产量之和。

单位面积增产量=控试每公顷增产量×矫正系数

以上两种方法，均是以控试试验数据为基础，与自然、生态、经济及技术类型基本相同的地区大面积多点调查的数据相比。控试是指按科学的设计方案在严格控制的可比条件下，在不同的自然经济区域选择有代表性的点进行的新旧成果（技术）的对比试验。大面积多点调查是指在大面积推广运用新成果的地区，选择若干有代表性的点进行新旧成果技术经济效果的对比调查，其数据必须准确可靠，点次要多，且有代表性和可靠性。

（二）项目工作的影响指标

项目工作的影响指标包括直接影响和间接影响两个方面，直接影响是因项目实施和项目工作的开展产生的直接影响，具有近期可观察性特点；而间接影响是在直接影响的基础上产生的影响，具有长期预见性特点。具体内容包括经济影响、社会影响、生态影响等方面。

（1）对农业推广工作产生的直接经济影响评价的指标，前面已经进行了详细的阐述。对农业推广工作产生的间接经济影响评价的指标主要是从整个项目工作对国民经济的影响以及对就业、资源分配公平性、对农业科技成果转化及农业科技进步的贡献率等方面指标来表示。

（2）对社会影响的评价主要集中在项目对实现国家各项社会发展目标方面

的贡献，定性指标包括：项目工作对社会环境改善的影响，如体现人文关怀、促进社会公平、人力资本建设等方面。

(3) 项目对自然和生态环境改善的影响，如抗灾自救的能力；项目对自然资源合理开发利用的贡献，如对草业资源、作物生产副产物、土地资源和水资源等利用的合理性；项目对社会经济的贡献，如在分配、就业、技术进步和资源配置方面的作用。

(三) 项目工作的可持续性指标

受国际发展项目的影响，项目工作的可持续性指标日益受到社会的关注，这也是对国际发展援助成效反思的结果。即在外界的项目干预结束后，项目区目标群体或受益者能否继续保持项目所带来的好处，包括项目管理制度和政策的可持续性、目标群体参与的积极性、资源分配的公平性。同时，也是考察项目工作对人力资本建设的贡献，通过项目干预，是否提高参与者或受益人的自我发展、自我管理的能力，及对增强地方机构利用项目经验解决发展问题能力的贡献程度。

【案例】在 1996 年，贵州某村庄得到加拿大国际发展研究中心资助的社区发展项目，项目期为 3 年，目标人群为整个村庄的农户。在贵州农科院和当地乡政府的组织协调下，确立了农户引自来水项目，并制定详细的项目计划和管理办法。而且，建立了农民的自我管理小组。5 年之后，资方和项目实施方对项目工作进行后评价，其关注的就是项目的可持续性指标，并从项目管理的角度进行推进。

项目工作的可持续性衡量的指标体系包括定性指标和定量指标两个方面。常用的定性指标包括：项目推广后对社区人力资本建设的影响，对社区对外交往渠道的影响，农村人际关系如道德修养水平、农民之间关系的密切程度、交流的机会、与外界联系频度、信息来源及信息量等方面的变化，项目推广后农村文化、生产及生活如劳动强度、食物结构、交流机会、科技小组的建立等方面的变化。常用的定量指标包括：推广项目对劳动力的吸引率，推广项目对辅助劳力的容纳率，推广项目对社区稳定的提高率，推广项目对农民生活水平的提高率等方面内容。

三、推广成果综合评价指标

(一) 推广程度指标

1. 推广度。推广度是反映单项技术推广程度的一个指标，指实际推广规模占应推广规模的百分比。推广规模指推广的范围、数量大小。实际推广规模指已经推广的实际统计数。应推广规模指某项成果推广时应该达到、可能达到的最大局限规模，为一个估计数，它是根据某项成果的特点、水平、内容、作用、适用范围，与同类成果的竞争力及其与同类成果的平衡关系所确定的。多项技术的推广度可用加权平均法求得平均推广度。

推广度在0～100%之间变化。一般情况下，一项成果在有效推广期内的年推广情况（年推广度）变化趋势呈抛物线，即推广度由低到高，达到顶点后又下降，降至为零，即停止推广。依最高推广率的实际推广规模算出的推广度为该成果的年最高推广度；根据某年实际规模算出的推广度为该年度的年推广度；有效推广期内各年推广度的平均称该成果的平均推广度，也就是一般指的某成果的推广度。

2. 推广率。推广率是指推广的科技成果数占成果总数的百分比，是评价多项农业技术推广程度的指标。

例5：假设吉林省农业科研单位在“七五”期间共取得农业科技成果721项，其中可推广应用的成果为680项，已推广的成果为310项，则推广率为：

推广率＝已推广的科技成果项数/总的成果项数×100%＝310/680×100%＝45.59%

因此，吉林省农业科研单位在“七五”期间的科技成果推广率为45.59%。

3. 推广指数。因为成果的推广度和推广率都只能从某个角度反映成果的推广状况，而不能全面反映某地区、某部门在某一时期内的成果推广的整体状况。为此，引入“推广指数”作为同时反映成果推广率和推广度的共同指标，推广指数可以较全面地反映成果推广状况。因此，推广指数为综合反映成果推广状况的综合指标。其表达式为：

$$推广指数=\sqrt{推广率\times推广度}\times100\%$$

例6：某省在1981—1990年期间培育或引进玉米新品种7个。据调查统计得知，各品种的年最高推广度和平均推广度分别为：

玉米品种代号	A	B	C	D	E	F	G
年最高推广度	19.0	25.0	56.0	70.0	9.5	35.5	46.0
平均推广度	8.5	16.5	47.8	52.0	3.5	27.6	37.7

求该省1981—1990年期间玉米新品种的群体推广度、推广率及推广指数（以年最高推广度≥20%为起点推广度。）

群体推广度＝（8.5＋16.5＋47.8＋52.0＋3.5＋27.6＋37.7）/7＝27.7%

推广率＝已推广成果数/科技成果总数×100%＝5/7×100%＝71.4%

$$推广指数=\sqrt{推广率\times推广度}\times100\%=\sqrt{71.4\%\times27.7\%}\times100\%$$
$$=44.5\%$$

4. 平均推广速度。平均推广速度是评价推广效率的指标，指推广度与成果使用年限的比值。表示为平均推广速度＝推广度/成果使用年限。

（二）推广难度指标

根据推广收益的大小、技术成果被技术的终级用户采纳操作的难易程度、推广收益的风险性及技术推广所需配套物资条件解决的难易程度，把农业科技成果推广的难易度分为三级：

Ⅰ级：推广难度大。具以下情况之一者均为Ⅰ级。①推广收益率低；②经过讲述、示范或阅读等技术操作资料后，仍需要正规培训和技术人员具体指导技术采用全过程；③技术采用成功率低；④技术方案所需配套物资或其他条件难以解决。

Ⅱ级：推广难度一般，介于Ⅰ、Ⅲ之间。

Ⅲ：推广难度小。全部满足下列情况者为推广难度小：①推广收益率高；②经过讲述、示范或阅读等技术操作资料后，即可实施技术方案；③技术采用成功率高；④技术方案所需配套物资或其他条件容易解决。

（三）农业推广工作综合评价指标体系

推广工作综合评价是指评价人员对推广机构的领导管理、项目推广应用和工作效果等方面进行比较全面的评价。评价人员在通过访谈、座谈、讨论、交流、查阅资料、听取汇报、现场查看等了解情况进行比较全面的评价，指标列入表12-1（王慧军，2002）。分别打分，然后平均。综合得分在80分以上为优，70～79分为良，60～69分为中，59分以下者为差。

表12-1 综合评价指标表

一级指标	分值	二级指标	分 值
推广项目	10	信息（项目）来源	3
		可行性论证报告	7
成果推广应用与管理	30	技术措施	10
		推广方法	15
		领导管理	5
产前、产中、产后服务	25	资金投放使用	5
		生产资料的供应	10
		产品销售和深加工	10
推广效益	35	经济效益	20
		社会效益	10
		生态效益	5
合计	100		100

第四节　农业推广工作评价的方法

一、参与式评价方法

（一）参与式监测评价方法和产生的背景

监测评价对于管理领域来说是30年前才出现的新名词，但其作为现代管理方法的萌芽可追溯到20世纪30年代。但由于认识和理解的局限，在应用过程中存在一定的限制，并只是在有限区域内进行。随着认识的深入和国际发展实践者的推动，监测与评价渐渐被越来越多的个人、团体和机构认可。目前，监测和评价项目管理方法已广泛应用在加拿大、南美、欧洲、澳洲等国家和地区的项目管理体系，并在有些国家成立了专业评价协会。而且，该管理方法也备受世界银行、国际农发基金和联合国粮农组织等国际发展机构和相关组织的关注。尽管目前在各监测评价组织和机构的内部就监测评价的目的、模式、方法等问题上还有很多争论，但该方法的理论已被越来越多的组织和机构所接受，并应用到各自的项目（农业推广）管理体系中。

参与性监测与评价（Participatory Monitoring and Evaluation，PM&E）是将参与式理念应用到项目监测与评价过程，使项目的目标群体能够持续地参与项目过程、效果、影响的观察与评价过程，并不定期地进行项目再规划，以保证项目的顺利进行和通过项目活动实现农村人力资源培养过程，参与性监测与评价是一个良好的学习过程。参与式监测评价涉及到一系列方法学的问题，包括监测与评价的内容、所需要的工具及有效的指标体系。

（二）参与式监测评价与常规评价的比较

在许多领域都有传统和现代之分，这是一种含义广泛的说法。一般来说，传统和现代是由于对不同历史条件的适应而产生的。这也是反思传统发展的起点。传统发展和现代发展并不能完全以时间来衡量，它们都分别代表了一种发展思想、发展方法和发展实践的典型，即使在当代许多人的想法和政府的做法所采用的仍然是传统发展，与此相对应的是，现代发展思路也并非完全来自现代，而是一种从思潮到实践的过程，是经过不同历史条件下发展演变完成的。参与式监测评价与常规评价遵从同样的哲理。

常规监测评价与参与性监测评价之间的区别具体体现在六个基本要素上（见表12-2），由表12-2可以看出，参与式项目评价与常规的评价具有一定的区别。如参与性监测评价是所有利益相关者参与项目全过程，而非专家、政府官员特有的行为。评价指标来自不同人群，且特别关注农民的指标。同时，能够根据项目发展需要进行随时的调整。而谁进行评价和采用谁的指标进行评价将影响评价的结果。由表 12-3（王慧军，2002）可以看到不同人群评价的优点和缺点。

表 12-2 参与式监测评价与常规评价的比较

比较项	常规监测评价	参与式监测评价
谁来做?	专家和项目管理者	所有利益相关者
什么时候做?	中期、终期	项目执行全过程
怎样做?	预先拟订的科学指标	不同视角下的指标，面对面交流
为什么做?	项目要求	为了及时发现问题，进行项目调整
在哪里做?	会议室或试验地	较灵活，不限定
为谁?	项目管理者	所有利益相关者

表 12-3 各类评价人员的优点和缺点

评价人员类型	优点	缺点
推广人员	熟悉问题 愿意接受评价结果 较充分地利用评价信息 与日常工作能较好地结合起来	评价方法论的技术有限 与日常推广工作具有时间上冲突 主观性较强，客观性不够 不容易深入发现自己工作中的问题
目标群体参与	具有问题分析的综合视角 了解自身的情况 愿意与项目合作	视角差异大时，增加评价难度 引发冲突，个别群体不能充分表达自我 以不切实际的期望为基础进行评价
相关的评价专家	具备有关方法论的知识 对问题有深入了解 有足够的机会获得各种信息 能直接为推广人员提供咨询	容易将评价报告写成日常工作报告 较难采纳批评意见 容易使调查及分析工作复杂化 推广人员可能不会接受评价结果
独立的评价机构	能清楚的认识问题 有较好的评价方法 了解很多相关的项目，有助于比较分析	对被评价项目本身的了解不够 由于推广人员有戒备心理，故较难收集真实信息 容易与项目人员发生意见冲突，调查及评价结果难以为其接受

（三）参与式评价的一般步骤

参与式评价不仅是一种方法，也是农民参与调查、分析和决策的能力建设过程，该过程可以加强农民的自我独立思考、判断和决策的能力。

参与式评价的一般步骤为：

第一步，组建包括农民、地方政府和相关人群参与的评价小组。评价小组最好是具有不同类型农民代表在内的多角色、多视角和多学科小组。以农民为主体的评价由农民自己组织或由项目管理者协助组织，在评价过程中充分体现农民的视角、需求和愿望。正如前面介绍的，在进行评价时不但有技术评价，还有经济评价、社会评价等方面，因此需要多学科小组人员的共同参与，以确保评价的科学性，避免单一学科视角评价的片面性。与传统的认识不同，实际上妇女在农村发展中起着非常重要的作用，因此，在组建小组时，应该强调性别知识的重要性，做到小组成员在性别方面的平衡。同时，小组组建好后，还应该选出一位小组组长，负责小组的活动。

第二步，根据项目计划确立评价的内容和评价的指标体系。在此过程，要赋予参与评价者充分的知情权，了解项目设计的活动、产出和影响及相关层面的指标。在具体评价指标确定过程中，要重视农民的意见和看法，尊重农民的评价指标和评价标准。

第三步，调查、收集资料。在开始调查时，要根据调查目的，确定调查边界和调查对象，然后采用一定的方法进行调查和信息收集。采用参与式方式进行调查和资料收集时，常采用参与式农村评价法（Participatory Rural Appraisal，PRA）中的半结构式访谈工具，它是与结构式访谈相对应的一种方法。半结构访谈（Semi-structured Interview）只有部分的问题或题目是预先决定的，而其他许多问题是在访谈过程中形成的。提问是根据一个灵活的访问大纲或访问指南而不是来自一个非常正式的问卷，访谈地点和形式灵活多样。在操作过程中，半结构访谈常常与其他参与式的技术联合使用，比如参与式观察、排序和绘图等。半结构访谈不是传统的结构性访谈的必要替代，而是进一步获取深入的信息有效手段。

第四步，资料的分析整理。参与式的调查过程不是对数据、资料的简单汇总过程，而是与农民一起进行问题、机会和潜力分析及探询发展途径的能力建设过程。在分析与决策过程中，要尊重农民的意见，使农民在不受任何引导的前提下发表自己的意见和想法。在与农民一起分析他（她）们的意见、想法时，有利于激发农民的发展意识、提高其参与社会事务管理的积极性、主动性，并增加责任感和拥有感。经过这种农民参与的分析评价后，还可以与农民讨论地区发展的方向和重点。这是一个调查—分析—决策的循环过程。

第五步，撰写评价报告。

（四）农业推广工作参与式评价的案例介绍

通过第六章参与式农业推广理念和方法的学习，这里通过案例向大家展示参与式评价的操作过程（见图 12－2）。图 12－2 和表 12－4 为加拿大国际发展研究中心支持的中国参与式研究网络项目中的一部分，该案例来自宁夏扶贫与改造中心的研究工作。由此案例可以看出参与式评价的程序、方法、工具和评价内容及指标。同时，也可以了解常规评价与参与式评价的区别与联系。另外，也可以学习参与式评价的逻辑框架。

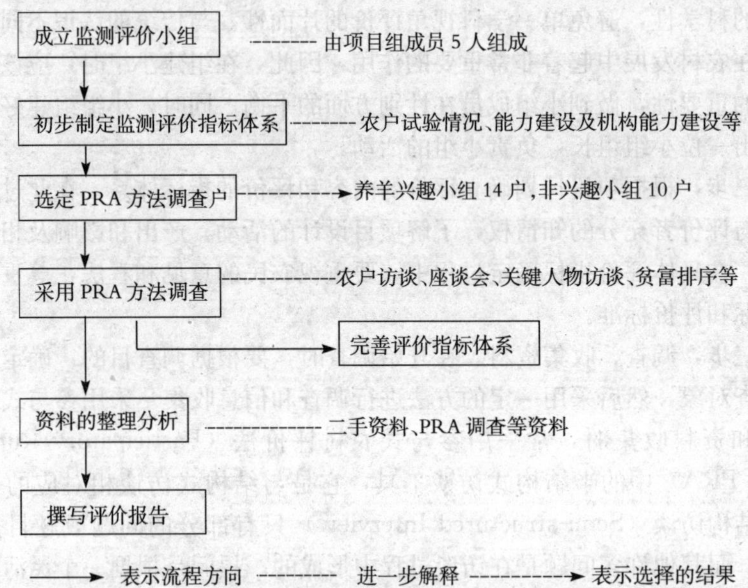

图 12-2　宁夏《参与式草原围栏养羊试验研究》项目评价程序

表 12-4　宁夏《参与式草原围栏养羊业试验研究》项目评价逻辑框架

活　动	产　出	效　果	影　响
1.0 粗饲料加工及种类筛选试验 1.1 包括秸秆的粉碎、青贮和酶贮技术推广 1.2 推广建造酶贮池 14 个 1.3 累计处理秸秆 20 吨	1.0 选择出好的羊只品种 根据不同的生产用途和方向，采用小尾寒羊纯种繁育，滩羊与小尾寒羊杂交，和滩羊纯种繁育生产二毛裘皮等几种生产方式	1.0 养殖效率提高了 1.1 试验羊只产羔率由 88%增加到 96% 1.2 试验羊只育肥周期 80～90 天时间降低到 50～60 天时间 1.3 试验羊只二毛羔羊出栏时间由 45 天时间降低到现在的 40～42 天	1.0 农户收入增加了
2.0 精饲料配制和种类筛选试验 2.1 引进正大和大北农两种优质羊只浓缩饲料 2.2 项目组技术人员为农户提供两种自配料	2.0 根据羊只不同的发育阶段筛选应用不同饲料种类	1.4 试验羊只发情周期由 9～11 个月降低到 7～8 个月 1.5 饲草料转化利用率提高了 20% 1.6 饲料报酬提高了	2.0 农民能力提高了
3.0 不同羊只品种筛选试验 引进高产多胎良种小尾寒羊 8 只	3.0 学会了精饲料搭配	2.0 乡土知识/技术得到开发利用 3.0 乡土知识与现代技术实现了有机结合	

（续）

活　动	产　出	效　果	影　响
4.0 组内信息交流会组内信息交流会10场次，参加人数60人次	4.0 学会了粗饲料加工和应用	4.0 弱势群体得到了关注	3.0 机构能力有了一定的提高，对机构的可持续发展具有较为深远的影响
5.0 农民外出参观、考察和养羊技术 培训组织农民外出参观1次，参加人数42人 养羊业技术培训1次，参加人数18人	5.0 学到了养羊技术 5.1 学会了全价饲料的配置 5.2 学会了粗饲料加工技术 5.3 学到了其他养羊技术 5.4 成立养羊兴趣小组一个	5.0 农户市场风险意识降低 5.1 建立了两种伙伴关系 5.2 兴趣小组内以互助为主的伙伴关系 5.3 项目工作人员与兴趣小组农户以共同决策为主的合作式伙伴关系	4.0 技术/知识得到了有效传递和扩散
6.0 项目组成员参加各类异地交流、培训和研讨会5场次，参加人数达10人次	6.0 增加了学习交流机会 提供了较多对外交流和联系的机会，使我们认识了许多新朋友 使我们对“参与式”有了系统的和更深入的理解	6.0 人力资源得到了开发 6.1 提高了研究人员的素质，个人综合能力有了不同程度地提高 6.2 项目管理人员工作方法和理念发生了变化 6.3 在项目的计划、决策过程中透明度增加，机构人员在一个友好平等的气氛和状态下工作	4.1 配合饲料应用于其他 4.2 将“参与式”工作方法应用于其他发展项目

【案例】 在进行农民访谈时，兴趣小组成员刘金忠所说“以前他只知道给羊饲喂农副产品，并且有啥喂啥，喂完一种，再喂其他种类。没想到将农副产品混合起来饲喂效果要比原来的饲喂方法要好得多，羊不但上膘快，而且能卖上好价钱，利润比原来要高的多。”

另外，以前秸秆的喂养方法是：把秸秆粉碎后，用水拌潮后喂羊，虽说这种喂法效果还可以，但不如你们传授的秸秆酶贮，酶贮的秸秆羊喜欢吃，也肯长膘。他已经学会了秸秆酶贮和青贮技术，并在使用。还有，就是以前一直是把精料喂后，才喂粗饲料，这样喂羊不好，原因是精料喂完以后，羊吃饱了就不好好吃粗饲料，现在我改成先喂粗饲料，后喂精饲料，这个方法是从项目中学的。

该案例说明了农民视角下的项目评价和评价指标。

二、对比评价法

1. 对比法（比较分析法）。这是农业推广工作一种很简单的定量分析评价的方法。一般将不同空间、不同时间、不同技术项目、不同农户等的因素或不同类型的评价指标进行比较。常以推广的新技术与当地原有技术进行对比。

进行比较分配时，必须注意资料的可比性。例如进行比较的同类指标的口径范围、计算方法、计量单位要一致；进行技术、经济、效率的比较，要求客观条件基本相同才有可比性；进行比较的评价指标类型也必须一致；此外在价格指标上要采用不变价格或按某一标准化价格才有可比性。还有时间上的差异也要注意。在农业推广评价中广泛应用，是一种很好的评价方法。

平行对比法。这是把反映不同效果的指标系列并列进行比较，以评定其经济效果的大小，从而便于择优的方法。可用于分析不同技术在相同条件下的经济效果，或者同一技术在不同条件下的经济效果。此法简单易行，一目了然。

例 7：畜牧业生产的技术经济效果比较。某畜牧场圈养肥猪，所喂饲料有两种方案：一是使用青饲料、矿物质和粮食，按全价要求配合的饲料；二是单纯使用粮食饲料喂养肥猪。哪一种方案经济效果好？详见表 12-5（王慧军，2002)。

表 12-5　配合饲料与单一饲料养猪的经济效果

单位：千克，元

指　标	头数	试验天数	平均每头日增重			每千克增产耗用粮食	每千克增产成本	每千克活重产值	每千克活重盈利	每工日增重(g)
			初重	末重	日增重					
配合饲料	36	80	55.7	123.9	0.852	8.68	1.30	1.50	0.20	35
单一饲料	36	80	56.1	93.4	0.466	24.56	2.44	1.50	−0.94	42

从表 12-5 中可以看出，用配合饲料喂猪，除劳动生产率较低外，其他经济效果指标都优于单一饲料喂养。通过上例说明比较，应以采用配合饲料喂猪效果好。图 12-3 为采用不同饲料喂养方法农户数动态变化情况，羊只的短期育肥，以饲喂浓缩料为佳；而一般母羊以配合饲料（农户农副产品混合饲喂）较好。

分组对比法。分组对比法是按照一定标志，将评价对象进行分组并按组计算指标进行技术经济评价的方法。分组标志是将技术经济资料进行分组，用来作为划分资料的标准。分组标志分为数量标志的质量标志。按数量标志编制的分配数列，叫做变量数列。变量数列分为两种，一是单项式变量数列；二是组距式变量数列。常用组距式变量数列，即把变量值划分为若干组列出。

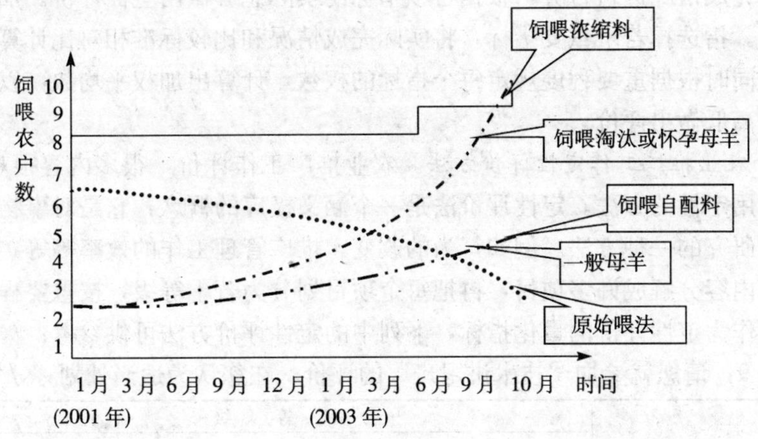

图 12-3　采用不同饲料喂养方法农户数动态变化情况

例 8：某县采用组距式变量数列按物质费用分组计算经济效益（见表 12-6）。

表 12-6　××年试点户物质耗费与小麦产量分组比较表

组别	组距（元）	户数	公顷数（公顷）	单位费用（元/公顷）	单位产量（千克/公顷）	单位收入（元/公顷）	单位纯收益（元/公顷）	千克成本（元）	每元投资效益
1	420～480	1	0.36	455.7	3 262.5	1 305	847.8	0.140	1.86
2	480～540	2	1.67	511.2	3 547.5	1 419	937.8	0.144	1.78
3	540～600	3	1.59	573.8	3 630.0	1 457	876.8	0.160	1.52
4	600～660	4	1.29	631.4	3 720.0	1 488	856.7	0.170	1.36
5	660～720	5	0.33	697.7	4 440.0	1 776	1 078.4	0.156	1.55

注：小麦按每千克 0.40 元计算。

从表 12-6 中可以看出，随着物质费用投入的影响，单位产量随其增加而相应增加，但由于报酬递减率规律的制约，每元投资的效果在逐步下降。如每公顷费用为 455.7 元的第一组，每公顷产量为 3 262.5 千克，其千克成本最低，而每元投资效益最高；每公顷费用为 631.4 元的第四级，每公顷产量为 3 720千克，其千克成本为最高，而每元投资效益最低。由此可见，在生产水平一般地区，小麦种植以每公顷投资 420～480 元的经济效益最好。

综合评价法。这是一种将不同性质的若干个评价指标转化为同度量的并进一步综合为一个具有可比性的综合指标实行评价的方法。

综合评价的方法主要有：关键指标法、综合评分法和加权平均指数法。

关键指标法。指根据一项重要指标的比较对全局做出总评价。综合评分法。指选择若干重要评价指标，根据评价标准定的记分方法，然后按这些指标的实际完成情况进行打分，根据各项指标的实际总分做出全面评价。加权平均指数法。指选择若干重要指标，将实际完成情况和比较标准相对比计算出个体指数，同时根据重要程度规定每个指标的权数，计算出加权平均数，以平均指数值的高低做出评价。

2. *农业推广工作定性评价方法*。农业推广工作评价，很多内容很难定量，而只能用定性的方法。定性评价法是一个涵义极广的概念，它是对事物性质进行分析研究的一种方法。例如行为的改变、推广管理工作的效率等等，它是把评价的内容分解成许多项目，再把每个项目划分为若干等级，按重要程度设立分值，作为定性评价的量化指标，下列中的定性评价方法可供参考：

例 9：请您就参加“技术讲习班”的评价，在您认为适当处划“√”。

要　素	等　级				
	很差	差	普通	好	很好
1. 环境场地安排	1	2	3	4	5
2. 指导	1	2	3	4	5
3. 学习的气氛	1	2	3	4	5
4. 教学设备	1	2	3	4	5
5. 讲课内容	1	2	3	4	5
6. 讲课老师的水平	1	2	3	4	5
7. 讲习班的方式	1	2	3	4	5
8. 讲习效果	1	2	3	4	5

三、绩效评价方法

为了提高农业推广经营服务工作的绩效，必须引进、吸收和消化对提高农业推广组织绩效的成功经验，使中国的农业推广真正与世界接轨。绩效管理（Performance Management）已成为世界大多数优秀公司战略管理的有效工具，绩效管理的思想、方法与工具也被越来越多的中国企业所重视。本文对绩效管理的涵义、绩效管理系统和绩效考核模式作简单介绍，作为提高中国农业推广工作绩效策略的借鉴。

（一）绩效管理的涵义

在西方国家中，罗伯特·欧文最先于 19 世纪初将绩效评价引入苏格兰来管理企业，而美国军方则从 1813 年开始采用绩效评价。从历史上来看，绩效评价往往被管理者用作对绩效进行管理的主要手段和工具。随着管理研究和实践的发展，绩效评价在管理方面的局限和不足凸现出来，主要反映在它不能对团队和员工在工作过程之中的绩效进行客观公正的评价和审查，缺乏普通员工的参与，缺乏有效的激励机制以对优良的绩效予以肯定。正是由于绩效评价存在较大的缺陷，传统的绩效评价已经不适应严峻的商业竞争的需要，应该用绩效管理代替每年的例行绩效评价。事实上，传统的绩效评价只是更广泛的绩效管理过程的一个组成部分。

雷蒙德·A·诺依等（1999）将绩效管理定义为管理者为确保雇员的工作活动以及工作产出能够与组织的目标保持一致的这样一个过程。绩效管理对组织目标的实现起着至关重要的作用，从这个意义上来说，绩效管理是组织赢得竞争优势的中心环节所在。在绩效管理的过程中，组织内员工的个人特征，如技能、能力等要素是组织绩效的原材料和基础，组织成员依靠个人的技能和能力等基本要素，通过一系列有目的的个人行为，最后达到客观的组织绩效结果。

（二）绩效管理系统

研究发现，有效的绩效管理系统应该能够对下面五个方面的内容进行有效的管理：组织的远景目标；组织的战略、规划、过程和活动；组织绩效指标和水平；组织的激励制度以及保证组织学习的绩效控制机制。

绩效管理系统着眼点和最终目的是组织的远景目标。这些远景目标不仅仅局限于财务目标，应该包括所有利益相关者所关注的、对组织未来的整体成功至关重要的所有目标。绩效管理系统必须能对组织所有的目标是否实现进行有效的测量和评价。绩效管理系统应该阐明组织为了实现远景目标所采取的战略和规划。这些战略和规划的实现必须依赖于特定的过程和活动，组织对这些过程和活动的测量和评价是绩效管理系统的重要内容。在绩效管理系统中，有了特定的战略和规划以及采取的相应的过程和活动，组织必须为这些过程和活动设定科学合理的绩效指标和应该达到的绩效水平，这是对组织活动进行控制的基准。根据设定的基准，绩效管理系统能够评价出组织内各部门和员工是否达到了相应的绩效水平，然后根据这些评价结果对部门和个人进行相应的奖惩（主要是薪酬制度和员工职业发展规划等），因此相关人力资源制度也是绩效管理系统非常重要却常常被忽视的内容。绩效管理系统最重要的功能是绩效控制能力。绩效管理系统对组织活动过程中产生的信息进行收集、处理，不断调整、改进绩效管理系统的战略规划、绩效指标以及相应的激励机制，比如建立学习型团队、强化员工参与等等，以确保组织在不断总结经验教训中改善绩效水平，达成预先设定的目标。关于绩效管理系统基本架构的五个内容组合到一起，就构成了一个能够全面实现绩效管理的有机整体。当然，将这样一个有机整体称为绩效管理系统的基本架构，并不是要建立一个绩效管理的固定模型，而是从功能角度描述绩效管理系统的管理职能和作用流程，提供一种能够从整体角度全面管理和提高组织绩效的思维框架。

（三）绩效管理和绩效评价

Michel J. Lebas（1995）认为，绩效评价是绩效管理的一个中心环节，绩效评价的结果表明了组织选择的战略或者行动的结果是什么，它是一种管理手段。而绩效管理是一种由绩效评价手段支持的管理理念，它为绩效评价提供了评价内容和对象，并在绩效评价的基础上进行决策和改进，绩效管理先于绩效评价并且紧随绩效评价之后。因此，在一个重复进行的循环中，绩效管理和绩效评价是不可分割的，它们互为先行或者互为后续。绩效评价和绩效管理的这种关系要求组织的目标能够被分解成可测量和评价的战略和活动内容（战略和活动与组织的目标有内在联系），在对这些战略和活动实施有效的绩效管理的基础上，实现组织的目标。

（四）绩效考核模式简介

1. 关键绩效指标（Key Performance Indicator，KPI）考核。KPI 考核是通过对工作绩效特征的分析，提炼出最能代表绩效的若干关键指标体系，并以此为基础进行绩效考核的模式。KPI 必须是衡量企业战略实施效果的关键指标，其目的是建立一种机制，将企业战略转化为企业的内部过程和活动，以不断增强企业的核心竞争力和持续地取得高效益。KPI 考核的一个重要的管理假设就是一句管理名言："你不能度量它，就不能管理它。"所以，KPI 一定要抓住那些能有效量化的指标或者将之有效量化。而且，在实践中，可以"要什么，考什么"，应抓住那些亟须改进的指标，提高绩效考核的灵活性。

2. 目标管理法（Management By Objective，MBO）。作为一种成熟的绩效考核模式，始于管理大师彼得·得鲁克的目标管理模式迄今已有几十年的历史了，如今也广泛应用于各个行业。为了保证目标管理的成功，目标管理应做到：确立目标的程序必须准确、严格，以达成目标管理项目的成功推行和完成；目标管理应该与预算计划、绩效考核、工资、人力资源计划和发展系统结合起来；要弄清绩效与报酬的关系，找出这种关系之间的动力因素；要把明确的管理方式和程序与频繁的反馈相联系；绩效考核的效果大小取决于上层管理者在这方面所花费的努力程度，以及他对下层管理者在人际关系和沟通的技巧水平；下一步的目标管理计划准备工作是在目前目标管理实施的末期之前完成，年度的绩效考评作为最后参数输入预算之中。

3. 平衡记分卡（The Balance Score-Card，BSC）。平衡记分卡是从财务、顾客、内部业务过程、学习与成长四个方面来衡量绩效。平衡记分法一方面考核企业的产出（上期的结果），另一方面考核企业未来成长的潜力（下期的预测）；再从顾客角度和从内部业务角度两方面考核企业的运营状况参数，充分把公司的长期战略与公司的短期行动联系起来，把远景目标转化为一套系统的绩效考核指标。

4. 360 度反馈（360°Feedback）。360 度反馈也称全视角反馈，是被考核人的上级、同级、下级和服务的客户等对他进行评价，通过评论知晓各方面的意见，清楚自己的长处和短处，来达到提高自己的目的。

5. 主管述职评价。述职评价是由岗位人员作述职报告，把自己的工作完成情况和知识、技能等反映在报告内的一种考核方法。主要针对企业中、高层管理岗位的考核。述职报告可以在总结本企业、本部门工作的基础上进行，但重点是报告本人履行岗位职责的情况，即该管理岗位在管理本企业、本部门完成各项任务中的个人行为，本岗位所发挥作用状况。

每一种绩效考核模式，都可以选择灵活的绩效考核方法，这些不同的绩效考核方法，归纳起来可以分为以下三种：①等级评定法：是根据一定的标准给被考核者评出等级，例如 S、A、B、C、D 等。②排名法：是通过打分或一一评价等方式给被考核者排出名次。③目标与标准评定法：是对照考核期初制定的目标标准对绩效考核指标进行评价。

不同绩效考核模式方法的特征，为了选择有效的绩效考核模式和方法，下面对不同绩效考核模式方法的特征进行一下说明。

从绩效考核模式上看：KPI 模式强调抓住企业运营中能够有效量化的指标，提高了绩效考核的可操作性与客观性；MBO 模式将企业目标通过层层分解下达到部门以及个人，强化了企业监控与可执行性；BSC 模式是从企业战略出发，不仅考核现在，还考核未来；不仅考核结果，还考核过程，适应了企业战略与长远发展的要求，但不适应对于初创公司的衡量；360°绩效反馈评价有利于克服单一评价的局限，但应主要用于能力开发；主管述职评价仅适用于中高层主管的评价。

农业推广绩效通常指农业推广组织、人员对社会的贡献或对社会所具有的价值等。具体体现为完成农业推广工作的数量、质量、成本费用以及为社会做出的其他贡献等。

四、农业推广工作评价方式

1. 项目自评。这是推广机构及人员根据评价目标、原则及内容收集资料，对自身工作进行自我反思和自我诊断的一种主观评价方式。这种方式的特点是：农民或推广机构的人员对自身情况熟悉、资料积累较完整、投入较低，但由于评价人员对其他单位的情况了解不够、往往容易注意纵向比较，而忽视横向比较，因而对本单位的问题诊断要么有一定的偏差，要么深度不够。所以要求评价人员要不断地了解本单位以外的各种信息。

2. 项目的反应评价。这种方式通过研究农户对待推广工作的态度与反应，鼓励以工作小组的形式来对推广工作进行评价。这种方式在很多方面都优于自我评价方式，它使推广人员能研究农户是如何看待推广项目有效性的，并能获得如何改进各方面工作的第一手资料。因为它将项目评价方法作了标准化和简化，用标准化的询问题目供人填空，从而使对正式评价没有经验的人也能接受它，而且为在推广中修订项目计划提供了参考。

3. 行家评价。由于行家们具有广泛的推广知识和经验，对事物的认识比较全面，评价的意见比较准确中肯。加之行家们来自不同的推广单位，很容易把被评单位与自己所在单位进行对比，这种多方位的对比从不同的侧面对被评单位进行透视和剖析，就不难发现被评价单位工作的独到之处和易被人们忽视的潜在问题。所以行家们的评价，不仅针对性强、可行性大，且实用价值也高。

4. 专家评价。这是高级评价，是种聘请有关推广方面的理论专家、管理专家、推广专家组成评价小组进行评价。由于专家们理论造诣较深，又有丰富的实践经验，评价水平较高，对项目实施工作能全面的进行研究和分析，从而提出的意见易被评价单位和个人接受。

专家评价法的信息量大、意见中肯、结论客观公正，容易使被评价单位的领导人产生紧迫感和压力感，从而推动推广工作向前发展。但这种方法花的时间及费用较多，有时专家们言辞尖锐或有时专家们囿于情面，不直接指出问题的所在，这些在评价中值得注意。

• 思考题 •

1. 为什么要对农业推广工作进行评价？
2. 农业推广工作评价有哪些评价指标和如何进行确定？
3. 农业推广评价的一般程序和方法？
4. 为什么农业推广评价要引入参与式理念和企业绩效管理思路？

• 参考文献 •

[1] 李小云．参与式发展概论［M］．北京：中国农业出版社，2001
[2] 王慧军．农业推广学［M］．中国：中国农业出版社，2002
[3] 高启杰．农业推广学［M］．北京：中国农业大学出版社，2003
[4] 付亚和，许玉林．绩效管理［M］．上海：复旦大学出版社，2003

郑 重 声 明

图书在版编目（CIP）数据

农业推广学/卢敏主编．—北京：中国农业出版社，2009.1

全国高等农林院校“十一五”规划教材

ISBN 978-7-109-13334-1

Ⅰ．农…　Ⅱ．卢…　Ⅲ．农业技术－技术推广－高等学校－教材　Ⅳ．S3-33

中国版本图书馆 CIP 数据核字（2008）第 212772 号

中国农业出版社出版

（北京市朝阳区农展馆北路 2 号）

（邮政编码 100125）

责任编辑　闫保荣

北京中兴印刷有限公司印刷　　新华书店北京发行所发行

2009 年 2 月第 1 版　　2009 年 2 月北京第 1 次印刷

开本：720mm×960mm　1/16　　印张：22

字数：400 千字

定价：38.00 元